U0615971

高等职业教育系列教材
工程机械类专业

工程机械维修

主编 刘朝红 赵常復

参编 李 波 徐国新 张兆刚 侯秀菊 黄 括

主审 汤铭奇

机械工业出版社

本书主要介绍工程机械维修机具、维修工艺、维修方法、柴油机维修、底盘维修和液压系统维修等内容。全书分为8章，包括工程机械维修概论、工程机械维修常用工量具及机具设备、工程机械零件的损伤失效、工程机械维修的基本工艺、工程机械零件的修复方法、工程机械柴油机维修、工程机械底盘维修和工程机械液压系统维修。各章均安排了相应的复习与思考题。本书以培养应用型人才为目标，理论以够用为度，图文并茂，紧密联系生产实际。本书可作为高职高专工程机械运用技术专业和相关专业的教材，也可以供相关技术人员学习参考。

本书配有电子课件，凡使用本书作为教材的教师可登录机械工业出版社教育服务网 www.cmpedu.com 注册后免费下载。咨询邮箱：cmpgaozhi@sina.com。咨询电话：010-88379375。

图书在版编目（CIP）数据

工程机械维修/刘朝红，赵常复主编.—北京：
机械工业出版社，2016.12（2025.8 重印）
高等职业教育系列教材．工程机械类专业
ISBN 978-7-111-55496-7

Ⅰ.①工… Ⅱ.①刘…②赵… Ⅲ.①工程机械-机械维修-高等职业教育-教材 Ⅳ.①TU607

中国版本图书馆 CIP 数据核字（2016）第 287416 号

机械工业出版社（北京市百万庄大街22号　邮政编码100037）
策划编辑：王海峰　责任编辑：刘良超　王海峰　韩　冰
责任校对：胡艳萍　责任印制：张　博
北京建宏印刷有限公司印刷
2025 年 8 月第 1 版·第 5 次印刷
184mm×260mm·19 印张·466 千字
标准书号：ISBN 978-7-111-55496-7
定价：56.80 元

电话服务　　　　　　　　　　网络服务
客服电话：010-88361066　　机 工 官 网：www.cmpbook.com
　　　　　010-88379833　　机 工 官 博：weibo.com/cmp1952
　　　　　010-68326294　　金 书 网：www.golden-book.com
　机工教育服务网：www.cmpedu.com

前　　言

工程机械在国民经济建设中正发挥着越来越重要的作用，广泛用于公路、铁路、建筑、水电及港口等建设工程。正确掌握工程机械维修工艺和方法，是正确、高效地使用工程机械的前提。"工程机械维修"已成为高职高专工程机械运用技术专业的主要专业课程之一。

本书是编者结合多年的教学实践，根据工程机械维修课程的教学大纲编写的。在编写本书时，编者遵照教育部对高职高专教材建设的要求，紧紧围绕培养高等职业教育应用型人才的需要，从人才的培养目标出发，结合实际教学，以应用为目的，以能力为本位，确定编写思路和教材特色，注重知识的应用性、可操作性，充分体现了实际、实用的特点。本书在内容组织上突出了适应性、实用性和针对性。

全书分为8章，包括工程机械维修概论、工程机械维修常用工量具及机具设备、工程机械零件的损伤失效、工程机械维修的基本工艺、工程机械零件的修复方法、工程机械柴油机维修、工程机械底盘维修和工程机械液压系统维修。各章均安排了相应的复习与思考题。

本书由辽宁科技学院的刘朝红、赵常复任主编。参加编写人员的分工为：刘朝红编写第1、7章及2.1节，赵常复编写第6章，李波编写第8章，张兆刚编写第4章，侯秀菊编写第3章，徐国新编写第5章，黄括编写2.2和2.3节。全书由刘朝红统稿、修改并定稿。

辽宁科技学院的汤铭奇教授担任本书主审，并仔细、认真地审阅了全部书稿，提出了许多宝贵的意见和建议，编者在此表示衷心的感谢。

本书在编写过程中，参阅了大量相关的最新文献，编者在此对原作者表示真诚的谢意。

由于编者水平有限，书中难免存在疏漏和错误，敬请广大读者提出宝贵意见。

编　者

目　　录

第1章　工程机械维修概论

1.1　工程机械的维修思想

工程机械的维护和修理总称为维修。

维修思想是指导维修实践的理论，又称维修理念、维修哲学等。维修思想是人们对维修客观规律的正确反映，是对维修工作的总体认识，其正确与否直接影响维修工作的全局。工程机械的维修思想是指在某一阶段内，以现有的维修设备、生产能力、人员素质和维修手段为基础条件建立的指导维修实践活动的理论，也可以说是组织实施工程机械维修工作的指导方针和政策，是人们对维修目的、维修对象及维修活动的总认识。

1.1.1　以事后维修为主的维修思想

事后维修又称被动维修，是指在工程机械发生故障后才进行维修作业。事后维修属于非计划性维修，它以机械设备出现功能性故障为基础，有了故障才去维修，往往处于被动地位，所以准备工作通常不充分，难以取得完善的维修效果。

这种维修思想的特点是"头痛医头，脚痛医脚"。事先对故障现象没有充分的了解和把握，故障往往会造成突然的停工、停产，而且维修时间长，维修费用高，维修质量也不易保证。这是一种古老的维修思想，现已基本被淘汰，仅应用于一些对安全和可靠性要求很低的场合。

根据事后维修方式的特点，它仍可在以下两种情况下采用：①故障是突发性的，无法预测，而且事故的后果不涉及运行安全；②故障是渐发性的，但故障的出现不涉及运行安全，所造成的经济损失小于预防维护的费用。

1.1.2　以预防为主的维修思想

以预防为主的维修又称主动维修，是一种以定期全面检修为主的维修。它根据工程机械技术状况变化的规律，在其发生故障之前，提前进行维护或换件修理，把故障消灭在萌芽状态，防患于未然，使机械设备经常处于良好的技术状态。

以预防为主的维修思想是建立在零部件失效理论和失效规律的基础上的。这种维修思想认为，工程机械在使用过程中由于零部件的磨损、疲劳、老化和松动，其技术状况会不断恶化，到一定程度时必然会导致发生故障。为了尽可能地保证每个零部件安全、可靠地工作，维修作业必须符合客观规律，实施在故障发生之前。理论分析表明，对于突发性损坏所进行的预防维护是无效的，但对于渐发性损坏，适时的维护可以延缓损坏的发生，减少发生事故的概率。

1.1.3 以可靠性为中心的维修思想

以可靠性为中心的维修思想是指以可靠性、维修性理论为基础，在经过大量统计和研究的情况下，根据监控检测数据，综合利用各种信息而制定的视情修理的维修思想。它是目前国际上流行的、用以确定设备预防性维修工作、优化维修制度的一种系统工程方法，也是发达国家工业部门制定设备预防性维修大纲的首选方法之一。

以可靠性为中心的维修思想的形成是视情维修方式的扩大使用，以逻辑分析决断方法的诞生为标志，先检测、后维修，以最低的费用实现机械设备固有的可靠性水平。它的特点如下：

1）提高可靠性必须从机械设备的研制开始。维修的责任是控制影响机械设备可靠性下降的各种因素，保持和恢复其固有可靠性。

2）频繁的维修或维修不当会导致可靠性下降，要科学分析、有针对性地预防故障。

3）根据实践中取得的大量数据进行可靠性的定量分析，并按故障后果等确定不同的维修方式，分析和了解使用、维修及管理水平，发现问题后有针对性地采取各项技术和管理措施。

4）分析机械设备的可靠性必须要有一个较完善的资料、数据收集与处理系统，尤其要重视故障数据的收集与统计工作。

综上所述，这种维修思想不仅可以用来指导预防故障等技术范畴的工作，同时还有助于指导维修管理范畴的工作，把有关维修的各个环节连成一个维修系统。

1.2 工程机械维护

工程机械维护是指为了维持工程机械完好的技术状况或工作能力而进行的各种作业。维护作业的主要内容可概括为清洁、紧固、调整、润滑及防腐等，除主要总成发生故障必须解体外，不得对其进行解体。

"维护"与长期以来使用的"保养"是同一个概念。当前国内很多部门（如机械工业、交通等）已将"保养"改为"维护"，但大多数施工企业仍习惯使用"保养"这个传统的称号。本书使用的"保养"与"维护"是同一个概念。

1.2.1 工程机械维护的作用

工程机械在使用过程中，由于零件磨损和腐蚀、润滑油减少或变质及紧固件松动或位移等现象，从而引起机械动力性、经济性和安全可靠性的降低，针对这种变化规律，在零件尚未达到极限磨损或发生故障以前，采取相应的预防性措施，以降低零件的磨损速度、消除产生故障的隐患，从而保证机械正常工作，延长使用寿命，这就是对机械的维护。

工程机械维护的作用在于：

1）保持机械的技术状况良好和外观整洁，减少故障停机日，提高机械的完好率和利用率。

2）在合理使用的条件下，不使机械因意外损坏而引起事故，影响施工生产的安全。

3）减少机械零件磨损，避免早期损坏，延长机械修理的间隔期和使用寿命。

4）降低机械运行和维修成本，使机械的燃料、润滑油料、配件及替换设备等各种材料的消耗降到较低限度。

5）减少噪声和污染。

1.2.2　工程机械维护的基本原则

（1）预防为主，强制维护　对于一些与行车和运行安全有关的零部件、总成、机构或系统，要坚持以预防为主的原则，严格按照有关部门颁布的法律、法规，进行强制性维护。

（2）强化检验，严格标准　要按照相关程序，使用合适的检验、检测仪器进行检查，并严格对照相关标准，把指标参数控制在标准以内。

（3）严密组织，精心操作　维护工作的组织要严密，不得出现死角，不得埋下故障或事故隐患；一线操作人员要谨慎操作、精心调整，使每一步工作都达到精益求精。

（4）加强管理，提高效益　维护工作的管理要追求科学化、现代化，既要保障安全、严格纪律，又要体现人性化，使每个员工心情舒畅，激发他们的劳动热情和工作积极性，从而实现效益最大化。

（5）合理调整，有的放矢　针对不同服务对象、不同机械类型及不同维护项目，对维护策略、维护方式不断做出适当的调整，以便做到因时制宜、因事制宜和有的放矢。

1.2.3　工程机械维护的类别

目前我国在"预防为主，强制维护"的原则下，为了保证工程机械的技术状况、维持其工作能力，常采用的维护类型有定期维护、走合期（试运行）维护、换季维护、停放维护和转移前维护等。

1. 定期维护

定期维护包括每班维护和按规定周期的分级维护。结构复杂的大型内燃机械一般实行三级维护制，结构简单或电动的中小型机械实行一级或二级维护制。

（1）每班维护（又称例行维护）　它指在机械运行前、后和运行过程中的维护作业，中心内容是检查，如检查机械和部件的完整情况，油、水数量，仪表指示值，操纵和安全装置（转向、制动等）的工作情况，关键部位的紧固情况，以及有无漏油、水、气或电等不正常情况。必要时添加燃料、润滑油料和冷却水，以确保机械能正常运行和安全生产。每班维护由操作人员执行。

（2）一级维护　机械运行到规定的一级维护周期，应进行一次一级维护。一级维护是以润滑、紧固为中心内容，通过检查、紧固外部连接件，并按润滑图、表加注润滑脂、添加润滑油、清洗滤清器或更换滤芯等。

（3）二级维护　机械运行到规定的二级维护周期，应进行一次二级维护。二级维护是以检查、调整为中心内容，除执行一级维护的全部内容外，还要从外部检查动力、操纵、传动、转向、制动、变速及行走等机构的工作情况，必要时进行调整，并排除所发现的故障。

（4）三级维护　机械运行到规定的三级维护周期，应进行一次三级维护。二级维护是以消除隐患为中心内容，除进行二级维护的全部作业内容外，还应对主要部位进行检查，必要时应对检查部位进行局部解体，以检查内部零件的紧固、间隙和磨损等情况，目的是发现和消除隐患。在维护过程中不宜大拆大卸，以免损伤零件。

根据施工机械不易集中的特点,维护作业应尽可能在机械所在地进行。大型机械的一级维护和中小型机械的各级维护,都应由操作人员承担。对于操作人员不能胜任的维护作业,应由维修人员协助。二级以上维护应由维修人员承担,操作人员协助。

定期维护的作业内容主要是清洁、紧固、调整、润滑及防腐,通常称为"十字作业"。

(1) 清洁　清洁就是要求机械各部位保持无油泥、污垢及尘土,特别是空气、燃油和机油等滤清器要按规定时间检查清洗,防止杂质进入发动机气缸、油道,减少运动零件的磨损。

(2) 紧固　紧固就是要对机体各部的连接件及时检查紧固,机械运转中产生的振动容易使连接件松动,如不及时紧固,可能产生漏油、漏水、漏气或漏电等现象,有些关键部位的螺栓松动还会改变原设计部件的受力分布情况,轻者导致零件变形,重者会出现零件断裂、分离,导致操纵失灵而造成机械事故。

(3) 调整　调整就是对机械众多零件的相对关系和工作参数(如间隙、行程、角度、压力、流量、松紧和速度等)及时进行检查调整,以保证机械的正常运行。尤其是对关键机构如制动器、离合器的灵活可靠性要调整适当,防止发生事故。

(4) 润滑　润滑就是按照规定要求,选用并定期加注或更换润滑油、润滑脂,以保持机械运动零件间的良好润滑,减少零件磨损,保证机械正常运转。

(5) 防腐　防腐就是要做到防潮、防锈及防酸,防腐的机械零部件和电气设备,尤其是机械外表必须进行补漆或涂上油脂等防腐涂料。

2. 特殊维护

工程机械除定期维护外,还有在特殊情况下的几种维护:

(1) 走合期维护　它是指机械在走合期内和走合期完毕后的维护,内容是加强检查,提前更换润滑油,注意分析油质以了解机械的磨合情况。

(2) 换季维护　它是指机械进入夏季或冬季前的维护,主要是更换适合季节的润滑油,调整蓄电池电解液的密度,采取防寒或降温措施。这项维护应尽可能结合定期维护进行。

(3) 停放维护　它是指机械在停放或封存期内,至少每月一次的维护,重点内容是清洁和防腐,由操作或保管人员进行。

(4) 转移前维护　它是根据行业特点,在机械转移工地前,进行一次相当于二级维护的作业,以利于机械进入新工地后能立即投入施工生产。

1.2.4　工程机械的维护规程

1. 工程机械维护规程的编制依据

工程机械维护技术规程的内容,主要是分机种的维护级别、间隔期、作业项目和要求等,它是执行定期维护的重要依据。由于各地区自然条件、施工环境、机械状况和技术水平等情况不同,维护规程也难以要求完全一致。因此,编制维护规程时除参照原厂说明书外,其主要依据如下:

1) 在当地施工生产的具体条件下,通过一定时间的使用试验,在保证各个主要零件正常磨损的前提下,获得的必须进行维护的间隔期。

2) 根据试验测定,在机械进行维护后所能保证各机构工作可靠性的有效期限。

3) 根据在一定时间内使用试验的统计资料,经过分析研究,所能确保机械使用达到最高经济效果和最低维修费用的合理期限。

确定维护作业项目的内容，必须充分考虑机械类型及新旧程度，根据使用环境及条件、维修质量及燃料、润滑油料及材料配件的质量等因素做适当调整。科学的维护规程应能提高机械效率、减少运行材料消耗和降低维修费用。

2. 工程机械维护间隔期的确定

维护间隔期是由磨损规律确定的，根据各级维护和修理的间隔期可以列出在一个大修周期内的各级维护周期表，该表可作为编制机械使用、维护和修理计划的依据。与制订维护作业项目一样，确定维护间隔期也要考虑上述各项因素区别对待。《全国统一施工机械保养修理技术经济定额》规定了施工机械维护间隔期，企业应根据这个规定，结合实际情况并参照机械说明书的要求，制订出比较恰当的维护周期表。

维护周期表的画法可参照图 1-1。

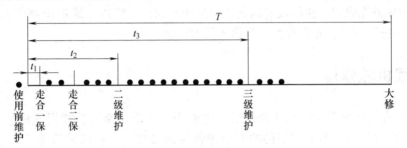

图 1-1　工程机械维护周期表

t_1——一级维护　t_2——二级维护　t_3——三级维护　T——大修

3. 工程机械维护停修期

除了每班维护外，各级定期维护都有规定的停修期。停修期应根据维护作业的范围、项目和本单位的维修能力、组织方式等情况确定，并在保证维护质量的前提下，应尽可能缩短。《全国统一施工机械保养修理技术经济定额》规定的各级维护、修理的停修期可参见有关资料。

1.2.5　工程机械维护计划的编制和实施

1. 工程机械维护计划的编制

工程机械维护由于工作量少、时间短及次数多，一般是按月编制月度机械维护计划来作为工程机械施工作业计划的组成部分，一并下达执行和检查。

制订月度机械维护计划的依据如下：

1）上月的机械维护计划和执行情况。

2）本月的机械使用作业计划。

3）各种机械的维护间隔期及停修期。

4）机械的技术状况。

5）维修力量和维修物资的储备情况。

2. 工程机械维护计划的实施

1）维护计划是组织机械按时进行维护的依据。机械使用单位在安排施工生产和机械使用计划时，必须安排好维护计划，并作为生产作业计划的组成部分。在检查生产计划执行情况的同时，要检查维护计划的执行情况，切实保证维护计划能按时执行。

2）维护计划应按月度编制，由使用单位的机械管理部门于月前根据每台机械的已运转台时，结合下月需用机械的情况，按照维护间隔期确定每台机械应进行的维护级别和日程，经单位主管审定后下达执行。

3）为保证维护计划的按时进行，机械使用部门应负责保证维护计划规定的所需作业时间，机械管理部门应负责保证机械维护的计划工作日，操作和维修人员应按分工保证机械维护作业的进度和质量。对拖延维护导致机械损坏者，要按机械事故处理。

4）机械管理部门要检查及督促维护计划的实施，在机械达到维护间隔期前，要及时下达维护任务单，通知操作或维修人员进行维护。如因生产任务的原因需要提前或延期执行时，需经机械主管人员同意，但延期时间不应超过规定间隔期的10%。

5）维护任务完成后，执行人要认真填写维护记录；二级以上维护作业完成后，由机械管理部门审查维护记录，并将有关资料纳入技术档案。

1.3　工程机械修理

工程机械在使用过程中零部件会逐渐产生磨损、变形、断裂及蚀损等现象（统称有形损伤）。在使用过程中，由于零部件的有形损伤逐渐增加，工程机械的技术状态逐渐劣化，工程机械就会出现故障，不能正常作业，甚至造成停机。为了维持工程机械的正常运行，在工程机械发生故障以后，或是在故障发生之前通过检测信息已预测到故障即将发生时，对工程机械进行更换或修复损伤失效的零部件，并对整机或局部进行拆装、调整等作业，来完全或部分恢复其原有的技术状况和延长使用寿命，这就是工程机械修理。

1.3.1　工程机械修理的分类

工程机械修理的基本原则是实时监测、视情修理。根据实际工况和实时监测的结果确定修理范围、修理内容和修理深度。

工程机械修理一般分为整机大修、总成大修、局部小修和零件修理。

（1）整机大修　整机大修是指工程机械在运行到一定时间之后，经过检测诊断和技术鉴定，用修理或更换部分零部件的方法，完全或接近完全恢复机械技术状况的彻底修理。

整机大修主要包括整机和各总成解体、零件清洗、零件检验分类、零件修理、零件废弃、配件选用、总成装配、总成磨合和测试、整机组装和调试、冷磨合以及修竣验收等环节。

整机大修的修理范围最广、内容最多、深度最大、耗时最长、费用最高、修理后性能恢复最全面。

（2）总成大修　总成大修是指工程机械的总成（如发动机总成、驱动桥总成及转向桥总成等）经过一定使用时间（或里程）后，用修理或更换总成零部件（包括基础件或整体）的方法使其恢复完好技术状况的恢复性修理。

（3）局部小修　局部小修是指随时用修理或更换个别零件的方法对工程机械的局部进行运行性修理或恢复性修理。

对工程机械局部进行运行性修理属于无计划性、随机性的故障修理，目的是消除工程机械运行或维护作业过程中所出现的临时故障，恢复工程机械的工作能力，消除故障隐患或局部损伤。

（4）零件修理　零件修理是指对于那些因磨损、变形或折断等不能继续使用的单一零件进行的修复或更换。零件修理要考虑经济上合理和技术上可靠的原则。零件修理是修旧利废、节约原材料、降低维修费用的重要措施，凡具有修理价值的零件，都应予以修复使用。

1.3.2　工程机械主要总成的大修标志

工程机械的主要总成达到下列损坏标志中的一项时即需进行大修；机械的多数总成达到大修标志时，该机械即需进行整机大修。

1. 发动机大修的标志

1）动力性能显著降低，经调整后仍运行无力，需减少载荷，如轮式机械较正常情况要挂低一个档，其他机械载荷能力比额定载荷减少 15% 以上；燃油消耗率显著增加；怠速运转不稳定或达不到最低转速。

2）气缸内壁磨损，其圆度误差和圆柱度误差超过使用极限，以致气缸压力下降，在热车时测量各缸的压缩压力为标准压力的 50% 以下。

3）机油消耗量显著增加，压力下降，在没有外漏的情况下，其运转 100h 的机油添加量（不包括更换机油的数量）超过定额 100% 以上；运转中曲轴箱通气管口或机油注入口大量冒烟；机油压力降到最低使用极限。

4）在热车运转时，连续出现较严重的敲击声。

2. 变速器、减速器及差速器大修的标志

1）壳体破裂，需拆下解体焊补或换新。

2）各轴承座孔磨损，需彻底修整。

3）齿轮及轴磨损、松旷，运转时有振动或跳档现象及异响。

4）锥齿轮磨损，间隙过大，无法调整。

3. 转向桥、驱动桥大修的标志

1）工字梁及万向节断裂变形，需更换或修整。

2）转向机构的蜗轮、蜗杆及各连接件磨损，调整无效。

3）转向桥桥壳破裂或减速、差速齿轮、万向节及半轴花键磨损、松旷，需彻底修整。

4）驱动桥变形或桥壳破裂，需修理或更换。

4. 动力操纵机构大修的标志

1）动力操纵装置及分动器壳体破裂、变形，需解体修补或更换。

2）各齿轮及轴磨损、松旷，有三分之一以上的需修换。

3）液压操纵装置壳体、油泵轴头及齿轮磨损、松旷，以致油压降低，操纵失灵，调整无效。

5. 离合器大修的标志

1）离合器外壳、压盘及分离杆破损、磨损或翘曲超限以及摩擦片磨损、变硬，需全部换新。

2）液压助力器壳体、柱塞、油泵轴头及齿轮等磨损、松旷，或离合器操纵机构各部零件磨损过甚，无法调整。

6. 履带式行走机构大修的标志

1）台车架或八字架变形、断裂需解体校正、焊补或修整。

2）驱动轮、引导轮磨损超限，其轴磨损、弯曲，需解体修换。

3）各轮组、链轮、轴、轴套、履带板及销等大部分磨损超限。

7. 车架（机架）大修的标志

1）车架大梁严重变形或破裂，需拆下各总成进行修补校正。

2）车架各部分锈蚀、铆钉松动以及销子磨损需彻底整修。

3）回转台、下行走支架及大梁损坏变形，需解体修补或校正。

4）回转齿圈、导轨及平衡滚轮等大部分磨损超限。

8. 工作装置大修的标志

1）推土器严重变形或破裂。

2）铲运斗框架或上梁严重变形，底板、侧板及推土板腐蚀破裂，需解体焊补和校正。

3）平地机的环齿轮、耙齿、刮刀及其固定装置严重损伤，需解体修补或更换。

4）起重臂中心线偏移或挠度超过使用限度。

5）挖掘斗、斗臂破裂或变形，斗齿及滑轮组磨损超限。

6）载货汽车车厢横直梁及边柱腐朽，底板破损。

7）自卸汽车自卸装置各部磨损、松旷，满载时顶不起来。

1.3.3　工程机械修理前的技术鉴定

工程机械的大修间隔期仅是编制修理计划的依据之一，确定机械是否需要大修，主要是根据工程机械的技术状况是否符合大修送修标志。因此做好机械大修前的技术鉴定，使机械能适时进行恰当的修理，这对延长机械使用寿命和减少修理费用都具有重要意义。

对于列入计划中需要大修的机械，在送修前机械管理部门应通过机械的日常使用、维护以及操作人员的反映，掌握机械的技术状况，并结合机械维护，进行送修前的技术鉴定，除测试机械的技术状况外，还要审阅本机技术档案和有关历史资料，考核燃油、润滑油的消耗，进行综合分析，对照送修标志，以确定机械是否如期送修或延长使用期限。

根据机械鉴定情况，做出如下相应的处理：

1）机械尚未达到大修送修标志，可进行小修或调整后延长使用期限。

2）机械仅有个别或少数总成达到大修送修标志，可进行总成大修。

3）机械主要总成多数已达到大修送修标志，应立即安排大修。

4）对延长使用期限的机械，应根据机械的技术状况，确定延长使用的期限，到期再进行技术鉴定，如仍未达到大修送修标志时，可继续延长使用期限。

5）机械技术鉴定时，应按规定填写技术鉴定记录，根据鉴定结果，办理送修或变更修理计划手续。

1.3.4　工程机械总成大修的工艺过程

工程机械总成大修的工艺过程如图1-2所示。

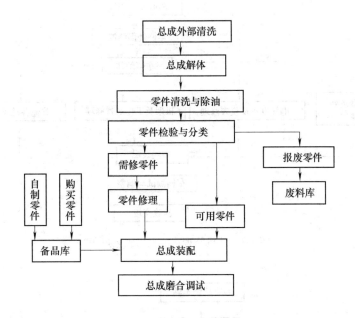

图 1-2　工程机械总成大修的工艺过程

1.3.5　工程机械的整机大修方法

工程机械的整机大修方法一般分为就机修理法和总成互换修理法两种。

1. 就机修理法

就机修理法是指在整个修理过程中，将零件从机械上拆下，进行清洗、检验及分类，更换不能修复的零件，修复需修的零件，最后分别组装成组合件或总成，重新装回原机，直到原机全部修复。

采用这种方法时，由于零件、组合件或总成的损坏程度和修理工作量不同，所需修理时间也不一样，因而常影响修理工作的连续性，整个机械的装配、修竣往往要等待修理时间最长的零件、组合件或总成的修竣才能进行，因此机械停修期较长。但在修理量不大、承修机械类型复杂和周转总成缺乏的修理单位，仍适用这种方法。

就机修理法的大修工艺过程如图 1-3 所示。

2. 总成互换修理法

总成互换修理法是指在机械修理过程中，除原有机架、驾驶室、电器及仪表应原件修理、不予互换外，将其余已损坏的组合件、总成从机械上拆下，换用周转总成库中事先修好的总成或组合件装配成整机出厂。所有拆下的总成或组合件另行安排修复，修复后放在周转总成库中，以备下次换用。

采用这种方法可以保证修理装配工作的连续性，从而大大缩短机械的停修期，而且为采取先进的流水作业法创造了有利条件，更有利于提高工效、降低成本及保证质量。该方法对修理量大、承修机型较单一和具备一定数量周转总成的修理单位较为适合。

总成互换修理法的大修工艺过程如图 1-4 所示。

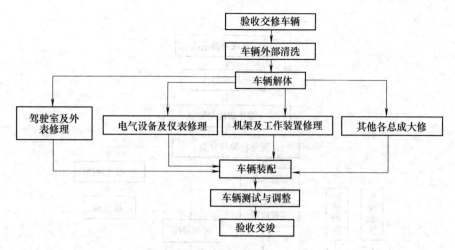

图 1-3　就机修理法的大修工艺过程

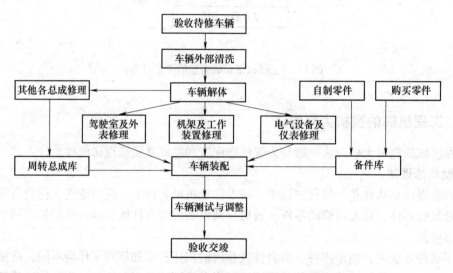

图 1-4　总成互换修理法的大修工艺过程

1.3.6　工程机械修理的作业方式与劳动组织形式

1. 工程机械修理的作业方式

（1）定位作业法　定位作业法是将机械拆散和装配作业固定在一定的工作位置上来完成，而拆散后的修理作业仍分散到各专业工组进行。这种作业方式的优点是占地面积小，所需设备简单，拆装作业不受连续性限制，生产的调度与调整比较方便；其缺点是总成或笨重零件要来回运输，工人劳动强度大。一般适用于规模不大或承修机型种类较复杂的修理厂。

（2）流水作业法　流水作业法是将机械的拆散和装配作业沿着流水顺序，分别在各个专业工组或工位上逐步完成。流水作业法的优点是专业化程度高，分工细致，修理质量高，总成和大件运输距离短，便于集中发挥起重运输设备的作用。但流水作业法必须具备完善的工艺、设备及较大的生产任务，同时要求承修车型单一和有足够的周转总成，以保证流水作业的连续性和节奏性,因此它仅适用于生产规模较大的修理厂。

2. 工程机械修理作业的劳动组织形式

(1) 综合作业法　综合作业法是整台机械的修理作业(除车、铣、刨、磨、锻及焊等作业由专业工种配合完成外)由一个修理工组完成。这种方法由于作业范围广,要求工人掌握较多的理论知识和操作技能,但很难全面、熟练,因此工效低,修理质量不能保证,且修理成本高。所以只适用于设备简单,生产量不大,承修机型较复杂的小型修理厂。

(2) 专业分工作业法　专业分工作业法是将机械修理作业按工种、部位、总成或工序划分成若干作业单元,每单元由一个人或一组工人来专门完成。作业单元分得越细,专业化程度越高。

这种作业法易于提高工人单项作业的技术熟练程度,便于采用专用机具,从而可以保证维修质量、提高工效及降低成本,同时还由于多工种同时进行,大大缩短了修理时间。

复习与思考题

一、填空题

1. 工程机械的维修思想是组织实施工程机械维修工作的(　　　　　)和(　　　　　),是人们对(　　　　)、(　　　　　)及(　　　　　)的总认识。

2. (　　　　　)的维修思想是指以可靠性、维修性理论为基础,在经过大量统计和研究的情况下,根据(　　　　　),综合利用各种信息而制定的(　　　　　)的维修思想。

3. 工程机械维护作业的主要内容可概括为(　　　　)、(　　　　)、(　　　　)、(　　　　)及防腐等,除主要总成发生故障必须解体外,不得对其进行解体。

4. 工程机械维护类型有(　　　　)、(　　　　)、(　　　　)、停放维护和转移前维护等。

5. 工程机械修理的基本原则是(　　　　)。根据实际工况和实时监测的结果确定修理范围、修理内容和修理深度。

6. 工程机械修理一般分为(　　　　)、(　　　　)、(　　　　)和(　　　　)。

7. (　　　　)是指对于那些因磨损、变形或折断等不能继续使用的单一零件进行的修复或更换。

8. 工程机械的整机大修方法一般分为(　　　　)和(　　　　)两种。

二、判断题

1. 事后维修往往处于被动地位,准备工作不可能充分,难以取得完善的维修效果。(　　　　)

2. 以预防为主的维修思想是一种以定期全面检修为主的维修思想。它根据工程机械技术状况变化的规律,在其发生故障之前,提前进行维护或换件修理,把故障消灭在萌芽状态,防患于未然,使机械设备经常处于良好的技术状态。(　　　　)

3. 工程机械的预防性维护对突发性损坏是有效的。(　　　　)

4. 工程机械修理的基本原则是预防为主,强制修理。(　　　　)

5. 局部小修是指随时用修理或更换个别零件的方法对工程机械局部进行运行性修理或恢复性修理。(　　　　)

三、单选题

1. (　　　　)指在机械运行前、后和运行过程中的维护作业,中心内容是检查。

A. 三级维护　　　　B. 一级维护　　　　C. 二级维护　　　　D. 例行维护

2. (　　　　)是以润滑、紧固为中心内容,通过检查、紧固外部连接件,并按润滑图、表加注润滑脂、添加润滑油、清洗滤清器或更换滤芯等。

A. 三级维护　　　　B. 一级维护　　　　C. 二级维护　　　　D. 例行维护

3. （　　）是以检查、调整为中心内容，除执行一级维护的全部内容外，还要从外部检查动力、操纵、传动、转向、制动、变速及行走等机构的工作情况，必要时进行调整，并排除所发现的故障。

A. 三级维护　　　　B. 一级维护　　　　C. 二级维护　　　　D. 例行维护

4. （　　）是以消除隐患为中心内容，除进行二级维护的全部作业内容外，还应对主要部位进行检查，必要时应对检查部位进行局部解体，以检查内部零件的紧固、间隙和磨损等情况，目的是发现和消除隐患。在维护过程中不宜大拆大卸，以免损伤零件。

A. 三级维护　　　　B. 一级维护　　　　C. 二级维护　　　　D. 例行维护

四、问答题

1. 以可靠性为中心的维修思想的特点是什么？

2. 工程机械维护的作用有哪些？

3. 判断发动机需要大修的标志有哪些？

4. 画出工程机械总成大修的工艺过程图。

5. 画出就机修理法的工艺过程图，并说明其特点。

6. 画出总成互换修理法的工艺过程图，并说明其特点。

第 2 章　工程机械维修常用工量具及机具设备

2.1　常用工具

2.1.1　扳手

扳手主要用于紧固六角头、方头螺钉（栓）或螺母，用工具钢或可锻铸铁制成，其开口要求光洁和坚硬耐磨。扳手根据其用途不同可分为通用扳手、专用扳手和特种扳手三类。

1. 活扳手（通用扳手）

活扳手由扳手体、固定钳口、活动钳口和蜗杆组成，如图 2-1 所示。其开口尺寸能在一定范围内调整，规格见表 2-1。

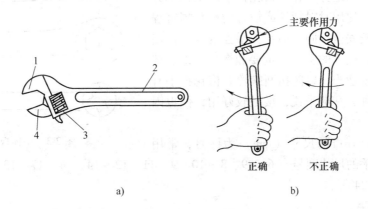

图 2-1　活扳手结构及其使用

a）活扳手结构　b）活扳手使用

1—固定钳口　2—扳手体　3—蜗杆　4—活动钳口

表 2-1　活扳手的规格　　　　　　　　　（单位：mm）

长度	100	150	200	250	300	375	450	600
开口最大宽度	14	19	24	30	36	46	55	65

活扳手的开口尺寸是在一定范围内任意可调的，在其他扳手不适用时，可以使用活扳手。在使用中，尽量优先使用梅花扳手和呆扳手；在必须使用活扳手时，一定要调整好开口的尺寸与螺栓、螺母棱角的配合，小心使用，以防损坏螺栓、螺母的棱角。

常用的活扳手规格有 200mm×24mm、300mm×36mm 等。

2. 呆扳手

呆扳手如图 2-2 所示。在维修中螺栓、螺母的拆装都要用到呆扳手。在选择呆扳手时要特别注意其质量，如果质量不好，使用中很容易将螺栓或螺母的棱角损坏，使螺栓或螺母无法拆装。在使用呆扳手拆卸过紧的螺栓时，用力不可过猛，并且注意扳手运动的方向有没有尖锐的物体，以防螺栓突然松脱，手撞到尖锐物体上而受伤。

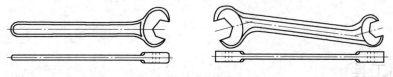

图 2-2　呆扳手

呆扳手分为单头和双头两种，开口尺寸与螺钉或螺母的尺寸相适应。双头呆扳手的两端尺寸不同，并根据标准尺寸做成一套，其以开口的尺寸（mm）为标号，常用的尺寸型号有 5.5~7、8~10、9~11、12~14、14~17、17~19、19~22、22~24、24~27 及 30~32 等。

3. 整体扳手

整体扳手如图 2-3 所示，有正方形、六角形及十二角形（梅花扳手）等。其中以梅花扳手应用最广泛，它只要转过 30° 就可改换扳动的方向，适合在狭窄的地方工作。梅花扳手的工作部分是封闭的环状，使用时对螺栓或螺母的棱角损害程度小，使用比较安全，同时梅花扳手强度高；但使用时必须注意，扳手的平面一定要和螺栓头部、螺母平行，且力度适当，以防扭断螺栓。梅花扳手有高桩和矮桩两种，一般来说，矮桩较好用，但也因人而异。

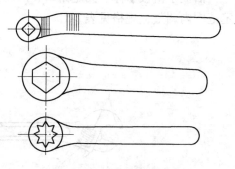

图 2-3　整体扳手

梅花扳手以开口的尺寸（mm）为标号，常用的双头梅花扳手的尺寸型号有 6~9、8~10、9~11、12~14、14~17、13~15、17~19、21~23 及 22~24 等。

4. 套筒扳手

套筒扳手是使用最为方便的工具，主要由套筒头、滑头手柄、棘轮子柄、快速摇柄、各种接头和接杆等组成，如图 2-4 所示。套筒扳手使用灵活而且安全，使用中螺母的棱角不易被损坏。特别适用于拆装位置狭窄或需要一定转矩的螺栓或螺母。套筒扳手常用的尺寸为 6~24 mm，由一套尺寸不等的梅花套筒组成。使用时，应装上相应尺寸的套筒。

5. 内六角扳手

内六角扳手用来拆装内六角头螺栓或螺母，一般成套组合选用，如图 2-5 所示。规格以内六角形对边尺寸 S 表示，尺寸范围为

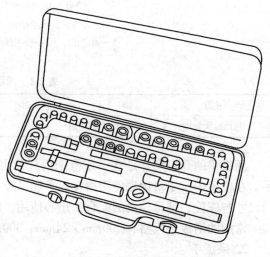

图 2-4　成套的套筒扳手

3～27mm。成套内六角扳手适用于拆装 M4～M30 的内六角头螺栓。

6. 扭力扳手

扭力扳手是一种可读取所施加转矩大小的专用工具，如图 2-6 所示。其规格以最大可测转矩来划分，常用的有 294N·m 和 490N·m 两种。扭力扳手除用来控制螺纹连接旋紧转矩外，还可用于测量旋转件的起动转矩，以检查配合、装配情况。在工程机械修理中扭力扳手是不可缺少的，如气缸盖螺栓、连杆螺栓和曲轴轴承座螺栓等都有转矩的具体要求，都必须用扭力扳手来进行紧固。

图 2-5 内六角扳手

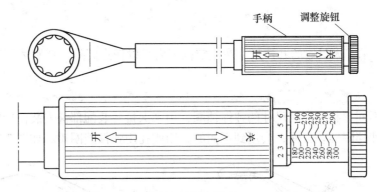

图 2-6 扭力扳手

扭力扳手读数方法为调整旋钮杆部的刻度数加上手柄圆周上的刻度数为总的转矩。图 2-6 所示的总的转矩应等于 184 N·m。

2.1.2 钳子

钳子多用来安装小零件或弯曲、剪断导线等。钳子有多种类型，如图 2-7 所示。

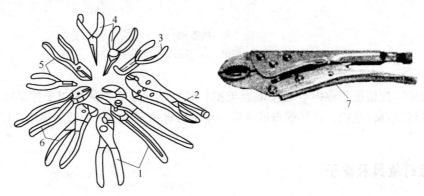

图 2-7 常用钳子

1—鲤鱼钳 2—夹紧钳 3—钩钳 4—尖嘴钳 5—组合钢丝钳 6—剪钳 7—大口钳

1. 鲤鱼钳

如图 2-7 所示，鲤鱼钳钳口的前部是平口细齿，可用于夹捏小零件；中部凹口用于夹持圆柱形零件；后部的刃口可用于剪断金属丝。操作时可以很方便地调节钳口的张开度，以适应不同大小的零件，是维修作业中使用最多的一类钳子。其规格用钳长来表示，常用的有 165 mm、200 mm 两种规格。

2. 钢丝钳

钢丝钳主要用于剪断金属丝，效果较好；其他用途同鲤鱼钳相仿，但其销轴相对于两部分钳体是固定的，所以使用时不如鲤鱼钳灵活。其规格有 150 mm、175 mm 和 200 mm 三种。

3. 尖嘴钳

如图 2-7 所示，尖嘴钳头部细长，适合在较小的空间工作。带刃口的尖嘴钳能剪切细小零件，但使用时不能用力太大，否则钳口头部会变形或断裂。其规格以钳长表示，常用的是 160 mm。

4. 大口钳

如图 2-7 所示，大口钳的开口尺寸在一定范围内可以任意调整，特别适用于圆柱形零件的夹持。

5. 挡圈钳

零件中有不同形状和不同尺寸的弹性挡圈，用来保持各装配部件安装位置固定不变。维修中为了使弹性挡圈拆装方便，会用到不同的轴用或孔用弹性挡圈钳，如图 2-8 所示。

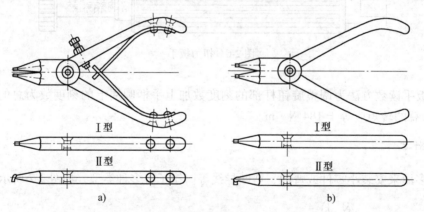

图 2-8　挡圈钳
a）轴用弹性挡圈钳　b）孔用弹性挡圈钳

在维修中，应根据作业内容选用适当类型和规格的钳子，不能用钳子拧紧或旋松连接件，以防止螺纹部位乱扣，损坏螺母或螺栓，也不可将钳子当撬棒或锤子使用，以免损坏钳子。

2.1.3　螺钉旋具及锤子

1. 螺钉旋具

螺钉旋具是用来拧紧或旋松带槽螺钉的工具。螺钉旋具有很多类型，每种类型的螺钉旋具分为若干规格。根据其尖部形状不同，常用的螺钉旋具分为一字槽螺钉旋具和十字槽螺钉旋具两种,如图 2-9 所示。

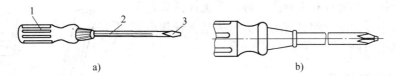

图 2-9　螺钉旋具
a)一字槽螺钉旋具　b)十字槽螺钉旋具
1—旋柄　2—旋杆　3—螺钉旋具头

(1)一字槽螺钉旋具　一字槽螺钉旋具用来拧紧或旋松头部带一字槽的螺钉。使用时,应根据螺钉沟槽的宽度选用相应的规格。

(2)十字槽螺钉旋具　十字槽螺钉旋具用于拧紧或旋松头部带十字槽的螺钉,在较大的拧紧力下,不易从槽中滑出。

使用一字槽螺钉旋具时,注意螺钉旋具头宽度应大于或等于凹槽长的 2/3,其厚度接近凹槽的宽度,旋具无油污,否则会出现拧不紧螺钉、损坏螺钉旋具头或螺钉头部凹槽等情况。使用螺钉旋具时,应使螺钉旋具口与螺钉槽完全吻合,使旋具中心线与螺钉中心线重合后,再拧紧或旋松螺钉。

无论是一字槽还是十字槽螺钉旋具都不能当作撬棒和錾子使用,也不能用扳手或钳子来进行加力拧螺钉,以防损坏螺钉旋具,如图 2-10 所示。

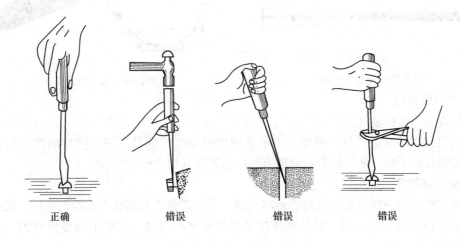

正确　　　　错误　　　　错误　　　　错误

图 2-10　螺钉旋具的用法

2. 锤子

维修作业中常用的锤子有铁锤、木锤和橡胶锤等。铁锤用于粗重物体和需要重击的地方,橡胶锤和木锤主要用来拆装传动轴、轴承及主轴套筒等,击打零件加工表面时,不易击坏零件,如图 2-11 所示。

锤子由锤头和手柄组成,锤头的质量有 0.25kg、0.5kg、0.75kg 及 1kg 等,形状有圆头和方头;手柄用硬杂木制成,长度一般为 320~350mm。

使用锤子时，切记要仔细检查锤头和手柄是否楔塞牢固，使用时应握住手柄后部。挥锤的方法有手腕挥、小臂挥和大臂挥三种，手腕挥锤只有手腕动，锤击力小，但准、快且省力；大臂挥是大臂和小臂一起运动，锤击力最大。

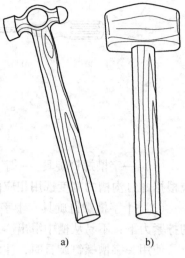

2.1.4　专用拆装工具

1. 火花塞套筒

火花塞套筒是用于拆装发动机火花塞的专用工具，如图 2-12 所示。火花塞套筒为内六角筒式，筒身上加工有手柄穿入孔。套筒内六角对边尺寸为 22～26mm 时，用于拆装 14mm 和 18mm 的火花塞螺套；套筒内六角对边尺寸为 17mm 时，用于拆装 10mm 的火花塞螺套。

2. 机油滤清器扳手

机油滤清器扳手是一种拆装机油滤清器的专用工具，如图 2-13 所示。在更换机油滤清器、柴油滤清器时，没有这种工具是无法工作的。

图 2-11　锤子
a) 铁锤　b) 橡胶锤

图 2-12　火花塞套筒

图 2-13　机油滤清器扳手

3. 气门拆装钳

气门拆装钳是拆装气门的专用工具，如图 2-14 所示。在拆装气门时，将气门拆装钳托架抵住气门，压环对正气门弹簧座，压下手柄即可使气门弹簧压缩，然后取出气门弹簧锁销，再慢慢放松手柄，便能较容易地取下气门弹簧和气门。

4. 活塞环钳子

活塞环钳子用于拆装发动机的活塞环，是一种为避免活塞环受力不均匀而拆卸的专用工具，如图 2-15 所示。使用时，将活塞环钳子卡住活塞环开口，轻握手柄慢慢收缩，活塞环就慢慢张开，即可将活塞环装入或拆出活塞环槽。

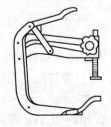

图 2-14　气门拆装钳

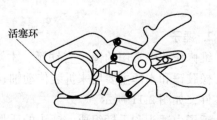

图 2-15　活塞环钳子

如果用于安装活塞环，应将活塞环的开口对正两钳口的内卡爪，使整个活塞放在两个钳口之间，适当用力握紧钳柄，使活塞环变形，张大开口至需要的大小，然后套到活塞头部并放入适当的环槽内，松开钳柄即可。当需要从活塞环槽内拆出活塞环时，将活塞环钳子套在需要拆下的活塞环处，将活塞环开口一侧推出环槽，使活塞环钳子两钳口的内卡爪卡入活塞环开口，然后按上述同样方法操作即可。

2.2　常用机具设备

2.2.1　黄油枪

黄油枪用于各润滑点加注润滑脂，由油嘴、压油阀、柱塞、进油孔、杆头、杠杆、弹簧及活塞杆等组成。使用黄油枪时，将润滑脂装入储油筒，排出空气；装润滑脂后，拧紧端盖即可使用。对油嘴加注润滑脂时，应对正油嘴，不得歪斜。若润滑脂不能注入，则应停止加注，检查油嘴是否堵塞。

2.2.2　顶拔器

顶拔器用于拆卸过盈配合安装在轴上的齿轮或轴承等零件，如图 2-16 所示。常用的顶拔器为手动式，在一杆式弓形叉上装有压力螺杆和拉爪。使用时，在轴端与压力螺杆之间垫一块垫板，用顶拔器的拉爪拉住齿轮或轴承，然后拧紧压力螺杆，即可从轴上拉下齿轮等过盈配合的零件。

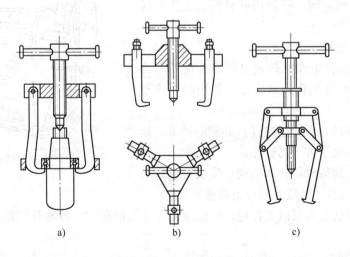

a)　　　　　　b)　　　　　　c)

图 2-16　顶拔器
a）两爪式　b）三爪式　c）铰链式

2.2.3　台虎钳

1. 台虎钳的结构

台虎钳专门用于夹持工件，如图 2-17 所示。台虎钳的规格指钳口的宽度，其类型有固定式和回转式两种，两者的主要构造和工作原理基本相同。由于回转式台虎钳的钳身可以相对于底座回转，能满足各种不同方位的加工需要，因此使用方便。

2. 使用注意事项

1）夹紧工件时松紧度要适当，只能用手拧紧手柄，而不能借助工具加力，其原因一是防止丝杠与螺母及钳身受损坏，二是防止夹坏工件表面。

2）强力作业时，力的方向应朝向固定钳身，以免增加活动钳身和丝杠、螺母的载荷，影响其使用寿命。

3）不能在活动钳身的光滑平面上进行敲击作业，以防破坏它与固定钳身的配合性能。

4）对丝杠、螺母等活动表面，应经常清洁、润滑，以防生锈。

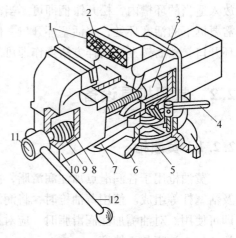

图 2-17　回转式台虎钳

1—钳口　2—螺钉　3—螺母　4、12—手柄
5—夹紧盘　6—转盘座　7—固定钳身
8—挡圈　9—弹簧　10—活动钳身
11—丝杠

2.2.4　砂轮机

1. 砂轮机的结构

砂轮机用于磨削各种刀具或工具，如磨削錾子、钻头、刮刀、样冲及划针等。砂轮机由电动机、砂轮、机座及防护罩等组成，如图 2-18 所示。

砂轮安装在电动机转轴两端，要保持砂轮平衡，使其在工作中平衡运转。砂轮质硬且脆，工作时转速很高。

2. 安全操作规程

由于砂轮较脆，工作时转速又很高，使用不当容易产生砂轮碎裂飞出伤人的事故，使用时要注意以下几点：

1）砂轮的旋转方向应正确（按砂轮防护罩上箭头所示），使磨屑向下方飞离砂轮。

2）起动后，应待砂轮转速达到正常后再进行磨削。若砂轮跳动明显，则应及时停机修整。

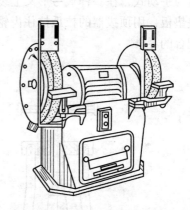

图 2-18　砂轮机

3）磨削时要防止刀具或工件撞击砂轮或施加过大的压力。砂轮外圆跳动较大时，应及时修理。

4）砂轮机的搁架与砂轮间的距离应保持在 3mm 以内。当砂轮磨损使直径变小后，应及时更换，否则间隙过大，磨削件容易被卷入，造成人身伤害事故。

5）磨削时，操作者应站在砂轮的侧面或斜对面，不要站在砂轮的正对面。

2.2.5　台式钻床

1. 台式钻床的结构

台式钻床是安放在工作台上使用的小型钻床。图 2-19 所示为常用的 Z4012 型，其最大钻孔直径为 12mm，主轴最大行程为 100mm。Z4012 型台式钻床的主轴 5 和电动机 12 的轴上分别装有一个五级 V 带轮，改变 V 带在两个带轮槽内的配置位置，能使主轴获得五级转速。

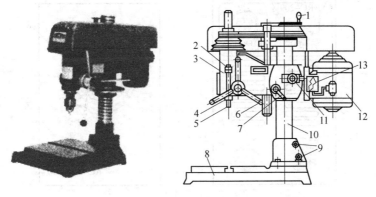

图 2-19　Z4012 型台式钻床

1—摇把　2—挡块　3—机头　4—螺母　5—主轴　6—进给手柄
7—锁紧手柄　8—底座　9—螺栓　10—立柱
11—螺钉　12—电动机　13—转换开关

台式钻床只有手动进给机构。转动进给手柄 6，通过齿轮和主轴套筒背面的齿条相啮合，使装在主轴上的钻头向工件做进给运动。钻孔深度由钻床上的限程装置控制。台式钻床的转速较高，因此不适用于锪孔和铰孔，更不能用丝锥进行机攻螺纹。

2. 台式钻床的日常使用和维护

1）在使用过程中，工作台台面必须保持清洁。

2）钻通孔时，必须使钻头能通过工作台台面上的让刀孔，或在工件下面垫上垫铁，以免破坏工作台台面。

3）下班时，必须将机床外露的滑动面及工作台台面擦净，并对各滑动面及各注油孔加注润滑油。

2.2.6　手工电弧焊机

1. 手工电弧焊机的功能

手工电弧焊机是手工电弧焊的电源设备。ARC-200 型手工电弧焊机外形如图 2-20 所示。

1）正极输出端子。连接焊把钳。

2）负极输出端子。连接电线钳。

3）焊接电流调节旋钮。用户通过此旋钮可调节输出电流的大小。

4）过热指示灯。灯亮表示机器内部温度过高，处于热保护状态。

5）电源指示灯。灯亮表示机器电源开关已开。

6）电源输入。电源输入电缆。

7）电源开关。电源开关控制开关。

手工电弧焊是利用焊条末端和工件的正负两极在瞬间短路时产生的高温电弧使焊条药皮与焊芯及工件熔化，熔化的焊芯端部迅速形成细小的金属熔滴，通过弧柱过渡到局部熔化的工件表面，融合在一起形成熔池。药皮熔化过程中产生的气体和熔渣，不仅使熔池与电弧周

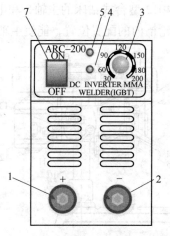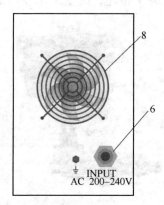

图 2-20　ARC-200 型手工电弧焊机外形
1—正极输出端子　2—负极输出端子　3—焊接电流调节旋钮
4—过热指示灯　5—电源指示灯　6—电源输入
7—电源开关　8—散热风扇

围的空气隔绝，而且与熔化的焊芯、母材发生一系列冶金反应，保证所形成的焊缝的性能。随着电弧以适当的弧长和速度在工件上不断地前移，熔池液态金属逐步冷却结晶，形成焊缝。

2. 手工电弧焊的操作规程

（1）焊接前的准备

1）电焊机应放在通风干燥处，放置平稳。

2）检查焊接面罩应无漏光、无破损。焊接人员和辅助人员均应穿戴好劳保用品。

3）电焊机的焊钳、电源线以及各接头部位要连接可靠、绝缘良好。不允许接线处发生过热现象，电源接线端头不得外露，应用电胶布包好。

4）电焊机与焊钳间导线长度不得超过 30m，特殊情况时不得超过 50m，导线有受潮、断股现象应立即更换。

5）交流电焊机一次侧、二次侧接线应准确无误，输入电流应符合设备要求。严禁接触一次侧线路带电部分。

6）合闸前仔细检查接点螺栓及其他元件，应无松动或损坏。

（2）焊接中的注意事项

1）应根据工作的技术条件，选择合理的焊接工艺，不允许超负载使用，不准采用大电流施焊，不准用电焊机进行金属切割作业。

2）在载荷施焊中电焊机温升不应超过 A 级 60℃、B 级 80℃，否则应停机降温后再进行施焊。

3）电焊机的工作场合应保持干燥，通风良好。移动电焊机时，应切断电源，不得用拖拉电源的方法移动电焊机。如焊接中突然停电，应切断电源。

4）在焊接中，不允许调节电流。必须在停焊时，使用调节手柄调节，且不得过快、过猛，以免损坏调节器。

（3）焊接完成后的注意事项

1）完成焊接作业后，应立即切断电源，关闭电焊机开关，分别清理、归整好焊钳电源和地线，以免合闸时造成短路。

2）清除焊缝焊渣时，要带上护目镜，注意头部避开焊渣飞溅的方向，以免造成伤害，不能对着在场人员敲打焊渣。

3）不进行焊接时（移动、修理、调整或工作间歇休息）应切断电源，以免发生事故。

2.2.7　气焊与气割设备

在生产中，利用可燃气体与助燃气体（氧气）混合燃烧所释放出的热量作为热源进行金属材料的焊接或切割，就是气焊或气割。

1. 气焊

（1）气焊的基本原理　气焊是利用可燃气体和氧气在焊炬中混合后，由焊嘴中喷出并点火燃烧，利用燃烧产生的热量来熔化焊件接头处和焊丝形成牢固的接头。气焊主要应用于薄钢板、有色金属、铸铁件、刀具的焊接以及硬质合金等材料的堆焊和磨损件的补焊。

（2）气焊设备　气焊所用的设备包括氧气瓶、乙炔发生器、乙炔瓶、回火防止器、焊炬（焊枪）、减压器以及胶管等，如图2-21所示。

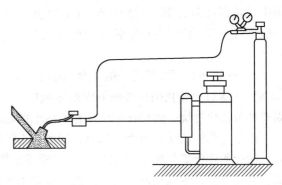

图 2-21　气焊设备

（3）焊炬　焊炬又称焊枪，焊炬的功用是使可燃气体（乙炔）与氧气按需要的比例在焊炬中混合均匀，并由一定孔径的焊嘴喷出，进行燃烧以形成具有一定能量和性质的稳定的焊接火焰。它在构造上应安全可靠、尺寸小、质量小，调节方便。

最常用的射吸式焊炬如图2-22所示。

射吸式焊炬的工作原理是：当打开氧气调节手轮6后，具有一定压力的氧气经氧气导管1，以高速喷入混合气管4，使喷嘴周围的空间形成真空，而且将乙炔导管2中的乙炔（此时需先打开乙炔调节手轮3）吸入混合气管4，并经混合气管4充分混合后，由焊嘴5喷出，点燃即成焊接火焰。

（4）氧乙炔火焰的特性　气焊使用的气体包括助燃气体和可燃气体，助燃气体是氧气，可燃气体一般是乙炔。乙炔与氧气混合燃烧的火焰称为氧乙炔焰，按氧气与乙炔的混合比不同可分为碳化

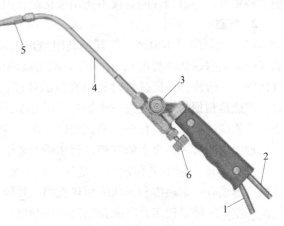

图 2-22　射吸式焊炬

1—氧气导管　2—乙炔导管　3—乙炔调节手轮

4—混合气管　5—焊嘴　6—氧气调节手轮

焰、中性焰和氧化焰三种。氧乙炔焰的构造和形状如图 2-23 所示。

1）中性焰。氧气与乙炔的混合比为 1~
1.2 时，得到的火焰称为中性焰。中性焰燃
烧后无过剩的氧气和乙炔。焊接时主要使用
中性焰。中性焰有时也称为轻微碳化焰，火
焰由焰心、内焰和外焰三部分组成，其中内
焰微微可见。

在中性焰的焰心与内焰之间，燃烧生成
的一氧化碳、氢气与熔化金属相作用，使氧
化物还原。内焰温度达 3050~3150℃，所以
用中性焰焊接时，都使用内焰来熔化金属。
一般中性焰适用于焊接碳钢和有色金属材
料。

2）碳化焰。氧气与乙炔的混合比小于 1
（0.85~0.95）。碳化焰在火焰的内焰区域中

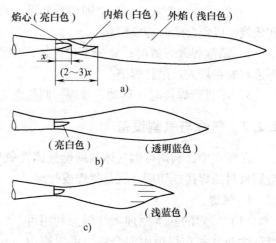

图 2-23　氧乙炔焰的构造和形状
a）碳化焰　b）中性焰　c）氧化焰

尚有部分乙炔燃烧，火焰比中性焰长，内焰的最高温度为 2700~3000℃。

由于过剩的乙炔分解为碳和氢，游离状态的碳会渗到熔池中去，使焊缝金属的含碳量增
高，所以用碳化焰焊接低碳钢时会使焊缝强度提高，但塑性降低。另外，过多的氢进入熔
池，会使焊缝产生气孔及裂纹，因此，碳化焰不适用于低碳钢、合金钢的焊接，而适用于高
碳钢、铸铁及硬质合金等材料的焊接。

3）氧化焰。氧化焰在燃烧过程中氧气的浓度较大，氧气和乙炔的混合比大于 1.2（1.3
~1.7），氧化反应剧烈，整个火焰缩短，而且内焰与外焰层次不清，最高温度为 3100~
3300℃。

氧化焰具有氧化性，如果用来焊接一般的钢件，则焊缝中的气孔和氧化物较多，同时熔
池产生严重的沸腾现象，使焊缝的强度、塑性和韧性变差，严重地降低焊缝质量。除了锰
钢、黄铜外，一般钢件的焊接不能用氧化焰，因此，这种火焰很少被应用。

2. 气割

（1）气割的基本原理　气割是利用预热火焰将被切割的金属预热到燃点（即该金属在
氧气中能剧烈燃烧的温度），再向此处喷射高纯度、高速度的氧气流，使金属燃烧形成金属
氧化物——熔渣。金属燃烧时放出大量的热能使熔渣熔化，且由高速氧气流吹掉，与此同
时，燃烧热和预热火焰又进一步加热下层金属，使之达到燃点，并自行燃烧。这种预热—燃
烧—去渣的过程重复进行即可形成切口，移动割炬可把金属逐渐割开，这就是气割过程的基
本原理。由此可见，金属的气割过程实质上是金属在氧气中燃烧的过程。

（2）割炬　割炬又称割枪，是气割的主要工具。它的作用是使可燃气体与氧气混合，
点燃后形成有一定热能和形状的预热火焰，并能在预热火焰中心喷射切割氧气流，以便进行
气割。割炬的种类很多，在此介绍氧乙炔割炬。

氧乙炔割炬形成预热火焰所用的可燃气体是乙炔。射吸式割炬的结构如图 2-24 所示。
这种割炬的结构以射吸式焊炬为基础，增加了切割氧的气路和阀门，并采用专门的割嘴，割
嘴的中心是切割氧的通道，预热火焰均匀地分布在它的周围。进行气割时，先开启预热氧气

阀和乙炔阀，点燃并调节预热火焰中性焰，将被割金属加热到燃点，随即开启切割氧气阀，切割氧气流经切割氧气管，由割嘴的中心孔喷出，进行气割。

并不是所有的金属都能进行气割，需要切割的金属材料具备以下条件才能实现气割。

1）能同氧气发生剧烈的氧化反应，并放出足够的热量，以保证把切口前缘的金属层迅速地加热到燃点。

2）金属的热导率不能太高，即导热性应较差，否则气割过程的热量将迅速散失，使气割不能开始或被中断。

3）金属的燃点应低于熔点，否则金属的气割将成为熔割过程。

4）金属的熔点应高于其燃烧生成

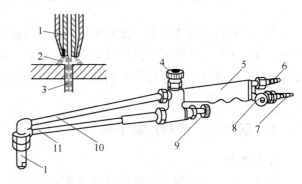

图 2-24　射吸式割炬

1—割嘴　2—预热火焰　3—切割氧气流　4—切割氧气手轮
5—手柄　6—氧气接头　7—乙炔接头　8—乙炔手轮
9—燃烧氧气手轮　10—切割氧气管　11—混合气管

氧化物的熔点，否则高熔点的氧化物膜会使金属和切割氧气流隔开，造成燃烧过程中断。

5）生成的氧化物应该易于流动，否则气割时生成的氧化物熔渣本身无法被氧气流吹走，将妨碍气割的进行。

普通碳钢和低合金钢符合上述条件，气割性能较好；高碳钢及含有易淬硬元素（如铬、钼、钨及锰等）的中、高合金钢，可气割性较差；不锈钢含有较多的铬和镍，易形成高熔点的氧化膜（如 Cr_2O_3），铸铁的熔点低，铜和铝的导热性好（铝的氧化物熔点高），它们属于难于气割或不能气割的金属材料。

3. 气焊及气割的安全注意事项

1）每个氧气减压器和乙炔减压器上只允许接一把焊炬或一把割炬。

2）必须分清氧气胶管和乙炔胶管，GB 9448—1999《焊接与切割安全》中规定，氧气胶管为黑色，乙炔胶管为红色。新胶管使用前应将管内杂质和灰尘吹尽，以免堵塞割嘴，影响气流流通。

3）氧气管和乙炔管如果要横跨通道和轨道，应从下面穿过（必要时加保护套管）或吊在空中。

4）在氧气瓶集中存放的地方，10m 之内不允许有明火，更不得有弧焊电缆从瓶下通过。

5）操作前应检查气路是否有漏气现象。检查焊嘴、割嘴有无堵塞现象，必要时用通针修理。

6）操作人员必须穿戴规定的工作服、手套和护目镜。

7）点火时可先通适量乙炔，后通少量氧气，避免产生丝状黑烟，点火严禁用烟蒂，避免烧伤手。

8）在操作过程中发生回火时，应先关闭乙炔阀，再关闭氧气阀。因为氧气压力较高，回火到氧气管内的现象极少发生，绝大多数回火倒袭是向乙炔管方向蔓延，只有先关闭乙炔阀，切断可燃气源，再关闭氧气阀，回火才会很快熄灭。

2.3　常用量具

在工程机械维修作业中，需要对机件的磨损程度、配合情况以及加工精度等进行必要的检查，这些工作往往需要借助量具来完成。因此，正确地使用量具，确保测量精度，是达到技术标准、保证维修质量的重要条件，工程机械维修人员应当熟悉常用量具的使用和维护方法。

2.3.1　钢直尺、钢卷尺及卡钳

1. 钢直尺

钢直尺是一种最简单的可直接读取测量长度的量具，由薄钢板制成，常用于粗测工件的长度、宽度和厚度。常见钢直尺的规格有 150mm、300mm、500mm 及 1000mm 等。

钢直尺的刻度线起始端为方形，称为工作端，另一端为圆弧并有一悬挂孔，其外形如图2-25 所示。

钢直尺是精度较低的普通量具，一般用于金属或木材制件的粗加工测量，其工作端面可作为测量时的定位面。钢直尺特别是较长的钢直尺，要

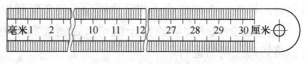

图 2-25　钢直尺

注意避免尺身弯曲变形，长尺可悬挂置放。钢直尺在使用过程中，应注意防止由视差而产生的误差。

2. 钢卷尺

钢卷尺是测量长度的量具，按精度分为Ⅰ、Ⅱ两级，主要结构为具有弹性的整条钢带，卷于金属或塑料材料制成的尺盒或框架内。按其结构一般分为四种形式，如图2-26 所示。

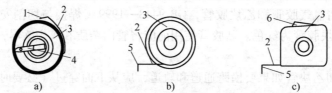

a)　　　　　　　　　b)　　　　　　　　c)

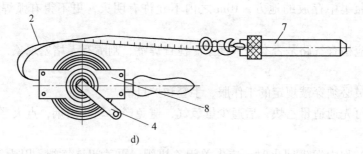

d)

图 2-26　钢卷尺的结构

a）摇卷盒式卷尺　b）自卷式卷尺　c）制动式卷尺　d）测深钢卷尺

1—尺环　2—尺带　3—尺盒　4—摇柄　5—尺钩

6—制动按钮　7—尺砣　8—尺架

使用钢卷尺时，要平拉平卷，防止钢带扭弯或折断。使用中弄脏后或尺上附有其他附着物时，一定要擦干净，如较长时间不使用，应涂上薄层防锈油。

3. 卡钳

卡钳是一种间接读数量具，卡钳上不能直接读出尺寸，必须与钢直尺或其他刻线量具配合测量。常见的卡钳分为内卡钳和外卡钳两种，如图 2-27 所示。内卡钳用于测量内径、凹槽等，外卡钳用于测量外径、平行面等。

调节卡钳的开度时，应轻轻敲击

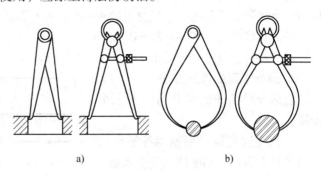

图 2-27　卡钳
a) 内卡钳　b) 外卡钳

卡钳脚的两侧面。先用两手把卡钳开口的大小调整到和工件尺寸相近，然后轻敲卡钳的外侧来减小卡钳的开口，敲击卡钳内侧来增大卡钳的开口，但不能直接敲击钳口，这样会因卡钳的钳口损伤测量面而引起测量误差。

2.3.2　游标卡尺

游标卡尺是一种精密量具，常用来测量零件的长度、宽度、深度以及内、外径等。游标卡尺的分度值可分为 0.05mm、0.02mm 等。分度值越小，精度越高。一般在尺面上标出分度值。下面以分度值为 0.02mm 的游标卡尺为例，介绍其刻度原理和使用方法。

1. 游标卡尺的结构

图 2-28 所示为分度值为 0.02mm 的游标卡尺，它由刀口形的内、外量爪和深度尺等组成。其测量范围为 0~125mm。它可以测量工件的内、外径尺寸，深度，孔距，环形壁厚和沟槽。

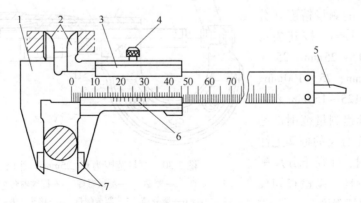

图 2-28　分度值为 0.02mm 的游标卡尺
1—尺身　2—内量爪　3—尺框　4—紧固螺钉
5—深度尺　6—游标　7—外量爪

2. 游标卡尺的刻线原理

读数部分主要由尺身和游标组成。其原理是利用尺身标尺间距与游标标尺间距之差来进行小数读数的。设 a 为尺身每格的宽度，b 为游标每格的宽度，n 为游标的刻线格数。当尺身（$n-1$）格的长度正好等于游标 n 格的长度时，游标每格宽度 $b=(n-1)a/n$，尺身每格宽度与游标每格宽度之差即游标的分度值 $i=a-b=a/n$。如图 2-29 所示，尺身每格为 1mm，当两测量爪并拢时，尺身上的 49mm 正好对准游标上的 50 格。则有

　　　游标每格的值 = 49mm/50 = 0.98mm

　　　尺身与游标每格相差的值 $i=(1-0.98)$ mm = 0.02mm

3. 游标卡尺的读数方法

游标卡尺的读数可分为以下三个步骤：

图 2-29　分度值为 0.02mm 的游标卡尺刻线原理

（1）先读整数　根据游标零线以左的尺身上的最近刻度读出整毫米数。

（2）再读小数　根据游标零线以右与尺身上的刻度对准的刻线数乘以 0.02 读出小数。

（3）得出被测尺寸　将已读出的整数和小数两部分加起来即为总尺寸。

4. 使用注意事项

1）测量前应将游标卡尺擦干净，两量爪贴合后，游标和尺身零线应对齐。若对不齐，则表明存在零位偏差，一般不能使用，如要使用，应根据原始误差修正测量读数。

2）测量时　所用力度以使两量爪刚好接触零件表面为宜。

3）测量时　应防止卡尺歪斜。

4）在游标上读数时，应避免视线歪斜产生读数误差。

2.3.3　千分尺

千分尺按其用途可分为外径千分尺、内径千分尺和深度千分尺等类型，在工程机械维修工作中，以外径千分尺较为常用。

1. 千分尺的结构

外径千分尺的测量精度（分度值）可达 0.01mm。按其测量范围常分为 0 ~ 25mm、25 ~ 50mm、50 ~ 75mm、75 ~ 100mm、100 ~ 125mm 和 125 ~ 150mm 六种量程，即每种量程测量范围都是 25mm。在外径千分尺的框架上注明它的测量范围。外径千分尺配有同级的标准量杆，以检查和校正外径千分尺的精确度。

图 2-30 所示为测量范围为 0

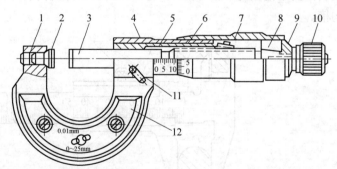

图 2-30　测量范围为 0 ~ 25mm 的外径千分尺

1—尺架　2—测砧　3—测微螺杆　4—螺纹轴套　5—固定套筒
6—微分筒　7—调节螺母　8—接头　9—垫片
10—测力装置　11—锁紧机构　12—绝热片

~ 25mm 的外径千分尺，它由尺架、测微螺杆及测力装置等组成。千分尺测微螺杆的移动量一般为 25mm，少数大型千分尺也有制成 50mm 的。

2. 千分尺的刻线原理

千分尺测微螺杆上螺纹的螺距为 0.5mm。当微分筒 6 转一周时，测微螺杆 3 就轴向移进 0.5mm。固定套筒 5 上刻有间隔为 0.5mm 的刻线，微分筒圆周上均匀刻有 50 格。因此，当

微分筒每转一格时，测微螺杆就移进：0.5mm/50 = 0.01mm，因此 0.01mm 就是千分尺的分度值。

3. 千分尺的读数方法

1）在固定套筒上读出与微分筒相邻近的刻度线数值。

2）用微分筒上与固定套筒的基准线对齐的刻线格数，乘以千分尺的分度值（0.01mm），读出不足 0.5mm 的数。

3）将前两项读数相加，即为被测尺寸。

例：读出图 2-31 所示的外径千分尺的读数。

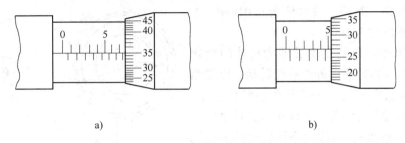

a)　　　　　　　　　　　　b)

图 2-31　外径千分尺读数实例

图 2-31a 的读数为：（7.5 + 35 × 0.01）mm = 7.85mm。

图 2-31b 的读数为：（5 + 27 × 0.01）mm = 5.27mm。

4. 千分尺的使用方法

1）测量前，转动千分尺的测力装置，使两测量面接触，并检查是否密合，同时检查微分筒与固定套筒是否处于零位，如有偏差应使用专用扳手调整使固定套筒对零。

2）测量时，用手转动测力装置，要控制测力，不允许用冲击力转动微分筒。千分尺测微螺杆的轴线应与零件表面垂直。

3）读数时，最好不取下千分尺。如果需要取下千分尺读数，应先锁紧测微螺杆，然后轻轻取下千分尺，防止尺寸变动。

对于存在零误差的千分尺，测量结果应等于读数减去零误差，即：物体长度 = 固定刻度读数 + 可动刻度读数 - 零误差。

5. 使用注意事项

1）千分尺是一种精密的量具，使用时应小心谨慎，动作轻缓，避免撞击。千分尺内的螺纹非常精密，使用时要注意：旋钮和测力装置在转动时都不能过分用力；当转动旋钮使测微螺杆靠近待测物时，一定要改旋测力装置，不能转动旋钮使螺杆压在待测物上；在测微螺杆与测砧已将待测物卡住或旋紧锁紧装置的情况下，绝不能强行转动旋钮。

2）有些千分尺为了防止手温使尺架膨胀引起微小的误差，在尺架上装有隔热装置。测量时应手握隔热装置，尽量少接触尺架的金属部分。

3）使用千分尺测量同一长度时，一般应反复测量几次，取其平均值作为测量结果。

4）千分尺用毕后，应用纱布擦干净，在测砧与螺杆之间留出一点空隙，然后放入盒中。如长期不用可抹上润滑脂或润滑油，放置在干燥的地方。注意不要让它接触腐蚀性的气体。

2.3.4　百分表

百分表是一种精度较高的比较量具，它只能测出相对数值，不能测出绝对数值，主要用于测量形状和位置误差、零件装配和啮合间隙以及机件装置是否平整等。百分表的分度值为0.01mm。

1. 百分表的结构与刻度原理

百分表的结构如图2-32所示。当测量杆向上或向下移动1mm时，通过传动机构带动大指针转一圈，小指针转一格。大刻度盘在圆周上有100个等分格，每格的读数值为0.01mm。小刻度盘的每格读数为1mm。

测量时指针读数的变动量即为尺寸的变化量。大刻度盘可以随表的外壳一起转动，以便测量时大指针对准零刻线，并可用固定螺钉定位。

百分表的读数方法为：先读小指针转过的刻度线（即毫米整数），再读大指针转过的刻度线并乘以0.01mm（即小数部分），然后两者相加，即得到所测量的数值。

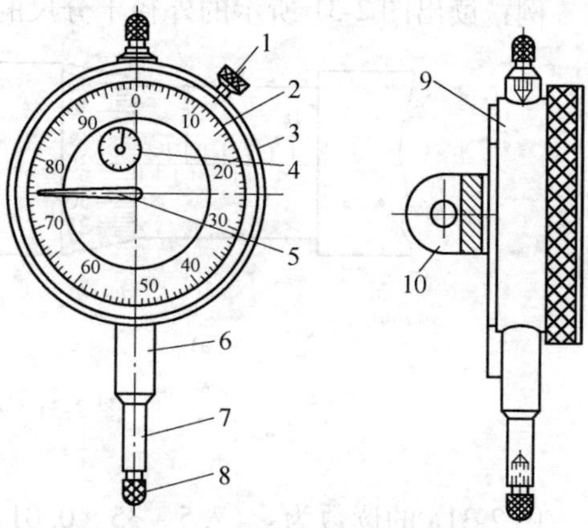

2. 百分表的使用方法

1）测量工件时，要将百分表装夹固定在稳定的表架上。一般通用的表架有图2-33所示的两种不同形式。

2）测量前先用标准件或量块校对百分表零位。在放上和取下量块或工件时，要先轻轻提起

图 2-32　百分表的结构
1—固定螺钉　2—大刻度盘　3—调整环
4—小刻度盘　5—指针　6—套管
7—测量杆　8—测头
9—表壳　10—夹孔

测杆，以免磨损测头，不能将量块或工件强行推塞在测头下面，如图2-34所示。放下测头时要缓慢，以免产生冲击。

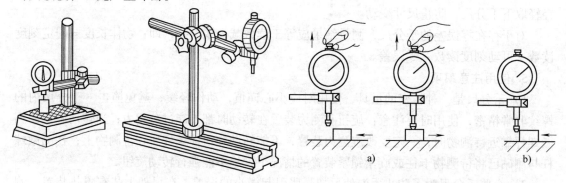

图 2-33　百分表的表架　　　　　　　　　　图 2-34　百分表零位调整方法
　　　　　　　　　　　　　　　　　　　　　　　a）正确　b）不正确

测量时，应使测量杆垂直于零件的被测表面。测量圆柱面的直径时，测量杆的中心线要通过被测圆柱面的轴线。

3）测量头开始与被测表面接触时，测量杆应压缩 0.3 ~ 1mm，以保持一定的初始测量力。

4）从表中读出工件尺寸相对标准件或量块的偏差，从而确定工件尺寸。

百分表可用来精确测量零件的圆度、圆跳动、平面度、平行度和直线度等几何误差，也可用来找正工件。

2.3.5　内径百分表

内径百分表是将测头的直线位移变为指针的角位移的计量器具，它是用比较法来测量孔径尺寸及其几何形状偏差的，常用于测量气缸磨损和确定气缸内径。

1. 内径百分表的结构原理及读数方法

内径百分表是一种由百分表为读数机构，配备杠杆传动机构或楔形传动机构的杆部组合而成的量具。图 2-35 所示为带中心支架的内径百分表，其结构原理如图 2-35b 所示，它由表头和表架组成。表头即一般百分表；表架的测头端部有一可换测头 1，另一端有一活动测头 2。测量内孔时，孔壁使活动测头 2 向左移动，推动摆块 3，摆块 3 将传动杆 4 向上推，从而推动百分表测量杆，读出测量值。测量完毕后，在弹簧 5 的作用下，活动测头 2 复位。

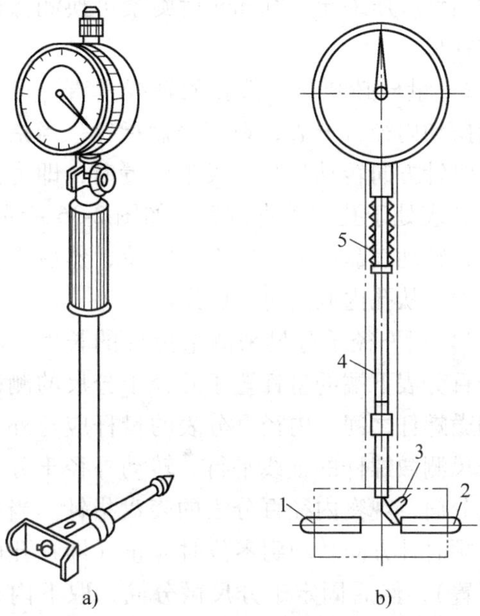

测量前，可换测头与活动测头先按被测内径尺寸的公称值对好百分表的零位。测量时，活动测头的移动使杠杆回转，通过传动杆推动百分表的测量杆，使百分表指针回转。由于杠杆是等臂的，百分表测量杆、传动杆及活动测头三者的移动量是相同的，所以活动测头的移动量可以在百分表上读出来。百分表测量的读数加上零位尺寸即为测量数据。

图 2-35　带中心支架的内径百分表

a）外观图　b）结构原理图

1—可换测头　2—活动测头　3—摆块（等臂杠杆）
4—传动杆　5—弹簧

测量孔径时，孔径向的最小尺寸为其直径；测量平面间的尺寸时，给定方向内的最小尺寸为平面间的测量尺寸。

2. 内径百分表的使用方法

1）检查表头的相互作用和稳定性。

2）检查活动测头和可换测头表面是否光洁，连接是否稳固。

3）把百分表插入量表直管轴孔中，压缩百分表一圈后紧固。

4）选取并安装可换测头后紧固。

5）测量时手握隔热装置。

6）根据被测尺寸调整零位。

用千分尺调整零位，以孔径向的最小尺寸或平面间任意方向内的最小尺寸对零位，然后在同一位置反复测量 2~3 次后，检查指针是否仍与零线对齐，如不对齐则重调。为读数方便，可用整数来定零位位置。

7）测量时，摆动内径百分表找到轴向平面的最小尺寸（转折点）来读数。

8）测杆、测头及百分表等配套使用，不要与其他量表混用。

根据不同的孔径尺寸，可以调换可换测头。可换测头的尺寸有下列几种：10~18mm、18~35mm、35~50mm 及 50~160mm 等。内径百分表的示值误差为 ±0.015mm，因此使用时必须用千分尺复校尺寸。

3. 内径尺寸的测量方法

测量孔类内径时，需要配合使用外径千分尺。

1）首先根据测量零件的内径，选择长度合适的量杆并装在表架上。将内径百分表垂直放入被测零件的孔内，转动可换测头观察表盘的大指针，压缩至 1.00mm 后旋紧可换测头的固定螺母。

2）量杆必须与零件孔的轴线垂直，可以稍稍摆动内径百分表，观察表盘指针，当指针沿顺时针方向转动到某一极限位置时，即为内径百分表处于孔内垂直位置，如图 2-36 所示。此时，转动表盘使大指针对正零位，然后再复查无误，从孔内取出内径百分表。

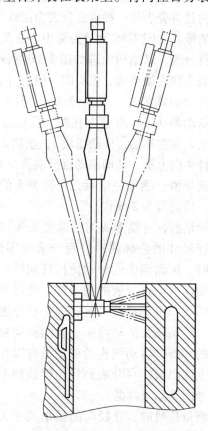

3）用外径千分尺来测量量杆的长度，将内径百分表下端的量杆置于外径千分尺的测砧和测微螺杆之间，内径百分表的量杆应与外径千分尺测微螺杆的轴线平行。转动外径千分尺的微分筒，观察内径百分表的表盘指针。当指针沿顺时针方向转动到零位时为止（即在孔内的位置），然后固定千分尺微分筒，取下内径百分表。此时，外径千分尺读数即为该零件孔的内径尺寸。

4. 孔类零件磨损的测量方法

此法多用于气缸磨损的测量操作，下面以气缸磨损测量为例，介绍操作方法。

图 2-36　内径百分表的用法

1）对照所测量气缸的原始尺寸，调整外径千分尺的微分筒，当外径千分尺两测头之间距离为气缸内径的原始尺寸时，固定外径千分尺的微分筒。

2）选择合适的可换测头装于内径百分表上，将内径百分表量杆放置在外径千分尺的两测头之间，转动可换测头，观察内径百分表的表盘，当大指针压缩 0.5mm 时，固定可换测头。转动表盘使大指针对正零位，即为原始尺寸。

3）从外径千分尺上取下内径百分表，放入所测量的气缸内，在气缸的上方找到最大磨损部位，并使量杆与零件孔的轴线垂直。此时内径百分表大指针沿逆时针方向转动，偏离零位的数值即为该气缸的最大磨损数值。

2.3.6　塞尺

塞尺由许多片厚薄不一的薄钢片组成,如图 2-37 所示。塞尺中的每片具有两个平行的测量平面,且都有厚度的尺寸值,以供组合使用。塞尺的规格以长度和每组片数来表示,常见的长度有 100mm、150mm、200mm 及 300mm 四种,每组片数有 11 ~ 17 片等多种。

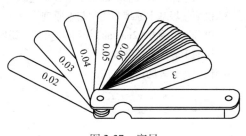

塞尺主要用来检测零件间隙的大小,若气门间隙、分电器触点间隙和制动鼓蹄片间隙等。

用塞尺测量间隙时,应先用较薄的塞尺片插入被测间隙,若还有空隙,则依次换用稍厚的塞尺片插入,直到恰好塞入间隙后感觉不过松也不过紧,拉动时以稍感拖滞为宜,这时该片塞尺的厚度即为被测间隙的大小。

图 2-37　塞尺

塞尺薄而易断,使用时要特别小心。插入间隙时不要太紧,更不能用力硬塞。使用后应在表面涂以薄层的防锈油,并收回到保护板内。

复习与思考题

一、填空题

1. (　　　　　) 是用于拆装发动机火花塞的专用工具。

2. (　　　　　) 是拆装机油滤清器的专用工具。

3. (　　　　　) 是拆装气门的专用工具。

4. (　　　　　) 是拆装发动机活塞环的专用工具。

二、判断题

1. 在使用扳手时,尽量优先使用梅花扳手和呆扳手,在必须使用活扳手时要调整好开口的尺寸。(　　　)

2. 气焊设备和气割设备完全相同。(　　　)

3. 氧化焰在燃烧过程中氧气的浓度较大,氧气和乙炔的混合比大于 1.2 (1.3 ~ 1.7)。(　　　)

4. 碳化焰的内焰温度比中性焰的内焰温度高。(　　　)

5. 所有的金属都能气割。(　　　)

6. 千分尺和百分表的分度值都是 0.01mm。(　　　)

7. 百分表可以直接测出零件的尺寸。(　　　)

三、单选题

1. (　　　) 是一种可读取所施加转矩大小的专用工具。

A. 活扳手　　　　　B. 套筒扳手　　　　　C. 扭力扳手　　　　　D. 内六角扳手

2. 在维修中,安装弹性挡圈的工具是 (　　　)。

A. 钢丝钳　　　　　B. 尖嘴钳　　　　　C. 鲤鱼钳　　　　　D. 挡圈钳

3. 氧气与乙炔的混合比为 1 ~ 1.2 时,得到的火焰称为 (　　　)。

A. 碳化焰　　　　　B. 中性焰　　　　　C. 氧化焰

4. 氧气与乙炔的混合比小于 1 (0.85 ~ 0.95) 时,得到的火焰称为 (　　　)。

A. 碳化焰　　　　　B. 中性焰　　　　　C. 氧化焰

5. （　　）的内焰温度最高。

A. 碳化焰　　　　　B. 中性焰　　　　　C. 氧化焰

6. （　　）主要用来检测零件间隙的大小，如气门间隙、分电器触点间隙和制动鼓蹄片间隙等。

A. 百分表　　　　　B. 千分尺　　　　　C. 塞尺　　　　　　　D. 游标卡尺

四、问答题

1. 说明台虎钳的使用注意事项。

2. 手工电弧焊焊接前的准备工作有哪些？

3. 说明气焊基本原理和气割基本原理。

4. 以分度值为 0.02mm 的游标卡尺为例，说明游标卡尺读数方法。

5. 说明千分尺的读数方法。

6. 说明百分表的读数方法。

第3章 工程机械零件的损伤失效

3.1 概述

3.1.1 失效的概念

零件的失效是指零件在使用过程中由于磨损、断裂、变形和腐蚀等使其丧失原有设计和制造时所规定的功能，无法继续工作的现象。工程机械的失效是指工程机械在运行中失去规定功能或者出现损伤破坏的现象。

一个零件处于下列三种状态之一就认为是失效：

1）完全不能工作。

2）不能按确定的规范实现规定功能。

3）不能可靠和安全地继续使用。

这三个条件可以作为零件失效与否的判断原则。

3.1.2 零件失效的形式、原因及危害

1. 零件失效的形式

一般机械零件的失效形式是按失效件的外部形态特征来分类的，大体包括：磨损失效、断裂失效、变形失效和腐蚀失效等。在工程机械维修实践中，最主要的失效形式是零件工作表面的磨损失效；而最危险的失效形式是瞬间出现裂纹和破断，这两种统称为断裂失效。

2. 零件失效的基本原因

机械零件失效的基本原因大致可分为三类。

1）工作条件（载荷大小、作用力的状况、环境温度和湿度及空气质量）的影响。

2）设计、加工和制造方面的因素（设计不合理、选材不当、制造工艺不当及装配不合理等）所致。

3）使用维修不当（不正当地使用、不按规则维护、修理方式和深度不当等）引起机械零件失效。

3. 失效的危害

某个零部件的失效，势必导致整台机械设备发生故障、停止运行或局部破坏，造成重大的经济损失，甚至出现人身伤亡事故。

3.1.3 失效分析及其目的

1. 失效分析

失效分析是指分析研究零件磨损、断裂、变形及腐蚀等现象的机理或过程的特征及规律，从中找出产生失效的主要原因，以便采用适当的预防控制方法。失效分析已逐步形成一

门新兴的学科——失效学。

2. 失效分析的目的

在工程机械使用过程中，各零部件会随着工作时间的延长逐渐失去原有的或技术文件所要求的性能，使机械丧失部分或全部工作能力，表现为工程机械技术状况变差。由于零部件在使用过程中，技术状况的变化是不可避免的，了解工程机械零部件性能逐渐丧失的发展进程及现象，就能找出零部件失效的具体原因，并针对零件失效的原因采取相应的措施，防止零件的早期损坏，进而实现控制工程机械技术状况的目的，使工程机械的技术状况处于规定的水平，降低工程机械的故障率，以求延长工程机械的使用寿命。为此，掌握工程机械零件的各种失效现象、规律和原因，为制订工程机械维修技术方案提供可靠依据，这对于正确使用工程机械、提高维修质量进而提高工程机械的可靠性是十分必要的。

3.2 零件的摩擦

3.2.1 摩擦的概念及其类型

1. 摩擦的概念

两物体具有相对运动（或趋势）时，在其接触表面之间所出现的相互阻碍的现象称为摩擦，在接触面间产生的切向运动阻力称为摩擦力。

各种不同形状、尺寸及特性的摩擦副，其摩擦力的方向均与相对运动的方向相反，大小与摩擦面的性质和载荷有关。

摩擦有利的方面，如离合器没有足够的摩擦就要打滑，车轮与地面之间没有摩擦工程机械就无法行走，制动器没有摩擦就不能控制车速且无法保证安全行车；但很多情况下摩擦是有害的，如工程机械上各配合副之间由于摩擦的存在，造成零件的磨损，缩短零件的使用寿命，还会消耗发动机产生的功率。

2. 摩擦的类型

（1）按运动状态分类

1）静摩擦。在外力作用下，两物体表面间有产生相对运动的趋势，但还没有产生宏观相对运动的摩擦，即运动开始前的摩擦。

2）动摩擦。当外力达到最大静摩擦力时，使物体产生宏观相对运动后的摩擦。

（2）按运动形式分类

1）滑动摩擦。当一物体在另一物体表面上滑动或有滑动趋势时，在两物体接触面上产生的阻碍它们之间相对滑动的现象，称为滑动摩擦。

2）滚动摩擦。当一物体在另一物体表面做无滑动的滚动或有滚动的趋势时，在两物体接触面上产生的阻碍它们之间相对滚动的现象，称为滚动摩擦。

（3）按润滑状态分类

1）干摩擦。摩擦表面之间没有任何润滑剂或其他润滑介质分隔的摩擦称为干摩擦。干摩擦的摩擦阻力最大，金属间的摩擦因数达 0.3 ~ 1.5。

2）流体摩擦。两摩擦表面之间被连续的润滑油膜完全隔开不发生直接接触时的摩擦称为流体摩擦，也称为液体摩擦。

由于两摩擦表面不是直接接触，当发生相对运动时，其摩擦只发生在润滑油膜的内部分子之间，所以液体摩擦的性质完全取决于液体的黏度，摩擦阻力很小，摩擦因数一般为0.001~0.01或更小，是一种理想的摩擦状态。

3）边界摩擦。边界摩擦是指两摩擦表面被一层极薄的润滑油边界膜分开的摩擦。这层润滑油边界膜是由润滑油与摩擦表面相互作用，依靠吸附和化学反应而在表面间形成的，厚度趋近于零，一般小于 $0.1\mu m$。在边界摩擦条件下，摩擦表面的润滑性能取决于边界膜的性质，而与润滑油的黏度无关，其摩擦因数一般为 0.1~0.5。

4）混合摩擦。混合摩擦指摩擦表面间处于干摩擦、边界摩擦和流体摩擦的混合状态。实际工程机械上大多数配合件的摩擦为混合摩擦状态。

在混合摩擦状态下，摩擦因数取决于各种摩擦所占的比例。如轴与轴承、齿轮之间的各种摩擦，人们希望它们是在液体摩擦条件下工作，但实际上不可避免地会出现波动和冲击载荷，这将造成边界摩擦，甚至是干摩擦。在正常的运转中，轴与轴承在多数情况下是在液体摩擦条件下工作的，其磨损很小。气缸壁与活塞环之间的摩擦是以边界摩擦和干摩擦为主。

3.2.2　摩擦现象的机理

摩擦现象的机理尚未形成统一的理论，目前几种主要理论如下：

(1) 机械理论　在摩擦过程中，由于表面存在一定的表面粗糙度，凹凸不平处互相产生啮合力。当发生相对运动时，两表面上的凸起部分就会互相碰撞，阻碍表面的相对运动，产生摩擦和摩擦力。

(2) 分子理论　分子学说认为，摩擦力是由于接触表面双方分子间的相互作用力而产生的。表面越光滑，摩擦阻力越大。由此推论，摩擦力的大小应与接触面积成比例，但这与试验结果不一致。

(3) 黏着理论　接触表面在载荷作用下，某些接触点会产生很大的单位压力、引起塑性变形及形成局部高温，从而发生黏着，运动中又被剪断或撕开而产生运动阻力。黏着、变形及撕裂交替进行，摩擦力就等于其剪切力的总和。

(4) 能量理论　大部分摩擦能量消耗于表面的弹性和塑性变形、凸峰的断裂、黏着与撕开，大多数表现为热能，其次是发光、辐射、振动、噪声及化学反应等一系列能量消耗现象。能量平衡理论是从综合的观点、从摩擦学系统的概念出发来分析摩擦过程的。影响能量平衡的因素有材料、载荷、工作介质的物理和化学性质以及摩擦路程等。

3.2.3　影响摩擦因数的因素

摩擦因数是表示摩擦材料特性的主要参数之一。常用材料的摩擦因数在一般手册中都能查到。研究摩擦的影响因素，实际上是研究摩擦因数的影响因素，它对维修工作有着重要意义。

影响摩擦因数的因素十分复杂，主要有以下因素：

1. 润滑条件

在不同的润滑条件下，摩擦因数差异很大，如洁净无润滑的表面摩擦因数为 0.3~0.5，而在液体动压润滑的表面上摩擦因数为 0.001~0.01。

2. 表面氧化膜

具有表面氧化膜的摩擦副，其摩擦主要发生在膜层内。在一般情况下，由于表面氧化膜的塑性和机械强度比金属材料差，在摩擦过程中，氧化膜先被破坏，金属表面不易发生黏着，使摩擦因数降低、磨损减少。纯净金属材料的摩擦副因不存在表面氧化膜，故摩擦因数都较大。

3. 材料性质

金属摩擦副的摩擦因数随配对材料的性质不同而变化。相同金属或互溶性较大的金属摩擦副易发生黏着，摩擦因数一般较大；不同金属的摩擦副，由于互溶性差，不易发生黏着，摩擦因数一般较小。

4. 载荷

在弹性接触的情况下，由于真实接触面积与载荷有关，摩擦因数将随载荷的增加而越过一极大值。当载荷足够大时，真实接触面积变化很小，因而使摩擦因数趋于稳定。在塑性接触的情况下，材料的摩擦因数随载荷的增大而越过一极大值，然后随载荷的增加而逐渐减小。

5. 滑动速度

滑动速度对摩擦因数的影响很大，有的结论甚至互相矛盾。在一般情况下，摩擦因数随滑动速度的增加而增大，越过一极大值后，又随滑动速度的增加而减小。有时摩擦因数随滑动速度的减小而增大，并不是由于速度的直接影响，而是速度减小时摩擦表面粗糙凸起相互作用的时间长了，使它们发生塑性变形和增大实际接触面积。

6. 静止接触的持续时间

物体表面间相对静止的接触持续时间越长，摩擦因数越大，这是由于表面间接触点的变形使实际接触面积增大的结果。

7. 温度

摩擦副相互滑动时，温度的变化使表面材料的性质发生改变，从而影响摩擦因数，并随摩擦副工作条件的不同而变化。

8. 表面粗糙度

在塑性接触的情况下，由于表面粗糙度对真实接触面积的影响不大，因此可认为摩擦因数不受影响，保持为一定值。对弹性或塑性接触的干摩擦，当表面粗糙度达到使表面分子吸引力有效地发挥作用时，机械啮合理论不能适用，表面粗糙度值越小，真实接触面积越大，摩擦因数也越大。

3.3　零件的磨损

3.3.1　磨损的概念及其类型

1. 磨损的概念

磨损是指两个相对运动的零件，由于相互作用而使摩擦表面材料不断损失的现象。磨损随摩擦而产生，有的零件加工刀痕留下的微观不平、微观凸起的相互嵌入、划痕和碰撞折断；还有摩擦过程中产生的高热使金属表层发生相变与软化等。磨损是一个复杂的过程，它包括物理的、化学的、机械的及冶金的综合作用。一个表面的磨损可能是单一原因造成的，也可能是多种原因综合造成的。

如果零件的磨损超过了某一限度，就会丧失其规定的功能，引起力学性能下降或不能工作，这种情形即称为磨损失效。据统计有 75% 以上的工程机械零件是由于磨损而失效的。例如，发动机气缸磨损失效后，会导致油耗剧增、功率下降、曲轴箱窜气、机油烧损及冲击振动等。

2. 磨损的类型

磨损按摩擦表面相对运动的类型可分为滑动磨损、滚动磨损、冲击磨损、微动磨损和流体侵蚀等；按零件破坏的机理又可把磨损分为黏着磨损、磨料磨损、表面疲劳磨损、腐蚀磨损及微动磨损等。

磨损在多数情况下是有害的，易造成零件的破坏；但特殊情况下也有益，如发动机磨合。

3.3.2　磨损的一般规律

零件磨损的外在表现形态是表层材料的耗损。一般情况下，用磨损量来度量磨损程度。在不同条件下工作的工程机械，造成零件磨损的原因和磨损形式不尽相同，但磨损量随时间的变化规律相类似。在正常工况下测出的零件磨损量实验曲线如图 3-1 所示。

（1）磨合磨损阶段　这是初期磨损阶段。对机械中的传动副而言，此阶段是磨合过程。新的摩擦副表面较粗糙，真实接触面积较小，压强较大，在开始的较短时间内磨损量较大，磨损量很快达到 S_1。该阶段曲线的斜率取决于摩擦副表面质量、润滑条件和载荷。如果表面粗糙、润滑不良或载荷较大，都会加速磨损。经磨合后，表面加工硬化，磨损速度减缓并趋向稳定。机械的磨合阶段结束后，应清除摩擦

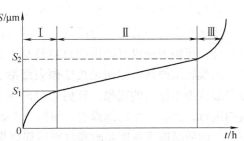

图 3-1　零件磨损的一般规律
Ⅰ—磨合磨损　Ⅱ—稳定磨损　Ⅲ—急剧磨损

副中的磨屑，更换润滑油，才能进入满负荷正常使用阶段。

（2）稳定磨损阶段　这是正常磨损阶段。此阶段摩擦表面的磨损量随着工作时间的延长而均匀、缓慢增长，属于自然磨损阶段。在磨损量达到极限值 S_2 以前的这一段时间是零件的磨损寿命，它与摩擦表面的工作条件、技术维护水平的关系极大。使用维护得好，可以延长磨损寿命，从而提高机械的可靠性与有效利用率。

（3）急剧磨损阶段　当零件表面磨损量超过极限值 S_2 后，如继续摩擦，其磨损强度急剧增加，其原因是零件耐磨性较好的表层被破坏，次表层耐磨性显著降低；配合间隙增大，出现冲击载荷；摩擦力与摩擦功耗增大，使温度升高、润滑状态恶化、材料腐蚀与性能劣化等，最终导致零件失效。

当零件磨损表面的磨损量达到极限值 S_2 时，就已经失效，不能继续使用，应采取调整、维修及更换等措施，防止机械故障与事故的发生。

上述三个阶段实际并无明显界限，若磨合阶段压力过大、速度过高或润滑不良等，则很快进入急剧磨损阶段。为了延长机械零件的使用寿命，应力求缩短磨合磨损阶段，尽量延长

稳定磨损阶段，推迟急剧磨损阶段的到来。

3.3.3 黏着磨损

1. 黏着磨损的概念及特征

黏着磨损是指在摩擦表面相互接触的接触点之间，由于分子间的吸引力黏附或局部高温熔化，使摩擦表面的金属发生转移而引起的磨损。

黏着磨损的特征是零件表面失去材料的一方出现锥状坑，接收材料的一方出现鱼鳞状斑点。柴油机的烧瓦、抱轴及拉缸是常见的严重黏着磨损现象。

2. 黏着磨损的机理

在一定载荷的作用下，摩擦过程使润滑油膜破裂，摩擦副表面由于存在微观凸起而形成点接触，接触点处的高压力使其发生弹性或塑性变形，使接触点产生分子吸附和原子吸附，形成强黏着。另外，摩擦副在高接触压力下以较高速度滑动时，同时产生大量的热，并且由于缺乏足够的润滑油，摩擦产生的热量不能很快散去，使摩擦接触点自身的温度上升，而产生熔化和熔合，进一步强化微观接触点的黏着作用，进而在摩擦表面相对滑动过程中，黏着点产生塑性变形直至被剪切撕脱，表面物质被转移。这样的黏着—撕脱—再黏着—再撕脱的循环进行，就形成了黏着磨损，如图3-2所示。

接触点黏着—剪切—分离只是在微观接触点上进行，接触表面仅有轻微的材料转移，摩擦表面只出现轻微擦伤。擦伤是指摩擦表面沿着滑动方向形成细小擦痕的现象。若剪切分离在表层金

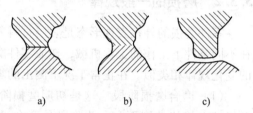

图 3-2　黏着磨损过程示意图
a) 微观凸起相接　b) 微观凸起黏附或熔合
c) 微观凸起撕裂

属内进行，就会发生内部撕裂，摩擦表面则出现明显的材料转移和撕裂，甚至引起摩擦表面咬黏，即两摩擦表面因黏附和材料转移而损坏，进而导致运动中止的现象，酿成机械事故。发动机中的拉缸及抱轴现象就属于这种磨损。这是一种严重而危险的破坏过程，常常是突然发生的，应设法避免。

3. 黏着磨损的类型

按照黏着熔合点的强度和破坏位置不同，黏着磨损有不同的形式。

（1）轻微黏着磨损　当黏接点的强度低于摩擦副两材料的强度时，剪切发生在界面上，此时虽然摩擦因数增大，但磨损却很小，材料转移也不显著。通常在金属表面有氧化膜、硫化膜或其他涂层时会发生这种黏着磨损。

（2）一般黏着磨损　当黏接点的强度高于摩擦副中较软材料的剪切强度时，破坏将发生在离结合面不远的软材料表层内，因而软材料转移到硬材料表面上。这种磨损的摩擦因数与轻微黏着磨损的差不多，但磨损程度加重。

（3）擦伤磨损　当黏接点的强度高于两相对摩擦材料的强度时，剪切破坏主要发生在软材料的表层内，有时也发生在硬材料表层内。转移到硬材料上的黏着物又使软材料表面出现划痕，所以擦伤主要发生在软材料表面。

（4）胶合磨损　如果黏接点的强度比两相对摩擦材料的剪切强度高得多，而且黏接点面积较大时，剪切破坏发生在对磨材料的基体内。此时，两表面出现严重磨损，甚至使摩擦

副之间咬死而不能相对滑动，此时若在外力作用下强行运动，则会造成基体的严重破坏。

4. 影响黏着磨损的主要因素

（1）材料性质的影响　选用不同种金属或互溶性小的金属以及金属与非金属材料组成摩擦副时，黏着磨损较轻；脆性材料比塑性材料的抗黏着能力强；表面含有微量的碳、硫等合金元素时，对金属及合金的黏着有阻滞作用；提高材料硬度后，可减小黏着磨损。黏着磨损量与硬度较小一方材料的屈服强度成反比。

（2）载荷的影响　加载一般不要超过材料硬度值的 1/3，尽量减小载荷，同时提高材料的硬度。

（3）滑动速度的影响　载荷一定的情况下，黏着磨损最初随滑动速度的提高而增加，当达到某一极大值后，此后又随着滑动速度的提高而减少。

（4）滑动距离的影响　黏着磨损量与滑动距离成正比关系。

（5）温度的影响　这里首先应该注意区分摩擦面的平均温度与摩擦面实际接触点的温度。局部接触点的瞬时温度称为热点温度或闪点温度；滑动速度和接触压力对磨损量的影响主要是热点温度改变而引起的，当摩擦表面温度升高到一定程度时，轻者破坏油膜，重者使材料处于回火状态，从而降低了强度，甚至使材料局部区域温度升高至熔化状态，将促使黏着磨损产生。

5. 预防或减少黏着磨损的措施

（1）设法减小摩擦区的形成热　例如，可以使用润滑油散热器，使发热点温度降低，使摩擦区的温度低于金属热稳定性的临界温度和润滑油热稳定性的临界温度。

（2）控制摩擦副表面材料与金相组织　材料成分和金相组织相近的两种材料最易发生黏着磨损。因此，应选用最不易形成固溶体的两种材料作为摩擦副，即应选用不同材料成分与晶体结构的材料。

（3）设法提高摩擦副和润滑油的热稳定性　在材料选择上应选用热稳定性高的合金钢，或进行渗碳处理，在润滑油中加入适量的多效添加剂等。

（4）控制载荷　必须将载荷严格限制在规定范围之内。

（5）进行特殊的表面处理　采用热稳定性高的硬质合金堆焊、喷涂亲油层、提高表面多孔性及降低互溶性等。

（6）选择适当的润滑剂　根据工作条件（如载荷、温度与速度等）选用不同的润滑剂，以建立必要的吸附膜，为摩擦表面创造良好的润滑条件。

3.3.4　磨料磨损

1. 磨料磨损的概念及特征

摩擦表面间，由于硬质固体颗粒（包括硬质凸出物）使相对运动的零件表面引起的材料损失的现象称为磨料磨损，也称磨粒磨损。

磨料磨损属于机械磨损的一种，其特征是接触表面有明显的切削痕迹，这些痕迹是与相对运动方向平行的、深浅不一的很多细小沟槽。

磨料磨损是工程机械零件中最常见的，同时也是危害最为严重的磨损形式。统计表明，在各类磨损形式中，它大约占磨损总量的 50%。对于发动机来说，空气中的尘埃、燃油和润滑油中的杂质及零件在摩擦过程中剥落下来的金属颗粒等都是磨料的来源。

2. 磨料磨损的机理

磨料磨损的机理有以下几种假说：

(1) 微量切削机理　该假说认为，塑性金属同固定的硬质磨料磨损时，可产生微量的金属切削，形成螺旋形、弯刀形或不完整圆形的磨屑。

(2) 疲劳破坏机理　该假说认为，金属表面的同一显微体在硬质颗粒的反复挤压作用下，产生多次的反复塑性变形，最终使表面发生疲劳破坏，有小金属颗粒从表面脱落下来。

(3) 压痕犁耕机理　该假说认为，对于塑性较好的材料，磨料会在压力作用下压入该材料的表面，磨料在同该表面一起运动的过程中，便会犁耕另一材料的表面，使后者形成沟槽，而前者也会因为严重的塑性变形，使压痕两侧金属遭到严重破坏，最终导致脱落。

(4) 断裂破坏机理　该假说认为，对于脆性材料而言，随着磨料压入表面深度的增加，最终会达到一个临界值，此时，伴随压应力而出现的拉应力就会使材料表面产生裂纹，裂纹不断扩展，最终导致显微体断裂而脱落。

3. 磨料磨损工况的分类

磨料磨损按磨损体的数目不同，分为以下两种：

(1) 两体磨损　直接与磨料接触的机件所发生的磨损称为两体磨损。如搅拌桨、挖掘机斗齿及破碎机颚板等。

(2) 三体磨损　硬颗粒进入摩擦副两对摩擦表面之间所造成的磨损称为三体磨损。例如灰尘、杂物或磨屑进入齿轮副啮合齿面之间而产生的磨损。

4. 影响磨料磨损的主要因素

(1) 金属材料的硬度　一般情况下，金属材料的硬度越高，耐磨性越好。实验证明，未经热处理的金属材料，其相对耐磨性与硬度成正比，而与合金含量无关；经淬火后的钢，其相对耐磨性仍与淬火硬度成正比，但合金含量较高的钢材，其相对耐磨性较好。

(2) 材料的显微组织　一般来说，具有马氏体组织的材料有较高的耐磨性。而在相同硬度条件下，贝氏体的耐磨性又比马氏体高得多。同样硬度的奥氏体与珠光体相比，奥氏体的耐磨性要高得多。

(3) 磨料性质　许多研究人员发现，磨料粒度对材料的磨损率（单位时间磨损量）存在一个临界尺寸。当磨料粒度小于临界尺寸时，材料的磨损率随磨料粒度的增加而增加，且材料越软越敏感；当磨料粒度超过临界尺寸后，磨损率与粒度几乎无关，即磨损率基本上不随粒度的增加而增加。

对柴油机进行磨损试验研究时，发现粒度为 $3 \sim 6\mu m$ 的磨料对柱塞副的磨损危害最大，粒度为 $20 \sim 30\mu m$ 的磨料对曲轴轴颈和轴承的磨损影响严重，粒度为 $5 \sim 10\mu m$ 的磨料对气缸与活塞环的磨损严重，粒度为 $1\mu m$ 以下的磨料对凸轮轴、凸轮与挺杆的磨损也有影响。因此，在发动机工作时要严防上述磨料进入配合摩擦表面。

(4) 其他因素　影响磨料磨损的还有许多其他因素，例如磨料硬度、摩擦表面相对运动的方式及磨损过程的工况条件等。

硬度是磨料磨损过程中最重要的因素。为了防止发生严重的磨料磨损，材料硬度应高过磨料硬度，通常认为材料硬度为磨料硬度的 1.3 倍或以上时只发生轻微的磨料磨损。

5. 预防或减少磨料磨损的措施

(1) 减少磨料的进入　防止燃油、润滑油在储存及运输过程中混入机械杂质；改善发动机的空气滤清器、燃油滤清器和机油滤清器的滤清质量，及时清洗或更换空气滤清器、机油滤清器及燃油滤清器，并合理更换机油等；密封曲轴箱、变速器壳体、进气管道接头及加强总成装配前的清洁工作等，都可以防止磨料侵入零件的摩擦表面。

（2）增强零件的耐磨性　从选材上可选耐磨性好的材料，对于既要求耐磨又要求耐冲击的零件，如轴类零件，可选用中碳钢调质的方法；对于配合副，可选用软硬配合的方法，通常是将轴瓦选为软质材料，如轴承合金、青铜合金、铝基合金、锌基合金及粉末冶金合金等。这样可以使磨料被软材料吸收，而轴和轴承孔则需进行表面硬化处理，以增加其硬度和耐磨性。

（3）合理分布载荷　尽量减小运动副所承受的载荷，并使载荷分布均匀，受力合理。

3.3.5　表面疲劳磨损

1. 表面疲劳磨损的概念及特征

当摩擦副的两接触表面做相对滚动或滑动时，周期性的载荷使接触区受到很大的交变接触应力作用，使金属表层产生疲劳裂纹并不断扩展，引起表层材料脱落的现象称为表面疲劳磨损。

表面疲劳磨损时会在材料表面出现麻点、凹坑、局部裂纹和斑状剥落。

表面疲劳磨损主要发生在齿轮副、凸轮副及滚动轴承的滚动体与内外座圈之间，是高副接触零件经常出现的主要磨损形式。

2. 表面疲劳磨损的机理

表面疲劳磨损是疲劳与摩擦共同作用的结果，其磨损过程可分为三个发展阶段：

1）表面的相互作用。

2）在接触压应力及摩擦力的作用下接触材料表层性质变化，形成疲劳核心裂纹。

3）疲劳裂纹的发展直至材料微粒的脱落。

表面疲劳磨损的机理有以下几种理论：

（1）油楔理论　油楔理论认为裂纹起源于摩擦表面。该理论认为，在滚动兼有滑动的接触过程中（如齿轮啮合表面），由于外载荷及表层的应力和摩擦力的作用，引起表层或接近表层的弹性和塑性变形，经一定工作时间后，使表层硬化并进而出现初始裂纹，即为疲劳核心裂纹源，随后裂纹沿着与表面呈45°夹角的方向向里层扩展。当有润滑油时，润滑油挤入裂纹中，使裂纹的尖端处形成油楔，如图3-3所示。当滚动体接触到裂纹口处，将裂纹口封住时，润滑油被堵在裂纹内，使裂纹的内壁承受很大压力，迫使裂纹向纵深发展。这样发展下去，裂纹与表面层之间的小块金属犹如承受弯曲载荷的悬臂梁，在载荷的继续作用下被折断，在零件接触表面留下深浅不同的麻点剥落坑，一般剥落深度为 0.1～0.2mm。

（2）最大切应力理论　该理论认为裂纹起源于次表层，裂纹的产生一般是在切向应力的作用下因塑性变形而引起的，滚动轴承的疲劳磨损即遵循此理论。

纯滚动时，最大切应力发生在表层下 $0.786b$（b 为滚动接触面宽度之半）处，即次表层内（一般深度在 $0.2～0.4mm$ 范围内），在载荷反复作用下，裂纹在此附近发生，并沿着最大切应力方向扩展到表面，形成磨损微粒而脱落。磨屑形状多为扇形，出现痘斑状坑点。

当运动副处于滚动兼有滑动接触模式时，最大切应力的位置随着滑动分量的增加向表层移动，破坏位置随之向表层移动，如图3-4所示。

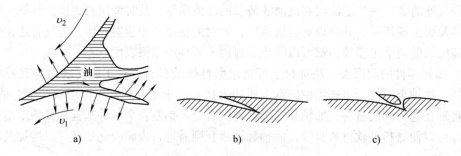

图 3-3　表面疲劳磨损示意图
a) 润滑油楔入裂纹　b) 裂纹扩展　c) 微屑脱落

（3）交界过渡区理论　该理论认为裂纹起源于硬化层与心部过渡区，表层经过硬化处理（渗碳、淬火、硬质喷涂及喷丸等）的零件，其接触疲劳裂纹往往首先出现在硬化层与心部的过渡区。这是因为该处所承受的切应力较大，而材料的抗剪强度较低。

试验表明，只要该处承受的切应力与材料的抗剪强度之比大于 0.55 时，就有可能在过渡区形成初始裂纹。裂纹平行于表面，扩展后再垂直向表面发展而出现表层大块片状磨屑剥落。

一般来说，硬化层深度不合理、心部强度过低及过渡区存在不利的残余应力时，容易在硬化层与心部过渡区产生裂纹。

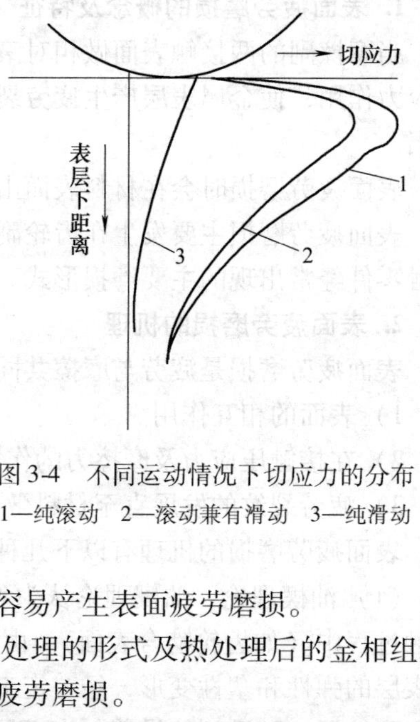

图 3-4　不同运动情况下切应力的分布
1—纯滚动　2—滚动兼有滑动　3—纯滑动

3. 影响表面疲劳磨损的主要因素

（1）零件材料性质　材料中含有非金属夹杂物，特别是氧化铝、硅酸盐及氮化物等脆性夹杂物时，容易产生表面疲劳磨损。

（2）材料表面的性质　材料表面的强度和硬度、热处理的形式及热处理后的金相组织、表面粗糙度和接触精度等，都在一定程度上影响着表面疲劳磨损。

（3）润滑状况　润滑油的牌号、质量、黏度、抗剪性、腐蚀性及润滑油膜的性质等。

（4）零件的硬化层　材料的硬化措施（渗碳、渗氮）和硬化层厚度要合理，应该使最大切应力在硬化层内，这样能够提高抗疲劳磨损的能力。

（5）载荷性质　力的种类、运动形式、加速度大小及方向等。

4. 预防或减少表面疲劳磨损的措施

凡是能阻止疲劳裂纹形成与扩展的措施都能减少表面疲劳磨损。

（1）正确试运转　新的或刚刚大修的工程机械都要进行正规的磨合，以期获得良好的配合间隙和接触精度。

（2）合理的润滑　正确选择润滑方式和润滑油品，以期获得良好的润滑油膜。

（3）改良材质　通常情况下，金属材料晶粒细小、均匀，碳化物呈球状且均匀分布有利于提高滚动接触寿命。

（4）合理的表面硬度　硬度在一定范围内增加，其抗接触疲劳的能力随之增大。闭式齿轮箱传动齿轮的最佳硬度为 58～62HRC，对于承受相对较大冲击力的齿轮，硬度可以取下限。

（5）合理的表面粗糙度　适当降低表面粗糙度值是提高抗疲劳磨损能力的有效途径，但表面粗糙度值不能过低，因为表面粗糙度与接触应力直接相关。接触面硬度越高，表面粗糙度值应越低。

3.3.6　腐蚀磨损

在机械摩擦过程中，金属同时与周围介质发生化学或电化学反应，此时，由于机械摩擦和腐蚀的共同作用会引起表面物质剥落，从而形成表面材料损失的现象称为腐蚀磨损。

腐蚀磨损是一种极为复杂的磨损过程，经常发生在高温或潮湿的环境下，以及有酸、碱、盐等环境下，而且腐蚀磨损的状态与介质的性质和作用在摩擦表面上的状态以及摩擦材料的性能有关。

根据腐蚀介质的不同类型和特点，腐蚀磨损可分为氧化磨损、特殊介质腐蚀磨损以及氢致磨损三大类。

1. 氧化磨损

氧化磨损是指摩擦表面与空气中的氧或润滑剂中的氧作用所生成的氧化膜，这种膜在摩擦中很快就会被磨损掉而生成新膜，继而新膜再被磨损掉的现象。

影响氧化腐蚀磨损的因素主要有以下几种：

（1）运动速度的影响　当滑动速度变化时，磨损类型将在氧化磨损和黏着磨损之间相互转化。

（2）载荷的影响　当载荷超过某一临界值时，磨损量随载荷的增加而急剧增加，其磨损类型也由氧化磨损转化为黏着磨损。

（3）介质含氧量对氧化磨损的影响　介质含氧量直接影响磨损率，金属在还原气体、纯氧介质中，其磨损率都比在空气中的大，这是因为空气中形成的氧化膜强度高，与基体金属结合牢固的关系。

（4）润滑条件对氧化磨损的影响　润滑油膜能起到减摩和保护作用，减缓氧化膜生成的速度。

2. 特殊介质腐蚀磨损

在环境为酸、碱或盐等特殊质作用下的摩擦表面上所形成的腐蚀产物，将迅速地被机械摩擦所去除，这种磨损称为特殊介质腐蚀磨损。发动机气缸内的燃烧产物中含有碳、硫和氮的氧化物、水蒸气和有机酸，如蚁酸（$HCOOH$）、醋酸（CH_3COOH）等腐蚀性物质，可直接与气缸壁发生化学反应，而形成化学腐蚀；也可溶于水形成酸性物质，腐蚀气缸壁，此为电化学腐蚀。

对于特殊介质腐蚀磨损，可针对腐蚀介质的形成条件，选用合适的耐磨材料来降低腐蚀磨损速率。

3. 氢致磨损

含氢的材料在摩擦过程中，由于力学及化学作用导致氢的析出，氢扩散到金属表面的变形层中，使变形层内出现大量的裂纹源，裂纹的产生和发展使表面材料脱落，这种现象称为氢致磨损。氢可以来自材料本身或环境介质，如润滑油和水等物质。

3.3.7　微动磨损

1. 微动磨损的概念

两接触表面间没有宏观相对运动，但在外界交变动载荷影响下，有小振幅的相对振动（一般在 $100\mu m \sim 0.1mm$ 范围内），使接触表面产生微小的相对位移，同时接触表面间产生大量的微小氧化物磨损粉末，有时夹杂磨料磨损和黏着磨损，这种情况造成的磨损称为微动磨损。

2. 易发生微动磨损的部位

微动磨损通常发生在过盈配合的轴和孔表面、某些片式摩擦离合器内外摩擦片的结合面、一些受振动影响的连接件（如花键、销及螺钉）的结合面、过盈配合或过渡配合连接表面及机座地脚螺栓等处。一般会在微动磨损处出现蚀坑或磨斑。

3. 微动磨损的危害

微动磨损会造成摩擦表面有较集中的小凹坑，使配合精度降低；也可导致过盈配合紧度下降甚至松动，严重的可引起事故；更严重的是在微动磨损处引起应力集中，导致零件疲劳断裂（如机座螺栓等）。

4. 微动磨损的机理

微动磨损是一种兼有磨料磨损、黏着磨损及氧化磨损的复合磨损形式，磨屑在摩擦面中起着磨料的作用。摩擦面间的压力使表面凸起部分黏着，黏着处被外界小振幅引起的摆动所剪切，而后剪切面又被氧化。

对于钢铁材料来讲，接触压力使结合面上实际承载峰顶发生塑性变形和黏着。外界小振幅的振动将黏着点剪切脱落，脱落的磨屑和剪切面与大气中的氧反应，发生氧化磨损，产生的红褐色 Fe_2O_3 磨屑堆积在表面之间起着磨料作用，使接触表面产生磨料磨损。如果接触应力足够大，微动磨损点形成应力源，使疲劳裂纹产生并发展，导致接触表面破坏，如图 3-5 所示。

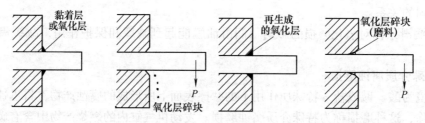

图 3-5　微动磨损过程

5. 预防或减少微动磨损的措施

（1）选用合适的材质　零件选用适当的材料并提高硬度，可减少微动磨损；采用零件表面处理，如硫化或磷化处理或采用金属镀层可有效减少微动磨损。

（2）减小载荷　在其他条件相同时，微动磨损量随载荷的增加而增加。但当载荷超过临界值时，磨损量反而减小。

（3）控制振幅　振幅较小时，单位磨损率比较小，因而应将振幅控制在 $30\mu m$ 以下。

（4）辅助措施　加强检查配合件紧固情况，使之不出现微动或采取在配合副之间加弹性垫片，充填聚四氟乙烯（套或膜）或用固体润滑剂；适当的润滑可有效地改善抗微动磨损的能力，因为润滑膜会保护表面防止氧化，采用极压添加剂或涂抹二硫化钼都可以减少微动磨损。

3.4　零件的断裂

3.4.1　零件断裂的概念及类型

1. 零件的断裂失效

零件在诸多单独或综合因素（应力、温度及腐蚀等）的作用下局部开裂或整体折断的现象称为断裂失效。工程机械零件的断裂失效往往会造成严重的机械事故乃至灾难性事故。

2. 零件断裂的类型

零件断裂按载荷性能可分为过载断裂和疲劳断裂。

（1）过载断裂　当外载荷远远超过零件危险断面所能承受的极限应力时，零件经一次加载所引起的断裂称为过载断裂。虽然过载断裂发生的概率较低，但危害却很大。

过载断裂的主要原因有以下三方面：

1）设计缺陷。零件截面、形状不当，强度不够等。

2）制造缺陷。零件材料中有夹渣、内部裂纹及气孔，过渡圆角加工有误和热处理不当等。

3）使用操作不当。操作机械时，硬拉硬拽、用力过猛、超负荷作业及超越功能范围的运行等。

（2）疲劳断裂　零件在交变应力作用下，经过较长时间工作和反复变形而发生断裂的现象称为疲劳断裂。

疲劳断裂的特点是零件断裂时的应力远远低于零件材料的强度极限，甚至低于屈服强度；在交变应力作用下的疲劳断裂，在断裂前不会发生明显的塑性变形，断裂是突发性的。

疲劳断裂是工程机械零件常见及危害性最大的一种失效方式。在工程机械中，大约有90%以上的断裂为零件的疲劳断裂。

3.4.2　零件的疲劳断裂

1. 零件疲劳断裂的机理

一般认为疲劳断裂经历三个过程：疲劳裂纹源萌生阶段、疲劳裂纹扩展阶段及最终断裂或瞬间断裂阶段。

（1）疲劳裂纹源的萌生阶段　金属零件在交变载荷作用下，表层材料局部发生微观滑移。滑移积累到一定程度后，就会在表面形成微观挤入槽与挤出峰，这种挤入槽就是疲劳裂纹的发源地。在槽底中高度集中的应力极易形成微裂纹，称为疲劳断裂源，如图 3-6 所示。因最初滑移是由切应力引起的，使得挤入槽与挤出峰和原始裂纹源均与拉应力呈 $45°$ 角的关系。形成疲劳裂纹源所需的应力循环次数与应力成反比关系，但如果材料表面或内部本身有缺陷，如气孔、夹渣、台阶、尖角与划伤等，均可大大降低应力循环次数。

（2）疲劳裂纹的扩展阶段　当疲劳裂纹源沿切向（与拉应力成 $45°$ 角方向）扩展达到几

微米或几十微米时，裂纹改变方向，朝着与拉应力垂直的方向形成正向扩展，如图 3-6 所示。在交变的拉、压应力作用下，裂纹不断开启、闭合，裂纹前端出现复杂的变形与加工硬化及撕裂现象。使裂纹一环接一环地往前推进。在裂纹扩展过程中，切向扩展较为缓慢，而正向扩展速度较快。

（3）最终断裂或瞬间断裂阶段　当裂纹在零件断面上扩展到一定值时，零件残余断面不能承受其载荷的作用（即断面应力大于或等于断面临界应力）。此时，裂纹由稳态扩展转化为失稳态扩展，整个残余断面出现瞬间断裂。

2. 疲劳断口的主要特征

典型的疲劳断口按照断裂过程有三个形貌不同的区域：疲劳核心区、疲劳裂纹扩展区和瞬断区，如图 3-7 所示。

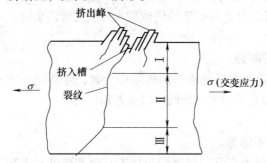

图 3-6　疲劳裂纹的萌生、扩展与断裂示意图
Ⅰ—裂纹萌生与切向扩展阶段　Ⅱ—正向扩展阶段
Ⅲ—最终断裂阶段

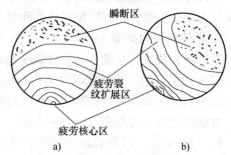

图 3-7　疲劳断口特征示意图
a) 低碳钢　b) 高碳钢

（1）疲劳核心区　用肉眼或低倍放大镜就能找出断口上的疲劳核心位置。它是疲劳断裂的源区，一般紧挨表面，但如果内部有缺陷，这个疲劳核心也可能在缺陷处产生。当疲劳载荷较大时，断口上也可能出现两个或两个以上的疲劳核心区。

在疲劳核心周围，存在着一个以疲劳核心为焦点的非常光滑、细洁及贝纹线不明显的狭小区域。这是由于在交变载荷作用下，裂纹源反复张开闭合，使断口面磨光的缘故。

（2）疲劳裂纹扩展区　该区域是断口上最重要的特征区，常呈贝纹状或类似于海滩波纹状。每一条纹线标志着载荷变化（如机器开动或停止）时裂纹扩展一次所留下的痕迹，这些纹线以疲劳核心为中心向四周推进，与裂纹扩展方向垂直。

此外，对裂纹不太敏感的低碳钢，其贝纹线呈收敛型，如图 3-7a 所示；而对裂纹敏感的高碳钢，其贝纹线则呈发散型，如图 3-7b 所示。

（3）瞬断区　瞬断区是疲劳裂纹扩展到临界尺寸后，残余断面发生快速断裂而形成的区域。该区域具有过载断裂的特征，有放射区与剪切唇，但有时仅出现剪切唇而无放射区。对于极脆的材料，瞬断区为结晶状脆性断口。

图 3-7 所示的断口特征是由弯曲载荷作用而出现的。随着载荷性质的变化，三个特征区的分布形态也会发生变化。

3. 预防或减少断裂危害的措施

（1）设计方面　首先材料的选用一定要有针对性，不能一味选取高强度材料，而应根据环境介质、温度及载荷性质做出适当选择，如冲击载荷处用韧性材料，高温环境处用耐高温材料，强摩擦处用耐磨材料等；其次，要尽量提高金属材料的纯净度，减少夹杂物含量，尽量提高零件表面完整性设计水平；最后，要尽量避免应力集中现象（如缺口、槽隙、凸肩及过渡棱角等部位），这也是抑制或推迟疲劳裂纹产生的有效途径。

（2）制造工艺方面　表面强化处理可大大地提高零件的疲劳寿命，可以有效控制表面的不均匀滑移，如表面滚压、喷丸及表面热处理等；表面恰当的涂层可防止有害介质造成的脆性断裂；另外，当某些材料进行热处理时，填充保护气体可极大地改善零件的性能。

（3）修理安装与使用方面　首先要正确安装，防止产生附加应力与振动，在修理操作中应避免损伤零件表面，因为每一个伤痕都可能成为一个断裂源；其次要注意早期发现零件裂纹，定期进行无损检测。同时尽量减轻零件的腐蚀损伤，因为腐蚀会增加裂纹扩展的速率；并且尽可能减小零件运行中各部分的温差，降低由热应力所引起的应力集中，避免加速相关零件疲劳损坏。

3.5　零件的变形

3.5.1　零件变形的概念及类型

1. 零件的变形失效

机械零件在使用过程中，由于外载、内部应力或温度的作用，使零件的尺寸和形状发生变化的现象称为变形。零件由于变形而不能正常工作的现象称为零件的变形失效。

2. 零件变形的危害

零件发生变形后会出现伸长、缩短、弯曲、扭曲、颈缩、膨胀、翘曲、弯扭以及其他复合变形等现象，其危害如下：

1）变形导致零件间的正常配合间隙发生变化，润滑条件变差，磨损加剧。

2）变形导致零件间的正常位置关系被破坏，产生一定的附加载荷，加剧零件的不均匀磨损。

3）变形使零件间的运动发生干涉，严重时会卡死运动零件，使各零件不能正常运动，失去工作能力，造成事故。

3. 零件变形的类型

零件的变形有弹性变形、塑性变形及蠕变等形式。工程机械维修中通常所说的变形指的是塑性变形。

塑性变形是指外力去除后不能恢复的那部分永久变形。

（1）塑性变形的机理　由于多晶体存在晶界，各晶粒位向的不同以及合金中溶质原子和异相的存在，不但使各晶粒的变形互相阻碍和制约，而且会严重阻止位错的移动。晶粒越细，单位体积内的晶界就越多，因而塑性变形抗力越大，强度越高。

（2）塑性变形的特点

1）引起材料的组织结构和性能发生变化。

2）较大的塑性变形会使多晶体的各向同性遭到破坏而表现出各向异性，金属产生加工硬化现象。

3）多晶体在塑性变形时，各晶粒及同一晶粒内部的变形是不均匀的，当外力去除后各晶粒的弹性恢复也不一样，因而产生内应力。

4）塑性变形使原子的活泼性提高，造成金属的耐蚀性下降。

3.5.2　影响零件变形的主要因素及预防或减小变形的措施

1. 影响零件变形的主要因素

机械零件在使用过程中产生变形的原因是多方面的，主要是由于外载荷、内应力、结晶缺陷及较高温度等作用的结果。

（1）外载荷　机械在使用过程中，由于传递力而承受外载荷。当外载荷产生的应力超过材料的屈服强度时，零件将产生永久变形。

工程机械的工作条件恶劣，使用过程中经常满载或超载，而且路面条件差，并频繁制动、停车和起动，产生较大的瞬时超载，均会导致基础件或零件发生变形。此外，有些零件的变形是由于其结构布置不合理而引起的。

（2）内应力　工程机械中的壳体零件和车架等，一般为铸件或焊接件，且形状复杂、尺寸较大。在制造和加工过程中，不可避免地会产生较大的内应力，零件虽然经时效处理，但内应力不一定彻底消除，有部分内应力残存下来。残余应力对零件的强度、尺寸稳定性等有较大的影响，材料在残余应力的长期作用下，不仅使弹性极限降低，还会产生减小内应力的塑性变形（即内应力松弛）。因此，由于残余应力的长期作用，或者工作应力与残余应力的叠加使零件的实际应力增大，而容易导致变形。

（3）温度　温度升高，金属材料的原子热振动增大，临界切向变形抗力下降，容易产生滑移变形，使材料的屈服强度降低。当温度超过一定程度时，金属材料还会产生蠕变现象（高温蠕变），即在一定的温度和一定的应力作用下，随着时间的增加，金属将缓慢地发生塑性变形，如碳钢在温度高于 $300 \sim 350\,℃$ 时，就会产生蠕变，温度越高，产生蠕变的应力越小。另外，如果零件受热不均，各处的温差过大，会产生较大的热应力，也会引起零件的变形。

（4）结晶缺陷　零件产生变形的内在原因是材料的内部缺陷，如位错、空位等。

位错是晶体中的线缺陷，在金属材料中大量存在，也是一种易运动的缺陷，即在较小的切应力作用下即可运动。因此，具有大量的位错的材料是不稳定的，在外力长期作用下，特别是在高温下，不大的应力可引起位错运动，而使金属产生滑移变形。

空位是晶体结构中某些结点位置出现的空缺位置，是晶体中普遍存在的一种点缺陷。空位的存在对晶体的内在运动和某些性能有较大的影响。由于空位的存在出现了一个负压中心，且空位在一定的能量条件下可以产生合并或消失，这个过程是一种扩散，是通过空位的移动来达到的。而空位的移动也是原子向空位运动的过程，其结果是引起金属的变形。

2. 预防或减小零件变形的措施

零件变形是不可避免的，只能根据其规律，采取相应的措施，减轻其危害。

1）在机械设计中不仅要考虑零件的强度，还要考虑零件的刚度、制造、装配、使用、拆卸及修理等有关问题。合理选择零件的结构尺寸，改善零件的受力状况，使零件的壁厚尽量均匀，以减少毛坯制造时的变形和残余应力。同时在设计维修中还应注意应用新技术、新工艺和新材料。

2）在机械加工中要采取一系列工艺措施防止和减小变形，对毛坯要进行时效处理以消除其残余应力。可以进行人工时效（将毛坯高温退火、保温缓冷而消除内应力）或自然时效处理，也可以利用振动的作用消除内应力。在制订零件机械加工工艺规程或在机械加工过程中，均要在工序和工步安排、工艺装备和操作等方面采取减少变形的工艺措施，如采用粗、精加工分开的原则等。在加工和修理中减少基准的转换，保留加工基准留给修理时使用，如保留轴类零件的中心孔等。

3）加强生产技术管理，制定并严格执行机械的操作规程，不超负荷运行，避免局部超载和过热，加强设备的检查和维护。

4）在工程机械修理中，不仅要恢复零件的尺寸、配合精度及表面质量等，还要检查和修复主要零件的形状和位置误差，制定出与变形有关的标准和修理规范，尤其是要注意铸件的修理，进行必要的时效处理以消除其残余应力，防止变形的危害。机械加工修复零件时，注意定位基准表面本身的精度，并要注意切削加工和装夹过程中造成的变形。采用热加工和压力加工工艺修复零件时，要采取相应措施来减小应力和变形，如施焊时尽量减小热影响区，非施焊表面采取降温措施等。

3.6　零件的腐蚀

3.6.1　零件腐蚀的概念及类型

1. 零件的腐蚀失效

金属零件在特定环境中工作时，会发生化学反应或电化学反应，造成金属表面损耗的现象称为零件的腐蚀。零件由于腐蚀导致不能正常工作的称为腐蚀失效。

腐蚀损伤总是从零件金属表面开始，表面的化学（或电化学）反应逐渐侵入，表层脱落后出现斑点、凹坑，介质继续侵入，可造成孔洞性腐蚀失效。

据统计，全球每年因腐蚀而造成的机械设备的损失占钢材年产量的 30%。即使是其中的 2/3 能够回炉，仍有 10% 的净损失。工程机械金属零件中约有 20% 是由于腐蚀而失效的。

腐蚀损失不但是经济上的，还会对人的生命财产造成不可估量的损失。原因是金属遭到腐蚀后，材料组织会变脆，进而容易造成零件的断裂，引发机械事故。

2. 零件腐蚀的类型

腐蚀的机理是化学反应或电化学作用。金属腐蚀按其机理可分为化学腐蚀、电化学腐蚀和氧化等。

（1）化学腐蚀　化学腐蚀是金属与外部电介质作用直接产生化学反应的结果，在腐蚀过程中不产生电流。外部电介质多数为非电解质物质，如干燥空气、高温气体、有机液体、汽油及润滑油等。它们与金属接触会发生化学反应而形成表面膜，在不断脱落又不断生成的过程中使零件被腐蚀。化学腐蚀又可分为如下两类：

1）气体腐蚀。金属在干燥气体中（表面上没有湿气冷凝）发生的腐蚀称为气体腐蚀。它一般是指在高温环境中金属的腐蚀，如轧钢时生成厚的氧化皮，内燃机活塞的烧坏等。

2）在非电解质溶液中的腐蚀。这是指金属在不导电的液体中发生的腐蚀，如金属在有机液体（酒精、石油等）中的腐蚀。

（2）电化学腐蚀　电化学腐蚀是金属与电解质物质接触时产生的腐蚀。它与化学腐蚀不同之处在于腐蚀过程中有电流产生。按照所接触环境的不同，可把电化学腐蚀分为如下三类：

1）大气腐蚀。腐蚀是在潮湿的气体（如在空气）中进行的。

2）土壤腐蚀。腐蚀是在土壤中进行的，如工程机械、农业机械的工作装置的腐蚀。

3）在电解质溶液中的腐蚀。这是极其广泛的一类腐蚀，如在天然水及大部分水溶液中发生的腐蚀。

（3）氧化　大多数金属与空气中的氧或氧化剂起作用，会在表面形成氧化膜。这种作用与化学、电化学作用不同，它不需表面存在腐蚀介质。在低温情况下，氧化膜形成后对金属基体有保护作用，能阻止金属继续氧化；但在高温情况下，氧化膜层出现裂缝和孔隙，覆盖作用变差，这时氧化将不断地继续下去。

3.6.2　影响零件腐蚀的主要因素及减轻零件腐蚀的措施

1. 影响零件腐蚀的主要因素

（1）金属的特性　金属的耐蚀性与它的标准电位、化学活性有关。标准电位越低，化学活性就越高，越容易腐蚀。然而，像镍、铬等金属，尽管它们的电位较低，但化学活性较高，在表面能生成一层很薄的致密氧化膜，有很高的化学稳定性，所以耐蚀能力很强。

（2）金属的成分　金属中的杂质越多，耐蚀性越差。一般钢铁中都含有石墨、硫化物及硅化物等杂质，它们的电极电位都比铁高，金属在形成腐蚀电池时成为阳极，不断被腐蚀。

（3）零件表面状况　零件的外表形状越复杂，表面粗糙度值越大，耐蚀性越差。这是因为复杂而粗糙的表面极易吸附电解质，同时形状的变化形成电位差。通常，压延金属的变形部分，金属表面擦伤、凹形及穴窝不平处，零件的转角、边缘和焊接、铆接处常为阳极，比较容易被腐蚀。

（4）环境　温度高，湿度大，介质中含有的氧、二氧化硫、二氧化碳、氯离子、雨水和杂质多，都会加速腐蚀。

2. 减轻零件腐蚀的措施

1）根据使用环境条件选择合适的耐蚀材料，尽量以塑料代替金属；合理的结构设计，使零件外形要简化，表面粗糙度要合适，避免形成腐蚀电池的条件。

2）覆盖金属保护层（如镍、铬及锌等），覆盖方法有电镀、喷涂及化学镀等；覆盖非金属保护层（如涂装、塑料、橡胶及搪瓷等）；覆盖化学保护层（如磷化、钝化及氧化等）；表面合金化（如渗氮、渗铬及渗铝等）。

3）进行电化学保护，用比零件材料化学性能更活泼的金属铆接在零件上，人为形成腐蚀电池，使零件成为阴极，避免发生电化学腐蚀。

4）进行介质处理，使用有机缓蚀剂或无机缓蚀剂加入相应介质，减弱零件的腐蚀。

复习与思考题

一、填空题

1. 零件摩擦按润滑状态可以分为（　　　　）、（　　　　）、（　　　　）和（　　　　）。

2. 按零件破坏的机理可把磨损分为（　　　　）、（　　　　）、（　　　　）、（　　　　）和

（　　　　　　）等。

3. 磨料磨损的特征是接触表面有明显的（　　　　　　）痕迹，这些痕迹是与相对运动方向平行的、深浅不一的很多细小沟槽。

4. 微动磨损是一种兼有（　　　　）、（　　　　）、（　　　　）的复合磨损形式，磨屑在摩擦面中起着磨料的作用。

5. 零件断裂按载荷性能可分为（　　　　）和（　　　　）。

二、判断题

1. 摩擦副的流体摩擦是一种理想的润滑状态。（　　　）

2. 实际工程机械上大多数配合件的摩擦为边界摩擦状态。（　　　）

3. 磨损是指两个相对运动的零件，由于相互作用而使摩擦表面材料不断损失的现象。（　　　）

4. 为了延长机械零件的使用寿命，应力求缩短磨合磨损阶段，尽量延长稳定磨损阶段，推迟急剧磨损阶段的到来。（　　　）

5. 油楔理论认为疲劳裂纹起源于摩擦表面的次表层。（　　　）

6. 对于发动机来说，空气中的尘埃、燃油和润滑油中的杂质及零件在摩擦过程中剥落下来的金属颗粒等都是磨料的来源。（　　　）

三、单选题

1. 两摩擦表面之间被连续的润滑油膜完全隔开不发生直接接触时的摩擦称为（　　　）。

A. 流体摩擦　　　　　B. 干摩擦　　　　　C. 混合摩擦　　　　　D. 边界摩擦

2. 气缸壁与活塞环之间的摩擦一般以（　　　）为主。

A. 流体摩擦　　　　　　　　　　　　B. 干摩擦

C. 边界摩擦和干摩擦　　　　　　　　D. 边界摩擦

3. （　　　）主要发生在齿轮副、凸轮副及滚动轴承的滚动体与内外座圈之间，是高副接触零件经常出现的主要磨损形式。

A. 黏着磨损　　　　B. 磨料磨损　　　　C. 表面疲劳磨损　　　　D. 腐蚀磨损

4. 柴油机的烧瓦、抱轴及拉缸是常见的严重（　　　）现象。

A. 黏着磨损　　　　B. 磨料磨损　　　　C. 表面疲劳磨损　　　　D. 腐蚀磨损

四、问答题

1. 判断零件失效的条件是什么？

2. 机械零件失效的基本原因有哪些？

3. 说明影响黏着磨损的主要因素。

4. 说明预防或减少磨料磨损的措施。

5. 说明预防或减少表面疲劳磨损的措施。

6. 说明零件变形的危害。

第4章　工程机械维修的基本工艺

4.1　工程机械的解体

工程机械的解体是一项重要工作，如果不给予足够的重视，在解体过程中会造成零部件的进一步损伤和变形，甚至无法修复。工程机械解体的目的是进一步检查和鉴定内部零件的损伤情况，以便采取相应的修理方法。

4.1.1　工程机械解体的一般规则和要求

（1）拆卸前必须熟悉机械设备各总成和零件的构造及工作原理　必要时可以查阅有关资料，熟悉工程机械及各总成的结构以及拆卸工艺程序。按拆卸工艺的程序进行，防止零件损伤。

（2）正确使用拆卸工具　正确使用拆卸工具是指使用的工具要合适，规格要相符，尽量使用专用工具。在拆卸衬套、齿轮、带盘和轴承等紧配合件时，应尽量使用专用顶拔器或压力机。对于扳手的选用除规格适合外，应注意梅花扳手和套筒扳手优于呆扳手，呆扳手优于活扳手。为了提高拆卸效率，最好采用活扳手。

（3）拆卸顺序必须合理　工程机械解体的一般顺序为先拆外部件，后拆内部件；先拆附件，后拆主件；先由整体拆成总成，再由总成分解成零部件。另外，在不影响拆卸质量和进度的前提下，可以采用上下、左右、前后的平行交叉作业的方式，以提高拆卸的效率。

（4）掌握合适的拆卸程度　掌握合适的拆卸程度，防止盲目地大拆大卸，是工程机械维修工艺的一项重要要求。应根据维修前检测的结论和维护（含附加作业）、修理作业项目与深度的要求，凡是不分解就能够确定和恢复零部件技术状况的零部件就不要分解。这不但可以防止工时的浪费和维修成本的增加，也可避免拆卸破坏原有的配合状态和新装配误差而影响零部件的技术状况，影响其可靠性与耐久性。例如，铆接、过盈配合应尽量避免拆卸；机油泵、喷油器等先在试验台上检测，只要性能合格，就可不分解。

（5）核对和做好装配记号　工程机械的零部件中，有很多配合件之间有特殊的配合要求，如离合器、飞轮、曲轴主轴承盖、连杆与下盖及万向传动装置等，拆卸时应先检查有无装配记号或平衡标记。对于没有记号的应补做好记号，以避免因装配方向、装配位置的变动而影响原有的配合和平衡特性。拆卸带有调整垫片的零部件时，如转向器和主减速器的调整垫片等，也应注意做好记号并按部位将其拴在一起，以减少装配和调整的困难。

（6）零件应分类存放　零件应按系统、大小、加工精度和不同的清洗方法分类存放，以便于分类清洗、检修及防止零件的丢失。如钢铁件、铝质件、橡胶件和皮质件等零件，应按材质的不同，分别置于不同的容器中。

（7）对有特殊要求的零件或零件的重要表面应做特殊保护　对于柱塞副、出油阀偶件等特殊精密零部件及其他零件上的油孔和油道等，要做好表面的保护工作。

4.1.2 常用拆卸方法

1. 击卸法

利用锤子或其他重物在敲击或撞击零件时产生的冲击能量将零件拆下。

2. 拉拔法

对精度较高不允许敲击或无法用击卸法拆卸的零部件应使用拉拔法，并采用专门顶拔器进行拆卸。

3. 顶压法

利用螺旋 C 型夹头、机械式压力机、液压压力机或千斤顶等工具和设备进行拆卸。这种方法适用于形状简单的过盈配合件。

4. 温差法

拆卸尺寸较大、配合过盈量较大或无法用击卸、顶压等方法拆卸时，或为使过盈量较大、精度较高的配合件容易拆卸，可用此种方法。温差法是利用材料热胀冷缩的性能，加热包容件后使配合件在温差条件下失去过盈量，实现拆卸。

5. 破坏法

当必须拆卸焊接、铆接等固定连接件，或轴与套互相咬死，或为保存主件而破坏副件时，可采用车、锯、錾、钻及割等方法进行破坏性拆卸。

4.1.3 典型连接件的拆卸

1. 螺纹连接件的拆卸

（1）锈死螺纹的拆卸

1）向拧紧方向拧 1/4 转，再反向回拧，使锈层与金属分离，便可逐步将螺母或螺栓退出。

2）用手锤轻敲螺母或螺栓头及四周，振松锈层，便于松退。

3）用煤油浸泡锈蚀螺纹，经过片刻，然后拧动。

4）除易燃件外，加热螺母或连接件，利用其热胀特性使锈层松脱，然后趁热拧松。

（2）断头螺钉的拆卸

1）断头高于机件表面，将伸出的断头锉成方形，或焊接一螺母，然后拧出断头。

2）断头与机体齐平或低于其表面时，可在断头端面的中心钻孔，在孔内攻反扣螺纹或打入棱锥，用反扣螺钉或棱锥拧出断头。

3）断头为非淬火钢且螺孔允许扩大时，可用大于螺孔的钻头将断头钻掉，重新攻螺纹，然后配制加大螺栓或镶配螺纹套，以恢复螺孔与螺栓的配合关系。

（3）螺钉（或螺栓）组连接件的拆卸

1）将各螺钉（或螺栓）按先四周后中间的原则拧松（拧动 1/2 ~ 1 转），然后按顺序分次拆卸，以免造成最后一个螺钉受力过大而使零件变形或造成拆卸困难。

2）拧松或拆下难拆卸部位的螺钉。

3）拆卸悬臂部件时，最上部的螺钉应最后取出，以免造成不安全事故或损坏零件。

4）分离连接件时要仔细检查有无隐蔽螺钉，不要强行顶、拉、撬或砸，以免损坏零件。

2. 过盈配合件的拆卸

拆卸过盈配合件时要避免碰伤其工作表面、破坏它们的配合性质,所以应使用顶拔器或压力机等专用工具和设备。过盈配合件的拆卸方法与配合过盈量的大小有关。当过盈量较小时,如曲轴正时齿轮,应尽量采用顶拔器进行拆卸。无顶拔器时也可用锤子轻轻敲击将其拆下。当过盈量很大时,要用加热包容件法拆卸,即将包容件加热到一定温度时,迅速用压力机压出。除此之外还应注意以下两个方面:

1)被拆零件受力应均匀,作用力的合力应位于它的轴线上。

2)受力部位应正确,如拆卸滚动轴承时应使顶拔器的拉爪钩住轴承内圈,以免损坏轴承。

4.2 零件的清洗

工程机械修理中零件的清洗包括油污、积炭、水垢、旧漆、锈层和其他杂物等的清除。零件的清洗方法决定清洗质量,而清洗质量对零件的检验分类、维修质量、维修成本和使用寿命等均产生重要影响。根据零件的材质、精密程度、污物性质和各工序对清洁程度的要求不同,必须采用不同的清除方法,选择适宜的设备、工具、工艺和清洗介质,以便获得良好的清洗效果。

4.2.1 油污的清洗

工程机械在解体后很多零件都要进行清除油污的工作,即除油。油可分为两类:一类是可皂化的油,就是能与强碱起作用生成肥皂的油,如动物油、植物油,即高分子有机酸盐;还有一类是不可皂化的油,它不能与强碱起作用,如各种矿物油、润滑油、凡士林和石蜡等,它们都不溶于水,但可溶于有机溶剂。去除这些油类,主要采用化学方法和电化学方法。常用的清洗液有:有机溶剂、化学清洗剂、碱性清洗液等。

1. 有机溶剂

常用的有机溶剂有汽油、煤油、柴油和酒精等。用有机溶剂清洗零件,无需特殊设备,使用简便,不会损伤金属零件,清洗效果好。但有机溶剂多数为易燃物,且成本高,在规模较小的工程机械维修企业中的应用较为广泛,大中型工程机械维修企业一般只用来清洗精密零件和有特殊要求的零件,如用汽油清洗离合器和制动蹄衬片,用酒精清洗橡胶件和仪表等。

2. 化学合成水基金属清洗剂

化学合成水基金属清洗剂以表面活性剂为主,有时可加入碱性电解液,以提高表面活性剂的活性,同时还加入磷酸盐和硅酸盐等缓蚀剂。水基金属清洗剂清除油污主要是其表面活性物质能降低界面张力而产生润湿、渗透、乳化和分散等各种复杂过程的综合作用结果。在多数情况下,油污由液相的油及树脂和固相的尘埃、沥青质及沥青烯等组成。清除油污有两种方法:液相乳化形成乳化液和固相分散形成分散体。污物固相分散是因污物微粒表面的活性物质的吸附引起的。由于清洗液的表面张力小,因而能渗透到污物微粒微小的裂纹中,并使表面活性剂吸附在这些微粒表面上,表面活性剂的吸附分子对微粒产生楔入压力,将其破碎。

用水基金属清洗剂清洗油污时，要根据油污的种类、污垢的厚薄和密实程度、金属性质、清洗温度及经济性等因素综合进行考虑，正确地选择不同的水基金属清洗剂。据资料介绍，合成清洗剂的最佳清洗温度应在80℃左右。

水基金属清洗剂具有去污能力强、无毒、无腐蚀、不燃烧、不爆炸、无公害、有一定防锈能力及成本较低等优点。

3. 碱性清洗液

机械零件的油污主要是矿物油，这种油污在碱溶液中不易被溶解（不发生皂化反应），只能形成乳浊液。乳浊液是几种互不溶解液体的混合物，其中一种常以微小的气泡形状散布于另一种液体中。碱离子的活动能力很强，能使油泡时而形成，时而破裂，对油污起着强烈的机械搓擦作用，从而降低油污层的表面张力。但是由于油污与金属的附着力较大，要想使油污与金属完全脱开，单靠碱是不够的，必须加入乳化剂，加热碱液、增加搅拌或以高压喷射等使油污形成乳浊液而脱离零件表面。

碱性清洗液的主要成分是碱性物质和乳化剂。常用的碱性物质有苛性钠、碳酸钠及硅酸钠等。由于苛性钠腐蚀性较大，对有色金属进行清洗时，在清洗液中一般不加苛性钠，而加入易水解的碳酸钠和硅酸钠等。碳酸钠不仅能维持溶液有一定的碱度，而且有软化水的作用；硅酸钠是活性物质，能很好地去除矿物油，且对金属无腐蚀作用，尤其对铝等有色金属有特殊的保护作用。

用碱性清洗液清洗零件时，一般需将溶液加热到80~90℃。除油后用热水冲洗，去掉表面残留的碱液，防止零件被腐蚀。

常用碱性清洗液的配方及工艺参数见表4-1和表4-2。

表 4-1　钢铁零件碱性清洗液的配方及清洗工艺

清洗液配方	主要工艺要求
苛性钠 50~55g/L 碳酸钠 25~30g/L 磷酸钠 25~30g/L 硅酸钠 10~15g/L	清洗温度：90~95℃ 清洗方式：喷洗或浸洗 清洗时间：10~15min

表 4-2　铝制零件碱性清洗液的配方及清洗工艺

清洗液配方	主要工艺要求
碳酸钠 15~20g/L 磷酸钠 5~10g/L 肥皂 2g/L 重铬酸钾 0.5g/L	清洗温度：60~80℃ 清洗方式：浸洗或喷洗 清洗时间：5~10min

4.2.2　水垢的清除

发动机冷却系统中的水垢会使发动机散热不良，修理中应予以清除。除垢时以酸溶液清洗效果较好，但酸溶液只对碳酸盐起作用。当冷却系统中存在大量硫酸盐水垢时，应先用碳酸钠溶液进行处理，使硫酸盐水垢转变为碳酸盐水垢，然后再酸溶液清除。

使用浓度为5%~10%（质量分数）的盐酸溶液，温度在60~80℃的范围内除垢效果较好，且对铸铁缸体和黄铜的散热器基本上无腐蚀作用。对于铸铁气缸盖的发动机，除垢时可直接将酸溶液注入冷却系统中，取下节温器后低速运转20~40min，即可将冷却系统中的水垢全部除去。酸溶液除垢后要全部放净，并用清水冲洗干净。

对于铝制气缸盖的发动机，在1L水中加入15g硅酸钠、2g液态肥皂制成溶液。除垢时也可直接将该溶液注入发动机冷却系统，使发动机在正常温度下运转1h，然后放净溶液，并用清水冲洗干净。

热的酸溶液与水垢作用时会产生飞溅，并排出有害气体。操作人员应戴耐酸手套和护目镜、口罩等防护用品。

4.2.3　积炭的清除

积炭是由于燃油和润滑油在燃烧过程中不能完全燃烧时生成的，它积留在发动机一些主要零件上，使导热能力降低，引起发动机过热和其他不良后果。在发动机修理中，必须彻底清除积炭。通常采用机械法或化学法清除积炭。

1. 机械法清除积炭

机械法是用刮刀或金属丝刷清除积炭，此法简单易行，但劳动强度大、效率低，且容易刮伤零件表面。一般在积炭层较厚或零件表面粗糙度要求不严格时采用。

2. 化学法清除积炭

化学法是用化学溶液浸泡带积炭的零件，使积炭与化学溶液发生作用被软化或溶解，然后用刷、擦等办法将积炭清除。这种化学溶液称为退炭剂，按其性质可分为无机退炭剂和有机退炭剂两种。无机退炭剂毒性小、成本低，但效果差，且对有色金属有腐蚀性，主要用于钢铁零件。有机退炭剂退炭能力强，可常温使用，对有色金属无腐蚀性，但成本高，毒性大，适用于有色金属及较精密零件。

无机退炭剂的配方见表4-3，有机退炭剂的配方见表4-4。

表4-3　无机退炭剂配方

成分名称	钢件和铸铁件			铝合金件		
	配方1	配方2	配方3	配方1	配方2	配方3
苛性钠/kg	2.5	10	2.5	—	—	—
碳酸钠/kg	3.3		3.1	1.85	2.0	
硅酸钠/kg	0.15		1.0	0.85	0.8	
软肥皂/kg	0.85	—	0.8	1.0	1.0	1.0
重铬酸钾/kg	—	0.5	0.5		0.5	0.5
水/L	100	100	100	100	100	100

表4-4　有机退炭剂配方

成分名称	煤油	汽油	松节油	苯酚	油酸	氨水
含量（质量分数,%）	22	8	17	30	8	15

4.3　零件的检验分类

4.3.1　零件检验分类的概念

零件检验是工程机械维修的重要工艺过程，它直接影响工程机械的维修质量和维修成本。按规定的技术要求确定工程机械总成、零部件技术状况所实施的检验，称为技术检验。

根据维修技术条件，按零件的技术状况将零件分为可用零件、需修零件和报废零件三类的过程，称为零件的检验分类。

工程机械维修技术条件，是指对工程机械维修全过程的技术要求、检验规则所做的统一规定。可用零件是指尺寸和几何误差符合维修技术条件，不经修理可直接使用的零件。需修零件是指尺寸和几何误差不符合维修技术条件，但能够修复且修复后经济性好的零件。报废零件是指尺寸和几何误差不符合维修技术条件，并且难以修复或修复后经济性差的零件。

要做好零件检验分类工作，必须有科学的零件检验分类技术条件和正确的检验分类方法，以及能保证检验精度的检验设备。

4.3.2　零件检验分类的技术条件

零件检验分类的技术条件是确定零件技术状况的依据，一般应包括以下内容：

1）零件的主要特性，包括零件的材料、热处理性能以及零件的尺寸等。

2）零件可能产生的缺陷、缺陷的特征和缺陷的检验方法。

3）零件的极限磨损尺寸、允许磨损尺寸和允许变形量或偏差。

4）配合副的极限配合间隙及允许配合间隙的标准。

5）零件的表面状况，如精密偶件工作表面的划伤、腐蚀及表面储油性等。

6）零件的其他特殊报废条件，如镀层性能、轴承合金与基体的结合强度、零件的平衡、密封件的破坏以及弹性零件的弹力等。

7）零件的报废条件。

8）零件的修理方法。

4.3.3　零件检验的主要内容

零件检验的主要内容有零件的表面质量检验、零件的几何精度检验、零件的隐伤检验、零件的质量检验和静动平衡检验及零件的密封性能检验等。

（1）零件的表面质量检验　主要包括检验表面粗糙度，表面有无擦伤、腐蚀、裂纹、剥落、烧损及拉毛等缺陷。可凭检验人员的感官感觉和经验来鉴别零件的技术状况。

（2）零件的几何精度检验　零件的几何精度检验包括零件尺寸及几何误差的检验，如圆度、圆柱度、直线度（轴线）、平面度和平行度的检验等。一般采用通用量具，如游标卡尺、千分尺、百分表和量规等。

（3）零件的隐伤检验　零件隐伤是指损伤是在零件的内部，即隐蔽的缺陷（指零件内部有裂纹、气孔和夹杂等），必须采用专用的方法进行检验。工程机械零件常用的隐伤检验方法有渗透无损检测、磁力无损检测、超声波无损检测和 X 射线无损检测等。

（4）零件的质量和静动平衡检验　活塞、连杆及活塞连杆组的质量差可用称重法检查。可利用平衡机检验曲轴、风扇、传动轴及飞轮等高速转动的零部件的静动平衡是否在允许的范围内。

（5）零件的密封性能检验　包括发动机气缸的密封性、液压系统的密封性及制动系统的密封性等的检验。

4.3.4　典型零件的检验

1. 外径零件的检验

外径零件可用外径千分尺、游标卡尺或卡规检验其外径尺寸、圆度和圆柱度误差等。圆度误差是指在垂直于轴线的同一截面上相互垂直的两直径的最大差值之半，圆柱度误差是指在任意测量位置、任意测量方向上两个直径的最大差值之半。

2. 内径零件的检验

内径零件（孔类零件）主要检验内径尺寸、圆度和圆柱度误差。一般用游标卡尺、内径千分尺检验内径尺寸，用内径百分表检验较深孔的内径尺寸。

用内径百分表检验内径尺寸时，先将内径百分表插入要测量的孔内，来回摆动，记住大小指针极限位置的读数。然后用外径千分尺卡住上述内径百分表的测量杆，调整千分尺，使内径百分表的读数与插在孔内时相同。此时，外径千分尺上的读数就是要测孔的直径。

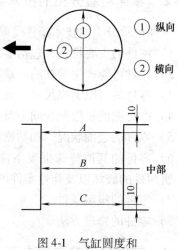

用内径百分表来检验内径零件的圆度和圆柱度误差。例如，在发动机气缸圆度和圆柱度误差的检验中，根据气缸直径的大小选择合适的内径百分表和测头，按图 4-1 所示的位置和方法，分别测量上、中、下三个截面的平行和垂直于曲轴轴线两个方向的六个直径值。三个截面的圆度误差中的最大者即为气缸的圆度误差，测量的六个直径值中的最大值和最小值的差值之半就是气缸的圆柱度误差。

图 4-1　气缸圆度和圆柱度误差的检验

3. 轴承的检验

（1）滚动轴承的检验　对于滚动轴承，首先要进行外表的检验：内、外座圈滚道和滚子表面均应光洁平滑，无烧蚀、疲劳点蚀和裂纹，不应有退火变色现象。保持架应完好无损，滚动轴承的轴向间隙和径向间隙应符合技术要求。用手转动轴承时应无卡滞现象，无撞击声。

（2）滑动轴承的检验　滑动轴承易出现的损伤主要有工作面点蚀、腐蚀、磨损及裂纹等。检验磨损量时，选择直径为轴承间隙的 1.5 ~ 2 倍的柔软铅丝，将其截成 15 ~ 40mm 长的小段。把轴承盖打开，将铅丝放在轴颈上及上下轴承的分界面处，盖上轴承盖，按规定转矩拧紧固定螺栓，然后再拧松螺栓，取下轴承盖，用千分尺检测压扁的铅丝厚度，其中最大厚度与标准间隙之差就是最大磨损量。

滑动轴承除了要保证径向间隙以外，还应该保证轴向间隙。检测轴向间隙时，将轴移至一个极端位置，然后用塞尺或百分表测量轴从一个极端位置至另一个极端位置的圆跳动量即为轴向间隙。

4. 齿类零件的检验

齿轮的轮齿、外花键和内花键的花键齿都可视为齿类零件。轮齿和花键齿的主要损伤有：渗碳层的剥落，齿面磨损、擦伤和点蚀及个别轮齿折断等。损伤一般可以用观察法检验。齿面的点蚀和剥落面积不应超过 25%。有明显阶梯形磨损或断齿现象时，齿轮应报废。

齿面磨损后，测量齿轮的公法线长度并与新齿轮的公法线长度进行比较，便可确定齿轮的磨损程度。

5. 弹簧的检验

弹簧表面的一些缺陷，如裂缝、折叠、分层、麻点、凹坑、划痕及拔丝等，有的是原材料本身的缺陷，有的是弹簧加工过程中造成的缺陷。这些缺陷一般可以目视检测，或以低倍的放大镜检测。目视检测可靠性较差，尤其是裂缝较难被发现，所以可以用无损检测的方法进行检验。

而弹簧在使用过程中，其刚度、弹力及自由长度也会发生某种程度的变化，有时也会产生扭曲变形，也需要进行检测。

6. 零件变形的检验

（1）直线度误差的检验　轴的直线度是指轴线中心要素的形状误差。从理论上讲，直线度误差只与轴线本身的形状有关，而与测量时的支承位置无关。但在实际检验中，轴线的直线度误差常用简单的径向圆跳动来代替，如图 4-2 所示。这样获得的检测结果是近似的，能够满足工程机械维修的精度要求。直线度误差检验多用于轴类零件或孔类零件的检测，特别适用于在工作时受力易产生弯曲变形的零件。

（2）平面度误差的检验　零件的平面度表示实际平面的不平整程度，是零件表面的形状公差。在工程机械维修过程中，平面度误差一般采用光轴（或直尺）和塞尺进行检验。

如图 4-3 所示，将光轴沿测量直线 AA、BB、CC、DD、EE 及 FF 与被测平面靠合，用塞尺测量光轴与零件平面之间的间隙。按照技术要求的规定，在平面的每 50mm 长度或全长内不允许超过一定的数值。

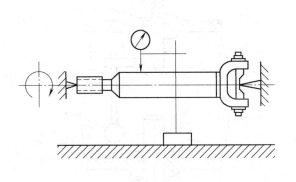

图 4-2　直线度误差间接检验法

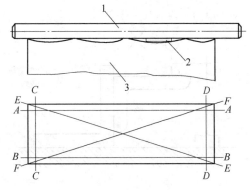

图 4-3　平面度误差的检验示意图
1—光轴　2—塞尺　3—零件

7. 零件位置误差的检验

（1）面对线的平行度误差的检验　面对线的平行度误差检验如图 4-4 所示，在零件孔中插入配合精度很高的心轴，放在等高的支承座上。调整零件，使 $L_1 = L_2$，然后用百分表测量整个被测的上表面。百分表最大读数与最小读数之差即为零件被测上表面与内孔轴线的平行度误差。

（2）线对面的平行度误差的检验　如图 4-5 所示，可将被测零件放在检验平板上，在孔中插入精度很高的专用心轴，用百分表在测量距离为 L_2 的两个位置上测得的读数为 M_1 和

M_2，则内孔轴线与底平面的平行度误差为

$$f = (L_1/L_2)(M_1 - M_2)$$

式中　L_1——被测轴线的实际长度（mm）。

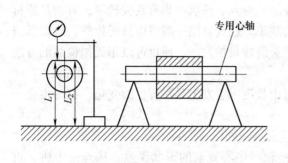

图 4-4　面对线的平行度误差检验示意图　　　　图 4-5　线对面的平行度误差检验示意图

（3）面对面的垂直度误差的检验　面对面垂直度误差的检验如图 4-6 所示，将零件固定在直角弯板上，直角弯板放在检验平板上，用百分表在被测面按一定的测量线进行测量。百分表最大读数差即为零件的垂直度误差。

（4）孔对孔的同轴度误差的检验　孔对孔的同轴度误差检测如图 4-7 所示。将基准心轴和被测心轴装入被测孔中，然后将百分表表架固定在基准心轴上，调整百分表使测头压在被测心轴上，转动基准心轴一周，百分表测得的最大读数即为同轴度误差。

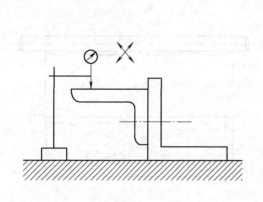

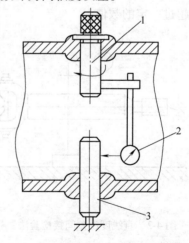

图 4-6　面对面的垂直度误差检验示意图　　　图 4-7　孔对孔同轴度误差检验示意图

　　　　　　　　　　　　　　　　　　　　　　　　1—基准心轴　2—百分表　3—被测心轴

4.3.5　零件隐伤的检验

　　零件的隐伤是指肉眼看不到的隐蔽缺陷（包括零件内部存在的缺陷或特征不明显的表面损伤）。对于工程机械的主要零件及关系到安全性的零件，如缸体、曲轴、连杆、万向节、球头销、传动轴及半轴等，如果有裂纹或疲劳裂纹，若不及时发现，使用时则有可能引起断裂而造成重大事故。因此，在整车或总成大修时，要进行零件隐伤的检验，以保证其使

用可靠性。

工程机械零件的隐伤一般用无损检测的各种方法进行检验。无损检测是在不损坏被测零件的前提下，探测其内部或外表缺陷的检测方法。无损检测的方法有渗透无损检测、磁力无损检测、超声波无损检测和 X 射线无损检测等。

1. 渗透无损检测

渗透无损检测是利用毛细管现象，对材料表面开口式不明显缺陷（例如裂纹、夹渣及气孔等）进行检测的一种无损检测方法，也称为着色无损检测。

（1）渗透无损检测的原理　对于表面光滑而清洁的零部件，用一种带色或带有荧光的、渗透性很强的液体，涂覆于待检测零部件的表面。若表面有肉眼不能直接观察的微裂纹，由于该液体的渗透性很强，它将沿着裂纹渗透到其根部，然后将表面的渗透液洗去，再涂上对比度较大的显示液（也称吸附显像剂，常为白色）。放置片刻后，由于裂纹很窄，毛细现象作用显著，原渗透到裂纹内的渗透液将上升到表面并扩散，在白色的衬底上显出较粗的红线，从而显示出裂纹的位置、形状和大小。

若渗透液采用的是带荧光的液体，由毛细现象上升到表面的液体则会在紫外线灯的照射下发出荧光，从而更能显示出裂纹的位置和形状，此时的渗透无损检测又常称为荧光无损检测。

渗透无损检测法能有效地检查出各种表面开口裂纹，其方法简单，检测准确，成本低，应用极其广泛。

（2）渗透无损检测剂　渗透无损检测剂是渗透剂、着色剂（颜料）、乳化剂、清洗剂和显像剂的总称。由于渗透无损检测的方法不同，且对无损检测剂的要求各不相同，因而无损检测剂的成分也不相同。需要特别指出的是各种无损检测剂要配套使用，不能相互交叉替代，如某种渗透剂只适合与某种乳化剂、清洗剂和显像剂配合使用。

（3）渗透无损检测的工艺

1）预处理。彻底清除零件表面妨碍渗透液渗入缺陷的油脂、涂料、铁锈、氧化皮及污物等附着物。如果需要检测的零件尺寸较大，则可清洗一段，检测一段，以避免间隔时间太长造成二次污染。

2）渗透处理。首先要正确选用渗透方法，根据被检测零件的数量、尺寸、形状以及渗透剂的种类，合理地选择一种渗透方法（如浸渍渗透、刷涂渗透及喷涂渗透等）。其次要合理确定渗透时间，渗透所需时间受渗透方法类型、被检零件的材质、缺陷本身的性质以及被检零件温度和渗透液温度等诸多因素的影响，因此应考虑具体情况确定渗透时间，一般为 5~10min。然后将零件放在空架上，使表面乳化液流尽。

3）清洗处理。在去除附着在被检零件表面的多余渗透剂的处理过程中，既要防止处理不足而造成对缺陷识别的困难，同时又要防止处理过度而使渗入缺陷中的渗透剂也被洗去。对水洗型渗透液，可以用压力不超过 0.35MPa、温度不超过 40℃ 的清水清洗。

4）干燥处理。干燥处理有自然干燥和人工干燥两种方式。对自然干燥，主要控制干燥时间不宜太长。对人工干燥，则应控制干燥温度，以免蒸发掉缺陷内的渗透液，降低检验质量。

5）显像处理。对于荧光无损检测可直接使用经干燥后的细颗粒氧化镁粉作为显像剂喷洒在被检表面上，或将零件埋入到氧化镁粉末中保留 5~6min 之后，将粉末吹去即可。

对于其他着色无损检测的渗透剂使用方法与该方法类似。

6）显像观察。要求观察者视力好、非色盲，可以借助于 5 ~ 10 倍的放大镜来观察，确定零件缺陷的情况，并做好画影图形或照片记录。

7）后处理。如果残留在零件上的显像剂或渗透剂影响以后的加工、使用，或要求重新检验时，应将表面冲洗干净。对于水溶性的无损检测剂可用水冲洗，或用有机溶剂擦拭。

2. 磁力无损检测

利用磁场效应对铁磁性材料的表面或近表面缺陷进行检验的一种方法，又称磁粉无损检测。

（1）磁力无损检测的原理　铁磁性材料制成的零件被磁化后，零件就有磁力线通过。如果零件本身没有缺陷，磁力线在其内部是均匀连续分布的。但当零件内部存在缺陷时，如裂纹、夹杂及气孔等非铁磁性物质，其磁阻非常大、磁导率低，必将引起磁力线的分布发生变化。缺陷处的磁力线不能通过，将产生一定程度的弯曲。当缺陷位于或接近零件表面时，则磁力线不但在零件内部偏散产生弯曲，而且还会穿过零件表面漏到空气中形成一个微小的局部磁场，如图4-8所示。这种由于介质磁导率的变化而使磁通泄漏到缺陷附近空气中所形成的磁场，称为漏磁场。当将导磁性良好的磁粉（通常为磁性氧化铁粉）施加在零件上时，缺陷附近的漏磁场就会吸住磁粉，形成缺陷处的磁粉堆积——磁痕，从而把缺陷位置、形状显示出来。由于缺陷处漏磁场的宽度比实际缺陷本身大数倍乃至数十倍，故而磁粉被吸附后形成的磁痕能够放大缺陷。通过分析磁痕评价缺陷，就是磁力无损检测的原理。

（2）磁化的基本方法　磁力无损检测时，因为裂纹平行于磁场时，磁力线偏散很小，难以发现裂纹，所以，必须使磁力线垂直通过裂纹，才会比较明显地显现裂纹特征。为此，根据裂纹可能产生的位置和方向，可采用如下方法来对零件进行磁化。

1）纵向磁化法。被检验的零件置于马蹄形电磁铁的两极之间，如图4-9所示。当线圈绕组通入电流时，电磁铁产生磁通，经过零件形成封闭的磁路，在零件内产生平行于零件轴线的纵向磁场，这样便可以发现被检验零件的横向缺陷。

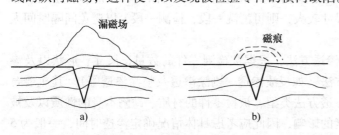

图 4-8　磁力无损检测原理
a）磁力线在裂纹处偏散弯曲　b）漏磁场将磁粉磁化形成磁痕

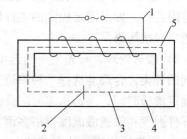

图 4-9　纵向磁化法原理
1—磁化线圈　2—缺陷（裂纹）　3—磁力线
4—被检验零件　5—电磁铁

2）周向磁化法。周向磁化也称环形磁化或横向磁化，如图4-10所示。电流直接通过零件，则零件圆周表面产生环形磁力线，当缺陷平行于零件轴线方向时，便可形成磁极，吸附磁粉粒子，因而可以发现隐伤所在的部位。

3）联合磁化法。联合磁化法也称复合磁化，利用磁场叠加原理对零件同时采用周向磁化和纵向磁化，使其产生既不同于周向磁化也不同于纵向磁化的效果，即产生合成方向磁场的磁化方法。此方法可以发现任意方向的裂纹或缺陷。目前，国产的固定式磁力无损检测设备均具备此项磁化功能。

　　磁化电流既可以是交流，也可以是直流，但一般都采用低压大电流，以获得强力磁场。交流磁力无损检测，因设备简单而被广泛采用；但由于其有趋肤效应，只能理想地检验近表面裂纹，所以最适合于疲劳裂纹的检验。在联合磁化时，横向磁化采用交流，纵向磁化采用直流，这样可以使通过零件的磁场的大小和方向都不断发生交变，有利于发现任意方向的裂纹。

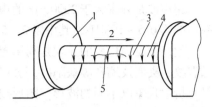

图 4-10　周向磁化法示意图
1—夹头　2—磁化电流方向　3—磁力线方向
4—被检验零件　5—缺陷（裂纹）

　　（3）磁力无损检测的工艺　磁力无损检测的工艺包括预处理、磁化、施加磁粉（或磁悬液）检查、退磁和后处理等。

　　1）预处理。即清除零件表面的油污、铁锈等。干法检测时零件表面应干燥，使用油磁悬液时零件上不应有水分；有非导电覆盖层的零件必须做到能通电磁化，即要求应先将通电部位进行清洁；零件磁化时，应根据其所用材料的磁性能、零件尺寸、形状、表面状况以及可能的缺陷情况确定检验的方法、磁场方向和强度及磁化电流的大小等。

　　2）磁化。磁化方式一般分为两种，即连续磁化法和剩余磁场法。前者是零件磁化和缺陷显示同时进行，即在磁化零件的同时，将磁粉或磁悬液施于被检验零件的表面进行磁力无损检测；后者则是利用零件被磁化后的剩磁来检查其表面的缺陷，即先将零件磁化，然后撤去磁化电流或磁场，再施加磁粉或磁悬液进行缺陷显示。剩余磁场法适用于材料的剩余磁感应强度高的零件，而连续磁化法适用于各种铁磁性材料零件。

　　3）施加磁粉。磁粉通常是黑色的 Fe_3O_4 和红褐色的 Fe_2O_3。对被检验零件施加磁粉的方式有干法和湿法两种。干法是直接将干磁粉撒在被检验零件表面上；而湿法则是将磁粉配成磁悬液，喷洒在被检验零件表面上，而且后者对表面缺陷的检测更为灵敏。

　　常用的磁悬液为油磁悬液，由 40% ～ 50%（质量分数）的变压器油、50% ～ 60%（质量分数）的煤油，再加入 20 ～ 30 g/L 的磁粉配制成。

　　采用干法时，施加干粉的装置须能以最小的力将呈均匀雾状的干磁粉施加于被磁化零件的表面，并形成薄而均匀的粉末覆盖层。

　　采用湿法时，通常用软管或喷嘴将磁悬液施加到零件表面上。磁粉施加后，在零件上的磁粉粒子被吸附在裂纹处而形成磁痕便是显示的缺陷，应做好标记。

　　4）退磁。零件经磁化检验后或多或少地会留下一部分剩磁，因此，必须进行退磁。否则，零件在使用中可能吸附铁磁性颗粒，造成严重的磨料磨损等危害。

　　退磁就是将零件置于交变磁场中，并使磁场的幅值由大到小，逐渐降到零，从而将其剩余磁场退掉。最简单的退磁方法是将零件逐渐从通入电流的螺管线圈中退出，或直接向零件通电并逐渐减小电流到零为止。

　　用交流电磁化的零件，可用交流电退磁，也可用直流电退磁；而用直流电磁化的零件，只能用直流电退磁。

　　5）后处理。零件无损检测完毕后应进行有关的后处理工作，磁粉检测以后应清理掉被检测表面上残留的磁粉或磁悬液；干粉可以直接用压缩空气清除；油磁悬浮液可用汽油等溶剂清除；水磁悬液应先用水进行清洗，然后干燥，如有必要可在被检测表面上涂覆防护油，做防锈处理等。

3. 超声波无损检测

超声波是频率大于20000Hz的声波，它属于机械波。在零件无损检测中使用的超声波频率一般为0.5~10MHz，其中以2~5MHz最为常用。

超声波无损检测的原理是利用超声波在介质中传播时，一旦遇到不同介质的界面，如内部裂纹、夹渣及缩孔等缺陷时，会产生反射、折射等特性，通过仪器处理，可以将不同的反射与折射现象以不同的波形、图形或图像显示出来，从而确定零件内部缺陷的位置、大小及形状等。其基本原理如图4-11所示。

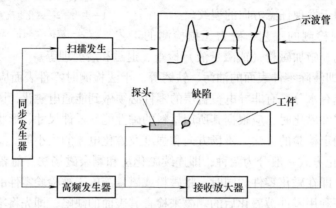

图4-11 超声波无损检测基本原理示意图

超声波无损检测适用于表面缺陷，也适用于零件内部缺陷的检测，尤其适用于焊缝质量的检测，具有穿透能力强、灵敏度高、检测速度快和适用于各种类型的材料等特点，并且该方法设备轻巧、移动灵活、操作方便、成本低、对人体无害，同时可在现场进行在线检测。

4. X射线无损检测

射线无损检测的原理是射线能穿透普通光线所不能穿透的物质，射线在透过不同厚度、不同密度及不同原子的物质时，均会产生衰减，且衰减具有一定的规律性；射线还能使某些物质产生光学作用，如使感光底片感光，或使某些物质产生荧光等。射线无损检测就是利用射线的上述特性来进行检测的。

检测时，射线透过被检测物体，使置于被检测物后面的感光底片感光，通过暗房的显影处理，就可以显现出被射线透过的被检物体的内部情况。若被检物体内部完好，质地均匀，则射线通过物体的衰减程度无差异，底片上的感光也是均匀的；若被检物体内部存在缺陷，如有夹渣、气孔及裂缝等，则射线穿透时衰减的程度就不一样。有缺陷部位由于吸收的射线粒子较少，射线强度高于其他无缺陷的部位，相应的底片感光量大，显影后形成的黑度较大，从而将被检测物体内部的缺陷显现出来。

图4-12所示为X射线检测焊缝的示意图。X射线是波长较短的电磁波，它由X射线管产生，能量很高。检测时，X射线照射在

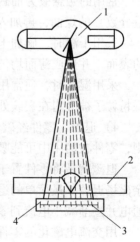

图4-12 X射线检测
焊缝示意图
1—X射线管 2—被测件
3—底片 4—底片夹

焊缝上，透过焊缝和钢板使感光底片感光，再通过底片的显影处理，就可以显示其内部是否存在如夹渣、气孔等缺陷。

X 射线检测一般用于检测厚度小于 30mm 的材料，其灵敏度较高，透视的时间较短、速度较快；但透视的设备较复杂，费用也较高。

4.3.6　零件的平衡性检验

工程机械上有许多重要的高速旋转零件，如曲轴、飞轮、车轮、传动轴、离合器压盘及带轮等。这些零件的质量不平衡将引起机械的振动，并给零件本身和轴承造成附加载荷，从而加速零件的磨损和产生其他损伤，所以对零件进行平衡性检验具有十分重要的意义。零件的平衡性检验分为静平衡检验和动平衡检验。

零件的静不平衡是由零件的质心偏离了其旋转轴线而引起的，一般是针对径向尺寸较大而轴向尺寸较小的盘形零件（如发动机飞轮、离合器压盘、制动盘及带轮等零部件）而言的。

而动不平衡是指一个旋转体的质量轴线与旋转轴线不重合，而且既不平行也不相交，因此不平衡将发生在两个平面上（图 4-13），可以认为动不平衡是静不平衡和力偶不平衡的组合，不平衡所产生的离心力作用于两端支承，既不相等且向量角度也不相同。

工程机械上有许多旋转的零部件，这些零部件的大小、质量及速度各不相同，但其平衡性能必须满足一般原则：当转子外径 D 与长度 L 满足 $D/L \geqslant 5$ 时，一般都只需进行静平衡检验；当 $L \geqslant D$ 时，只要工作转速大于 1000r/min，都要进行动平衡检验。

1. 零件静平衡检验

重力式平衡机一般称为静平衡机，它是依靠转子自身的重力作用来测量静不平衡的。如图 4-14 所示，置于两根水平导轨上的转子如有不平衡质量，则它对轴线的重力矩使转子在导轨上滚动，直至这个不平衡质量处于最低位置时才静止。

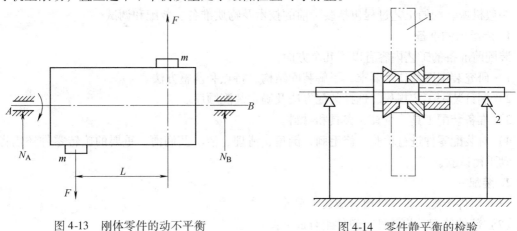

图 4-13　刚体零件的动不平衡　　　　　　图 4-14　零件静平衡的检验
　　　　　　　　　　　　　　　　　　　　1—被检测工件　2—菱形导轨

消除静不平衡可以在与不平衡质量相对的一侧附加一定的质量，也可以在不平衡质量的一侧去掉一部分质量。

2. 零件动平衡检验

对于动不平衡的转子，无论其具有多少个偏心质量以及分布在多少个回转平面内，都只要在两个选定的平衡基面内加上或去掉平衡质量，即可获得完全平衡，故动平衡称为双面平衡。双面平衡机能测量动不平衡，也能分别测量静不平衡和力偶不平衡，一般称为动平衡机。

动平衡机的主要性能用最小可达剩余不平衡量和不平衡量减少率两项综合指标来表示。前者是平衡机能使转子达到的剩余不平衡量的最小值，它是衡量动平衡机最高平衡能力的指标；后者是经过一次校正后所减少的不平衡量与初始不平衡量之比，它是衡量平衡效率的指标，一般用百分数表示。

动平衡机一般都是由驱动系统、电气测量系统（振动信号采集系统、信号放大和预处理系统、计算机和软件系统）、显示装置（显示器、打印机和示波器）和平衡机械系统（钻孔机、铣床和电焊设备）等组成的。其基本原理是在原动机的驱动下，被测转子按额定的转速旋转，当转子存在不平衡质径积时，便会产生某种形式的振动，传感设备就会感知到这种振动的存在，并将这种信号传给电气检测系统，然后系统显示出不平衡的位置和质径积的大小，检测人员就能够根据显示结果，采取加、减平衡重块的方法，对该被测件进行平衡。

4.4　工程机械的装配

根据一定的装配技术要求，按一定的装配顺序将机械零件、部件、组件及总成安装在基础件上的过程称为机械的装配。机械装配必须满足配合间隙、紧固转矩、相互位置、平衡要求以及密封性等技术要求，否则机械的性能就会达不到要求、使用寿命短且故障率高。

4.4.1　机械装配的工艺过程

一般机械装配的工艺过程包括装配前的技术及物质准备、装配和调试。

1. 装配前的准备

装配前准备的工艺内容有以下几个方面：

1）研究装配图及技术要求，了解装配结构、特点和调整方法。

2）制订装配工艺规程、选择装配方法及确定装配顺序。

3）准备装配工具、量具、夹具和材料。

4）对装配零件进行检验、修毛刺、倒角、清理、清洗及润滑，重要的旋转零件还需做静、动平衡试验。

2. 装配

（1）组件装配　将零件组合成装配单元。

（2）部件装配　将零件、组件组合成装配单元。

（3）总装配　将零件、组件及部件组合成机械设备。

3. 调试

（1）调整　调整零部件的相对位置、配合间隙，使之相互协调。

（2）试验　进行空运转试验、有载荷试验等。

（3）精度和性能检验　包括几何精度、运动精度及各项性能等检验。

4.4.2　机械装配的基本要求

1）做好装配前的准备工作。

①首先要熟悉机械各零部件的相互连接关系及装配技术要求。

②零部件装配前要清洗干净，并经过检查、鉴定，对重要零件应按修理规范及规定进行检验，不合格的零件不得装配。凡规定需要检查、试验的组合件及总成，在安装前必须进行检验，并随附检验合格证。

③确定适当的装配工作地点及备齐必需的设备、仪器及工具等。

2）装配时必须选择正确的配合方法，分析并检查零件装配的尺寸链精度，通过选配、修配或调整来满足配合精度的要求。

3）选择合适的装配方法和装配设备，如过盈配合采用相应的压力机装配，或对包容件进行加热和对被包容件进行冷缩。为避免损坏零件和提高工效，应采用专用工具。

4）对所有偶合件和不能互换的零件，应按拆卸、修理或制造时所做的记号成对或成套装配，不允许错乱。

5）对高速旋转有平衡要求的部件（如曲轴、飞轮及传动轴等），经过修理后应进行平衡试验。长轴及长丝杠等细长零件，不论是新品或旧品，均应检查其平直情况。

6）各组合件在装配时，应注意零件的圆度、直线度、同轴度、平行度、平面度及垂直度等允许的累积偏差，避免装配后的间隙或偏差超过装配技术要求的限度。

7）注意装配中的密封，采用规定的密封结构和材料。注意密封件的装配方法和装配紧度，防止"三漏"。

8）每一部件装配完毕，必须进行检查和清理，防止有遗漏未装的零件；防止将多余零件封闭在箱壳之中，造成事故。

4.4.3　典型零部件的装配要点

1. 紧固连接的装配

紧固连接分为可拆和不可拆两类，可拆连接有螺栓、键及销等；不可拆连接有铆接、焊接和粘结等。

（1）螺栓连接

1）凡与螺栓、螺母贴合的表面均应光洁、平整，否则易使连接件松动或使螺栓弯曲。

2）保证被连接件的紧固性和获得正确位置，在工作中不得松动、不毁坏，不要使用不合格的螺栓和螺母。

3）拧紧力矩应适当，通常用扭力扳手拧紧。对在工作中有振动或冲击的连接件，不仅要拧紧，还必须采用合适的防松锁紧装置，例如双螺母防松、弹簧垫圈防松、带止动垫圈防松及开口销防松等。

4）拧紧多个螺栓时，必须按照一定的顺序进行，并分多次逐步拧紧，否则会使零件或螺栓产生松紧不一致甚至变形的现象。在拧紧方形或圆形布置的成组螺栓时应对称地进行，如图 4-15 所示。

拧紧长方形布置的成组螺栓时，应从中间开始，逐渐向两边对称地扩展，如图 4-16 所示。

（2）键连接装配　用平键连接时，键与轴上键槽的两侧面应留有一定的过盈量。装配前去毛刺、配键、洗净及加油，将键轻轻敲入槽内并与底面接触，然后进行试装。当轮毂上的键槽与键配合过紧时，可修整键槽，但不能松动，键的顶面与槽底应留有间隙。

花键连接应用最多的是大径定心的矩形花键，配合形式多为间隙配合，装配后应滑动自如又不松旷。

（3）销连接装配　装定位销时，不准用铁器强迫打入，应在其完全适当的配合下，用手推入约 75% 的长度后再轻轻打入。装配件要注意倒角和清除毛刺。

（4）铆钉连接　用铆钉连接零件时，在被连接的零件上钻孔后插入铆钉，插入时用顶模支持铆钉头部，另一端用锤子敲打。

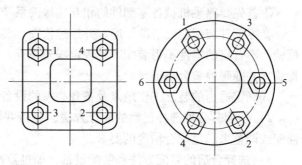

图 4-15　拧紧方形或圆形布置的成组螺栓的顺序

2. 滑动轴承的装配

滑动轴承分整体式和剖分式两种，装配前都应去毛刺、清洗、加油并注意轴承加油孔的工作位置。

（1）整体式滑动轴承的装配　整体

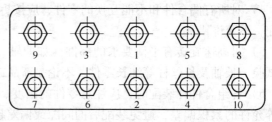

图 4-16　拧紧长方形布置的成组螺栓的顺序

式滑动轴承的轴套内径与轴颈配合，一般是 H7/g6、H7/e8、H7/d8 或 H7/c8；轴套外径与轴承座内孔的配合一般是 H7/k6 或 H7/t7。由于轴套和轴承座的配合不同，装配方法也不一样。当过盈量较小、孔径与孔长也较小时，可用锤击将轴套装入轴承座内；当过盈量较大、孔径与孔长也较大时，用压力机将轴套压入轴承座内，也可用冷却轴套装入。轴套装入后，由于有过盈量，轴套内径要缩小，过盈量越大，内径缩小越严重，其缩小量一般约等于配合的最大过盈和最小过盈之和的一半，它给装配带来很大的修配工作量。为减少修配工作量，通常在机械加工时采用加大轴套内径公称尺寸的方法，其加大的数值约等于内径缩小量。

（2）剖分式滑动轴承的装配　剖分式滑动轴承的装配过程是：清洗、检查、刮研、装配、间隙的调整和压紧力的调整等。

1）轴瓦与轴承座的装配。为了将轴上的载荷均匀地传给轴承座，要求轴瓦背与轴承座内孔应有良好的接触、配合紧密。修刮轴瓦背时，用砂轮、刮刀以轴承座内孔为基准进行修配，直至达到规定的要求为止。另外，要修刮轴瓦及轴承座的剖分面，轴瓦的剖分面应高于轴承座的剖分面，以便轴承座拧紧后，轴瓦及轴承座具有过渡配合性质。

为保证轴瓦在轴承座内不发生转动或振动，常在轴瓦与轴承座之间安放定位销。为了防止轴瓦在轴承座内产生轴向移动，一般轴瓦都有翻边，没有翻边的则有止口，翻边或止口与轴承座之间不应有轴向间隙。

2）轴与轴瓦的装配。除保证轴颈和轴瓦孔的配合间隙外，还要保证两轴孔的同轴度及有关轴线的平行度或垂直度。为此，一般用着色法检查并修刮轴瓦，使之达到规定的尺寸及位置精度，并注意它们之间的接触角和接触点应符合要求。

3）轴承间隙的检查与调整。滑动轴承装配后，形成了顶间隙、侧间隙和轴向间隙，它们均应进行检查，并根据需要进行调整。

顶间隙是为保证有良好的润滑条件，其间隙大小主要取决于轴颈直径、转速、载荷和润滑油的黏度等，一般取为 1/1000 ~ 2/1000mm，当加工质量较高时，通常取为 0.5/1000mm。侧间隙的作用是积聚和冷却润滑油、形成油膜，改善散热条件，其数值是变化的，越靠近轴承底部，间隙越小，单边侧间隙一般取顶间隙的 1/2。轴向间隙的作用是使轴在温度变化时有自由伸缩的余地。

轴承与轴的配合间隙必须合适。顶间隙的检查通常用塞尺或压铅法，对于直径较大的轴承，间隙较大，可用较窄的塞尺直接塞入间隙检查；对于直径较小的轴承，间隙较小，不便用塞尺测量。但轴承的侧间隙必须用厚度适当的塞尺测量。用压铅法检测轴承间隙比用塞尺检测准确，但较费事。检测所用铅丝直径最好为间隙的 1.5 ~ 2 倍。

滑动轴承固定端的轴向间隙值为 0.1 ~ 0.2mm，自由端的间隙值应大于轴的热膨胀伸长量。检测方法一般是将轴移至一个极限位置，然后用塞尺或百分表测量轴从一个极限位置到另一个极限位置的圆跳动量，即轴向间隙。

如果实测的顶间隙小于规定值，则应在上下轴瓦接合面间加入垫片；反之应减少垫片或刮削接合面。实测的轴向间隙如不符合规定值，应刮研轴瓦端面或调整止推螺钉。

3. 滚动轴承的装配

滚动轴承的装配若不正确，不仅加速轴承的磨损、缩短使用寿命，还会发生断裂和高温咬住等事故。它的装配工艺包括清洗、检查、装配与间隙的调整。

(1) 圆柱孔轴承的装配　圆柱孔轴承是指内孔为圆柱形孔的轴承，如调心球轴承、圆柱滚子轴承和角接触球轴承等。它们在滚动轴承中占绝大多数，具有一般滚动轴承装配的共性。这些轴承的装配方法主要取决于轴承与轴及轴承座孔的配合情况。

轴承内圈与轴为紧配合、外圈与轴承座孔为较松配合时，轴承的装配方法是先将轴承压装在轴上，然后将轴连同轴承一起装入壳体轴承座孔中。在装配时要防止轴承歪斜，否则不仅装配困难，还会产生压痕，使轴和轴承寿命降低。压装时不允许通过滚动体传递压力。

轴承外圈与轴承座孔为紧配合、内圈与轴为较松配合时，先将轴承压入轴承座孔中，再装轴。

轴承内圈与轴、外圈与轴承座孔都是紧配合时，可用专门安装套管将轴承同时压入轴颈和轴承座孔中。

(2) 圆锥滚子轴承、推力轴承及滚针轴承的装配　圆锥滚子轴承和角接触球轴承通常是成对安装的。装配时要注意调整轴向间隙，用百分表检查。

安装推力轴承时，应注意区分轴圈和座圈，轴圈内孔小而座圈内孔大，同时应注意检查轴圈与轴线的垂直度。安装后应检查轴向间隙，若不符合要求应予以调整。

滚针轴承装配应注意先在滚针上涂抹润滑脂，然后将滚针逐个粘贴，最后一个滚针粘上后应具有一定间隙，其大小取决于结构。

(3) 滚动轴承间隙的调整　滚动轴承应具有必要的间隙来弥补制造和装配偏差，保证滚动体正常运转，延长使用寿命。间隙分为径向和轴向两种，有的可调，有的不可调。径向间隙与轴向间隙存在着正比关系，轴向间隙调整好的同时径向间隙也就调整好了。

间隙的调整方法如下：

1) 垫片调整法。即利用侧盖处的垫片进行调整，这是最常用的方法。

2）螺钉调整法。即利用侧盖处的螺钉进行调整，使用较多。

4. 齿轮副的装配

齿轮传动副的装配要求是要精确地保持啮合齿轮的相对位置，使之接触良好，并保持一定的啮合间隙，以达到运转均匀、无冲击和振动及传动噪声小的要求。

（1）圆柱齿轮副的装配

1）圆柱齿轮副的装配应保证齿轮啮合的正确性，即应保证规定的啮合间隙（包括侧隙和齿隙差）和啮合印痕。

2）机械装配技术条件中规定了圆柱齿轮的啮合间隙。影响啮合间隙变化的原因，除齿轮加工误差外，主要是齿面磨损及中心距变化。装配时应分析具体原因，予以消除。

3）齿轮啮合时，正确啮合的印痕长度不应小于齿长的60%，印痕应位于齿面中部，如图4-17a所示，图中其他三种情况均不符合要求，装配时应通过调整、修配及校正等方法予以调整。

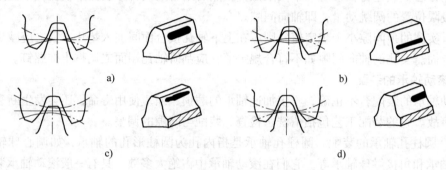

图4-17　圆柱齿轮的啮合情况

a）正确　b）轴距过小　c）轴距过大　d）偏斜

（2）锥齿轮副的装配　锥齿轮副的装配较为复杂，需要根据啮合印痕来调整齿轮啮合位置和齿隙。一般情况下，锥齿轮的啮合印痕承载后从小端移向大端，其长度及高度均扩大，如图4-18所示。装配后无承载检查时，其长度应略长于齿长的一半，位置在齿长的中部稍靠近小端，在小齿轮齿面上较高，在大齿轮齿面上较低。当检查结果不符合要求时，可按表4-5中所列的方法进行调整。

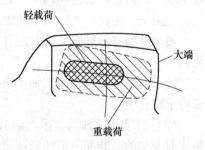

图4-18　锥齿轮的啮合印痕

表4-5　锥齿轮啮合印痕检查的现象、原因与调整方法

现象	原因	调整方法
小齿轮接触印痕偏高，大齿轮印痕偏低	齿轮轴向定位不当	1）小齿轮沿轴向移出 2）大齿轮沿轴向移进
小齿轮接触印痕偏低，大齿轮印痕偏高	齿轮轴向定位不当	1）大齿轮沿轴向移出 2）小齿轮沿轴向移进
两齿轮同在小端接触	轴线交角太大	调整支承点
两齿轮同在大端接触	轴线交角太小	调整支承点
在同一齿的一侧偏高，另一侧偏低	1）两轴不在同一平面 2）齿轮加工不良	1）调整支承点 2）不能调整时更换

复习与思考题

一、填空题

1. 工程机械修理中零件的清洗包括（　　）、（　　）、（　　）、旧漆、锈层和其他杂物等的清除。

2. 清除零件油污时，常用的有机溶剂有（　　）、（　　）、（　　）和（　　）等。

3. 根据维修技术条件，按零件的技术状况将零件分为（　　）零件、（　　）零件和（　　）零件。

4. 用内径百分表来检验发动机气缸的（　　）和（　　）误差。

5. 零件的平衡性检验分为（　　）和（　　）。

6. 装配锥齿轮副时，需要根据（　　）来调整齿轮啮合位置和齿隙。

二、判断题

1. 掌握合适的拆卸程度，防止盲目地大拆大卸，是工程机械维修工艺的一项重要要求。（　　）

2. 碱性清洗液对零件有一定的腐蚀性。除油后用热水冲洗，去掉表面残留碱液，防止零件被腐蚀。（　　）

3. 清除发动机冷却系统中的水垢时，只用酸溶液清洗即可。（　　）

4. 报废零件是指尺寸和几何误差不符合维修技术条件。（　　）

5. 圆柱误差是指在任意测量位置、任意测量方向的两个直径的最大差值之半。（　　）

6. 渗透无损检测法能有效地检查出各种表面开口裂纹。（　　）

7. 磁力无损检测可以检测任何材料零件的表面或近表面缺陷。（　　）

8. 对高速旋转有平衡要求的部件（如曲轴、飞轮及传动轴等），经过修理后，应进行平衡试验。（　　）

9. 对所有偶合件和不能互换的零件，应按拆卸、修理或制造时所做的记号成对或成套装配，不允许错乱。（　　）

10. 装配轴与轴瓦时，保证轴颈和轴瓦孔的配合间隙即可。（　　）

三、单选题

1. 拆卸尺寸较大、配合过盈量较大或无法用击卸、顶压等方法拆卸时，或为使过盈较大、精度较高的配合件容易拆卸，可用（　　）拆卸。

A. 拉拔法　　　　　B. 顶压法　　　　　C. 温差法　　　　　D. 击卸法

2. 对精度较高不允许敲击或无法用击卸法拆卸的零部件应使用（　　），它应采用专门顶拔器进行拆卸。

A. 拉拔法　　　　　B. 顶压法　　　　　C. 温差法　　　　　D. 击卸法

3. 在实际检验中，零件轴线的直线度误差常用弯曲最大处的（　　）来代替。

A. 圆柱度　　　　　B. 径向圆跳动　　　　　C. 轴向圆跳动　　　　　D. 同轴度

四、问答题

1. 简要说明工程机械解体的一般规则和要求。

2. 简要说明渗透无损检测的工艺过程。

3. 简要说明磁力无损检测的工艺过程。

4. 机械装配前应该进行哪些准备工作？

第5章　工程机械零件的修复方法

5.1　概述

5.1.1　工程机械零件的修复及其意义

工程机械零件修复就是采用合适的零件修复方法来恢复已经损坏且有修理价值零件的尺寸、几何形状、力学特性和其他性能，使零件恢复原有的配合性质和工作能力。

零件修复是提高机械维修质量、缩短修理周期、降低修理成本及延长机械使用寿命的重要措施，尤其对贵重、大型零件及加工周期长、精度要求高的零件及需要特殊材料或特种加工的零件，零件修复的意义更为突出。

5.1.2　工程机械零件的修复方法

工程机械零件的修复方法如图5-1所示。

磨损零件的修复方法基本上可分为两类：一是对已磨损零件进行机械加工，使其恢复正确的几何形状和配合特性，并获得新的几何尺寸；二是利用堆焊、喷涂等方法，对零件的磨损部位进行增补，或采用胀大（缩小）、镦粗等压力加工方法来增大（或缩小）磨损部位的尺寸，然后再进行机械加工，恢复其名义尺寸、几何形状及规定的表面粗糙度。

变形零件的修复可采用压力校正法、火焰校正法和敲击校正法进行修复。

零件的断裂、裂纹及破损等损伤可采用焊接、粘接和机械加工法进行修复。

科学技术的发展为工程机械零件的修复提供了多种可供选择的修复方法，这些修复方法各自具有一定的特点和适用范围，这些修复方法的选择，既要根据零件的损伤特性来进行，也要根据修理企业自身的技术状况和硬件条件来决定。

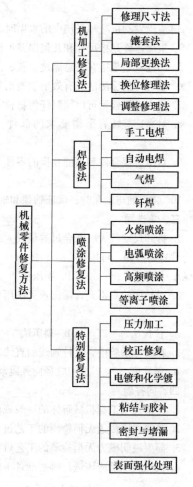

图5-1　工程机械零件的修复方法

5.2　机械加工修复法

机械加工修复法是利用各种机加工设备，采用车、铣、钻、刨、磨及镗等手段，对机械零部件进行修复的方法。

机械加工在零件修复中占有很重要的地位，原因在于绝大多数磨损的零件，均需经机械加工直接来消除损伤进行修复；经堆焊、喷涂、电镀及粘接等技术修复的零件表面，也需经机械加工后才能达到配合精度和表面粗糙度的要求；在对零件表面进行喷涂、电镀等修复工艺时，往往需对磨损后的零件表面进行预处理（如进行表面加工、保证表面粗糙度等），以保证获得均匀的并具有一定厚度的涂层或镀层。因此，机械加工是零件修复过程中最常用也是最重要的一种方法，它可以作为一种独立的手段直接修复零件，也是其他修复方法的准备和最后加工不可缺少的工序。

为了保证机械加工修复零件的质量，需要注意以下几点：

1）正确选择定位基准。首先选择原制造基准为定位基准，其次选精度高、变形小的端面或轴线为基准，最后才选用容易测量的加工面为基准。一般情况下建议以轴类零件两端的中心孔和壳体零件不变形时的大平面为基准，若有变形时则以主轴孔轴线为基准。

2）在修复轴类零件的过渡圆角时，必须注意防止应力集中，防止强度过度削弱，必要时辅以堆焊处理。

3）尽量满足原设计要求的表面粗糙度和加工精度。

4）保持零件原有的静平衡和动平衡，特别是质量大、速度高的零件。

5.2.1　修理尺寸法

修理尺寸法是修复配合副零件磨损的一种方法，它是将待修配合副中一个零件（修复件）的磨损部位利用机械加工的方法恢复其正确的几何形状和精度，并获得新的尺寸（修理尺寸），然后选配具有相应尺寸的另一配合件（更换件）与之相配，在不改变原配合性质的基础上，恢复配合性质的一种修理方法。工程机械有多种主要零件可以采用这种方法进行修复，其中包括发动机气缸（套）、连杆、曲轴和凸轮轴等。

修理尺寸是指零件表面通过机械加工修理，形成符合技术文件规定的大于或小于原设计公称尺寸的新公称尺寸。

在使用修理尺寸法修理时，首先要确定配合副中的修复件，一般是选择结构形状复杂、工艺难度大和制造成本高的零件，然后将其磨损部位扩大（孔类）或缩小（轴类）至规定的修理尺寸。由于仅对主要零件的磨损表面进行加工，更换相应的简单、易损及便宜的零件就能够得到符合技术条件的配合，这样就能大大降低维修成本，延长主要零件的使用寿命。

修理尺寸法的应用极为普遍，为了得到一定的互换性，便于组织备件的生产和供应，大多数主要修理零件的修理尺寸均已标准化，标准中制定了各种配合件的修理尺寸等级和级差，因此标准中不同配合副的修理尺寸可分为若干等级。例如，发动机的气缸与活塞的修理尺寸，汽油机为四级，柴油机为八级，级差一般为 0.25mm；曲轴主轴颈和连杆轴颈的修理尺寸，汽油机为八级，柴油机为十三级，级差一般为 0.25mm。

例如某六缸柴油发动机的气缸公称尺寸为 120mm，最大磨损气缸直径为 ϕ120.32mm，修理尺寸的级差为 0.25mm，机械加工余量取 0.15mm。最大磨损气缸直径 + 机械加工余量 = φ120.47mm，则气缸应选取第二级修理尺寸，即为 φ92.50mm。

用修理尺寸法修理同一尺寸组合的零件时，必须按最大磨损的轴颈或孔来确定修理尺寸，同一发动机的气缸、同一曲轴上的主轴颈或连杆轴颈，必须采用同一级的修理尺寸，以保证各相同配合副的修理尺寸一致。

机械加工时一般应先从磨损较大的孔和轴颈开始，因为有时对磨损不均匀的轴颈和孔的加工余量难以估计准确，先加工磨损大的轴颈和孔可防止因修理尺寸改变使已加工好的轴颈和孔返工。应根据实际情况选择修理尺寸等级，尽量避免修理尺寸的越级使用。

5.2.2　镶套修复法

镶套修复法是通过机械加工的方法对过度磨损的部分进行切削加工，在恢复零件磨损部位合理的几何形状后，再加工一个套（内衬套或外衬套），采用过盈配合的方法将其镶在被切去的部位，以代替零件磨损或损伤的部分，从而恢复到零件公称尺寸的一种修复方法。

1. 镶套修复法的应用

这种方法适用于修复表面磨损较大的零件。工程机械上的很多零件都可以用这种方法修理，如气缸套、气门座套、飞轮齿圈、变速器轴承孔、后桥和轮毂壳体中滚动轴承的配合孔、壳体零件上的磨损螺纹孔及各种类型的轴颈等。有些零件在结构设计和制造上就已经考虑了用镶套法进行修理，如湿式缸套、气门导管和气门座圈等。

（1）镶内衬套　磨损较大的孔，在结构及强度允许的条件下，应先将原孔镗大，压入特制的内衬套，再对内衬套的内孔进行加工使之达到需要的孔径尺寸和精度（图 5-2）。这对一些壳体件的轴承孔的修复特别适用。

（2）镶外衬套　若磨损轴颈的结构和强度允许，可将轴颈加工至较小的尺寸，然后在轴颈上压入特制的轴套（外衬套），如图 5-3 所示，并加工到需要的尺寸和精度。轴套和轴颈应采用过盈配合，为防止松动也可在套的配合端面点焊或沿整个截面焊接，也可用止动销钉固定。

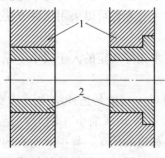
图 5-2　磨损孔的镶套修复
1—零件基体　2—内衬套

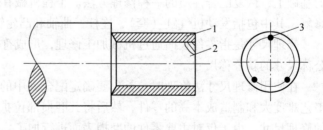
图 5-3　轴颈的镶套修复
1—轴套（外衬套）　2—零件基体　3—焊点

2. 镶套材料的选择

1）要根据镶套部位的工作条件来选择材料，例如镶气门座圈，由于工作在高温环境下，镶套材料要与基体材料一致或相近（可选灰铸铁或耐热钢），以保证它们的线膨胀系数相同，而不能用普通钢，以防排气高温使座圈氧化、脱皮。

2）镶套材料的热稳定性要好，以保证零件工作的可靠性。

3）根据具体使用性能要求来选择材料，如为了获得好的耐磨性能，可采用比基体好的耐磨材料。

3. 镶套过盈量的确定

镶套的过盈量太大，易使零件变形或挤裂；过盈量太小，又易松动和脱落。因此，镶套过盈量应选择合适，必要时要进行强度计算。

镶套多为薄壁衬套，包容件受拉应力，被包容件受压应力。应力大小与相对过盈成正比。相对过盈是单位直径（镶套的公称尺寸）上的过盈量，依据相对过盈的大小，镶套的配合可分为四级：轻级、中级、重级和特重级。各级配合的特点及应用范围见表 5-1。

表 5-1　各级镶套配合的特点及应用范围

级别	相对过盈	配合代号	装配方式	特点	应用
轻级	<0.0005	H6/r5 H7/r6	压力机压入	传递力矩小，如果受力较大时，需另加紧固件或焊牢	变速器中间轴齿圈，镶后焊牢
中级	0.0005 ~ 0.001	H7/s6 H7/r6	压力机压入	受一定转矩及冲击载荷，分组选择装配，受力大时，需另行紧固	气缸套、气门导管、变速器壳、后桥壳等
重级和特重级	>0.001	H8/s7 H7/u6	压力机压入温差法	受很大转矩，分组装配。加热包容件，冷却被包容件	飞轮齿圈、气门座圈等

4. 配合面的加工精度和表面粗糙度

配合面的加工精度和表面粗糙度应达到规定要求，以保证配合能紧密接触。通常公差等级为 IT6、IT7 级，表面粗糙度 Ra 值为 $1.25 \sim 2.5 \mu m$。表面粗糙度值过高，镶套压入后使实际过盈量减小，贴合面也减小，易造成过盈量不足和散热性能差。

5.2.3　零件的局部更换法

局部更换法就是将零件需要修理部分去除，重制这部分零件，再用焊接、铆接或螺纹连接方法将新换上的部分与零件基体连在一起，经最后加工恢复零件原有性能的方法。

零件的局部更换法常用于修复具有多个工作面的零件，这些零件由于各工作表面在使用中磨损不一致，当某些部位损坏时，其他部位尚可使用，为防止浪费可采用局部更换法。例如，个别铲齿折断或过度磨损后，可以重焊一个新铲齿；大齿轮的单齿损伤，可以进行齿轮轮齿重制。另外对于修复半轴、修复收割机或秸秆粉碎机的个别刀片、修复变速器第一轴或第二轴齿轮以及修复变速器盖及轮毂等，都可以采用此方法。

零件的局部更换法可获得较高的修理质量，节约贵重金属，但修复工艺较复杂。

5.2.4　转向和翻转修理法

转向和翻转修理法是将零件磨损或损坏的部分旋转一定角度，或将其翻面，利用零件未磨损（或损坏）部位的完好状态，来恢复零件工作能力的一种修复方法。

转向和翻转修理法常用来修复磨损的键槽、螺栓孔及飞轮齿圈等。例如，键槽换位（图 5-4）、链条、链齿换向、铲齿翻转及法兰盘螺孔换位（图 5-5）等。

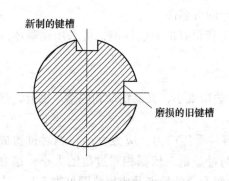

图 5-4　磨损键槽的修理

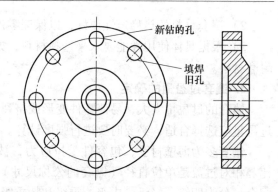

图 5-5　磨损法兰盘螺栓孔的修理

　　转向和翻转修理法修复的另一个典型实例是飞轮齿圈的修理。当飞轮齿圈啮合部位磨损严重时，将齿圈压出并适度加热，然后再翻转180°压入飞轮，以利用其未磨损部位来工作。

　　转向和翻转修理法方便易行，修理成本较低，具有局部再制造的特点，但其应用在结构条件方面有一定的局限性。

5.3　焊接修复法

　　焊接修复法是利用电弧或气体火焰的热量，将焊条和零件金属熔化，使焊丝金属填补在零件的缺陷部位，以修复零件的磨损、缺损和断裂等。

　　焊接修复法的特点是：结合强度高；可以修复零件的磨损、缺损、断裂、裂纹及凹坑等损伤；可局部修换，也能切割分解零件，还可以用于校正形状、对零件预热和热处理；修复质量好，生产率高，成本低，灵活性大，工艺简便易行，不受零件尺寸、形状和场地以及修补层厚度的限制，便于野外抢修。但焊接修复法也有不足之处，主要是容易产生焊接应力和变形，以及裂纹、气孔和夹渣等缺陷。所以对于重要零件在焊修后应进行退火处理，以消除内应力。工程机械零件的焊接修复常采取焊接和堆焊的方法进行。

5.3.1　铸铁零件的焊修

　　工程机械的某些零件如气缸体、离合器壳体及变速器壳体等常用灰铸铁制造，驱动桥壳体、制动鼓及主减速器壳体等常用可锻铸铁制造，有些曲轴及凸轮轴等则用球墨铸铁制造。这类零件的典型损伤是裂纹和螺纹孔损坏等，常用焊修法进行修复。

1. 铸铁件的焊修方法

　　铸铁件常用的焊修方法按所用的设备和热源不同，可分为气焊、电焊和钎焊；按对焊件预热的程度不同，可分为热焊和冷焊。

　　(1) 气焊　也称为氧乙炔焊。铸铁气焊的优点是熔池金属与母体材料相似。缺点是施焊速度慢，生产效率低，零件受热变形大，且工作环境恶劣。

　　(2) 电焊　也称为电弧焊。铸铁电焊的优点是焊接速度快，生产效率高，零件受热变形较小；缺点是焊缝的力学性能和加工性能比气焊差。

　　(3) 钎焊　采用氧乙炔火焰加热，母材不熔化，焊后不易裂，加工性好。其强度因钎料而异。

（4）热焊　将工件预热到 600 ~ 700℃，然后用氧乙炔火焰施焊。热焊能保证焊接质量良好，但工艺复杂、成本高且能耗大，所以较少使用，主要用于修复复杂的箱体类零件。

（5）冷焊　指焊件不预热或预热温度低于 400℃ 的焊接。冷焊可以采用气焊也可以采用电焊，具有方法简单、成本较低、生产效率高、焊后变形小及劳动条件好等优点，因此在工程机械修复生产中得到广泛的应用。

2. 铸铁件的焊修特点

铸铁的可焊性差，焊修时主要存在以下几个问题：

1）铸铁含碳量高，焊接时易产生白口，既脆又硬，焊后加工困难，而且容易产生裂纹，铸铁中磷、硫含量较高，也给焊接带来一定困难。

2）焊接时，焊缝易产生气孔或咬边。

3）铸铁件原有的气孔、砂眼及缩松等缺陷也易造成焊接缺陷。

4）焊接时，若工艺措施和保护方法不当，易造成铸铁件其他部位变形过大或电弧划伤而使零件报废。

因此，采用焊修法修复铸铁件时，要注意提高焊缝和熔合区的可切削性，提高焊补处的防裂性能、防渗透性能和提高接头的强度。

3. 铸铁焊条的选用

焊接时要根据工件的作用及要求选用合适的焊条（焊丝）。常用的国产铸铁电弧焊冷焊焊条见表 5-2。使用较广泛的是镍基铸铁焊条。

表 5-2　常用国产铸铁电弧冷焊焊条

焊条名称	统一牌号	焊芯材料	药皮类型	焊缝金属	主要用途
高钒铸铁焊条	Z116	碳钢或高钒钢	低氢型	高钒钢	高强度铸铁件、球墨铸铁件、可锻铸铁件焊补
高钒铸铁焊条	Z117	碳钢或高钒钢	低氢型	高钒钢	
钢芯石墨化型铸铁焊条	Z208	碳钢	石墨型	灰铸铁	一般灰铸铁件焊补
钢芯球墨铸铁焊条	Z238	碳钢	石墨型（加球化剂）	球墨铸铁	球墨铸铁焊补
纯镍焊条	Z308	纯镍	石墨型	镍	重要灰铸铁薄壁件和加工面焊补
镍铁铸铁焊条	Z408	镍铁合金	石墨型	镍铁合金	重要高强度灰铸铁件及球墨铸铁件焊补
镍铜铸铁焊条	Z508	镍铜合金	石墨型	镍铜合金	强度要求不高的灰铸铁件加工面焊补
铜铁铸铁焊条	Z607	纯铜	低氢型	铜铁混合物	一般灰铸铁件非加工面焊补
铜包钢芯铸铁焊条	Z612	铁皮包铜芯或铜包铁芯	钛钙型	铜铁混合物	一般灰铸铁件非加工面焊补

常用的气焊铸铁焊条有 QHT1、QHT2 两种。气焊粉的统一牌号为"粉 201"，熔点为650℃，呈碱性，能将铸铁气焊时生成的高熔点二氧化硅（熔点约为 1350℃）变为易熔盐类。焊粉可以购买，也可以按硼砂 56%（质量分数）、碳酸钾 22%（质量分数）的比例配制。

4. 灰铸铁零件电弧冷焊工艺

（1）焊前准备　将焊接部位彻底清洁干净，对于未完全断开的工件要找出全部裂纹及端点位置，钻出止裂孔。将焊接部位开出坡口，为使断口合拢复原可先点焊连接，再开坡口，焊缝的坡口尺寸如图 5-6 所示。

（2）施焊　施焊的工艺要点为：小电流，实施分段焊和分层焊，并对焊缝不断加以锤击，以减少焊接应力和变形，并限制母材金属成分对焊缝的影响。

施焊电流对焊接质量的影响极大。如电流过大，熔焊深，母材成分和杂质易向熔池转移，熔池内会产生较厚的白口层，如图 5-7 所示。如电流过小，电弧不稳定，将会导致不易焊透、气孔和夹渣过多等缺陷。

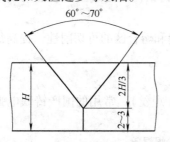

图 5-6　焊缝的坡口尺寸

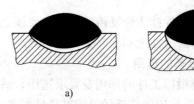

图 5-7　施焊电流对焊缝白口层的影响

a）小电流　b）大电流

焊接时，为减少焊接应力和变形，防止焊补区局部过热，应采用分段焊。一次长焊与分段焊的应力分布如图 5-8 所示。每小段的长度应根据不同的条件设定，约为 10 ~ 30mm，每焊完一段趁热锤击焊缝，直到温度降低到可用手触摸时再焊下一段。锤击的目的是消除焊接应力和砸实气孔，提高焊缝的致密程度。

工件较厚时，应采用分层焊，如图 5-9 所示。采用分层焊时，一方面可采用较细的焊条和较小的电流，另一方面后焊一层对先焊一层有退火软化的作用。

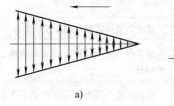

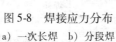

图 5-8　焊接应力分布

a）一次长焊　b）分段焊

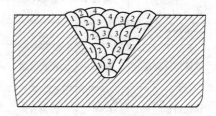

图 5-9　分层焊的顺序

（3）焊后检查　零件焊完后，应检查有无气孔、裂纹，焊缝是否致密、牢固。如有缺陷，应采取必要的补救措施。

5. 铸铁零件的气焊冷焊

（1）加热减应焊原理　铸铁零件的气焊冷焊一般采用"加热减应焊"法，又称对称加热法，即在焊补时另用焊炬对零件的选定部位（减应区）进行加热，以减小焊接应力和变形的影响。

如图 5-10 所示，对中间带孔零件的断裂区直接焊补时，焊缝很可能被拉裂，或使零件产生较大的变形。如在施焊前对减应区进行加热，先使其温度升高，并在某一高温下保持恒定，随后对裂纹进行焊接，然后使焊缝与减应区同时冷却。因减应区的热影响（与焊缝同时冷却收缩）显著地减小了收缩应力，所以焊缝的裂纹化倾向会显著地减弱。加热减应焊补法的关键在于正确选择减应区。

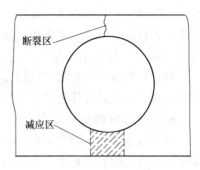

图 5-10　减应区的选定

（2）减应区的选择原则

1）减应区应选在裂纹的延伸方向。

2）减应区应选零件强度较大的棱角和边缘处。

3）减应区应是对焊缝的膨胀和收缩影响最大的部位。

减应区的选择是否得当，可通过加热进行检验。当对减应区加热至 500~600℃ 时，零件上待焊补的裂纹如扩张到 1.0~1.5mm，说明减应区的选择合理；若裂缝紧闭，则说明减应区选择不当。

必须注意，减应区的加热温度不得超过 700℃，以防止零件基体金属产生相变，但也不得低于 400℃，以免减应作用降低。

（3）焊补工艺

1）焊前准备。

①加热减应焊的焊前准备与电弧冷焊基本相同。

②如图 5-11 所示，当所焊部位的厚度超过 6mm 时，要在裂纹处开 90°~120° 的坡口；若厚度超过 15mm，则在零件裂纹的两侧表面都要开坡口。

2）施焊要点。

①根据壁厚选用不同的焊炬和焊嘴。

②焊区火焰用弱碳化焰或中性焰，减应区用氧化焰加热；焊区尽可能水平放置，以防止金属液流失。

③施焊方向应指向减应区，如果反方向焊接则起不到减应作用，如图 5-12 所示。

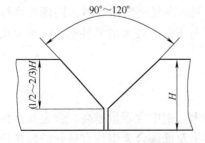

图 5-11　加热减应焊的坡口尺寸

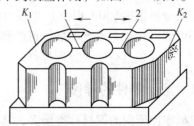

图 5-12　气缸之间裂纹的减应区
1、2—被焊裂纹处　K_1、K_2—减应区

④加热减应焊多采用 QHT-1 和 QHT-2 焊条。

⑤施焊时，先熔化母材，再伸入焊条使其熔入焊缝，否则将熔化不良。施焊中随时用焊条清除杂质，防止气孔和夹渣。施焊应一次完成，避免反复加热及焊接应力过大。

（4）加热减应焊特点　加热减应焊具有气焊和冷焊的优点，即强度高，金相组织和机械加工性能与母材相适应，故焊缝质量高；加热减应焊能减少焊接应力，使零件的变形得到控制，零件的变形小；不需要复杂的设备和贵重的焊条，成本低；此外，只在零件选定的减应区加热，工人受到的热辐射小，劳动条件较好。

发动机气缸体的裂纹、气门座孔内的裂纹、曲轴箱的裂纹及气缸上平面裂纹均可采用加热减应焊，变速器壳体也可以采用。

6. 球墨铸铁的焊补工艺

球墨铸铁多用于制造曲轴、凸轮轴和后桥壳等零件，对于这些零件出现的裂纹和其他机械损伤也可用焊补法修复，但在焊接时，焊缝和熔合区基体金属将失去球化且易于形成白口，比一般灰铸铁更难焊接。因此，球墨铸铁的焊补需要采用特殊焊条和特殊的焊接方法。

（1）球墨铸铁电弧焊　使用钢芯球墨铸铁焊条（Z238）焊补时，在对小工件施焊前应预热到 500℃ 左右，大工件预热到 700℃ 左右。焊后进行正火处理：工件加热到 900 ~ 920℃，保温 2.5h，炉内冷却到 730 ~ 750℃，保温 2h，取出后自然冷却或退火处理；或加热到 900 ~ 920℃，保温 2.5h，随炉冷至 100℃ 以下出炉。由于这种焊条的药皮里含有石墨元素和球化剂，能使焊缝仍为球墨铸铁，从而提高了焊接的质量。

使用镍铁焊条及高钒焊条冷焊时，按以下原则选择焊条的直径和电流：焊条直径为 3.2mm，电流为 90 ~ 100A；焊条直径为 4mm，电流为 135 ~ 145A。在气温较低或工件厚度较大时，先预热到 100 ~ 200℃，其效果较好。

（2）球墨铸铁气焊　气焊时可直接利用焊炬预热工件，以防止产生白口。气焊的火焰温度比电弧焊低，镁的蒸发损失少。采用含镁量为 0.07% 以上的铸铁焊条，可保证得到球墨化的焊缝。在焊接时采用中性火焰。气焊的焊缝质量较电弧焊高，适用于焊补要求较高的工件。

7. 可锻铸铁的焊补工艺

白口铸铁零件加热到 950 ~ 970℃，在此温度下保持几十个小时，退火后得到可锻铸铁。可锻铸铁的力学性能接近铸钢，它的抗拉强度高，并能承受冲击及一定的变形。因此，工程机械上许多受力和冲击载荷较大且形状复杂的零件，如后桥壳、制动蹄、制动鼓、变速器壳、主减速器壳以及钢板吊耳等常用可锻铸铁制造。

可锻铸铁具有强烈的白口化倾向。为了避免出现白口化，应在较低的温度下（即碳在退火中的分解温度 950℃ 以下）焊接可锻铸铁。用黄铜或高强度铜作焊料，用硼砂作焊补剂进行硬钎焊，在受力不大的部位可收到较好的效果。对于受力较大的零件部位，可采用纯镍焊条与高钒焊条进行电弧冷焊焊修。

5.3.2　钢制零件的焊修

机械零件所用的钢材种类繁多，其焊接性差异很大。钢中含碳量越高、合金元素种类和数量越多，零件的焊接性就越差。一般低碳钢、中碳钢及低碳合金钢均有良好的焊接性，这些钢制零件的焊修主要考虑焊修时的受热变形问题。而一些中碳钢、合金结构钢及合金工具钢制件经过热处理，硬度较高，焊修时残余应力大，易产生裂纹、气孔和变形，为保证精度要求，必须采取相应的技术措施，如选择合适的焊条，焊前彻底清除油污、锈蚀及其他杂质，焊前预热，焊接时尽量采用小电流、短弧，熄弧后马上用锤子敲击焊缝以减小焊缝内应力，用对称、交叉、短段及分层的方法焊接以及焊后热处理等，均可提高焊接质量。

5.3.3　铝型材的焊修

1. 铝型材钎焊的原理及特点

铝表面有一层难熔的氧化膜，阻碍铝的熔化和焊合。钎焊则可在焊缝处母材不熔化的状态下达到焊合的目的。

铝型材钎焊是把材料加热到适当温度，应用钎料使材料结合的一种焊接方法。所用钎料的液相线高于450℃，但低于焊缝母材金属的固相线温度。钎料依靠毛细吸附作用流布于接头的紧密配合面之间，在冷凝后即形成了焊缝，使整个截面接头一次焊成，将被焊工件牢固地连接在一起。因此，钎焊时需满足以下三个条件：

1）钎料的熔点必须高于450℃。

2）钎焊修复零件时，基体金属不得熔化。

3）钎料必须能润湿基体金属表面并依靠毛细吸附作用被吸入或保持在接头中。

铝型材钎焊的特点是使铝型材的焊缝具有良好的充填性、致密性和密封性，钎焊接头光滑、平整，焊接接头抗拉强度高。

2. 铝型材钎焊的钎料与钎剂

（1）钎料　钎焊时填充焊缝，使接头连接在一起的材料称为钎料。钎料通常以粉末、膏状、丝材或薄片条等形式提供。薄片条钎料既可用手工送进，也可以预先放置在接头区。

为了保证焊接质量，要求钎料的熔点低于母材，一般比母材低几十摄氏度；钎料本身应具有一定的机械强度，以满足对钎焊接头工作强度的要求；对于有外观要求的装饰件，要求焊缝颜色与母材相接近。

（2）钎剂　钎剂是以粉末形式供应的无机氯化物和氟化物盐类混合物。钎剂起去除氧化膜，改善钎料对钎焊金属浸润状况的作用。钎剂的熔点要低于钎料，具有良好的去膜能力和较宽的活化温度范围，不易失效，钎焊后的残渣对焊件的腐蚀性小，且易清除。

3. 铝型材的火焰钎焊工艺

（1）清洗　钎焊前要用清洗剂清除焊接处的表面油污及氧化膜杂质，可用化学方法，也可用机械方法。

（2）焊接件的固定　用合适的夹具和固定装置将焊接件固定，保证钎焊接头位置的正确和有合适的间隙，有利于火焰加热和钎焊操作，且零件不致因膨胀的差异而发生离位现象。夹具和固定装置通常采用纯镍、不锈钢、特种合金钢或低碳钢来制作。

（3）施焊　首先将钎剂与水或酒精混合后以刷涂、浸渍或喷涂等方法施加到工件和钎料上去。机械化钎焊时可将钎料预先放置到接头处，而手工火焰钎焊则靠人工送进钎料。再用氧乙炔火焰或石油液化气火焰在较大范围内对接头进行加热，使各部分温度上升到钎焊温度。

施焊时的加热温度必须严格控制在500～600℃范围内。由于铝合金在加热熔化时无明显的颜色变化，很难预测，因此可将预热的钎料棒一端蘸上钎剂放在焊口上，若钎剂立即化为透明的流体，则说明温度合适，即可施焊；若钎剂不能立即熔化，发黏、冒泡，则表明温度偏低，应再加热。

（4）钎焊后清理　钎焊后必须清除残余的腐蚀性钎剂。残余的钎剂形成一个硬而脆的壳层，可用热水溶解或化学清洗彻底除掉。将钎焊接头放入热水中浸泡以后，再在体积比为10%的硝酸和体积比为0.25%的氢氟酸浴槽中浸泡 2～5min，可获得清除钎剂的良好效果。注意各种清洗方法最后都要用清水冲洗，以清除残留的清洗剂。

5.4　校正修复法

校正修复法是指利用金属或合金的塑性，在外力或加热条件下使零件产生与原变形相反的塑性变形，从而使零件恢复原有几何形状和正确尺寸的方法。

工程机械许多零件（如曲轴、凸轮轴、传动轴、连杆、拉杆、动臂、机架纵梁、横梁及车架整体等）在使用中会产生弯曲、扭曲或翘曲变形，主要原因是机械的不合理使用和装配造成的额外载荷、零件的刚度不足以及零件中未消除的残余应力等。机械零件常用的校正方法有压力校正、火焰校正和敲击校正等方法。

5.4.1　压力校正

压力校正是利用金属零件的塑性特征，用外加静载荷的方式使零件产生反向变形以恢复零件正确形状的校正方法。

由于金属材料的塑性特征和金属零件内应力的作用，在进行压力校正时，对零件的反向压校变形量、压校的速度、持续压校的时间及内应力的消除等要素要进行认真的选择，避免反复地过校正。否则不但达不到预想的校正效果，还会使零件的疲劳强度严重下降，造成零件折断。

压力校正多采用室温校正，如果零件材料的塑性较差或尺寸较大，也可以进行适当加热。压力校正过程如图 5-13a 所示，将轴支承在 V 形架上，将其弯曲部位朝上，用压力机缓慢平稳地向下施压，轴的反向变形量可从置于轴下的百分表观察。压校过程中的工件应力如图 5-13b 所示。工件上方受压应力，下方受拉应力，轴心部的应力为零。离轴心的距离越远，表面的应力越大。当表面的应力超过材

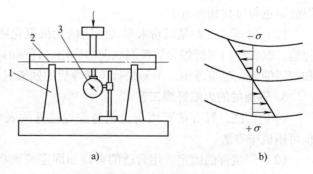

图 5-13　轴类零件的压力校正
a）压力校正过程　b）工件的应力
1—V 形架　2—轴　3—压力表

料的屈服强度时，零件发生永久变形，上方表面收缩，下方表面伸长。由于零件断面上的各点应力状态差异极大，经过压力校正后零件的变形多发生在零件断面的过渡圆角处，变形也极不稳定，在以后的使用中有恢复原状的趋势（即弹性后效）。此外，零件的疲劳强度、抗拉强度和抗扭强度也明显降低。

对于重要的轴件，在压力校正后必须进行消除应力的热处理。对于调质或正火零件

（如连杆、半轴和半轴套管等）的热处理，可在压力校正后加热至略高于再结晶温度（400～500℃），保温 0.5～2h；对于表面淬硬件（如曲轴、凸轮轴等），可加热至 200～250℃，保温 5～6 h，以免降低零件的表面硬度。

经压力校正后的零件，其疲劳强度下降 10%～15%，压力校正次数越多，降低的程度越大。因此，对一些重要的轴类零件，在其使用期限内的压力校正次数一般不得多于两次。

5.4.2　火焰校正

火焰校正是利用气焊的焊炬对变形工件弯曲凸起处的一点或几点迅速加热和急剧局部冷却产生的应力来校正。

如图 5-14 所示，用焊炬对工件凸起处进行加热后加热区的金属开始膨胀，而且随温度的提高这部分金属逐渐达到塑性状态。当金属膨胀时这种膨胀又受到两侧冷态金属的限制，使其产生塑性变形。由于金属在热状态下的塑性变形在冷却过程中是不会恢复原状的，所以在停止加热金属开始冷却的过程中，加热区的金属并不能完全收缩，工件的上方产生了很大的拉应力，将周围金属一起收缩起来，从而促使工件向上弯曲，抵消了工件的向下弯曲，起到了校正作用。

如图 5-15 所示，火焰校正时将工件支承在 V 形架上，用百分表检查其弯曲情况并使工件凸起处向上，用火焰迅速加热到 700～800℃后，立即用水急剧冷却。校正时可通过百分表随时观察校正情况，直至变形工件校正为止。对于塑性较差的合金钢、球墨铸铁和变形较大的工件，可在凸起处多点加热，每点加热温度可适当降低，使工件表面收缩均匀，直到校直为止。

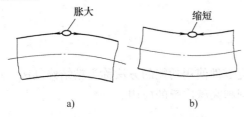

图 5-14　火焰校正的应力及变形
a) 加热时　b) 膨胀时

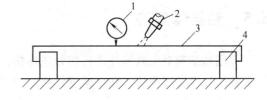

图 5-15　火焰校正
1—百分表　2—焊炬　3—工件　4—V 形架

火焰校正的加热温度一般以不超过金属相变温度为宜，通常为 200～700℃，对于低碳钢的工件，可以达到 800℃。对于塑性较差的合金钢件、球墨铸铁件以及弯曲较大的工件，宜多选几个加热点，每个加热点的加热温度可以低一些，不要在一点加热温度过高，以免应力过大导致使工件在校正的过程中断裂。

火焰校正的关键是加热点温度要迅速上升，焊炬的热量要大，加热点面积要小。如果加热的时间过长，使整个工件断面的温度都升高，就会减小校正作用。

火焰校正中，金属加热产生变形的大小取决于加热温度、加热范围大小和零件的刚度。温度越高、范围越大、零件的刚度越小，则变形越大。

火焰校正具有校正效果好、效率高、工件校正后的变形稳定及对零件的疲劳强度影响小等优点，是一种较科学的校正方法。火焰校正尤其适用于一些尺寸较大、形状复杂的零件。

5.4.3　敲击校正

敲击校正是指在冲击性载荷的作用下，使工件发生塑性变形或压伸延展来校正零件变形的方法。其特点是不存在压力校正的缺点，校正的稳定性好，校正的精度高（可达 0.02mm），生产率高，疲劳强度不受影响；但变形量大时不易实现。

敲击校正时应注意选择合适的敲击工具，根据零件材料、形状、尺寸、变形方式和变形程度，选用木槌、铜锤或铁锤，如图 5-16 所示。注意使用合适的敲击力度，不可在一处多次敲击，而应移动地敲击，每处敲击 3 ~ 4 次；一般当变形量大于工件全长的 0.03% ~ 0.05% 时，不用此法。

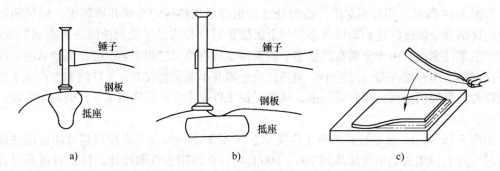

图 5-16　不同变形的敲击校正
a）曲面凸鼓变形的敲击校正　b）曲面凹陷变形的敲击校正　c）薄板的敲击校正

5.5　粘结修复法

应用粘结剂对失效零件进行修补或连接，恢复零件使用功能的方法称为粘结修复法。近年来粘结技术发展很快，在机械零件修复中已得到越来越广泛的应用。

5.5.1　粘结修复法的应用

1）零部件裂纹、破碎部分的粘补。如水箱、油箱、气缸体、气缸盖、水泵壳裂纹及孔洞的粘补，塑料、橡胶构件破损的修补等。

2）铸件砂眼、气孔的填补。如气缸体、气缸盖、变速器壳体及后桥壳等零部件在铸造、加工、焊接及喷涂等工艺中出现的气孔、砂眼，气缸套及水套的气蚀孔洞的填补等。

3）间隙、过盈配合表面磨损的尺寸恢复。如车身、驾驶室修复过程中过大间隙的弥补、异质过盈配合件配合表面磨损后的修复等。

4）连接表面的密封补漏、防松紧固。如水泵端盖的密封等。

5）代替铆接、焊接及螺栓连接等。如制动蹄片、摩擦片的粘结修复等。

5.5.2　粘结原理

1. 机械理论

机械理论是指被粘物与粘结剂相互嵌入的销钉作用。粘结剂必须渗入被粘物表面的空隙内，并排除其界面上吸附的空气，才能产生粘结作用。在粘结如泡沫塑料的多孔被粘物时，机械嵌合是重要因素。粘结剂粘结经表面打磨成粗糙而致密状态的材料效果要比表面光滑的致密材料好，这是因为有以下几种作用：①机械镶嵌（勾键、根键及榫键）作用；②可生成反应性表面；③作用表面积增加。由于打磨使表面变得比较粗糙，可以认为表面层物理和化学性质发生了改变，从而提高了粘结强度。

2. 吸附理论

吸附理论是指分子间、极性基团间近距离的吸引作用。该理论认为，粘结是由两材料间分子接触和界面力产生所引起的。粘结力的主要来源是分子间作用力包括氢键力和范德华力。该理论认为黏附力和内聚力中所包含的化学键有四种类型：离子键、共价键、金属键和范德华力（取向力、诱导力及色散力）。

3. 扩散理论

扩散理论是指粘结剂分子可扩散到零件表面内部。粘结是通过粘结剂与被粘物界面上分子的扩散而产生的。当粘结剂和被粘物都是具有能够运动的长链大分子聚合物时，扩散理论基本是适用的。热塑性塑料的溶剂粘结和热焊接可以认为是分子扩散的结果。

4. 静电理论

由于静电作用，导致双电层，而相互吸引，在粘结剂与被粘物界面上形成双电层而产生了静电引力，即相互分离的阻力。当粘结剂从被粘物上剥离时有明显的电荷存在，这是对该理论有力的证实。

5. 反应理论

反应理论是指由表层化学反应，或产生弱边界层破坏而融接到一起。

5.5.3　粘结方法

1. 热熔粘结法

热熔粘结法主要用于热塑性塑料之间的粘结。该法利用电热、热气或摩擦热将粘合面加热熔融，然后叠合，加上足够的压力，直到凝固为止。大多数热塑性塑料表面加热到 150 ~ 230℃就可进行粘结。

2. 溶剂粘结法

溶剂粘结法是热塑性塑料粘结中应用最普遍、最简单的方法，对于同类塑料即用相应的溶剂涂于胶接处，待塑料变软后，再合拢加压直到固化牢固。

3. 胶粘剂粘结法

胶粘剂粘结法是利用粘结剂将两种材料或两个零件粘合在一起，达到所需的连接强度。该法应用最广，可以粘结各种材料，如金属与金属、金属与非金属及非金属与非金属等。

5.5.4　粘结剂的分类

粘结剂品种繁多，可以从以下几个方面进行分类：

1）按物质属性分类：有机粘结剂和无机粘结剂。

2）按原料来源分类：天然粘结剂和合成粘结剂。

3）按状态分类：液态粘结剂和固体粘结剂。

4）按形态分类：粉状、棒状、薄膜、糊状及液体等。

5）按热性能分类：热塑性粘结剂和热固性粘结剂等。

6）按使用性能分类：结构粘结剂、通用粘结剂、软质材料粘结剂、密封粘结剂及特种粘结剂（如绝缘粘结剂、导电粘结剂、磁性粘结剂及磁融粘结剂等）。

5.5.5　粘结工艺

大量的粘结实验和实例证明，在工程机械的粘结修复技术中，粘结剂是基本因素，粘结工艺是关键因素，粘结接头设计是重要因素，三者密切相关，必须合理兼顾。

（1）粘结剂的选用　选用粘结剂时，主要考虑被粘结件的材料、受力情况及使用的环境，并综合考虑被粘结件的形状、结构和工艺上的可能性，同时应保证成本低、效果好。

（2）接头设计　在设计接头时，应尽可能增大粘结面积，提高接头承载能力；尽可能使粘结处于抗压或抗剪状态。接头形式可以设计成套接、嵌接、扣接及搭接等形式，对于受冲击或承受较大作用力的零件，可采取适当的加固措施，如铆接及螺纹连接等形式。

（3）表面处理　表面处理的目的是获得清洁、粗糙及活性的表面，以保证粘结接头牢固。它是整个粘结工艺中最重要的工序，关系到粘结的成败。

表面清洗可先用干布、棉纱等除尘，清除厚油脂，再用丙酮、汽油及三氯乙烯等有机溶剂擦拭，或用碱液处理脱油。用锉削、打磨、粗车、喷砂及电火花拉毛等方法除锈及氧化层，并可粗化表面，其中喷砂的效果最好。经机械处理后，再将表面清洗干净，干燥后待用。

必要时还可通过化学处理使表面层获得均匀、致密的氧化膜，以保证粘结表面与粘结剂形成牢固的结合。化学处理一般采用酸洗、阳极处理等方法。钢、铁与天然橡胶粘结时，若在钢、铁表面进行镀铜处理，可大大提高粘结强度。

（4）配胶　不需配制的成品胶使用时要摇匀或搅匀；多组分的胶配制时要按规定的配比和调制程序现用现配，在使用期内用完。配制时要搅拌均匀，并注意避免混入空气，以免胶层内出现气泡。

（5）涂胶　应根据粘结剂的不同形态，选用不同的涂胶方法。如对于液态胶，可采用刷涂、刮涂、喷涂和用滚筒涂胶等方法。涂胶时应注意保证胶层无气泡、均匀且不缺胶；涂胶量和涂胶次数因胶的种类不同而异，胶层厚度宜薄。对于大多数粘结剂，胶层厚度控制在 0.05～0.2mm 范围内为宜。

（6）晾置　含有溶剂的粘结剂，涂胶后应晾置一定时间，以使胶层中的溶剂充分挥发，否则固化后胶层内会产生气泡，降低粘结强度。晾置时间的长短、温度的高低因胶而异，应按粘结剂的类型而定。

（7）固化　晾置好的两个被粘结件可以进行合拢、装配和加热、加压固化。除常温固化胶外，其他胶几乎均需加热固化。即使是室温固化的粘结剂，提高温度也对粘结效果有益。固化时应缓慢升温和降温。升温至粘结剂的流动温度时，应在此温度保温 20～30 min，使胶液在粘结面充分扩散、浸润，然后再升至所需温度。固化温度、压力和时间，应按粘结剂的类型而定。加温时可使用恒温箱、红外线灯、电炉等，近年来还开发了电感应加热等新技术。

（8）质量检验　固化后，应检查有无裂纹、裂缝、缺胶及泄漏等现象。在实际生产中，一般通过观察外观和敲击听声音的方法进行检验，其准确性在很大程度上取决于检验人员的经验。近年来，一些先进技术如声阻法、激光全息摄影及 X 射线检验等也用于粘结件的无损检验，取得了很好的效果。

（9）粘结后的加工　有的粘结件粘结后还要通过机械加工或钳工加工至技术要求。加工前应进行必要的倒角、打磨，加工时应控制切削力和切削温度。

5.5.6　粘结修复的特点

1. 粘结修复的优点

1）不受材质限制，各种相同材料或异种材料均可粘结。

2）粘结的工艺温度不高，不会引起母材金相组织的变化和热变形，不会产生裂纹等缺陷，因而可以粘补铸铁件、铝合金件和薄件、细小件等。

3）粘结时不破坏原件强度，不易产生局部应力集中。与铆接、螺纹连接和焊接相比，可减轻结构重量 20% ~ 25%，表面美观平整。

4）工艺简便，成本低，工期短，便于现场修复。

5）胶缝有密封、耐磨、耐蚀和绝缘等性能，有的还具有隔热、防潮、防振及减振性能。

6）两种金属间的胶层还可防止电化学腐蚀。

2. 粘结修复的缺点

1）不耐高温，一般只耐 150℃，最高为 300℃（无机胶除外）。

2）抗冲击、抗剥离、抗老化的性能差。

3）与焊接、铆接比，粘结强度不高。

4）粘结质量的检查较为困难。

5）有些粘结剂具有毒性。

复习与思考题

一、填空题

1. 某发动机的活塞有四级修理尺寸，级差为 0.25mm，如果活塞的公称尺寸是 $\phi100mm$，活塞的第一级修理尺寸为（　　　　）mm，第二级修理尺寸为（　　　　）mm，第三级修理尺寸为（　　　　）mm，第四级修理尺寸为（　　　　）mm。

2. 某发动机的曲轴主轴颈有四级修理尺寸，级差为 0.25mm，如果曲轴主轴颈的公称尺寸是 $\phi32mm$，曲轴主轴颈的第一级修理尺寸为（　　　　）mm，第二级修理尺寸为（　　　　）mm，第三级修理尺寸为（　　　　）mm，第四级修理尺寸为（　　　　）mm。

3. 镶套的配合等级可分为（　　　）、（　　　）、（　　　）和（　　　），气缸套的镶套配合采用（　　　）过盈配合，气门座圈的镶套配合采用（　　　）过盈配合。

4. 焊修方法按所用的设备和热源不同，可分为（　　　）、（　　　）和（　　　）。

5. 灰铸铁零件电弧冷焊施焊的工艺要点是（　　　），实施（　　　）和（　　　），并对焊缝不断加以锤击，以减少焊接应力和变形，并限制母材金属成分对焊缝的影响。

6. 机械零件常用的校正方法有（　　　）、（　　　）和（　　　）等方法。

二、判断题

1. 同一发动机的气缸、同一曲轴上的主轴颈或连杆轴颈，必须采用同一级的修理尺寸，以保证各相同配合副的修理尺寸一致。（　　　）

2. 在使用修理尺寸法修理时，首先要确定配合副中的修复件，一般是选择结构形状简单、工艺难度小和制造成本低的零件作为修复件。（　　　）

3. 飞轮齿圈啮合部位磨损严重时，将齿圈压出并适度加热，然后再翻转180°压入飞轮，以利用其未磨损部位工作，这种方法称为翻转修理法。（　　　）

4. 气焊的优点是焊接速度快，生产效率高，零件受热变形较小。（　　　）

5. 电焊的优点是焊缝的力学性能和加工性能比气焊好。（　　　）

6. 灰铸铁零件电弧冷焊的施焊电流大，熔焊深，熔池内不会产生较厚的白口层。（　　　）

7. 经冷压校正后的零件，其疲劳强度下降10% ~ 15%，校正次数越多，降低的程度越大。（　　　）

三、问答题

1. 什么是修理尺寸法？

2. 说明铸铁件的焊修特点。

3. 简要说明灰铸铁零件电弧冷焊工艺过程。

4. 说明铸铁零件加热减应焊时，减应区的选择原则。

5. 如何检验加热减应区的选择是否得当？

6. 说明粘结修复的特点。

第6章 工程机械柴油机维修

柴油机是工程机械的心脏，使工程机械行驶及工作装置产生的往复运动，通过曲柄连杆机构转换为曲轴的旋转运动，从而输出动力。

柴油机在工程机械上的工作状况多变，在使用运行过程中，由于各种因素的影响，整个工程机械的动力性、经济性及使用可靠性等主要使用性能会发生变化，为了恢复柴油机的使用性能，应对柴油机进行维修。本章介绍了目前工程机械常见进口和国产的符合国Ⅱ和国Ⅲ排放要求的柴油机维修工艺。

6.1 曲柄连杆机构的维修

在柴油机的工作过程中，燃料燃烧产生的气体压力直接作用在活塞顶上，推动活塞做往复直线运动。经活塞销、连杆和曲轴，将活塞的往复直线运动转换为曲轴的旋转运动。在发动机工作时，气缸内最高温度可达 2200℃ 以上，最高压力可达 5 ~ 9MPa，最高转速可达 4000 ~ 6000r/min，此外，与可燃混合气和燃烧废气接触的机件（气缸、气缸盖及活塞组等）还将受到化学腐蚀。因此，曲柄连杆机构是在高温、高压、高速和有化学腐蚀的条件下工作的。

维修曲柄连杆机构主要有机体组、活塞连杆组和曲轴飞轮组三部分。

1）机体组 主要包括气缸体、曲轴箱、气缸盖、气缸套和气缸垫等不动件。

2）活塞连杆组 主要包括活塞、活塞环、活塞鞘和连杆等运动件。

3）曲轴飞轮组 主要包括曲轴和飞轮等机件。

6.1.1 机体组的维修

1. 气缸体与气缸盖的检修

（1）气缸体与气缸盖变形的检修

1）气缸体与气缸盖变形的检测方法。气缸体、气缸盖平面度的检测，多采用刀形平尺和塞尺来进行。如图 6-1 所示，利用等于或略大于被测平面全长的刀形平尺，沿气缸体或气缸盖平面的纵向、横向和对角线方向多处进行测量，而求得其平面度误差。

2）检测标准。气缸体与气缸盖接合平面的平面度要求：气缸体上平面的平面度误差，在任意位置每 50mm × 50mm 的范围内均应不大于 0.05mm；全长不大于 600mm 的气缸体，其平面度误差不大于 0.15mm；全长大于 600mm 的铸铁气缸体，其平面度误差不大于 0.25mm；全长大于 600mm 的铝合金气缸体，其平面度误差不大于 0.35mm。用高度规检查气缸两端的高度，以确定气缸体上、下平面的平行度。镗缸时，这些平面是主要的定位基准，直接影响到气缸轴线与主轴承孔轴线的垂直度。

3）气缸体与气缸盖变形的修理。气缸盖可根据情况采用磨削等方法予以修平，气缸体平面局部不平，可用铲削的方法修平；平面变形较大时，可采用平面磨床进行磨削加工修

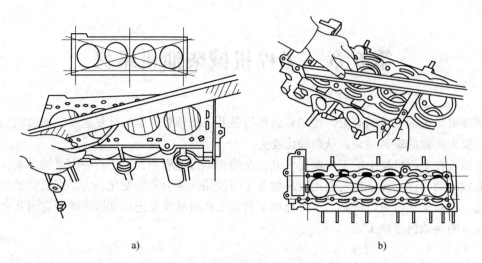

图 6-1　气缸体与气缸盖平面度的检测

a) 气缸盖的检测　b) 气缸体的检测

理，但总切削量不宜过大，为 0.24 ~ 0.50mm，否则，将影响发动机的压缩比。

气缸盖平面度修理要求：全长上应不大于 0.10mm，在 100mm 长度上应不大于 0.03mm。

（2）气缸体与气缸盖裂纹的检修

1）气缸体与气缸盖裂纹的检测方法。气缸体与气缸盖裂纹的检查，通常采用水压试验。方法是把气缸盖及气缸衬垫装在气缸体上，将水压机的出水管接头与气缸前端水泵入水口处连接好，堵住其他水道口，然后将水压入水套内，在 300 ~ 400kPa 的压力下，保持 5min，气缸体和气缸盖应无渗漏。若气缸体、气缸盖由里向外有水珠渗出，则表明该处有裂纹。

2）气缸体与气缸盖裂纹的修理。对曲轴箱等承受大应力部位的裂纹采取加热与焊接进行修理，对水套及其他应力小的部位的裂纹可以采用胶黏修复。在修理中，应根据裂纹的大小、裂纹的部位、损伤的程度、技术能力及设备条件等情况，灵活而适当地选择。

（3）气缸盖燃烧室容积的测量　气缸盖下平面，若用去除材料的方法修整后，其燃烧室容积将发生变化。因此，应对加工后气缸盖燃烧室的容积进行测量。

测量方法：首先清除燃烧室内的积炭和污垢，将火花塞和进、排气门按规定装配好，确保不泄漏；在量杯中配备体积为 80% 的煤油和 20% 的机油的混合油，将液体注入燃烧室，记下量杯中液位变化的差值，即为该燃烧室的容积。

燃烧室容积一般不得小于公称容积的 5%，同一台发动机的各燃烧室容积的公差为公称容积的 1% ~ 2%。

（4）气缸磨损的检修

1）气缸磨损的检验。使用内径百分表测量气缸的磨损程度是确定发动机技术状况的重要手段。通过气缸的磨损测量，可以确定气缸磨损后的圆度误差、圆柱度误差。根据气缸的磨损程度，确定修理尺寸及确定发动机是否需要进行大修。

测量前，首先要确定气缸磨损前的直径。

　　测量时，将内径百分表的测头置于第一道活塞环上止点处或稍向下一点，如图6-2 中的截面所示，并来回摆动表架，观察百分表的长针沿顺时针方向摆动到极限位置的读数（图6-3），在 S_1-S_1 截面上测出其最大值和最小值，并计算出圆度误差。同理，测出 S_2-S_2、S_3-S_3 截面上的圆度误差，该气缸的圆度误差以三个截面中的最大值表示。

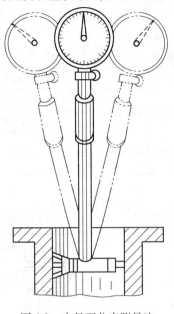

图 6-2　内径百分表测量法

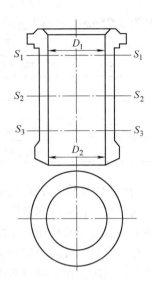

图 6-3　气缸磨损测量部位

　　圆度误差是指同一横截面上磨损的不均匀性，用同一横截面上不同方向测得的最大与最小直径差值的1/2 作为圆度误差。

　　圆柱度误差是指沿气缸轴线的轴向截面上磨损的不均匀性，其数值是被测气缸表面任意方向所测得的最大与最小直径差值的1/2。

　　2）气缸磨损的检验标准。气缸圆度公差：汽油机为 0.05mm，柴油机为 0.065mm。气缸圆柱度公差：汽油机为 0.20mm，柴油机为 0.25mm。如果超出此范围，应进行镗缸修理。气缸的修理方法如下：

　　①修理尺寸法。气缸磨损后，其圆度误差或圆柱度误差超过允许的限度时，对磨损的气缸进行机械加工，使其通过尺寸的改变，恢复气缸正确的几何形状和配合性质，这种方法称为修理尺寸法。扩大后的尺寸称为修理尺寸。

　　②镶套修复法。气缸经多次修理，当直径超过最大修理尺寸或气缸壁上有特殊损伤时，可对气缸做圆整加工，用过盈配合的方式镶上新的气缸套，使气缸恢复到原来的尺寸，这种方法称为镶套修复法。

　　气缸的修理就是按修理尺寸法或镶套修复法，通过镗削或磨削加工，使气缸达到原来的技术要求。目前，常用的镗缸设备有两种：固定式镗缸机和移动式镗缸机。固定式镗缸机是以气缸的下平面为基准面进行镗缸，其优点是刚度好，加工精度高，生产效率高。移动式镗缸机是以气缸的上平面为基准面进行镗缸，其特点是机动灵活，安装方便，但加工精度稍差。

（5）气缸套的镶换　气缸套磨损超过最大修理尺寸或薄壁气缸套磨损逾限、气缸套裂纹以及气缸套与承孔配合松旷产生漏水等故障时，必须更换气缸套。方法如下：

1）气缸套的拆卸。用气缸套拆装工具拉出旧气缸套，如图6-4a所示。

2）气缸套承孔的检修。气缸套承孔应符合表6-1规定的质量要求，否则用修理尺寸法镗修各承孔，应镗为同一级修理尺寸。镗削工艺与镗缸工艺相同，修理尺寸为2～4级，相邻两级直径为0.25mm。气缸套承孔出现裂纹则应更换气缸体。

表6-1　气缸套承孔质量要求

项　目	技术条件	项　目	技术条件
圆度公差/mm	0.01	承孔与气缸套配合/mm	干式 -0.1～0.05
			湿式 0.05～0.15
表面粗糙度/μm	干式 $Ra \leqslant 1.6$	孔残留穴蚀面积/mm²	≤10
	湿式 $Ra = 0.8$		

3）新气缸套的检修。干式气缸套配合的过盈量过大，镶装时容易胀裂承孔，通常精车气缸套外圆柱面修整配合的过盈量。在车削时，气缸套应安装在内张式心轴上，以防止在车削过程中变形。

用图6-4b所示的工具将新缸套压入承孔。干式气缸套镶装后，上端面应与气缸体上平面等高，不得低于气缸体上平面。

湿式气缸套在安装后一般应高出气缸体平面0.05～0.15mm。因此，安装前应检查或修整气缸套上端面止扣的高度。若规定安装金属密封圈，在计算止扣高度时，还应考虑密封垫的厚度，止扣和密封垫应平整无曲折、无毛刺。

湿式气缸套的阻水圈装入阻水槽之后，阻水圈应高出气缸套外圆柱面0.5～1.0mm，阻水圈侧面应有0.5～1.5mm间隙，如图6-5所示。

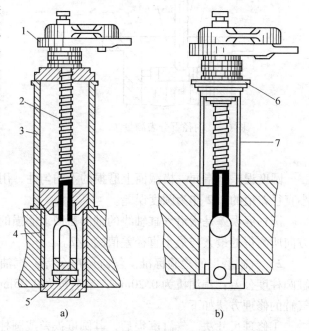

图6-4　气缸套拆装工具
a）拉出气缸套　b）压入气缸套
1、6—拉模　2—丝杠　3—支承套　4—旧气缸套
5—板杠　7—新气缸套

4）镶装气缸套。用图6-4所示的工具或压力机将气缸套缓慢平稳地压入承孔，干式气缸套压力不大于59kN。在压入承孔20～30mm的过程中，应放松压力两次，以便气缸套在弹性变形的作用下，自动校正轴线的同轴度误差，同时用直角尺检查气缸套有无歪斜。在压入过程中，若压装力急剧增大，则应立即停止压装，排除故障后再继续压装。

压装时，按隔缸镶装的顺序进行。湿式气缸套在装配前除了清洁承孔和承孔上、下端面的水垢外，还应在承孔上涂擦石墨粉，阻水圈及气缸套上部止扣均应涂密封胶，然后将阻水圈与气缸套一同压入承孔。气缸套镶装完毕后，应对气缸体进行水压试验。

2. 气缸盖的拆装及气缸垫的安装

（1）气缸盖的拆装　为了保证气缸的密封性，避免其变形，气缸盖的拆装操作应按照一定的要求，一般在发动机的修理工艺中有严格的规定。在拆装时应注意如下几点：

1）气缸盖螺栓的拧紧力矩。气缸盖螺栓的拧紧力矩太大或太小都会对发动机产生不良影响，易造成气缸盖变形、漏气等现象。由于材料的热膨胀系数不同，为了防止受热后气缸盖螺栓的膨胀量大于铸铁气缸盖的膨胀量而使紧度降低，铸铁气缸盖要在发动机达到正常工作温度后再进行第二次拧紧，而铝合金气缸盖由于其热膨胀系数比钢制螺栓大，在发动机热起动后紧度更大，故只需在冷态下一次拧紧即可。在有些发动机关键螺栓（如缸盖、连杆、主轴承盖及飞轮等）的装配中，多采用转矩加转角法的拧紧方法，该方法适用于塑性螺栓，即利用螺栓的塑性变形，来确保预紧力达到规定要求，转角的大小应参考维修技术资料。

2）气缸盖螺栓的拆装顺序。紧固气缸盖螺栓时应从中央向四周、分次逐步地按规定力矩拧紧，如图 6-6 所示。拆卸时，则在冷态下按相反顺序进行。

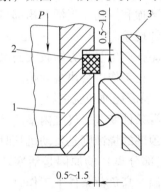

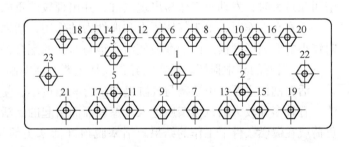

图 6-5　阻水圈在槽内的位置
1—气缸套　2—阻水圈　3—承孔

图 6-6　气缸盖螺栓的拧紧顺序

3）气缸盖应在冷态时拆卸。拆装过程中不能碰擦下平面，以免下平面损伤。

（2）气缸垫的安装　气缸垫安装不正确、气缸垫凹凸不平或被气体冲坏等，都会造成气缸漏气及漏水。气缸垫的安装方法如下：

1）应选择规格与气缸体一致的气缸垫，必须与所有的气缸孔、螺栓孔、水道孔及杆孔等相配合。

2）安装气缸前，应清洁气缸盖和气缸体的两结合平面，清理冷却水道、螺孔及螺纹上的污物，并清洁衬垫和螺栓，检查气缸垫有无折损和变形。

3）气缸垫必须按一定的方向安装，在气缸垫上有识别标记，如"朝上""朝前"或"此面朝上"的标记图。若表面上没有标记，则将冲压出的号码标记朝向气缸盖。对于金属—石棉垫，由于气缸口的卷边一面高出一层，对与它接触的平面会造成单面压痕变形，因此，卷边应朝向易修整的接触面或硬平面。当气缸盖和气缸体同为铸铁时，卷边应朝向气缸盖（易修整面）；当为铝合金气缸盖和铸铁气缸体时，卷边应朝向气缸体（硬平面）；当气缸体和气缸盖同为铝合金时，卷边应朝向气缸体，即朝向湿式气缸套的凸缘（硬平面）。

6.1.2　活塞连杆组的维修

在柴油机维修过程中，活塞、活塞销和活塞环等是作为易损件更换的，这些零件的选配是一项重要的工艺技术措施。

活塞连杆组的修理，主要包括活塞、活塞环及活塞销的选配，连杆的检验与校正，以及活塞连杆组在组装时的检验校正和装配。

1. 活塞的检修

（1）活塞的耗损　活塞的耗损包括正常磨损和异常损坏。

1）活塞的正常磨损。活塞的正常磨损主要是活塞环槽的磨损、活塞裙部的磨损及活塞销座孔的磨损等。活塞环槽的磨损较大，尤以第一道环槽为最严重，各环槽由上而下逐渐减轻。其主要原因是由于燃气的压力作用及活塞的高速往复运动，使活塞环对环槽的冲击增大。此外，活塞头部还受到高温、高压燃气的作用，使其强度下降。活塞环槽的磨损将引起活塞环与其侧隙的增大，活塞环的泵油作用增大，造成气缸漏气和出现窜油现象，密封性降低。

活塞裙部的磨损较小，通常是在承受侧向力的一侧发生磨损和擦伤，当活塞裙部与气缸壁间隙过大时，发动机工作易出现敲缸，并出现较严重的窜油现象。

活塞在工作时，由于气体压力和惯性力的作用，活塞销座孔产生竖直方向较大而水平方向较小的椭圆形磨损；由于磨损使活塞销与座孔的配合松旷，在工作中会出现异响。

2）活塞的异常损坏。活塞的异常损坏主要有活塞刮伤、顶部烧蚀和脱顶等。

活塞刮伤主要是由活塞与气缸壁的配合间隙过小、使润滑条件变差、气缸内壁严重不清洁、有较多和较大的机械杂质进入摩擦表面而引起的。活塞顶部的烧蚀则是发动机长时间超负荷或在爆燃条件下工作的结果。活塞脱顶（活塞头部与裙部分离）的原因是活塞环的开口间隙过小或活塞环与环槽槽底无间隙，当发动机连续在高温、高负荷条件下工作时，活塞环开口间隙被顶死，与气缸壁之间发生黏卡，而活塞裙部受到连杆的拖动，使活塞在头部与裙部之间拉断。此外，活塞敲缸和活塞销松旷故障未能及时排除，也将造成活塞的异常损坏。

（2）活塞的检验　活塞由于受侧压力的影响，成椭圆状，因此，应对活塞的圆度进行检验，如超过标准值范围，应予以更换。活塞直径的测量，是用外径千分尺从活塞裙部底边向上约15mm处测量活塞的横向直径。测量气缸直径减去活塞直径，即为活塞与气缸的间隙，其应符合配合标准。

（3）活塞的选配　当气缸的磨损超过规定值及活塞发生异常损坏时，必须对气缸进行修复，并且要根据气缸的修理尺寸选配活塞。选配活塞时要注意以下几点：

1）按气缸的修理尺寸选用同一修理尺寸和同一分组尺寸的活塞。活塞裙部的尺寸是镗磨气缸的依据，只有在活塞选配后，才能按选定的活塞裙部尺寸进行镗磨气缸。

2）活塞是成套选配的，同一台发动机必须选用同一品牌的活塞，以保证其材料和性能的一致性。

3）在选配成组活塞中，其尺寸偏差一般为0.01~0.015mm，质量偏差为4~8g，销座孔的涂色标记应相同。若活塞的质量偏差过大，则可适当车削活塞裙部的内壁或重新选配。车削后，活塞的壁厚不得小于规定值，车削的长度一般不得超过15mm。

发动机的活塞与气缸的配合都采用选配法，重点是在气缸的技术要求确定的情况下选配相应的活塞。活塞的修理尺寸级别一般分为 0.25mm、0.50mm、0.75mm 和 1.00mm 四级，有的只有 1 ~ 2 个级别。在每一个修理尺寸级别中通常又分为 3 ~ 6 组，相邻两组的直径差为 0.01 ~ 0.015mm。选配时，要注意活塞的分组标记和涂色标记。有的发动机为薄型气缸套，活塞不设置修理尺寸，只区分标准系列活塞和维修系列活塞，每系列活塞中也有若干组可供选配。活塞的修理尺寸级别代号常打印在活塞的顶部。部分发动机活塞的分组与气缸直径见表 6-2。

选配好活塞后，应在活塞顶部按照气缸的顺序做出标记，以免装错。

表 6-2　部分发动机活塞的分组与气缸直径

发动机型号	分组	活塞尺寸/mm	缸套尺寸/mm	配合间隙/mm	备注
五十铃 4JB1	公称尺寸	93	93.040 ~ 93.021	0.025 ~ 0.045	
	一	93.040 ~ 92.985	93.0602 ~ 93.041		
	二	93.024 ~ 93.005			
日产 P06	S	124.815 ~ 124.835	125.00 ~ 125.02	0.185 ~ 0.205	
	M		125.02 ~ 125.03		
	L	124.835 ~ 124.855	125.03 ~ 125.05		
CA6102	A	101.54 ~ 101.56	101.56 ~ 101.58	0.02 ~ 0.04	
	B	101.56 ~ 101.58	101.58 ~ 101.60		
	C	101.58 ~ 101.60	101.60 ~ 101.62		
	D	101.60 ~ 101.62	101.62 ~ 101.64		

2. 活塞环的检修

（1）活塞环的常见损伤　活塞环的常见损伤主要是活塞环的磨损、弹性减弱和折断等。

活塞环的磨损主要是在高温、高压燃气的作用下，活塞环在往复运动中受冲击和润滑不良所致。活塞环的磨损速度较快，在两次大修间隔之间的某次二级维护，当气缸的圆柱度误差达到 0.09 ~ 0.11mm 时，则需要更换活塞环一次。在使用中受高温燃气的影响，活塞环的弹性逐渐减弱，造成活塞环对气缸的压力降低，使气缸的密封性变差，出现漏气和窜油现象，发动机的动力性下降，经济性变差。由于活塞环安装不当或端隙过小，发动机在高温、大负荷条件下工作时，端隙顶死而卡缸，活塞环在活塞的冲击负荷作用下而断裂。此外，在维护更换活塞环时未将气缸壁上磨出的缸肩刮去，也会撞断第一道活塞环。

（2）活塞环的选配　在发动机大修时，活塞环是被作为易损件更换的。活塞环设有修理尺寸，但不因气缸和活塞的分组而分组。

选配活塞环时，以气缸的修理尺寸为依据，同一台发动机应选用与气缸和活塞修理尺寸等级相同的活塞环。当发动机气缸磨损后，也应选配与气缸同一级别的活塞环，严禁选择加大一级修理尺寸的活塞环经锉端隙来使用。进口发动机活塞环的更换要按原厂规定进行。要求活塞环要与气缸、活塞的修理尺寸一致，具有规定的弹力，以保证气缸的密封性，活塞环的漏光度、端隙、侧隙和背隙应符合原厂规定。

1）活塞环弹力的检验。活塞环的弹力是指使活塞环端隙为零时作用在活塞环上的径向力。活塞环的弹力是建立背压的首要条件，也是保证气缸密封性的必要条件。弹力过大，会使环的磨损加剧；弹力过弱，会使气缸密封性变差，燃料消耗增加，燃烧时积炭严重。端隙达到规定的间隙值时，可由量块在秤杆上的位置读出作用于活塞环上的力，即为活塞环的弹力，如图6-7所示。

2）活塞环漏光度的检验。活塞环的漏光度检验旨在检测活塞环的外圆表面与缸壁的接触和密封程度，其目的是避免漏光度过大，使活塞环与气缸的接触面积减小，造成漏气和窜油的隐患。

常用的活塞环漏光度的简易检查方法是将活塞环置于气缸内，用倒置的活塞将其推平，用一直径略小于活塞环外径的圆形板盖在环的上侧，在气缸下部放置灯光，从气缸上部观察活塞与气缸壁的缝隙，确定其漏光情况，如图6-8所示。

活塞环漏光度的技术要求为在活塞环端口左右30°范围内，不应有漏光点；在同一根活塞环上的漏光点不得多于两处，每次漏光弧长所对应的圆心角不得超过25°，同一环上漏光弧长所对应的圆心角之和不得超过45°；漏光处的缝隙应不大于0.03mm，当漏光缝隙小于0.015mm时，其弧长所对应的圆心角之和可放宽至120°。

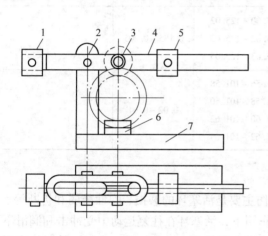

图6-7　活塞环弹力检验仪
1—固定量块　2—支承销　3—滚轮　4—秤杆
5—活动量块　6—底座　7—底板

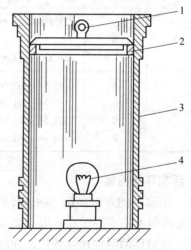

图6-8　活塞环漏光度检验
1—遮光板　2—活塞环　3—气缸　4—灯泡

3）活塞环的"三隙"检验方法。

①端隙检验。检验端隙时，将活塞环置于气缸套内，并用倒置活塞的顶部将活塞环推入气缸内其相应的上止点，然后用塞尺测量，如图6-9a所示。若端隙大于规定值，则应重新选配；若端隙小于规定值，则应利用细平锉刀对环口的一端进行锉修，如图6-9b所示。锉修时只能锉一端且环口应平整，锉修后应将加工产生的毛刺去掉，以免在工作时刮伤气缸壁。

②侧隙检验。将活塞环放在环槽内，围绕环槽滚动一周，应能自由滚动，既不能松动，又不能有阻滞现象。用塞尺检测侧隙的方法如图6-9c所示。

③背隙检验。为测量方便通常是将活塞环装入活塞内，以环槽深度与活塞环径向厚度的差值来衡量。测量时，将活塞环落入环槽底部，再用深度游标卡尺测出活塞环外圆柱面沉入

环岸的数值，该数值一般为 0 ~ 0.35mm。

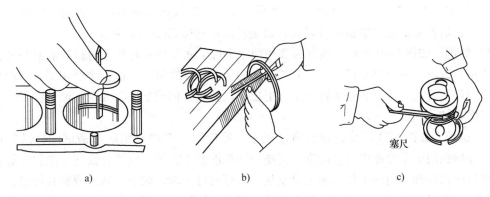

图 6-9　活塞环间隙的检验

a）活塞环端隙的检验　b）用锉刀锉修活塞环端头　c）活塞环侧隙的检验

在实际操作中，通常是以经验法来判断活塞环的侧隙和背隙。将活塞环置于环槽内，活塞环应低于环岸，且能在槽中滑动自如，无明显松旷感觉即可。

几种常见发动机活塞环的"三隙"见表 6-3。

表 6-3　几种常见发动机活塞环的"三隙"

发动机型号	活塞环口间隙/mm			活塞环侧隙/mm		
	第一道气环	第二道气环	油环	第一道气环	第二道气环	油环
135 系列柴油机	0.600 ~ 0.800	0.500 ~ 0.700	0.400 ~ 0.600	0.100 ~ 0.135	0.080 ~ 0.115	0.060 ~ 0.098
YC6105 柴油机	0.400 ~ 0.600	0.400 ~ 0.600	0.400 ~ 0.600	0.090 ~ 0.125	0.050 ~ 0.083	0.040 ~ 0.075
康明斯 K38、K50 型柴油机	0.640 ~ 1.020	0.640 ~ 1.020	0.380 ~ 0.760			
CA6102 汽油机	0.500 ~ 0.700	0.400 ~ 0.600	0.300 ~ 0.500	0.055 ~ 0.087	0.055 ~ 0.087	0.040 ~ 0.080

3. 活塞销的检修

（1）活塞销的耗损　活塞销多用浮式连接，与活塞销座的配合精度较高，常温下有微量的过盈。在发动机正常工作时，与活塞销座和连杆衬套有微小的间隙。因此，活塞销可以在销座和连杆衬套内自由转动，这使得活塞销的径向磨损比较均匀，磨损速率也较低。

由于活塞销在发动机工作时，承受较大的冲击载荷，当活塞销与活塞销座和连杆衬套的配合间隙超过一定数值时，就会由于配合的松旷而发生异响。

（2）活塞销的选配　发动机大修时，一般应更换活塞销，选配标准尺寸的活塞销，为发动机小修留有余地。

选配活塞销的原则：同一台发动机应选用同一品牌、同一修理尺寸的成组活塞销，活塞销表面应无任何锈蚀和斑点，质量偏差在 10g 内。

为了适应修理的需要，活塞销设有四级修理尺寸，可以根据活塞销座和连杆衬套的磨损程度来选择相应修理尺寸的活塞销。

（3）活塞销座孔的修配　活塞销与活塞销座和连杆衬套的配合一般是通过铰削、镗削或滚压来实现的。活塞销座的铰削工艺步骤如下：

1）选择铰刀。根据活塞销的实际尺寸选择长刃活动铰刀，使两活塞销座能同时进行铰削，以保证两端座孔的同轴度，并将选好的铰刀刀柄夹入台虎钳，与钳口平面保持垂直。

2）调整铰刀。第一刀只做试验性的微量调整，一般调整到铰刀切削刃的上端刚露出销座即可。以后各刀的吃刀量也不可过大，以旋转调整螺母60°~90°为宜。

3）铰削。如图6-10所示，铰削时要用两手平握活塞，按顺时针方向转动活塞并轻轻向下施压进行铰削，铰削要平稳，用力要均匀。为提高铰削质量，每次铰削至切削刃下端与销座平齐时停止铰削。压下活塞从铰刀下方退出，以防止铰偏或起棱，并在不调整铰刀的情况下从反向再铰一次。

4）试配。如图6-11所示，在铰削过程中，每铰削一刀都要用活塞销试配，以防止铰大。当铰削到用手掌力能将活塞销推入销座一端深度的1/3时，应停止铰削。然后在活塞销一端垫以阶梯冲轴，用锤子将活塞销反复从一端打向另一端，取下活塞销观察其压痕，用刮刀修刮。销座经刮削后，应能用手掌力将活塞销击入销座一端深度的1/2，接触面呈点状均匀分布，轻重一致，面积在75%以上。

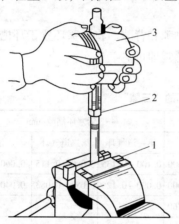

图6-10　活塞销座孔的铰削
1—台虎钳　2—铰刀　3—活塞

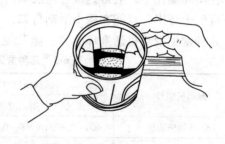

图6-11　活塞销与销座的试配

4. 连杆组的检修

连杆组的检修主要有连杆变形的检验与校正、连杆小端衬套的压装与铰削等。

（1）连杆变形的检验与校正　连杆在工作中，由于发动机超负荷运转和爆燃等原因，产生复杂的交变载荷，造成连杆的弯曲和扭曲变形。连杆的弯曲是指小端轴线对大端轴线在轴线平面内的平行度误差，连杆的扭曲是指连杆小端轴线在轴线平面法向上的平面度误差。连杆变形后，使活塞在气缸中歪斜，引起活塞与气缸、连杆轴承与连杆轴颈的偏磨，这将对曲柄连杆机构的工作产生很大的影响。因此，对连杆变形的检验与校正是发动机修理过程中的一项极为重要的项目。

1）连杆变形的检验。连杆变形的检验在连杆校验仪上进行，如图6-12所示。连杆校验仪能检验连杆弯曲、扭曲、双重弯曲的程度及方位。校验仪上的菱形支承轴，能保证连杆大端承孔的轴向与检验平板相垂直。检验时，首先将连杆大端的轴承盖装好，不装连杆轴承，并按规定的拧紧力矩将连杆螺栓拧紧，同时将心轴装入小端衬套的承孔中，然后将连杆大端套装在支承轴上，通过调整定位螺钉使支承轴扩张，并将连杆固定在校验仪上。测量工具是一个带有 V 形槽的三点规,三点规上的三个测点所构成的平面与 V 形槽的对称平面垂直,两下测点的距离为 100mm,上测点与两下测点连线的距离也是 100mm。

测量时,将三点规的 V 形槽靠在心轴上并推向检验平板。若三点规的三个测点都与检验仪的平板接触,则说明连杆不变形。若上测点与平板接触,两下测点不接触且与平板的间隙一致,或两下测点与平板接触,而上测点不接触,则表明连杆弯曲。可用塞尺测出测点与平板之间的间隙,即为连杆在 100mm 长度上的弯曲度,如图 6-13 所示。若只有一个下测点与平板接触,另一个下测点与平板不接触,且间隙为上测点与平板间隙的两倍,则下测点与平板的间隙即为连杆在 100mm 长度上的扭曲度,如图 6-14 所示。有时在测量连杆变形时,会遇到下面两种情况:①连杆同时存在弯曲和扭曲,反映在一个下测点与平板接触,但另一个下测点的间隙不等于上测点间隙的两倍,这时下测点与平板的间隙为连杆的扭曲度,而上测点间隙与下测点间隙 1/2 的差值为连杆弯曲度;②连杆存在如图 6-13 所示的双重弯曲,检验时先测量出连杆小端端面与平板的距离,再将连杆翻转 180° 后,按同样的方法测出此距离,若两次测出的距离数值不等,则说明连杆有双重弯曲,两次测量数值之差为连杆双重弯曲度。

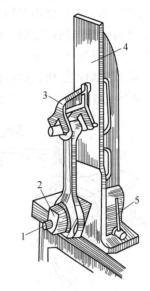

图 6-12　连杆校验仪
1—量规　2—菱形支承轴　3—量规
4—检测平板　5—锁紧支承轴板杆

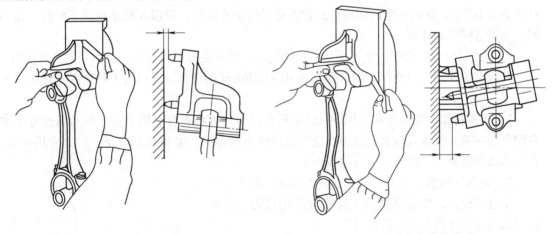

图 6-13　连杆弯曲的检验　　　　　　　图 6-14　连杆扭曲的检验

在发动机维修技术标准中,对连杆的变形做了如下规定:连杆小端轴线与大端轴线应在同一平面内,在该平面上的平行度公差为 0.03mm/100mm,其法向平面上的平行度公差为 0.06mm/100mm,当连杆的弯曲度和扭曲度超过公差值时,应进行校正。连杆的双重弯曲,通常不予校正。因为连杆大、小端对称平面偏移的双重弯曲极难校正,而双重弯曲对曲柄连杆机构的工作极为有害,因此应更换新连杆。

2)连杆变形的校正。经检验确定连杆有变形时,应记下连杆弯曲与扭曲的方向和数值，利用连杆校验仪进行校正。一般是先校正扭曲，后校正弯曲。校正时，应避免反复地过校正。校正扭曲时，先将连杆下盖按规定装配和拧紧，然后用台虎钳口挚以软金属垫片夹紧连杆大端侧面，最后使用专用扳钳装夹在连杆杆身的下部，按图 6-15 所示的安装方法校正连杆的逆时针方向扭曲变形。校正顺时针方向的扭曲时，将上、下扳钳交换即可。

校正弯曲时，将弯曲的连杆置入专用的压器（图 6-16），弯曲的凸起部位朝上，在丝杠需校正的部位加入垫块，扳丝杠使连杆产生反向变形并停留一定时间，待金属组织稳定后再卸下，检查连杆的回位量，直至连杆校正至合格为止。

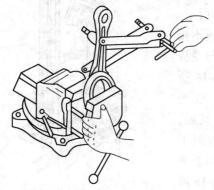 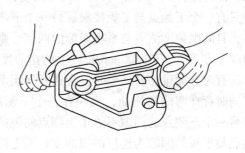

图 6-15　连杆的扭曲校正　　　　　　　　图 6-16　连杆的弯曲校正

连杆的弯扭校正经常在常温下进行，由于材料弹性后效的作用，在卸去载荷后连杆有恢复原状的趋势。因此，在校正变形量较大的连杆后，必须进行时效处理。具体的方法是将连杆加热至 300℃，保温一定时间即可；校正变形较小的连杆，只需在校正载荷下保持一定时间，不必进行时效处理。

（2）连杆衬套的修配　在更换活塞销的同时，必须更换连杆衬套，以恢复其正常配合。新衬套的外径应与连杆小端承孔有 0.10~0.20mm 的过盈量，以防上衬套在工作中发生转动。

1）更换衬套。用锤子和专用冲头将旧衬套敲出，再将新衬套倒角的一端对着连杆小端有倒角的一端，整体式衬套上的油孔应对正连杆小端油孔，并将衬套放正，垫上专用冲头，在压床或台虎钳上缓缓压入至与端面齐平。

2）衬套的铰削。铰刀的选择、使用与铰削方法如下：

①选择铰刀。按活塞销的实际尺寸选用铰刀，将铰刀的刀柄垂直地夹在台虎钳的钳口上。

②调整铰刀。将连杆衬套孔套入铰刀，一手托住连杆大端，一手压下连杆小端，以切削刃露出衬套上面 3~5mm 作为第一刀的铰削量为宜。

③铰削。铰削时，一手托住连杆大端均匀用力扳转，另一手把持小端并向下略施压力，铰削时应保持连杆轴线垂直于铰刀轴线，以防铰偏，如图 6-17 所示。当衬套下平面与切削刃相平时停止铰削，将连杆下压退出以免铰偏或起棱。然后在铰削量不变的情况下，再将连杆反向重铰一

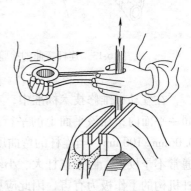

图 6-17　连杆衬套的铰削

次，铰刀的铰削量以调整螺母转过 60°～90° 为宜。

　　④试配。每铰削一次都要用相配的活塞销试配，以防铰大。当达到用手掌力能将活塞销推入衬套的 1/3～1/2 时停铰，用松木锤打入衬套内，并夹持在台虎钳上左右扳转连杆，如图 6-18 所示。然后压出活塞销，视衬套的压痕适当修刮。

　　活塞销与连杆衬套的配合通常也可凭感觉判断，即以手掌（拇指）力能将涂有机油的活塞销推过衬套为符合要求，如图 6-19 所示。或将涂有机油的活塞销装入衬套内，连杆与水平面倾斜成 45°，用手轻击活塞销应能依靠其自重缓缓下滑。此外，活塞销与连杆衬套的接触呈点状分布，面积应在 75% 以上。

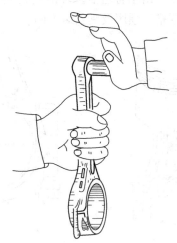

图 6-18　检验活塞销与连杆衬套的配合（一）　　　　图 6-19　检验活塞销与连杆衬套的配合（二）

　　（3）连杆其他损伤的检修　连杆的杆身与小端的过渡区应无裂纹，表面无碰伤，必要时可采用磁力无损检测来检验连杆的裂纹。如有裂纹，应予以更换。如果连杆下盖损坏或断裂，也要同时更换连杆组合件。

　　连杆大端侧面与曲柄臂之间，一般应有 0.10～0.35mm 的间隙，如间隙超过 0.50mm 时，可堆焊连杆大端侧面后修理平整。

　　连杆杆身与下盖的结合平面应平整。检验时，使两平面分别与平板平面贴合，其接触面应贴合良好，如有轻微缝隙，不得超过 0.026mm。连杆轴承孔的圆柱度误差大于 0.026mm 时，应进行修理或更换连杆。

　　连杆螺栓应无裂纹，螺纹部分完整，无滑牙和拉长等现象。选用新的连杆螺栓时，其结构参数及材质应符合规定，禁止用普通螺栓代替连杆螺栓。连杆螺栓的自锁螺母不得重复使用。

　　5. 活塞连杆组的组装

　　活塞连杆组的零件经修复、检验合格后，方可进行组装。组装前应对待装零件进行清洗，并用压缩空气吹干。

　　活塞与连杆的装配应采用热装合方法。将活塞放入水中加热至 80～100℃，取出后迅速擦净，将活塞销涂上机油，插入活塞销座和连杆衬套，然后装入锁环。两锁环内端应与活塞销端面留有 0.10～0.25mm 的间隙，以避免活塞销受热膨胀时把锁环顶出。锁环嵌入环槽中的深度应不小于丝杠直径的 2/3。

活塞与连杆组装时，要注意二者的缸序和安装方向，不得错乱。活塞与连杆一般都标有装配标记，如图 6-20 所示。如二者的装配标记不清或不能确认时，可结合活塞和连杆的结构加以识别，如活塞顶部的箭头或边缘缺口应朝前。汽油机活塞的膨胀槽开在做功行程侧压力较小的一面，连杆杆身的圆形突出点应朝前，连杆大端的 45°机油喷孔润滑左侧气缸壁。此外，连杆与下盖的配对记号一致并对正，或杆身与下盖承孔的凸榫槽安装时在同一侧，以避免装配时的配对错误。最后，安装活塞环，安装时应采用专用工具，以免将环折断，如图 6-21 所示。由于各道活塞环的结构差异，所以在安装活塞环时，要特别注意各道活塞环的类型和规格、顺序及其安装方向。

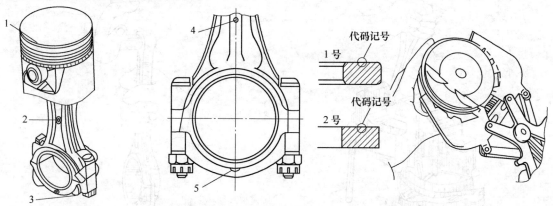

图 6-20　活塞连杆组的正确安装   图 6-21　活塞环的正确安装
1—活塞朝前记号　2、4—连杆朝前记号　3、5—连杆盖朝前记号

安装气缸环时，有镀铬的活塞环一般装在第一道；扭曲环应装在第二道和第三道，其安装方向视该环的具体作用而定；用作刮油的正扭曲环，其内缺口或内倒角朝上，外缺口或外倒角朝下，否则活塞环的泵油作用将得到加强，从而使机油大量窜入燃烧室而引起积炭。各种环的组合方式和安装方向要按该型号发动机说明书的要求进行安装，不得随意改变。

为了提高气缸的密封性，避免高压气体的泄漏，要求活塞环的开口应交错布置，一般是以第一道活塞环的开口位置为始点，其他各环的开口布置成迷宫状的走向。第一道环开口应布置在做功行程侧压力较小的一侧，其他环（包括油环）依次间隔 90° ~ 180°。例如，有三道环的发动机，则每道环间隔 120°；有四道环的发动机，第二环与第一环开口间隔 180°，第三环与第二环开口间隔 90°，第三环与第四环间隔 180°。安装组合油环的上、下刮片，也要交错排列，两道刮片间隔 180°。各环的开口布置都应避开活塞销座和膨胀槽位置。

6.1.3　曲轴飞轮组的维修

曲轴飞轮组是发动机的重要组件，它将发动机的动力以转矩形式输出。高速旋转中的曲轴，由于周期性地承受气体压力、往复惯性力和离心力的作用，可能导致曲轴产生轴颈磨损弯扭变形和裂纹等。

1. 曲轴的检修

曲轴的检修主要包括裂纹的检修、变形（弯曲和扭曲）的检修和磨损的检修等。

（1）曲轴裂纹的检修　曲轴清洗后，首先应检查有无裂纹，可用磁力无损检测法、浸油敲击法或荧光无损检测等方法进行检验。浸油敲击法，即将曲轴置于煤油中浸一会儿，取出后擦净表面并撒上白粉，然后分段用小锤轻轻敲击，如有明显的油迹出现，表明该处有裂纹。如果曲轴检验出裂纹，一般应予以报废。

（2）曲轴弯曲的检修　检验弯曲变形应以两端主轴颈的公共轴线为基准，检查中间主轴颈的径向圆跳动误差。检验时，将曲轴两端主轴颈分别放置在检验平板的 V 形架上，将百分表测头垂直地抵在中间主轴颈上，慢慢转动曲轴一圈，百分表指针所指示的最大摆差，即中间主轴颈的径向圆跳动误差值，如图 6-22 所示。此值若大于 0.15mm，则应进行压力校正。低于此值，可结合磨削主轴颈予以修正。

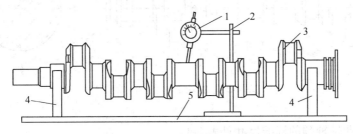

图 6-22　曲轴弯曲、扭曲变形的检验
1—百分表　2—表架　3—曲轴　4—V 形架　5—平台

曲轴弯曲变形的校正，一般可采用冷压校正法。冷压校正是将曲轴用 V 形架架住两端主轴颈，用油压机沿曲轴弯曲相反方向加压，如图 6-23 所示。由于钢质曲轴的弹性作用，压弯量应为曲轴弯曲量的 10～15 倍，并保持 2～4min，为减小弹性后效作用，最好采用人工时效法消除。人工时效处理，即在冷压后将曲轴加热至 300～500℃，保温 0.5～1h，便可消除冷压产生的内应力。

（3）曲轴扭曲的检修　以六缸发动机曲轴为例，将第一、第六缸连杆轴颈转到水平位置，用百分表分别测量第一缸连杆轴颈和第六缸连杆轴颈至平板的距离，求得同一方位上两个连杆轴颈的高度差 ΔA，如图 6-22 所示。扭转变形的扭转

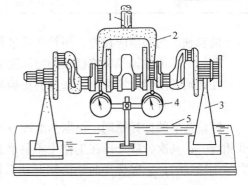

图 6-23　曲轴弯曲变形的校正
1—压力机　2—压杆　3—V 形架
4—百分表　5—平板

角若大于 0°30′，则可进行表面加热校正或敲击校正。扭转角用以下公式进行计算

$$\theta = 360° \Delta A / (27\pi R) = 57° \Delta A / R$$

式中　R——曲柄半径（mm）。

例如，6135ZG 型柴油机的 $R = 70$mm，12V135AG 型柴油机的 $R = 75$mm，CA6102 型汽油机的 $R = 57.15$mm 等，其余各机型的曲轴半径可查阅有关资料。

曲轴若发生轻微的扭曲变形，可直接在曲轴磨床上对连杆轴颈磨削时予以修正。

（4）曲轴轴颈磨损的检修。曲轴轴颈磨损的检验，首先检查轴颈有无磨痕，然后利用外径千分尺测量曲轴各轴颈的直径，从而完成圆度误差和圆柱度误差的测量。在同一轴颈的

Ⅰ—Ⅰ横截面内的圆周进行多点测量，取其最大与最小直径差值的1/2，即为该截面的圆度误差，同理测出Ⅱ—Ⅱ截面的圆度误差，该轴颈的圆度误差取两个截面圆度误差中的最大值。在同一轴颈的全长范围内，轴向移动外径千分尺，测其不同截面直径的最大值与最小值，其差值的1/2即为该轴颈的圆柱度误差，如图6-24所示。对曲轴短轴颈的磨损以检验圆度误差为主，对长轴颈则必须检验圆度误差和圆柱度误差。曲轴主轴颈和连杆轴颈的圆度误差、圆柱度误差不得大于0.025mm，超过该值，则应按修理尺寸对轴颈进行磨削修理。

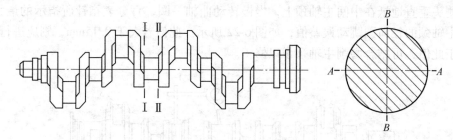

图6-24　曲轴轴颈磨损的检验

部分发动机曲轴轴颈的标准尺寸见表6-4。

表6-4　部分发动机曲轴轴颈的标准尺寸　　　　　　　　　　　　　（单位：mm）

发动机型号	康明斯 K38、K50 柴油机	135 系列柴油机	CA6102 汽油机
主轴颈	165.05 ~ 165.10	$80_{-0.025}^{0}$	$75_{-0.02}^{0}$
连杆轴颈	107.87 ~ 107.95	$95_{-0.080}^{-0.060}$	$62_{-0.02}^{0}$

曲轴轴颈的磨削应在弯、扭校正后进行，磨削加工设备通常采用专用曲轴磨床。

曲轴的各道主轴颈和连杆轴颈分别磨成同级修理尺寸，以便选择统一的轴承。

在曲轴磨削时，定位基准选择的正确与否，将直接影响到上述要求的满足程度，影响到曲轴的加工质量。

定位基准的选择原则：根据基准统一的要求，首先，应选择与曲轴制造加工时的定位基准相统一；其次，应选择在工作中不易磨损的过盈（或过渡）配合的轴颈表面。据此，在磨削主轴颈时，一般选择曲轴前端起动爪螺孔的内倒角和曲轴后端中心轴承座孔为定位基准；在磨削连杆轴颈时，可选择曲轴前端正时齿轮轴颈和曲轴后端飞轮凸缘的外圆柱面为定位基准。磨削曲轴时，应先磨削主轴颈，然后磨削连杆轴颈。

2. 飞轮的检修

（1）更换齿圈　飞轮齿圈有断齿或齿端冲击耗损（如断齿或齿端耗损严重）与发动机齿轮啮合困难时，应更换齿圈或飞轮组件。齿圈与飞轮配合过盈量为0.30 ~ 0.60mm，更换时应先将齿圈加热至350 ~ 400℃，再进行热压配合。

（2）修整飞轮工作平面　飞轮工作平面有严重烧灼或磨损沟槽深为0.50mm时，应进行修整。修整后，工作平面的平面度误差不得大于0.10mm，飞轮厚度的极限减薄量为1mm，与曲轴装配后的轴向圆跳动误差不得大于0.15mm。

（3）曲轴、飞轮、离合器总成组装后进行动平衡试验　组件的动不衡量应不大于原厂规定。组件的动不平衡量过大，会使组件的共振临界转速降低，假若共振临界转速降至发动机经济转速内，曲轴就会长期在共振条件下工作，造成曲轴早期疲劳断裂和发动机机体损伤。因此，更换飞轮或齿圈、离合器压盘或总成之后，都应重新进行组件的动平衡试验。

（4）曲轴扭转减振器的检查　现代发动机曲轴的前端多数都有扭转减振器，用于减小曲轴的共振倾向和平衡曲轴前、后两端的振动，降低曲轴的疲劳应力。目前，比较普遍使用的是橡胶式扭转减振器。在检查扭转减振器时，若发现内环（轮毂）与外环（风扇传动带或平衡盘）之间的橡胶层脱层，内、外环出现相对转动，两者的装配记号（刻线）相错，则说明扭转减振器已丧失了工作能力，应必须更换。

3. 曲轴轴承的选配

（1）轴承的磨损　轴承磨损形式有磨损、合金疲劳剥落、轴承疲劳收缩及黏着咬死等。轴承的径向间隙逾限后，因轴承对润滑油流动阻尼能力的减弱，可导致主油道的压力降低，可能破坏轴承的正常润滑；加之引起的冲击载荷，又造成轴承疲劳应力剧增，使轴承疲劳而导致黏着咬死，发动机丧失工作能力。因此，行车中应注意润滑油的变化，听察异响，发现异常应立即停机检修。二级维护时，必须检查轴承间隙，发现轴承间隙逾限时，立即更换轴承。

若因曲轴异常磨损造成上述故障，则应进行修磨或校正曲轴。发动机总成修理时更换全部轴承。

（2）轴承的选配　轴承的选配包括选择合适内径的轴承以及检验轴承的高出量、自由弹开量、横向装配标记——凸唇、轴承钢背表面质量等内容。

1）选择轴承内径。根据曲轴轴承的直径和规定的径向间隙选择合适内径的轴承。现代发动机曲轴轴承在制造时，根据选配的需要，其内径已制成一个尺寸系列。

2）轴承钢背质量的检验。要求定位凸点完整，轴承钢背完整无损。

3）轴承自由弹开量的检验。要求轴承在自由状态下的曲率半径在规定范围内，如图 6-25a 所示，保证轴承压入座孔后，可借轴承自身的弹力作用与轴承紧密贴合。

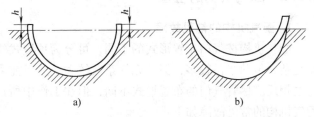

4）轴承高出量的检验。轴承装入座孔内，上、下两片的每端均应高出轴承 0.03 ~ 0.05mm，该高度称为

图 6-25　轴承的检验
a）检查弹开量　b）检查高出量

高出量，如图 6-25b 所示。轴承高出座孔，以保证轴承与座孔紧密贴合，提高散热效果。

（3）轴承间隙的检验　轴承间隙的检验分径向间隙检验和轴向间隙检验两种。

1）轴承径向间隙的检验。轴承与轴颈之间的间隙称为轴承的径向间隙，检验的方法有以下几种：

①将轴承盖螺栓按规定顺序及力矩拧紧后，用适当的力矩转动曲轴，以试其松紧度；或用双手扭动曲轴臂使曲轴转动，试其松紧度。这是最简单的方法，但操作人员必须有一定的经验。

②用内径千分尺和外径千分尺分别测量轴颈的外径和轴承的内径，测得的这两个尺寸之差，就是它们之间的间隙，一般轴承的径向间隙为 0.02 ~ 0.05mm。

③用塑胶量规测量检查，剪取与轴承宽度相同的塑胶量规，与轴颈平行放置，盖上轴承

盖并按规定的扭力拧紧螺栓（注意不要转动曲轴），拆下螺栓，取下轴承盖，使用塑胶量规袋上的量尺，对比测量被压扁的塑胶最宽点的宽度，换算成径向间隙值（注意测量后应立即彻底清洁塑胶量规）。如果其值不在规定的范围，就要更换轴承。

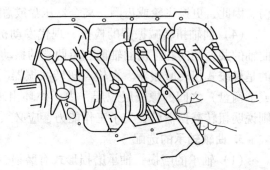

2）轴承轴向间隙的检验。轴承的轴向间隙是指轴承端面与轴颈定位肩之间的间隙。

检验时，用撬棒将曲轴移动靠紧一侧，然后用塞尺测量另一侧的间隙，如图 6-26 所示。轴承轴向间隙的调整是通过更换不同厚度的装

图 6-26 曲轴轴承轴向间隙的测量

在曲轴前端或后端的止推环来进行的；有的则是更换装在中间的不同侧面厚度的推力轴承来进行调整的。

6.2 配气机构的维修

配气机构是发动机的重要组成部分。配气机构工作的可靠性，对发动机的动力性、经济性影响极大。因此，对配气机构的基本要求是进气充分、排气彻底、相位正确、密闭可靠。

配气机构润滑条件相对较差，工作中常由于磨损使各配合副、摩擦副之间的间隙增大，使技术性能发生变化。在发动机的修理过程中，配气机构修理质量的好坏，对整个发动机的修理质量有着至关重要的影响。

6.2.1 配气机构的检查

1. 配气机构的常见故障

配气机构按气门布置形式的不同，可分为顶置式气门和侧置式气门两种。顶置式气门传动复杂，传动组件较多，但其充气系数较大，故目前采用较多。侧置式气门的优缺点基本上与之相反。尽管气门的布置形式不同，但在工作中所产生的常见故障及其原因却基本相同。配气机构的常见故障如下：

（1）气门关闭不严 气门关闭不严将降低气缸的压力，影响发动机的动力性和经济性，当气缸压力降低到 400kPa 以下时，气缸将无法正常工作。如进气门关闭不严，燃烧着的高温气体可能窜至进气歧管，点燃混合气，造成化油器回火。气门关闭不严的主要原因如下：

1）气门间隙过小。气门间隙调整不当，使气门顶端与调整螺钉之间的间隙小于原厂规定值，或调整气门间隙时发动机处于冷态情况，当发动机运转升温后，气门间隙将发生变化。

2）气门弯曲。气门杆身有时会产生弯曲变形，气门头部也会歪斜，造成气门与气门座关闭不严。

3）气门与气门座接触不良。当气门或气门座的工作面加工不到位或磨损不均匀时，将造成关闭不严，产生漏气现象。

4）气门弹簧弹力不足。若气门弹簧的弹力减弱，则气门与气门座贴合的紧密度将降低，也易造成漏气。

（2）配气机构异响　发动机的异响中，配气机构的居多。配气机构常见的异响如下：

1）气门脚响。这种异响最常见，通常是由于气门间隙过大，气门摇臂（或调整螺钉）在工作中与气门顶端产生较大冲击，从而产生响声。有些气门摇臂与气门杆顶端磨损不均匀，也会产生响声。

2）气门座圈响。当气门座圈与座圈承孔配合的过盈量过小时，在发动机处于高温状态下，座圈可能会出现松动，并在气门的上下拍击下产生响声。

3）正时齿轮（或正时链条）响。侧置凸轮轴的正时齿轮，由于在工作中产生磨损，或由于凸轮轴轴承孔轴线与曲轴轴承孔轴线的距离过大，使齿轮啮合间隙增大，在运转过程中产生松响。若凸轮轴轴承孔轴线与曲轴轴承孔轴线的距离过小，或更换正时齿轮时选配不当，使齿轮啮合间隙过小，则又会产生正时齿轮紧响（类似警报声）。顶置凸轮轴的正时链条与链轮由于磨损，使啮合间隙过大，或由于张紧轮太松，也会产生异响。

（3）配气相位不准　配气相位不准也是发动机在使用和修理过程中常见的故障之一，其原因一般如下：

1）在修理过程中，正时齿轮或正时链条未按规定的记号装配。

2）由于正时齿轮或正时链轮与曲轴或凸轮轴相连接的键槽磨损松动，使齿轮或链轮的定位产生偏差。

3）在修磨凸轮轴凸轮时，各凸轮的分度角产生偏差，使个别气缸的配气相位失准。

2. 气门间隙的检查和调整

配气机构的主要维护项目有气门间隙的检查和调整，配气相位的检查与调整等。

气门间隙通常会因配气机构零件的磨损、变形而发生变化。间隙过大，会使气门升程不足，导致进气不充分、排气不彻底，并出现异响；间隙过小，会使气门关闭不严，造成漏气，易使气门与气门座的工作面烧蚀。因此，在发动机的使用和维护过程中，应按原厂规定的气门间隙进行检查和调整。

气门间隙的检查和调整应在气门完全关闭而且气门挺柱落在最低位置时进行。气门间隙通常有两种调整方法。

（1）逐缸调整法　也就是一个缸一个缸地调整。根据气缸点火次序，逐缸地在压缩行程终了位置调整这一气缸的进、排气门。对于凸轮轴各道凸轮磨损不均的发动机，宜采用此法。调整程序如下：

1）将第一缸活塞摇至压缩行程上止点（看配气正时记号），此时第一缸进、排气门同时完全关闭，可同时调整。调整方法如图 6-27 所示，旋松锁止螺母，用厚度符合规定间隙的塞尺插入气门的间隙位置，旋转调整螺钉（母），同时来回拉动塞尺，以感到有轻微阻力为合适，然后将锁止螺母可靠地紧固。

2）第一缸调整好后，顺时针方向转动曲轴 $720°/i$（i 为四冲程发动机的气缸数），如四缸发

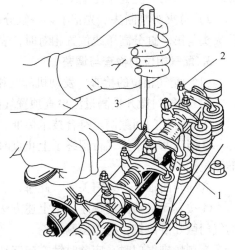

图 6-27　气门间隙的调整
1—塞尺　2—气门调整螺钉　3—螺钉旋具

动机为 720°/4 = 180°，之后再摇转曲轴。按发动机点火顺序（做功顺序），调整下一个气缸的进、排气门，以此类推，直至逐缸调完。

3）进行复查，如气门间隙有变化，还须重新调整。

（2）两次调整法　又称"双排不进"调整法，它是根据发动机的工作循环、点火顺序、曲轴配气角和气门实际开闭角度的推算，在第一缸或第四缸压缩终了时，除调整本气缸的两个气门外，还可以调整其他气缸完全关闭气门的调整法。曲轴再旋转大约一圈后，可以将上次未调整的气门间隙全部调整好。

只需摇两次曲轴就可以全部调整完，具体方法步骤举例如下：

1）四缸发动机。例如，发动机气缸工作次序为 1—3—4—2，当第一缸活塞处于压缩上止点时工作顺序为 1（双）—3（排）—4（不）—2（进），即第一缸可调进、排气门，第三缸可调排气门，第四缸不可调，第二缸可调进气门。

当第四缸活塞处于压缩上止点时，调整第一次不可调气门的气缸门，两次正好调完所有气门间隙。

2）六缸发动机。例如，V 形排列的六缸发动机（夹角 120°）气缸排列为右侧 2—4—6，左侧 1—3—5，工作顺序为 1—6—5—4—3—2。

当第一缸活塞处于压缩上止点时工作顺序为 1（双）—6、5（排）—4（不）—3、2（进），当第四缸活塞处于压缩上止点时工作顺序为 4（双）—3、2（排）—1（不）—6、5（进）。

EQ6100E 型汽油机为六缸直列式，点火顺序为 1—5—3—6—2—4。当第一缸活塞处于压缩上止点时工作顺序为 1（双）—5、3（排）—6（不）—2、4（进），当第六缸活塞处于压缩上止点时工作顺序为 6（双）—2、4（排）—1（不）—5、3（进）。

（3）第一缸压缩上止点的确定方法

1）正时记号结合气缸压力法。将第一缸火花塞（喷油器）拆下并用棉纱堵住火花塞孔（喷油器孔），然后缓慢摇动曲轴。当正时记号对正且棉纱在高压下喷射出去时，停止摇动曲轴，此时第一缸处于压缩上止点。

2）分火头判断法。先记下第一缸分高压线的位置，然后打开分电器盖，转动曲轴，当分火头与第一缸分高压线位置相对时，表示第一缸处于压缩上止点。

3. 配气相位的检查与调整

（1）配气相位的检查　发动机配气相位的检查常采用以下方法：

1）用气门微开量测量法检查顶置气门式发动机的配气相位。

①先将气门间隙调至符合技术标准。

②当活塞处于排气行程终了上止点时，将百分表测头垂直触及摇臂转动表面，使指针对准零位。

③摇转曲轴，使气门关闭，此时，表头读数即为该气门的微开量。

④按发动机的做功顺序，用上述方法依次测出各气缸气门的微开量，并与标准配气相位的气门微开量比较，得出检测结论。

⑤测量排气门时，应顺时针方向转动曲轴；测量进气门时，应逆时针方向转动曲轴。

2）用飞轮转角测量法检测发动机配气相位的方法与步骤。

①先将气门间隙和凸轮轴轴向间隙调好，并找出所检查气缸的压缩上止点。

②使百分表的测头垂直抵触在气门弹簧座上，使指针具有一定的压缩余量，然后将表针对零。

③转动曲轴，当百分表指针偏离零线的瞬时，即是该气门开始开启的时间，此时观察飞轮转过的角度（飞轮上无刻度时，可根据飞轮外圈的周长，换算成角度），即可知道此气门的开启角度是多少。

④继续转动曲轴，待表针又回到零线的瞬时，即可测知气门关闭的角度。

⑤将上述检测出的各个气门的开闭时间和曲轴转角，与原厂家规定的配气相位相比较，即可得出检验结论。

3）用气门叠开法检测发动机的配气相位。顶置式气门汽油机一般采用此法。原理是在气门间隙调整为零时，测量排气行程上止点时进、排气门的升程高度，然后根据气门叠开的情况（相对高度差），来确定配气相位的快慢度。一般应使用配气相位检查仪和上止点检查仪进行（图6-28），具体步骤如下：

①将第一缸进、排气门间隙调整为零。

②顺时针方向转动曲轴，使第一缸活塞处于排气上止点附近，同时进气门微微开启的位置。

③拆下火花塞，固定好上止点检查仪，并安装好配气相位检查仪，将配气相位检查仪的百分表测头触压于进气门弹簧座上平面，表针指向零。

④按顺时针方向慢慢摇转曲轴，根据上止点检查仪，确定活塞处于排气行程上止点时百分表的读数。在活塞到达上止点前 0.01mm 及超过 0.01mm 时，分别读出两次配气相位检查仪的气门升程高度，再取其平均值，作为上止点时进气门升程高度。

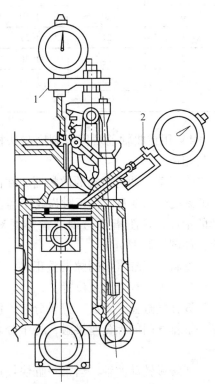

图 6-28　顶置式气门配气相位测量仪器
1—配气相位检查仪　2—上止点检查仪

⑤微量反转曲轴，使配气相位检查仪的读数正好是平均升程高度，即找准活塞上止点。

⑥在找出的上止点位置，再将配气相位检查仪百分表测头触压于排气门弹簧座上平面，将百分表指针对准 2mm（将表头压下 2mm）刻线。

⑦按顺时针方向慢慢摇转曲轴，使排气门完全关闭。此时，由配气相位检查仪百分表读出上止点时排气门关闭前的升程高度（排气门升程高度）。

⑧根据进、排气门在排气行程上止点时的升程高度及其相对升程高度差值，对照表6-5即可确定被测发动机配气相位变化快慢度。

表 6-5　气门叠开法（升程法）配气相位的数据表

配气相位的快慢度	上止点进气门升起		上止点排气门关闭前		进排气门高度差/mm	备注
	角度/（°）	高度/mm	角度/（°）	高度/mm		
−4	16	0.89	24.5	2.44	−1.55	
−3	17	0.96	23.5	2.30	−1.35	

（续）

配气相位的快慢度	上止点进气门升起		上止点排气门关闭前		进排气门高度差/mm	备注
	角度/（°）	高度/mm	角度/（°）	高度/mm		
-2	18	1.03	22.5	2.16	-1.13	
-1	19	1.11	21.5	2.03	-0.92	
0	20	1.19	20.5	1.90	-0.71	
1	21	1.27	19.5	1.77	-0.50	
2	22	1.36	18.5	1.65	-0.29	
3	23	1.46	17.5	1.54	-0.08	
4	24	1.55	16.5	1.43	+0.12	

4）用在曲轴前端固定刻度盘法检验柴油发动机配气相位。

①拆下发动机前端的散热器，在曲轴前端装上有360°刻度的刻度盘，在正时齿轮室盖上放置一根可调节的指针，并使指针与刻度盘零线对齐，两者均固定，如图6-29所示。

②将各气缸气门间隙调整正确，并使发动机第一缸处于压缩行程上止点位置。

③在气缸盖上安放一只千分表，使它的测头先与第一缸排气门的弹簧座接触，将千分表指针与零线对齐。

④缓慢转动曲轴，当第一缸快接近做功行程下止点前，千分表指针从零线开始摆动的瞬间，表示排气门开始开启，此时曲轴上到刻度盘指针所指角度与180°之间的差值，即为排气门开启提前角。

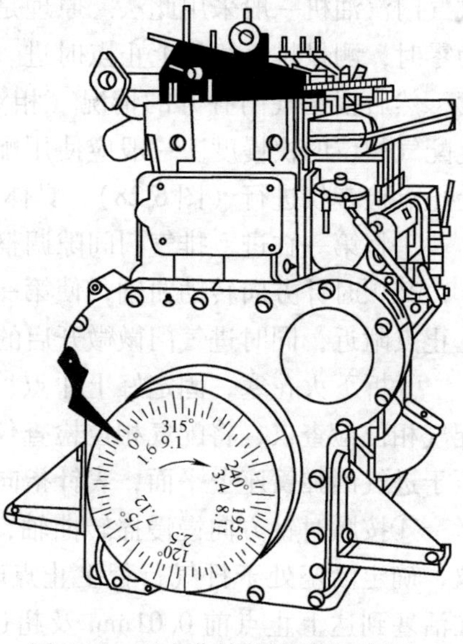

图6-29　用在曲轴前端固定刻度盘法检验柴油机的配气相位

⑤继续转动曲轴，千分表指针从零线摆动到某一最大值后又开始减小。当曲轴前刻度盘零线与指针对准之后，此时千分表指针接近零线。当千分表指针读数为0的瞬间，表示排气门已关闭，此时曲轴前刻度盘指针所指角度与零线之间的角度差，即为排气门关闭的延迟角。如此测量和换算，就可测得排气门实际的开启提前角和关闭延迟角。

⑥在上述排气门关闭之后，反向转动曲轴70°～80°。并将气缸盖上千分表的测头改触于第一缸进气门弹簧座上，将表指针调至零线。按上述同样方法，可以测出进气门的开启提前角和关闭延迟角。

通常检查正时齿轮或链条链轮（或同步带）安装正确与否，只需检查第一缸进、排气相位即可。

⑦根据发动机的做功顺序，用上述方法，可以依次检查各气缸的进、排气相位，但各气缸的上、下止点位置所对应的曲轴前端刻度盘上与指针对齐的角度可改变。

使用刻度盘法来检查配气相位，会有一定的误差（一般发动机配气相位误差应控制在

±5°范围内)。这种方法在判断配气相位异常故障时,比较简便、直观,对于柴油机,一般采用此法比较合适。

(2) 配气相位的调整 调整配气相位,要根据导致配气相位产生误差的因素和误差的情形,采取相应的调整措施。

1) 如果是个别气门开启、关闭得偏早或偏晚,而误差数值并不大时,可采取调整气门间隙的方法解决。纠正偏晚可将气门间隙适当调小,纠正偏早可将气门间隙适当调大。

2) 如果出现各气缸进、排气门的微开量相比互有大小,且都不符合规定或超差的情况,多为凸轮轴弯曲变形和凸轮磨损严重,应修磨或更换凸轮轴。

3) 如果各气缸的进气门都比排气门的大,这表明配气比标准早,应推迟;反之,则表明配气比标准迟,应适当提早。这时,可根据偏差的大小采用如下解决方法:

①偏位键凸轮轴键法。通过改变正时齿轮与凸轮轴连接键的断面形状,可调整发动机的配气相位。偏位键分为顺键(由快调慢)、正键(配气正时)、逆键(由慢调快),如图 6-30 所示。在安装时应注意方向,不能装反。

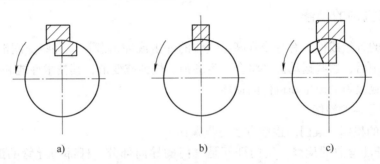

图 6-30 偏位键及安装方向
a) 顺键,由快调慢 b) 正键,配气正时 c) 逆键,由慢调快

将偏位键的矩形截面改制成阶梯形,当偏位键安装在轴上键槽中时,使其露出轴颈的部分左右有所偏移。从而使正时齿轮相对凸轮轴有了相应的偏转角度,于是也就改变了配气相位。

键的偏移量可按下列近似公式计算

$$S = \pi d\varphi/720°$$

式中 S——键的偏移量(mm);

d——凸轮轴装键处的截面直径(mm);

φ——需要调整的配气相位角(°)。

如东风 EQ1090 型和解放 CA1091 型汽车发动机凸轮轴安装正时齿轮轴颈的截面直径为 30mm,若需改变配气相位角 1°,则可得键的偏移量为

$$S = \pi d\varphi/720° = 3.1416 \times 30mm \times 1°/720° \approx 0.13mm$$

即当键偏移 0.13mm 时,可使配气相位角变化 1°。

偏移凸轮轴键法工艺简单,目前采用较广;但偏移量大时,键的强度将降低,误差也较大。因此,只适用于幅度在 6°范围内的调整。

②凸轮轴正时齿轮轴向位移法。由于正时齿轮都为斜齿轮(侧置式凸轮轴),如将凸轮

轴正时齿轮做轴向位移时，因斜齿的关系，凸轮轴同时也会跟随转过一个角度（凸轮轴轴向间隙要求保持不变），以此可达到调整配气相位的目的。此方法一般是通过改变止推凸缘厚度或改变正时齿轮轮毂的增减量，使正时齿轮获得轴向位移量而进行调整的。可通过以下经验公式计算止推凸缘厚度的增减量

$$S = f\left[(A_{\max} - A_{\min})/2 \pm u \right]$$

式中　f——换算系数，配气滞后时，取 $f = 16.5$；配气提前时，取 $f = 12$；

　　　$A_{\max}$——同缸进、排气门微开量的较大值（mm）；

　　　$A_{\min}$——同缸进、排气门微开量的较小值（mm）；

　　　u——配气相位调整值，在理论上进、排气门微开量差值的 1/2，一般取 0.02mm，配气滞后时，取"－"；配气提前时，取"＋"。

采用凸轮轴正时齿轮轴向位移法，配气相位的可调范围小，且工艺复杂。

③更换凸轮轴。

6.2.2　配气机构的检修

配气机构的各组成件，有些受到高温气体的冲击或冲击载荷，有些受润滑不良的影响，因此在长期使用后，这些运动机件将会发生磨损、烧蚀或变形，其技术性能和配合关系将被破坏，从而导致故障的产生和机件的损坏。

1. 气门组零件的检修

（1）气门的检修　气门的检修方法与步骤如下：

1）气门杆部弯曲的检修。气门杆部是气门的导向部分，杆部与导管的配合间隙很小（如解放 CA1091 型汽车气门杆与导管配合间隙为 0.02 ~ 0.08mm）。当杆部的直线度误差大于 0.02mm 时，应进行校直或更换新气门。直线度误差的检查方法如图 6-31 所示，将气门杆支承在两只相距 100mm 的 V 形架上，用百分表检查气门杆中部，检查时将表的测头抵住杆的中部，将气门杆转一周，表针摆差的 1/2 为气门杆的直线度误差。

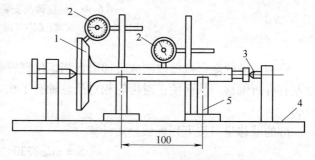

图 6-31　气门杆弯曲的检查
1—气门杆　2—百分表　3—顶尖　4—平板　5—V 形架

校直的方法是将气门杆支承在两只 V 形架上，使凸面向上，用手动压力机校压，校压量约为弯曲量的 10 倍，保压 2min。压校时，在压具与气门杆间垫上铜片。

2）气门工作面的修磨。气门工作面的修磨应在气门锥面磨光机上进行（修磨气门工作面应事先校直，磨削杆部后再进行），操作方法如下：

①修磨前应先将气门杆进行校直，并检查砂轮面是否平整。

②将气门杆紧固在夹架上，使气门头的伸出长度为 30 ~ 40mm。调整夹架的位置，使之与气门工作锥角相符。

③按下工件旋转按钮，使气门旋转，观察气门头部是否摇摆，如摇摆太大，应重新校正

气门杆的直线度。

④按下砂轮机按钮，一手操纵横向移动手柄，一手转动纵向进给手柄。进给量要小，磨至整个锥面见白为止。为提高精度，应在没有吃刀量的情况下，进行 3~5 次空走刀，直至没有火花为止。

⑤检查气门头部圆柱面的厚度及直径大小。当厚度小于 0.8mm 时，应更换气门或磨小气门头部直径，但不得小于规定尺寸。

（2）气门导管的检修　气门导管的检修包括气门导管的检查与更换。

1）气门导管的检查。

①气门导管的最大磨损出现在最高端和最低端，呈喇叭口形状。

②用内径百分表检测气门导管，如图 6-32a 所示，再用外径千分尺检测气门杆的实际尺寸，如图 6-32b 所示。当气门杆和气门导管配合间隙超过极限值时，应更换气门或气门导管，或两者同时更换。

2）气门导管的更换。

①将气缸盖放置在平板上，接合面朝下，露出燃烧室，用最大外径略小于气门导管外径的阶梯形冲头插入气门导管孔内，用锤子或压床从燃烧室一侧将气门导管压出，并做好记号。

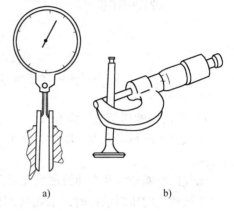

图 6-32　检测气门导管和气门杆的磨损

②检查新导管内孔与外径尺寸，内孔一般留有 0.3~0.5mm 的铰削量（也有精加工至最终尺寸的，需格外精心压入，勿使其变形或碰伤内孔）；外径应大于气缸盖（或气缸体）上的孔径，以保证过盈配合。

③压入新导管之前，应清除孔口锐棱，在孔与新导管外径上涂少许润滑油，放置并压入（或用铜质阶梯形检验棒以锤子击入），过盈量过大或过小都不宜，否则应换用合适的新导管。

④一般新导管在安装前需铰削。铰削时，通常采用长型气门导管铰刀；铰削后，应以欲配合的气门杆试配，如过紧可用此铰刀多铰几次，直至间隙合适为止。正常间隙时气门杆在孔中运动应无任何阻力，也可在导管孔内和气门杆上涂少量润滑油，使气门在自重作用下竖直下滑。如落座时无冲击声，即可确认间隙合适。

（3）气门弹簧的检查　气门弹簧的常见损伤有裂纹折断、歪斜变形、自由长度缩短、弹力减弱等。这些损伤将导致气门关闭不严，并可能出现异响，影响发动机的正常工作。

1）测量气门弹簧的自由高度（图 6-33a）。一般用游标卡尺、高度尺进行测量，如小于极限值应予以更换。

2）检查弹簧的垂直度误差（图 6-33b）。气门弹簧的外圆柱面在全长上对底面的垂直度误差应不大于 1.5mm，可用 90°角尺检查，不合格应更换。

3）弹力的检查（图 6-33c）。用弹簧检测仪测量气门弹簧在自由长度和在压力载荷下的弹簧弹力，二者都应符合原厂规定，否则应更换。

（4）气门座圈的检修　气门座圈是与气门相互配合工作的。气门座圈制成与气门头部相适应的锥形工作面，使气门在气门座圈上自动定心，保证二者间的密封性。

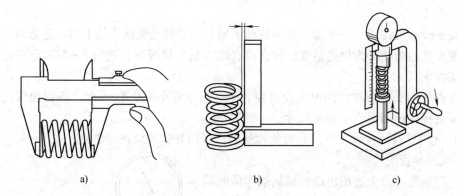

图 6-33　气门弹簧的检测

a）自由长度的检测　b）垂直度的检测　c）弹簧弹力的检测

1）气门座圈损伤的检修方法。

①气门座圈承孔变形，圆度误差大于 0.025mm 时应加工修整，镶配相应尺寸的气门座圈。

②气门座圈与承孔有两级加大尺寸，每级为 0.50mm。

③修整气门座圈承孔时，承孔底部应平整，下口可略大于上口，气门座压入后不易松脱。承孔表面应光滑，圆度误差不大于 0.025mm。

④气门座圈与承孔的配合过盈量一般为 0.07 ~ 0.16mm。

⑤如气门座圈工作面下陷，将影响充气效率。当气门座圈工作锥面上边缘低于气缸盖平面（顶置气门）或低于气缸体平面 1.50mm，又或者装入的气门顶平面低于气门座顶平面 0.50mm 时，即应更换。

⑥气门座圈工作锥面出现严重的裂纹、斑点、腐蚀和烧蚀时，应重新镶换气门座圈。

⑦装配气门座圈应在镗缸前、换装气门导管后进行。

⑧气门座圈中心与气门导管的中心应一致，其偏差不得超过 0.03mm。

⑨气门座圈镶配妥善后，还需进行铰削和气门的研磨。

2）气门座圈的铰削方法与工艺。

①铰削时，铰刀是以插入气门导管内的刀杆来定中心的，以保证铰出的气门座圈中心与气门导管的中心一致。因此，要求先将气门导管镶入并和气门杆配合后，再进行气门座圈的铰削。

②铰削工艺。

a. 根据气门导管的内径选择铰刀导杆，导杆插入导管孔内应能上下运动灵活又不松旷。

b. 先用砂布垫在旧铰刀下，磨除气门座圈的硬化层，以防铰刀打滑。

c. 用与气门锥角相应的粗铰刀（60°或 45°）铰削工作面，直至全部工作面露出白色光泽。铰削时铰刀不宜倒转，以免损坏切削刃。

③用修磨好（或新的）气门试配接触带。在气门座圈上涂上红丹油，将气门装入气门座圈，用手压紧来回转动一个角度后取出气门，检查接触带的位置，应在工作面中部或略偏下，进气门接触带宽度应为 1 ~ 2.2mm，排气门接触带宽度为 2 ~ 2.5mm。

如接触带偏上，用 75°铰刀铰削气门座圈上口。

④用与气门工作面相应角度的细铰刀铰一次工作面，然后再在铰刀下垫上"00"号细砂布修磨，减小工作面表面粗糙度值，同时可缩短下一工序的研磨时间。

3）气门座圈的磨削。有些气门座圈的材质十分坚硬，不能铰削，可用气门座圈光磨机进行磨削。磨削工艺的要点如下：

①根据气门工作面锥度和尺寸选用砂轮，一般砂轮直径比气门头部的直径大 3~5mm。

②修磨气门工作面达到平整，并与轴孔的同轴度误差在 0.025mm 之内。

③选择合适的定心导杆，卡紧在气门导管内，磨削时导杆应不转动。

④光磨时应保证光磨机正直，并轻轻施加压力，光磨时间不宜太长，要边磨边检查。

4）研磨气门。包括手工研磨和机械研磨两种。

①手工研磨。清洗气门、导管及气门座圈，将气门与气门座圈对应编号，以免错乱。用螺钉旋具研磨时，应在气门下套一软弹簧，将气门略推离气门座圈，如图 6-34 所示。用橡皮捻子研磨，直接在气门头上涂一薄层润滑油，待橡皮碗吸住后研磨。

在导管中滴入润滑油，在气门锥面上涂一薄层气门研磨粗砂膏，将气门插入导管。在手的动作下，使气门轻轻与座圈拍击，接触时气门应旋转。气门和气门座圈的相对位置应逐渐变化，不应停止在某一处。切勿重拍和连续单方向旋转，并应防止气门研磨砂进入导管孔。

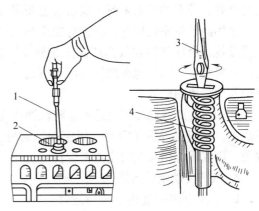

图 6-34　气门的手工研磨
1—木柄　2—橡胶碗　3—螺钉旋具　4—弹簧

研至气门锥面上出现完整的接触带，并且边界清晰，带内无斑点及未研到的痕迹（气门座锥面也同样）时，用煤油洗去气门座圈上的气门研磨砂。

换用气门研磨细砂膏继续研磨，直至出现完整而均匀的灰色接触环带为止。全部气门研磨后，用煤油冲洗气门、导管及气门座圈并擦干。

②机械研磨。将气缸盖清洗干净，置于气门研磨工作台上，在已配好的气门工作面涂上一层研磨膏。将气门杆部涂以润滑油并装入气门导管内，调整各转轴，对正气门座孔，连接好研磨装置，调整气门升程，进行研磨。一般研磨 10~15min 即可，研磨后的工作面应成为一条光泽更好的圆环。

（5）气门座圈的更换　当气门座圈已松、出现裂纹，或经多次铰（磨）削后锥面宽度过窄，以及锥面上因烧蚀出现很深的缺口时，应更换气门座圈。

气门座圈的更换方法如下：

1）取下原气门座圈。取出旧气门座圈的方法有多种。如果气门座圈下边沿与气道间形成台阶的，可用小撬棒撬出，但要注意在支点处加垫块，以免压坏气缸盖平面，然后用气门座圈专用拉具拉出；或用电焊沿气门座圈工作面轻轻地匀布点焊几点，待气门座圈冷却收缩后轻轻撬动即可取出。应注意，无论采用何种方法，均不得伤及座孔。

2）镶入新气门座圈。先清洁座孔，然后将新的气门座圈置于固体二氧化碳（干冰）或液态氮中冷冻 10min 后取出。在外围涂上甘油与黄丹粉混合的密封剂，垫上软金属，迅速压入。

也可将气缸盖或气缸体置于烘箱中加热至 100～150℃，保温 2h 以后取出，将气门座圈压入座孔中（气门座圈与座孔的过盈量为 0.08～0.12mm），最后用弧形錾子沿座孔周围冲挤，以加固气门座圈。

3）气门与气门座圈的密封性。气门工作面与气门座圈工作面经过研磨后，其密封状况常用以下方法进行检查：

①用软铅笔画线检查。先用软铅笔在气门工作面上均匀地（约每隔 4mm）画上若干道线条，如图 6-35a 所示，然后与相配气门座圈工作面接触，并转动气门 1/8～1/4 圈，之后取出气门，检查铅笔线条。若铅笔线条均被切断，如图 6-35b 所示，则表示密封良好；若有的线条未断，则需要重新研磨。

②用红丹粉涂色检查。将红丹粉涂在气门工作锥面上，然后用橡胶捻子吸住气门在气门座圈上旋转 1/4 圈，再将气门提起。若红丹粉整齐、均匀地布满气门座工作面一周而无间断，则表示气门与气门座圈密封良好。

③用汽油或煤油渗漏法检查。将汽油或煤油倒入装好气门的燃烧室，从气道观察气门与气门座圈接触处，若 5min 内无渗漏现象，则表示气门与气门座圈密封良好。

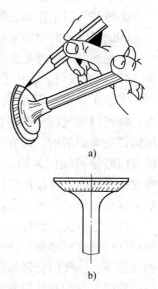

图 6-35　用铅笔画线检查气门与气门座圈的密封性

2. 气门传动组的检修

1）凸轮轴和凸轮的磨损与检修。

①凸轮轴和凸轮的磨损。凸轮轴由于结构特点和工作特点，使它在工作中发生轴颈和衬套的磨损，导致不圆和整个轴线的弯曲。

由于凸轮轴上的凸轮与配气机件的相对运动，使凸轮外形和高度方向受到磨损。凸轮轴轴套磨损松旷将加剧轴线的弯曲；轴线的弯曲又将促使机油泵传动齿轮、分电器轴传动齿轮、正时齿轮及凸轮轴轴颈和轴套的磨损，甚至造成正时齿轮工作时的噪声和齿牙的断裂；凸轮轴轴向间隙过大，使凸轮轴前后移动。

②凸轮轴的检修。

a. 凸轮轴弯曲的检测。将凸轮轴安放在 V 形架上，并置于平板平面，用百分表检测各中间轴颈的弯曲（图 6-36）。若最大同轴度误差超过 0.025mm（即百分表读数总值为 0.05mm）时，则应进行校正。扭转极微小，可不计。

b. 凸轮轴轴颈的检测。凸轮轴各轴颈轴线应一致，所有轴颈的圆柱度误差不大于

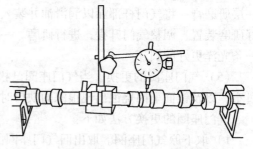

图 6-36　凸轮轴弯曲的检测

0.01mm。中间各支承轴颈的径向圆跳动量不大于 0.025mm，各凸轮基圆部分的径向圆跳动量不大于 0.04mm，安装正时齿轮轴颈的径向圆跳动量不大于 0.02mm。止推垫块的轴向圆跳动量不大于 0.03mm。

c. 凸轮升程的检测。用千分尺测量凸轮顶尖与底部和基圆直径（图 6-37），二者之差即为凸轮的升程。

　　d. 凸轮磨损的检测。用样板或外径千分尺进行检测。凸轮顶端的磨损超过 1mm 时，应用堆焊修复，凸轮尖端的圆弧磨损不应超过允许限度。各凸轮顶端斜度，即大小头尺寸相差 0.08~0.12mm，小头应朝前。

　　各凸轮开闭角偏差不大于 ±2°，各凸轮升程最高点对轴线的角度偏差不大于 ±1°。

　　驱动汽油泵偏心轮表面的磨损深度及机油泵、分电器驱动齿轮齿厚的磨损量均不应超过 0.50mm。

　　e. 凸轮轴轴颈的维修。在气缸体承孔内压有可拆换的凸轮轴轴承时，可将轴颈尺寸磨小，配以相应尺寸的凸轮轴轴承（一般有四级修理尺寸，每级为 0.25mm）。

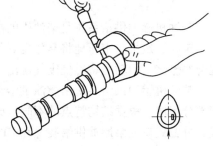

图 6-37　凸轮升程的检测

　　f. 凸轮的维修。凸轮的表面如有击痕及不均匀磨损时，应用凸轮轴专用磨床进行修复。凸轮高度磨损到一定限度时，应在凸轮轴专用磨床上进行光磨。

　　2）摇臂与摇臂轴的检修。包括摇臂与摇臂轴的检查和修理两项内容。

　　①摇臂的检查。检查摇臂轴孔的磨损，有无过热损坏的痕迹；检查摇臂长端与气门端部接触面有无缺口、凹陷、沟槽、麻点、划痕和磨损；检查摇臂短端调整螺钉球头孔一端的损伤和磨损。

　　②摇臂的修理。摇臂轴孔磨损如超过极限，应予以更换，油孔应疏通。摇臂气门杆端接触面有磨损时，可适当修整接触表面。

　　如果在拆卸摇臂调整螺钉时所用力矩低于规定值，说明有松旷，应更换新件后再检查。若力矩仍过低，则须更换摇臂。

　　在拆卸摇臂调整螺母时，所需的转动阻力矩如果很小或没有，应更换螺母。

　　③摇臂轴的检修。检查摇臂轴装置摇臂的表面是否有磨损和损坏，是否有弯曲和凹陷现象。检查润滑油孔是否有阻塞现象，油槽是否积有污垢，二者必须清理干净，确保油路畅通。摇臂轴轴颈的磨损量不应大于 0.02mm，直线度误差在每 100mm 长度上不应超过 0.03mm。

　　3）气门挺柱的检修。应首先检查气门挺柱的破损情况并采取相应的修理方法。

　　①气门挺柱表面不应有裂纹。

　　②气门挺柱的主要缺陷是挺柱球面（或平面）的磨损、挺柱直径的磨损。

　　③气门挺柱的直径磨损可用外径千分尺测量，圆度误差及圆柱度误差均不应超过 0.01mm，径向圆跳动不应超过 0.05mm，过大时应更换新件。

　　④气门挺柱与承孔的配合间隙如超过 0.10mm 时应予以修复。配合间隙一般为 0.020~0.035mm。

　　4）气门推杆的检修。不同的发动机有不同形式的气门推杆，端头形状多样，主要应检查气门推杆两端有无隆起或剥落现象，端头与摇臂接触部分有无磨损。

　　检查测量气门推杆与导向孔轴线间的同轴度误差，最大同轴度误差一般不超过 0.30mm，如超过应校正或更换。

6.3　柴油机燃油供给系统的维修

柴油机燃油供给系统是柴油机的重要组成部分,其主要功用是根据柴油机不同工况的要求,定时、定量、定压地将雾化良好的柴油按一定的喷油规律喷入燃烧室,使其与空气迅速混合并燃烧,做功后将燃烧废气排出气缸。

柴油机燃油供给系统由燃油供给装置、空气供给装置、混合气形成装置和废气排出装置四部分组成。根据结构特点的不同,柴油机燃油供给装置又可分为柱塞式喷油泵燃油供给装置、分配式喷油泵燃油供给装置和 PT 燃油系统等。随着电控技术的发展,电控柴油机已得到普遍应用。柴油机电控喷射技术的发展阶段经历了第一代位置控制和第二代时间控制,现在已经发展到第三代时间压力控制方式,即高压共轨式喷射系统。

6.3.1　柱塞喷油泵燃油供给系统的维修

柱塞式喷油泵燃油供给系统由燃油箱、输油泵、低压油管、柴油滤清器、柱塞式喷油泵、高压油管、喷油器及回油管等零部件组成,如图 6-38 所示。

1. 活塞式输油泵的结构

活塞式输油泵的结构如图 6-39 所示。活塞式输油泵主要由泵体、活塞、进油阀、出油阀和手油泵等组成。它安装在喷油泵的一侧,由喷油泵凸轮轴上的偏心轮驱动。

输油泵的功用是保证足够数量的柴油输送到喷油泵,它不仅要克服管路及柴油滤清器的阻力,还要维持一定的供油压力,其输油量为柴油机全负荷需求量的 3~4 倍。

输油泵有活塞式、滑片式和齿轮式几种。滑片式和齿轮式输油泵分别用于分配泵和 PT 泵,它们将在后面加以介绍。活塞式输油泵由于使用可靠,目前已广泛应用于柱塞式喷油泵。

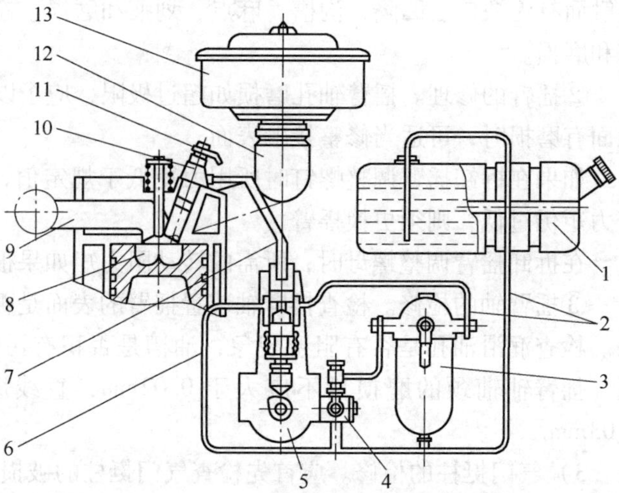

图 6-38　柴油机燃油供给系统

1—油箱　2—低压油管　3—柴油滤清器　4—输油泵　5—喷油泵
6—喷油泵回油管　7—高压油管　8—燃烧室　9—排气管
10—喷油器　11—喷油器回油管
12—进气管　13—空气滤清器

2. 活塞式输油泵的检修

活塞式输油泵失效形式如下:

(1) 供油能力降低　活塞与泵体孔的磨损使配合间隙增大,造成前后油腔的柴油通过其间隙会互相窜通;阀门的磨损使阀门的单向性变差。

(2) 推杆与导向孔的磨损　输油泵的推杆与导向孔的配合很精密,但长期工作后,此间隙会因磨损而增大,使活塞后腔的压力油通过间隙流向喷油泵的凸轮室。柴油外溢不仅造成浪费,而且将冲稀润滑凸轮轴的润滑油,降低润滑油使用寿命,增加凸轮轴等零件的磨

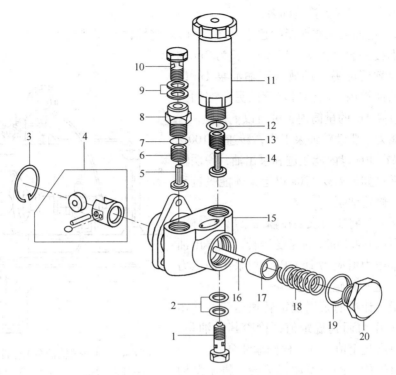

图 6-39　活塞式输油泵的结构

1—进油空心螺栓　2、9、19—垫圈　3—弹簧挡圈　4—挺柱总成　5—出油阀

6、13、18—弹簧　7、12—O 形密封圈　8—管接头　10—出油空心螺栓

11—手油泵　14—进油阀　15—泵体　16—推杆　17—活塞　20—螺塞

损。

输油泵解体后，应按下述方法检查、清洗输油泵：

1）用手指压下推杆，活塞应完全压进；松开手油泵手柄，手柄应完全弹出。否则，应拆检活塞、推杆。

2）检查进、出油阀。进、出油阀若密封不严，则可将阀与阀座进行研磨；若有损坏，应更换新件。更换新阀后，新阀与阀座也应进行研磨。

3）检查泵体有无裂纹。

4）检查各弹簧，若弹簧有变形或折断，则应更换新弹簧。

输油泵装复后，应进行性能试验，试验内容如下：

1）活塞式输油泵密封性的检查。旋紧手油泵的手柄，堵住出油口，将其浸入清洁的柴油中，如图 6-40 所示。进油口通入 150～200kPa 的压缩空气，在泵体与推杆之间的缝隙处产生直径很小的气泡，将气泡用量筒收集，若 1min 不超过 50mL 且气泡直径不超过 1mm，则说明输油泵密

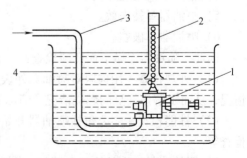

图 6-40　输油泵密封性检查

1—输油泵　2—玻璃量杯　3—压缩
空气软管　4—容器

封良好，否则应检修或更换输油泵。

2）活塞式输油泵工作性能的检查（图6-41）。将输油泵安装到喷油泵上，在进油口和出油口上分别接一直径为 8~10mm、长为 2m 的软管，进油口软管的另一端放入距输油泵 1m 以下装满柴油的油箱内，出油口软管的另一端插入一个比输油泵高 1m 的量筒内，进行以下检验。

①吸油能力。驱动输油泵工作，转速为100r/min 时，如果在 40s 以内能吸进和泵出油，说明输油泵工作正常；如果需要 120s 以上，才能吸进和泵出油，应检修输油泵。

②供油压力。将压力表装在输油泵出口一侧，然后使输油泵以 600r/min 的速度运转，观察出油压力值。正常压力值应为 160kPa，如果出油压力低于 120kPa，应检修输油泵。

③供油量。让喷油泵以规定转速运转，并用调压阀将输油压力调到规定值，检验其输油量，若输油量不符合规定值，则应检修输油泵。

④手油泵性能。停止发动机运转，将手泵柄拧出，以 60~100 次/min 的速度压动手柄，观察是否能在 25 次之内吸进和泵出油，如果压动 60次仍不能吸进和泵出油，应检修手油泵。

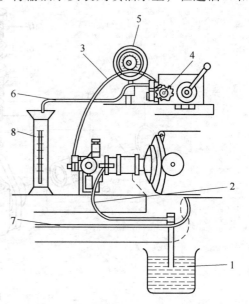

图 6-41　活塞式输油泵工作性能的检验
1—油箱　2—进油口软管　3—出油口软管
4—调压阀　5—压力表　6—回油管
7—塑料软管　8—量杯

输油泵在安装时，必须注意输油泵泵体和喷油泵泵体之间垫片的厚度。垫片过薄，输油泵推杆行程小，泵油量减少；垫片过厚，推杆与活塞会互相干涉。

3. 喷油器的检修

由于磨损等原因，喷油器可能发生故障。喷油器发生故障的原因可能有下列几方面：

1）针阀偶件严重密损或腐烛。

2）喷嘴表面积炭。

3）喷孔堵塞。

4）针阀卡死在阀体内。

5）喷油器弹簧失效。

6）喷油器体破裂。

因此，喷油器需做下面几项检查：

（1）外观检查　用肉眼对喷油器外表进行观察，着重检查喷嘴头部的干湿情况和积炭情况，从而了解该气缸的燃烧情况及喷油器的大概情况。

（2）性能检查　主要包括喷油器开始喷射压力的检查和调整、喷雾的检查、密封性的检查等。

1）开始喷射压力的检查和调整。将喷油器装在喷油器试验器上，扳动试验器手柄，观察压力计，记下喷油时压力计的读数。若喷油器完好，则在喷油过程中，压力计指针将不停地摆动。如果压力计读数不符合要求，可拧动压力调整螺钉。拧入调整螺钉时，喷油压力增加，拧出时则减少，调好后用锁固定。

2）喷雾检查。将喷油器装在试验器上，在规定压力以下用手柄以每分钟 10 次的速度压油，喷出的喷柱应是细小均匀的油雾，不能有线条状或羽毛状的油束。多孔式喷油器各喷孔应自成一个雾柱，注意检查喷孔是否堵塞，如有堵塞，应注意记录堵塞的喷孔。

喷油干湿程度的检查，以较慢的速度压油，或在低于喷油器喷油压力 2MPa 处停留时，喷嘴不应有油滴流出，稍有润湿是允许的。

雾化良好、停油干脆的轴针式喷油器，在喷油时会发出断续清脆的"嘟嘟"声，多孔式喷油器会发出断续的"砰砰"声。

检查喷雾锥角，可用喷油器向有一定距离的涂有一层薄油膜的金属网上喷油，然后测量穿通油迹的圆直径，再按表 6-6 查出对应的喷雾锥角。表中所列数据为喷油器喷孔距金属网 100mm 时所测。

表 6-6　喷雾锥角与油迹直径

喷雾锥角/（°）	油迹直径/mm	喷雾锥角/（°）	油迹直径/mm
10	22	18	40
11	24	19	42
12	26	20	44
13	28	21	46
14	31	22	49
15	33	23	51
16	35	24	53
17	37	25	56

3）密封性检查步骤与方法。

①针阀座面密封性检查。将喷油器装于试验器上，在调好了初始喷油压力之后，将喷油器喷嘴头部擦干，然后将油压缓慢地增加到喷油开始压力以下 0.5～1MPa，保持 10min 后再放开手泵手柄。这时，用手指或手背摸一下喷嘴头部，如果仍是干的，说明针阀座面密封性良好。若喷油器喷孔较大，则可能稍有湿润，但不应有油滴出现，如果有油滴出现，说明针阀座面密封性不好。

②针阀和针阀体密封性的检查。若针阀座面密封性良好，则漏油的唯一途径就是针阀和针阀体之间的间隙，间隙越大，漏油就越多。针阀和针阀体密封性的检查可采用记录油压从 15MPa 降至 10MPa 所需时间的方法。

4. 柱塞式喷油泵的检修及调整

喷油泵的功用是根据柴油机的不同工况，定时、定量地将燃油通过喷油器喷入各个气缸。它是柴油机燃油供给系统中最重要的组成部分，性能和状态的好坏，对柴油机的工作有着十分重大的影响，因此，人们常称它是柴油机的心脏。

喷油泵一般固定在柴油机机体一侧，由柴油机曲轴通过齿轮驱动，曲轴转两周，喷油泵的凸轮轴转一周。喷油泵的齿轮轴和凸轮轴用万向节连接，调速器安装在喷油泵凸轮轴的另一端。柱塞式喷油泵由分泵、油量调节机构、驱动机构和泵体四大部分组成。

柱塞式喷油泵常见的损坏形式有磨损、变形、裂纹和密封失效等。当柱塞式喷油泵产生这些损坏后，将导致柱塞式喷油泵不能正常工作，并出现异响、供油量不均匀、供油时刻改变和供油量不足等故障。

（1）磨损　在柱塞偶件和出油阀偶件的使用过程中，由于机械摩擦和燃油中机械杂质的影响，工作面会有磨损。柱塞偶件磨损后，配合间隙破坏，使密封性下降，回油量增加，造成供油压力降低、供油提前角变小、供油量减少、供油量不均匀；出油阀偶件磨损后，出油阀的减压作用减弱或消失，不能迅速停止喷油，甚至出现二次喷油或滴油，从而引起发动机的不正常燃烧，出现轻微的爆燃、冒黑烟、功率下降等现象。

在控制机构中，传动间隙的增大，致使灵敏度降低，从而导致喷油泵供油不稳定。

在传动机构中，磨损使配合间隙增大，工作中发响。同时，使滚轮挺柱的总高度降低，导致供油提前角变小，供油时间延迟。

（2）变形　弹簧变形使喷油时刻改变，雾化效果下降，造成发动机工作性能下降。

控制机构的变形使其运动不灵活、滑动阻力增大、出现卡滞现象，从而导致发动机运转不稳定，严重时还可能出现"飞车"等事故。

（3）其他形式的损伤　零件在使用中出现裂纹和油封老化，将使喷油泵密封性能下降。因此，要做如下检修。

1）柱塞偶件的检修方法与步骤。

①柱塞工作表面有无明显的磨损痕迹，柱塞变形与否等。

②柱塞偶件的滑动性试验，将柱塞偶件在清洁的柴油中清洗干净后，将柱塞套倾斜45°~60°，向上方抽出柱塞约2/3，放手后柱塞应能靠自重缓慢滑进柱塞套内。然后转动柱塞在不同位置重复上述试验，结果应相同。若滑动性不合格，则可进行更换或研磨。

③柱塞偶件的密封性试验，用手指堵住柱塞套端面的出油孔和侧面的进油孔，另一手往外拉柱塞，此时应感到有明显的吸力；放松柱塞后，柱塞应能迅速回到原位，否则，应更换新的柱塞偶件。

2）出油阀偶件的检修方法与步骤。

①观察密封锥面和减压环带的磨损情况，出油阀座有无变形或裂纹。

②出油阀偶件的滑动性试验，将清洗干净的出油阀偶件垂直放置，将出油阀向上抽出1/3左右，放手后出油阀应能在自重下缓慢落座。将出油阀转过一个角度重复上述试验，结果应一致。

③出油阀偶件的密封性试验，用手指堵住出油阀座下方的孔，用另一只手将出油阀从上方放入阀座孔中。当减压环带进入阀座时，轻轻按压出油阀，应能感到空气的压缩力，当放手时，出油阀应能弹回原位。

3）其他检修内容。

①供油拉杆有无阻滞现象。

②柱塞弹簧的损坏。

③喷油泵挺柱磨损的检修。

④凸轮轴的磨损和弯曲。

5. 调速器主要零件的检修

调速器中零件的连接部位或接触部位在运动中会产生磨损和疲劳损伤。例如，在正常情况下，当操纵臂固定不动时，喷油泵供油拉杆的轴向自由间隙为 0.5mm 左右，若各连接处磨损严重,则其自由间隙可达 3 ~ 4mm 或更大,使供油量在很大范围内波动,引起发动机转速的严重不稳。另外,调速器在工作时,首先要消除各连接处的间隙,然后才能将运动传给供油拉杆,这就使调速器的灵敏度降低,柴油机的动力性和经济性受到很大影响。

(1) 弹簧　检查各弹簧的自由长度及弹力是否符合相应的技术标准。如果发现弹力减弱、扭曲变形、裂纹或折断等情况时,应更换新件。

(2) 飞块与支架　飞块、销轴和支架组合件应保证飞块衬套和支架销孔的中心位置不变,飞块衬套、支架销孔及销轴三者的正确配合间隙,飞块臂的长度不变,两飞块的质量差不得超过 3g 四项要求,否则应进行修理或更换。

(3) 轴销铰链连接机构　调速器各操纵连接部位应灵活、紧密、间隙符合规范。在操纵臂不动的情况下,供油拉杆的自由间隙为 0.5 ~ 1.0mm。若局部间隙过大,则应修复或更换新的连接件。

(4) 滚动轴承　当出现麻点、斑蚀过多或有剥落凹痕等损伤时,应予以更换;当滚珠破裂或保持架损坏时,应更换新件。

(5) 飞球组合件　驱动盘和推力盘滚道内应光滑,无明显磨痕,六个圆弧凹面不允许有肉眼看得见的凹坑。六组钢球相互间的质量差不得超过 3g,安装后,应能在座内自由转动且不得脱落。推力盘与驱动轴套的配合间隙为 0.06 ~ 0.11mm,配合表面应光滑,无明显磨痕,转动或移动均应灵活。

6. 喷油泵供油提前角调节机构

要保证柴油机正常工作,就必须使气缸适时进油,即喷油泵对柴油机有正确的喷油时刻,而喷油时刻是用喷油提前角来表示的。喷油提前角是指在压缩行程中,喷油器在初始喷油时刻至活塞行至上止点时的曲轴转角。喷油提前角过大,由于燃油是在气缸内空气温度较低的情况下喷入,混合气形成条件差,备燃期较长,会引起发动机工作粗暴。喷油提前角过小,将使燃烧滞后,造成燃烧不完全、功率下降和排气冒黑烟。因此,为获得较好的动力性和经济性,柴油机必须有最佳的喷油提前角。

最佳喷油提前角是指在转速和供油量一定的条件下,能获得最大功率及最小耗油率的喷油提前角。应当指出,最佳喷油提前角不是一个常数,而是随发动机载荷和转速的变化而变化的,载荷越大、转速越高时,最佳喷油提前角越大。因为载荷越大、转速越高,喷入燃烧室里的燃油越多,而燃烧时间所占曲轴的转角变大,为使上止点附近形成燃烧高峰,故喷油提前角应加大。

喷油提前角实际上是由喷油泵供油提前角保证的(供油提前角是指喷油泵柱塞开始供油的时刻至活塞行至上止点时的曲轴转角),而喷油泵供油提前角可以通过改变发动机曲轴和喷油泵凸轮轴之间的相位角和滚轮传动部件的高度两种方法来调整。前者用于整体调整;后者用于单个喷油泵的调整,保证供油提前角的一致性。

柴油机根据常用的某个工况(供油量和转速)范围的需要来确定一个供油提前角的数值,这个数值在喷油泵安装到发动机上之前就已确定(工作一段时间或拆装后,需要进行检查与调整)。

这个数值仅在指定工况范围内才是最佳的,但由于柴油机的转速变化范围很大,要保证柴油机在整个工作转速范围内性能良好,就必须使供油提前角在初始角的基础上随柴油机的转速而变化。

因此，整个喷油泵的供油提前角调整由两部分组成：静态调节，即在静态时把供油提前角调整到合适值；动态自动调节，即在柴油机运转时随转速变化而自动改变供油提前角。

7. 供油提前角的静态调整装置

万向节安装在喷油泵凸轮轴和驱动齿轮轴之间，调整一般通过万向节进行。

钢片式万向节的构造图如图 6-42 所示。主动凸缘盘 13 通过锁紧螺栓 5 与驱动轴 6 相连。主动凸缘盘 13、主动传力钢片 4、十字形中间凸缘盘 3 及从动传力钢片 2 利用螺钉 16、12 和 7 连接在一起，再用螺钉 10 使从动传力钢片 2 与供油提前角自动调节器 1 相连接。因此，驱动轴 6 的动力通过上述各零件即可传递到供油提前角自动调节器 1 及喷油泵上的凸轮轴。

松开主动凸缘盘 13 与主动传力钢片 4 之间的连接螺钉 16，由于主动凸缘盘 13 上开有弧形孔，因此，喷油泵上的凸轮轴可相对主动凸缘盘转动一定角度，从而改变了各缸的喷油时刻（即初始供油提前角），最后将螺钉 16 拧紧。

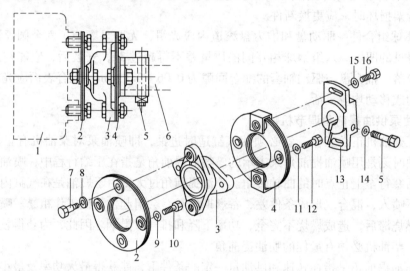

图 6-42　钢片式万向节

1—供油提前角自动调节器　2—从动传力钢片　3—十字形中间凸缘盘
4—主动传力钢片　5—锁紧螺栓　6—驱动轴　7、10、12、16—螺钉
8、9、11、14、15—垫片　13—主动凸缘盘

8. 供油提前角自动调整器

除了静态供油提前角调整装置外，柴油机还需通过供油提前角自动调节器使供油提前角随转速变化而自动改变。

目前，供油提前角自动调节器多采用机械离心式，其工作原理是利用离心件连接驱动齿轮轴和凸轮轴，随转速不同而产生大小不同的离心力，迫使凸轮轴向前移动一个相应的角度来获得最佳的供油提前角。

图 6-43 所示为 SP 型供油提前角自动调节器，该调节器位于万向节和喷油泵之间。驱动盘 9 通过前端面上的两个螺孔 C 与万向节相连。在驱动盘 9 上还压装两个主动盘销钉 3，两个飞块 4 的一端各有一个圆孔，套在销钉 7 上，销钉 7 上松套着一个滚轮 5 和滚轮内座圈 6。筒状从动盘 8 的毂部用键与喷油泵凸轮轴连接。筒状从动盘 8 两臂的弧形侧面 E 与滚轮 5 接

触，其平侧面 F 压在两个弹簧 1 上。弹簧 1 的另一端支于松套在主动盘销钉 3 上面的弹簧座 2 上。筒状从动盘 8 是由筒状盘和从动盘毂焊接在一起的，其外圆面与驱动盘 9 的内圆面配合，以保证二者的同轴度。整个调节器为一密闭体，内腔充有润滑油以供润滑。

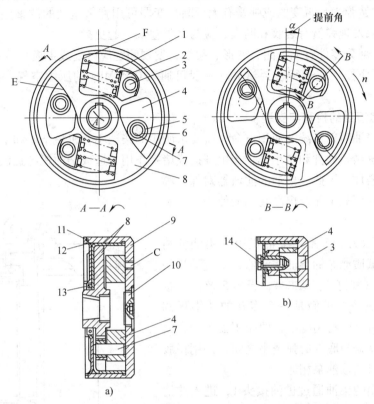

图 6-43　SP 型供油提前角自动调节器

a）静止状态　b）提前状态

1—弹簧　2—弹簧座　3—主动盘销钉　4—飞块　5—滚轮　6—滚轮内座圈

7—销钉　8—筒状从动盘　9—驱动盘　10—螺塞　11—壳体密封圈

12—调节器盖　13—油封弹簧　14—螺钉

　　发动机工作时，驱动盘 9 带动飞块 4 受发动机曲轴的驱动而沿图中箭头方向旋转，两个飞块 4 的离心力使其绕销钉 7 转动，活动端向外甩开，同时滚轮 5 则迫使筒状从动盘 8 沿箭头所示方向相对驱动盘 9 超前转过一个角度 α，直到弹簧 1 的压缩力与飞块 4 的离心力相平衡时为止，驱动盘 9 便与筒状从动盘 8 同步旋转。当发动机转速升高时，飞块活动端便进一步向外甩开，飞块上的滚轮 5 推动筒状从动盘 8 相对驱动盘 9 沿箭头所示方向再超前转动一个角度，直到弹簧 1 的压缩力平衡新的飞块离心力为止。这样，供油提前角便相应地得到增大。反之，当发动机转速降低时，供油提前角相应减小。

　　此供油提前角自动调节器的初始供油提前角为 $16° \pm 1°$，在此基础上，再随曲轴转速的变化而自动进行补偿调节，调节范围为 $0° \sim 6°$。

9. 供油提前角自动调整器检修

1）检查驱动盘销钉与销钉孔是否磨损，当其配合间隙过大或有明显晃动现象时，应修理或更换。

2）检查飞块圆弧工作面和从动盘弧形面处的磨损、变形或松弛情况，如不符合要求应及时修理或更换。更换飞块时，两飞块的质量差不应大于2g。

3）检查弹簧弹力是否变弱或弹簧有无折断。变弱可用弹簧座处的调整垫片来调整弹簧的预紧力；如果发现弹簧有裂纹和断裂，应与调整垫圈一起更换。

4）检查各部分零件有无弯曲、变形、裂纹，发现问题应修复或更换。

5）装配后应按规定进行密封试验，一般可通入0.05MPa的压缩空气，各部分不应漏气。

10. 柴油滤清器的检查与安装

为了保证柴油喷射系统的使用寿命，就要求所用的柴油不含机械杂质和水分，因为这些杂质对燃油系统精密偶件和微小孔径产生磨损或堵塞作用，造成柴油机各缸供油不均、功率下降、耗油率增加。因此，柴油的滤清器对保证喷油泵和喷油器的可靠工作及提高它们的使用寿命有重要的作用。

图6-44所示为135系列柴油机单级集油滤清器，它是一种纸质滤芯的柴油滤清器，由进油接头1、底座2、放气螺钉3、滤芯4、壳体5及出油接头6等组成。滤芯6里面是一个多孔的薄钢板圆筒，外面套上折叠的特制滤纸，两端用盖板胶合密封，装在滤清器盖与底部的弹簧座之间，并用橡胶圈密封。进油口与输油泵相通。

输油泵泵出的柴油通过进油接头1，进入滤清器壳体5内，透过滤芯4进入其内腔，再经出油接头6向喷油泵输出。在此过程中，柴油中的机械杂质、尘土被纸质滤芯6滤去，水分和较大的杂质沉淀在壳体底部。

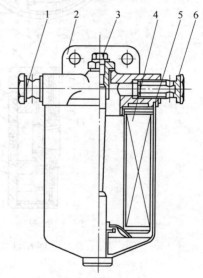

图6-44　135系列柴油机
单级柴油滤清器
1—进油接头　2—底座　3—放气螺钉
4—滤芯　5—壳体　6—出油接头

每工作100h（或运行3000km）后，应拆下拉杆螺母和滤芯4，清除沉积在壳体内的杂质和水分，必要时更换纸质滤芯6。

当油压大于溢流阀的开启压力（0.1～0.15MPa）时，溢流阀打开，多余的柴油流回油箱，从而保证管路内油压维持在一定的范围内。

图6-45所示为两级柴油滤清器，它由两个结构基本相同的滤清器串联而成，两个滤清器盖制成一体。柴油经过第一级纸质滤芯过滤后，再经过第二级由航空毛毡及绸布做成的滤芯过滤。

滤清器盖子上装有放气螺钉，拧开螺钉，抽动手动输油泵，可以排除滤清器内的空气。

对于柴油滤清器，应该进行必要的检查与维护，以防其损坏与失效。

1）如果柴油滤清器内积存的污泥、积垢、杂质过多，会引起供油不足，喷油泵的柱塞、出油阀和喷油器等偶件将很快磨损，使发动机功率下降。严重时还会使供油中断，突然

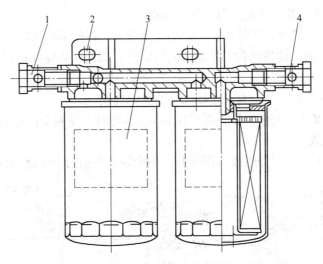

图 6-45　两级柴油滤清器
1—进油接头　2—底座　3—滤芯　4—出油接头

熄火停车。如果外壳内的水分过多，水分会随同柴油混进燃烧室，影响柴油的燃烧。滤芯被残留物质堵塞，将影响过滤效果，另外，滤芯被堵塞还会增大纸质滤芯内外面的压力差，使滤芯容易破裂，而一旦破裂，柴油滤清器就会完全失效，导致壳体破裂而漏油等。

2）密封衬垫破损而漏油，维护柴油滤清器时应注意以下几点。

①柴油滤清器必须定期认真清洗和检查。

②在维护柴油滤清器以后，通常要利用输油泵的手油泵，在低压管内输油和排除空气。排除时，拧松柴油滤清器的放气螺塞，用手动输油泵不停地泵油，促使柴油滤清器出油端螺塞处涌出含气泡的柴油，直到气泡逐渐减少至消失，柴油继续涌出为止，并立即拧紧螺塞。

③检查限压阀，球阀应在导孔内移动灵活，球阀弹簧不应有变形或损坏。

④排除沉淀物的方法：先关闭油箱开关，松开柴油滤清器上的放气螺钉，然后拧下柴油滤清器底部的排污螺塞，放出沉淀物后，将排污螺塞装复并拧紧。打开油箱开关，用手油泵泵油排气，待气泡排除干净后拧紧放气螺钉。

⑤拆洗柴油滤清器的方法：拆开清洗时，若是纸质滤芯，则应更换；若是航空毛毡及绸布的滤芯，则应先在干净汽油中浸洗，然后将毛毡及绸布套分别在汽油中清洗，最后用压缩空气吹干毛毡再组合装配。

6.3.2　分配式喷油泵的维修

分配式喷油泵（简称分配泵）按其结构不同，分为对置柱塞式和单柱塞式两大类。对置柱塞式指有一个分配转子，只做回转运动，起进油和配油作用。另有柱塞只做往复运动，起泵油作用，英国 CAV 公司的 DPA 型分配泵和法国 SIGMA 公司的 PRS 型分配泵以及国产东方红分配泵等均属转子式，也称径向压缩式喷油泵。单柱塞式只有一个柱塞，柱塞既做往复运动，又做回转运动。往复运动犹如普通柱塞式喷油泵的柱塞，起泵油作用；而回转运动相当于转子式分配泵的转子，起进油和配油作用。德国 Bosch 公司的 VE 型分配泵为单柱塞式，又称轴向压缩式喷油泵。

分配泵与柱塞式喷油泵相比，具有下列特点。

1）分配泵的结构简单，零件少，体积小，质量小，在使用中故障少，容易维修。

2）由于分配泵的结构特点和零件制造的精确性，因此，不需要进行各缸供油量和供油定时的调节。

3）分配泵凸轮的升程小，有利于提高柴油机的转速。

本节以对置柱塞式分配泵为例，说明其基本工作原理，学习分配泵的构造与检修技术。

1. 分配泵的组成

分配泵主要由下列各部分组成（图6-46，图中箭头所指为柴油流动方向）：

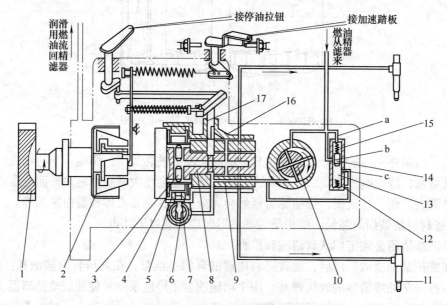

图6-46　分配泵的工作原理简图

1—传动连接器　2—离心飞块　3—柱塞　4—滚柱座　5—滚柱　6—内凸轮
7—供油提前角自动调节器　8—分配泵转子　9—分配泵套筒　10—滑片式
输油泵　11—喷油器　12—复位弹簧　13—调压阀　14—阀柱
15—调压弹簧　16—分配泵外壳　17—油量控制阀

（1）滑片式输油泵　使燃油进一步适当增压。

（2）高压泵　它将燃油增压，并在规定的时间内将一定数量的燃油压送到高压油管，向各气缸供油。

（3）调速器　有机械式和液力式两种调速器，能根据发动机的载荷自动改变供油量。

（4）操纵机构　用于操纵发动机的调速、急速和停车等各种动作。

（5）壳体及传动系统　它是油路的输出通道和传动的连接部分。

（6）供油角自动调节机构。它能使供油角随着发动机转速或载荷的变化自动提前或滞后，以改善发动机的性能。

（7）起动加浓装置　它能在发动机起动时额外增加供油量，以改善发动机的起动性能。

（8）其他改善发动机性能的装置　如转矩油量校正机构等。

在上述各组成部分中，高压泵是分配泵的基本组成部分，由旋转部分（分配泵转子8、柱塞 3、滚柱 5 及滚柱座 4）和固定部分（分配泵套筒 9 及内凸轮 6）组成，带动内凸轮转向供油滞后位置；当转速提高到怠速转速时，输油压力提高，当油压超过起动弹簧的弹力和传动连接器 1 的反作用力时，压力油便推动活塞右移。

2. 分配泵的检修

（1）滑片式输油泵和压力控制阀的检修　内容和方法如下。

1）检查输油泵滑片及泵盖表面的磨损。若出现轻微磨损，则可用研磨剂研磨。磨损量较大时，可在平面磨床上磨平。

2）检查压力控制阀和阀套表面的磨损。若磨损轻微，则可对压力控制阀及阀套精研、抛光后重新选配；磨损量太大的应配新件。

3）装配后应检查以下问题。

①检查滑片在偏心环能否自由转动。当转至偏心环最小径向尺寸时，稍有卡阻感觉但又能转过去，即为配合恰当，否则不能使用。

②检查滑片在滑片转子槽的滑动情况。滑片在滑片转子槽中能无卡阻地灵活移动，但侧向间隙不应过大，新的滑片与滑片转子槽侧向间隙为 0.010 ~ 0.047mm。

③滑片与输油泵盖配合的检查。滑片、滑片转子和偏心环装配好后，滑片应低于偏心环而略高于滑片转子，装上输油泵盖后，应能转动自如，无卡阻现象，否则应重新选配。

④压力控制阀与阀套配合的检查。压力控制阀在阀套中应能运动自如，无卡阻现象。如运动不灵活，可振动阀套，若压力控制阀仍不能掉出，则说明间隙太小，应用细研磨膏进行研磨。若压力控制阀能依靠自身质量从控制阀中轻易掉出，则说明间隙过大。

（2）内凸轮、滚柱与滚柱座的检修，检查滚柱座的滑动表面是否产生磨损和烧损，轻微磨损的滚柱座，经研磨消除磨痕后，可以另行选配合适的滚柱继续使用；磨损严重的滚柱座应予以更换。磨损的滚柱应当更换。内凸轮需经靠模磨床磨削并抛光后再用，如磨损尺寸超过 0.30mm，只能更换。

（3）分配转子和分配套筒的检修　内容和方法如下。

1）观察分配转子和分配套筒进、出油孔处的磨损。若磨损部位已成乳白色环带，则需要修理。

2）检查分配转子和分配套筒配合表面的磨损。如磨损轻微，可采用研磨选配法修复；严重时应予以更换。

3）滑动性试验。在转子表面涂上柴油，然后放入倾角为 25°的分配套筒中。若转子稍微转动后，依靠自身重量能缓慢平稳滑落，则表明配合间隙合适，否则需重新选配。

4）密封性试验。把分配转子和分配套筒装配好，将其中任一出油接头接在喷油器试验台上，转动转子，使转子的进、出油孔与分配套筒上的进、出油孔处于错开位置，如图 6-47 所示。扳动喷油器试验台操纵手柄，观察压力从 24.5MPa 降至 19.6MPa 所需的时间，此时间应在 3s 以上。

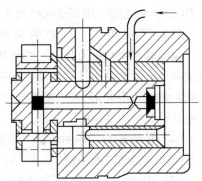

图 6-47　分配转子与分配套筒
密封性试验油路示意图

（4）柱塞的检修　经验表明，配合间隙好的柱塞，用手拍 3 ~ 5 下才能由孔内自动滑下。当柱塞孔垂直放置时，若柱塞能依靠自身重量下落，则表明间隙过大。

6.3.3　PT 燃油系统的维修

PT 燃油系统是美国康明斯发动机公司（Cummins Engine Company）的专利，无论在工作原理和结构上都有其独特之处。

1）PT 燃油系统的高压和定时喷射在喷油器中进行，燃油泵成为一个低压输油泵，取消了高压油管，喷射压力可以大大提高，雾化效果良好，燃烧较完全、排气烟色好。

2）进入喷油器的燃油只有 20% 左右喷入燃烧室，剩下的燃油对喷油器进行冷却和润滑后返回油箱。这样，除冷却喷油器外还可以带走油路中的气泡，有利于提高喷油器的工作可靠性和使用寿命。

3）发动机停车时 PT 燃油系统是利用断油阀关闭油路，切断燃油的流动。而一般燃油系统则是使喷油泵处于不喷射位置。

4）喷油正时由喷油器凸轮控制喷油柱塞的下行时间而定，一般燃油系统则由喷油泵的安装位置来保证。

5）具有结构简单、使用可靠、维修方便、体积小和质量小等优点。

1. PT 燃油系统的组成

PT 燃油系统的总体布置如图 6-48 所示，其对增压柴油机还装有冒烟限制器，各装置的功用如下。

（1）燃油箱　燃油箱分为主油箱和浮子油箱，主油箱用以储存柴油。由于工程机械主油箱的位置高于喷油器，为了防止停车时燃油经回油管流回喷油器而流入气缸，在比喷油器较低的位置处设有浮子油箱，这样既使浮子油箱内燃油始终保持一定高度，也保证了 PT 燃油泵的进油压力一定，其工作原理与化油器浮子机构相同。

（2）柴油过滤器　柴油滤清器装在燃油箱与 PT 燃油泵之间，用以滤除燃油中的杂质。

（3）PT 燃油泵　PT 燃油泵为低压输油泵，起输油、调整压力和调速的作用。它能将从油箱吸来的燃油压往喷油器，同时，在柴油机载荷和转速变化时相应改变出口燃油压力，使喷油器的喷油量也随之变化。

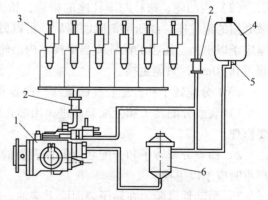

图 6-48　PT 燃油系统总体布置图
1—供油泵　2—单向阀　3—喷油器
4—燃油箱　5—油箱开关
6—柴油滤清器

（4）低压输油管和回油管　低压输油管和回油管将燃油自 PT 燃油泵送往喷油器和将喷油器排出的燃油送回油箱。

（5）PT 喷油器　PT 喷油器根据 PT 燃油泵的出口燃油压力对喷射的燃油进行计量，然后依靠柱塞驱动机构在规定的时刻将燃油加压喷入燃烧室。

（6）喷油器柱塞驱动机构　喷油器柱塞驱动机构包括摇臂、推杆、喷油器凸轮（此凸轮与进排气凸轮同轴）等，通过此驱动机构对喷油器柱塞加压。

（7）排气烟度限制器　排气烟度限制器在增压的发动机上采用，其作用是协调涡轮增压器和 PT 燃油泵的工作，避免排气冒黑烟。

2. PT 燃油系统的构造

（1）PT 喷油器　PT 喷油器的作用是接受来自 PT 燃油泵的低压油进行计量、加压后，将柴油以雾状喷入气缸燃烧室。PT 喷油器可分为两种基本类型：一种是有安装凸缘型 PT 喷油器；另一种是圆柱形 PT 喷油器。第一种喷油器应用于早期的康明斯柴油机上，其特点是每个喷油器都和发动机外的进、回油管相连接，用两个螺钉通过凸缘将喷油器固定在气缸盖上。目前，康明斯系列发动机均使用圆柱形 PT 喷油器，不用明管进出燃油，在气缸盖和气缸体内有通道供油和回油，减少了由于管路损坏泄漏所引起的故障。

1）有安装凸缘型 PT 喷油器。这种喷油器的构造如图 6-49 所示，主要由喷油器体 3、柱塞 4、喷油塞 7、调整垫片 6、柱塞复位弹簧 11、进油量孔 2、回油量孔 9 和计量量孔 8 等组成。

柱塞 4 在其喷油器体中心孔中上下移动，由喷油凸轮 18 经摆动式挺柱 17、推杆 15、摇臂 14 等机件驱动而往下运动，柱塞 4 上升则靠柱塞复位弹簧 11。由此可见，喷油器柱塞的传动与顶置式气门传动机构相类似，所不同的是气门传动机构在摇臂与气门杆之间留有气门间隙，而喷油器无此间隙。

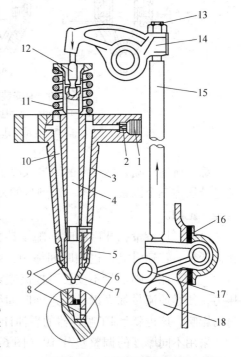

图 6-49　有安装凸缘型 PT
喷油器及其驱动机构

1—进油孔　2—进油量孔　3—喷油器体　4—柱塞
5—O 形密封圈　6、16—调整垫片　7—喷油塞
8—计量量孔　9—回油量孔　10—回油孔
11—柱塞复位弹簧　12—柱塞杆头
13—调整螺钉　14—摇臂　15—推杆
17—摆动式挺柱　18—凸轮

这种喷油器的工作过程如图 6-50 所示。

①如图 6-50a 所示，喷油器柱塞在复位弹簧作用下开始上升时，燃油自上进油道 1 经喷油器上的柱塞环槽 2 和下进油道 3 流至喷油器体环形槽 4。由于计量量孔 5 被柱塞封住处于关闭状态，燃油不能自计量量孔 5 进入喷油塞的锥形空间，而通过回油量孔 6 上升沿回油道 7 流回油箱。

②如图 6-50b 所示，喷油器柱塞继续上升并打开计量量孔 5，于是一定量燃油进入喷油器的锥形空间，大部分燃油继续经回油量孔流回油箱。由于这时燃油压力低，喷孔直径很小，因此，锥形空间内的燃油不会流入燃烧室。

③如图 6-50c 所示，当柱塞下降，将计量量孔 5 关闭时，在锥形空间的燃油在强压下（约 100MPa）呈雾状喷入气缸燃烧室。当柱塞下降到喷油塞锥形座上时，还要下降一段距离，以强力将其间燃油挤净，这样可以防止喷油量改变或积炭形成。

④如图 6-50d 所示，当下降行程终了一直到下一个工作周期开始的这一瞬间，喷油器柱塞的锥形部分占据了整个锥形空间，喷油结束，柱塞环槽 2 也不与上进油道 1 连通。

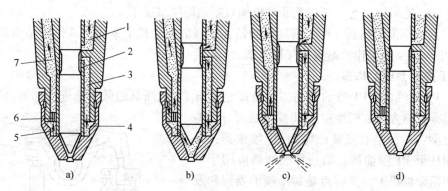

图 6-50　有安装凸缘型 PT 喷油器的工作过程
1—上进油道　2—柱塞环槽　3—下进油道　4—环形槽
5—计量量孔　6—回油量孔　7—回油道

综上所述，喷入燃烧室的油量取决于计量量孔的尺寸、计量量孔开启的时间以及喷油器的进油压力三个因素。对于一定型号的发动机，喷油器计量量孔的尺寸已定，喷油凸轮形状也是一定的。

这样，计量量孔开启的时间随发动机转速的变化而变化。转速升高，进油时间缩短，喷油量就要减少。如要保持喷油量不变，可提高喷油器的进油压力，使燃油流量加大以补偿进油时间缩短对喷油量的影响，这也就是 PT 喷油器的燃油计量原理。

采用不同厚度的调整垫片 19（图 6-51），可以调节计量量孔的开启时间，保证各缸喷油量的均匀性。调整垫片可以改变摆动式挺柱和凸轮的原始相对位置，以调整喷油时刻。调整螺钉用于调整喷油器柱塞压向喷油塞锥形底部的压力。

2）圆柱形 PT 喷油器。这种喷油器用于在气缸盖内有进油道的发动机，它用安装板或夹箍固定在气缸盖上。

这类喷油器有 PT 型、PTB 型、PTC 型、PTD 型和 PT-ECON 型等。

PTD 型喷油器的构造及驱动示意图如图 6-51 所示。圆柱形 PTD 型喷油器的工作过程与有安装凸缘的 PT 喷油器类似。

（2）PT 燃油泵　PT 燃油泵通常有两种基本类型。

第一种类型称为 PT（G）型、燃油泵，它表示调速器控制，装有两速调速器，有的柴油机在此结构上加装 MVS 全速调速器，称为 PT（G）MVS 型

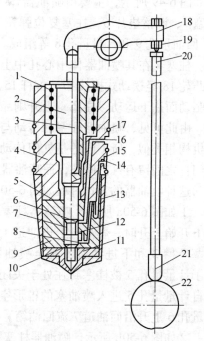

图 6-51　PTD 型喷油器构造及驱动示意图
1—弹簧　2—柱塞　3—顶杆　4—壳体　5—紧帽
6—回油口　7—上部环槽　8—下进油口
9—套筒　10—下部盆腔　11—喷油塞　12—上进油口　13—止回球阀　14—进油量孔
15—滤网　16—回油道　17—O 形密封圈
18—摇臂　19—调整垫片　20—推杆
21—挺柱　22—凸轮

燃油泵。第二种类型称为 PT（R）型燃油泵，它表示压力调节，装有第一种类型没有的压力调节器（限制流往喷油器的燃油压力）。PT（G）型燃油泵用途广泛，结构最具代表性。PT（G）MVS 型燃油泵结构，由下述部分组成（图 6-52）：

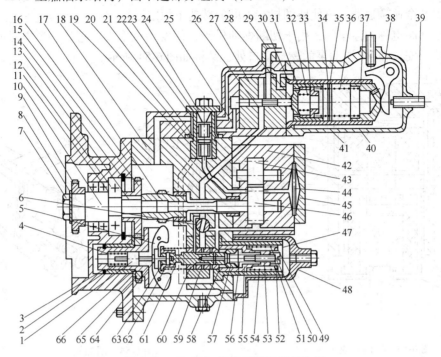

图 6-52　PT（G）MVS 型燃油泵结构图

1—飞块柱塞　2—低速转矩弹簧　3、14、28、35、49—卡环　4、34、52—调整垫片　5—飞块
6—节流阀　7—螺钉　8—垫子　9—驱动齿轮　10—主轴　11—油封　12—滚动轴承　13—键
15—主动齿轮　16—驱动齿轮壳　17—计时器驱动齿轮　18—PT 泵体　19—下滤网　20、21—油环
22—上滤网　23—弹簧　24—过滤器体　25—MVS 调速器体　26、58—柱塞　27、60—柱塞套
29—切断阀　30—调速弹簧套　31—滑套　32、56—怠速弹簧　33—怠速弹簧座　36—调速弹簧
37、50—弹簧座　38—双臂杠杆　39—低速限制螺钉　40—MVS 调速器　41—MVS 调速器壳
42—齿轮泵体　43—齿轮泵从动齿轮　44—膜片　45—稳压器盖　46—齿轮泵主动齿轮
47—PTG 调速器　48—PTG 调速器壳　51—高速弹簧　53—怠速调整螺钉　54—弹簧外套
55—压力控制外套　57—压力控制钮　59—柱塞体　61—高速转矩弹簧　62—销
63—高速转矩弹簧座　64—丁字块　65—从动齿轮　66—飞块架

1）齿轮泵和膜片式稳压器。齿轮泵由 PT 燃油泵主轴驱动，将经过燃油滤清器过滤的燃油从进油口吸入，经齿轮泵增压后进入滤网总成。为消除齿轮泵压送燃油时油压的波动，齿轮泵出口与膜片式稳压器的油道相通使油压稳定。

2）滤网总成。将齿轮泵输出燃油中的杂质过滤掉，滤网总成如图 6-53 所示。它由上滤网、下滤网、护圈、弹簧等组成。下滤网网眼较粗，为粗滤网，并带有磁芯，可吸附燃油中的铁屑。上滤网网眼较细，为细滤网，装配时上滤网有孔的一面朝下，否则燃油无法通过。

3）PT（G）两速调速器。此调速器控制柴油机的怠速和最高转速，并能随发动机转速的变化自动地调整供油压力，在中间转速时，由节流阀直接控制供油量。

4）节流阀。用于调节流往喷油器的油量。在不装 MVS 全速调速器的 PT 燃油泵中，节流阀通过拉杆与加速踏板相连，控制油量的大小；在加装 MVS 全速调速器的 PT 燃油泵中，此节流阀在试验台调定后位置固定不动，加速踏板改变 MVS 全速调速器中调速弹簧的弹力来控制供油量。

　　5）MVS 全速调速器。可使柴油机在不同的转速下恒定运转。

　　6）断油阀也称为停车阀，用于切断燃油供给，使发动机熄火。它是一个电磁阀（也可用手操纵），安装在 PT 燃油泵的燃油出口处，结构如图 6-54 所示。

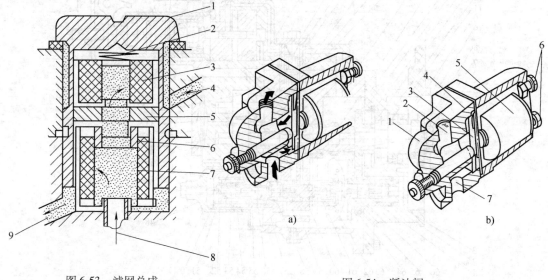

图 6-53　滤网总成

1—盖　2—弹簧　3—上滤网　4—通向 MVS
调速器　5—护圈　6—磁芯　7—下滤网
8—来自齿轮泵　9—通往 PTG 调速器

图 6-54　断油阀

a）燃油接通　b）燃油切断

1—阀体　2—出油口（往喷油器）　3—阀片　4—复位弹簧
5—电磁铁　6—接线柱　7—进油口

　　通电时，阀片 3 被电磁铁 5 吸向右方，处于开启位置，燃油接通路线如图 6-54a 所示。反之，断电时，阀片 3 在复位弹簧 4 的作用下压向阀座，燃油路线被切断，如图 6-54b 所示。因此，发动机起动时应首先打开起动开关使之通电；停机时，应切断电路。

　　当电气系统有故障时，为使发动机起动，应拧进手控制螺钉顶开阀片，停车时将螺钉拧出使之断油。

　　PT 燃油泵的工作过程如图 6-55 所示。发动机工作时，曲轴的动力由曲轴正时齿轮传给配气机构凸轮轴正时齿轮 1，再经附件驱动齿轮 2 和万向节 3 带动 PT 燃油泵的主轴旋转。通过主轴动力再分三路传递：一路驱动齿轮泵，另一路经主动齿轮 4、从动齿轮 23 驱动 PT（G）调速器的飞块 22，第二路经计时表驱动齿轮 24 驱动计时表。

　　当齿轮泵 15 旋转时，燃油即从燃油滤清器经油管被吸入，经齿轮泵 15 增压后输出，齿轮泵的出口与稳压器 14 的油道连通。油压作用在稳压器空气室的膜片上，借空气室中空气的作用减缓油压的脉动，使油压稳定。燃油从齿轮泵经油道送往滤网总成 13 进行过滤，由滤网过滤后的燃油分两路：一路经油道进入 PT（G）两速调速器，另一路流往 MVS 调速器。

　　进入 PT（G）两速调速器的燃油，有三个出口：一是主油道 21，二是怠速油道 5，三

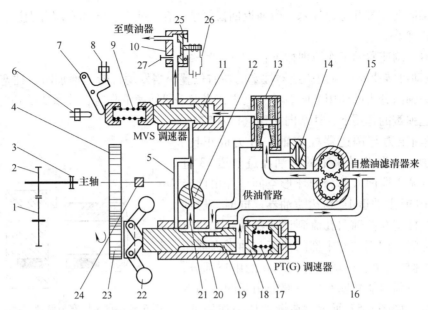

图 6-55　PT 燃油泵燃油流动示意图

1—配气机构凸轮轴正时齿轮　2—附件驱动齿轮　3—万向节　4—主动齿轮　5—怠速油道

6—怠速限位螺钉　7—双臂杠杆　8—高速限位螺钉　9—MVS 调速弹簧　10—断油阀

11、19—柱塞　12—节流阀　13—滤网总成　14—稳压器　15—齿轮泵　16—旁通油道

17—PR（G）高速弹簧　18—怠速柱塞　20—柱塞套筒　21—主油道　22—飞块

23—从动齿轮　24—计时表驱动齿轮　25—弹簧　26—电路开关　27—旋钮

是旁通油道 16。调速器柱塞 19 随发动机转速的变化而左右移动，使进油道与上述出口相通。

　　PT（G）调速器是一个机械离心式两速调速器，其结构如图 6-56 所示。它主要由调速器柱塞 6、飞块 3、怠速柱塞 7（又称压力控制钮，简称按钮）、怠速弹簧 9、高速弹簧 10、高速转矩校正弹簧 4、低速转矩校正弹簧 1、怠速调整螺钉 11 及油道等组成。

　　调速器柱塞 6 在柱塞套筒 5 内旋转并做轴向移动，它左面受着由飞块 3 离心力所产生的轴向推力，右面受着怠速弹簧和高速弹簧的弹力（通过怠速柱塞 7 传递）。柱塞套筒 5 上有三排油孔，与进油道 13 相通的是进油孔，与主油道 14 和怠速油道 16 相通的是出油孔。调速器柱塞 6 是中空的零件，有一轴向孔道与进油道相通，部分燃

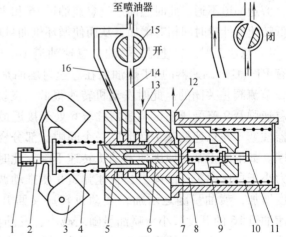

图 6-56　PT（G）调速器结构示意图

1—低速转矩校正弹簧　2—飞块助推柱塞　3—飞块　4—高速转矩校正弹簧　5—柱塞套筒　6—调速器柱塞　7—怠速柱塞　8—柱塞套　9—怠速弹簧　10—高速弹簧　11—怠速调整螺钉　12—旁通油道　13—进油道　14—主油道　15—节流阀　16—怠速油道

油可经此轴向孔道推开怠速柱塞 7 旁通返回齿轮泵。在飞块 3 左端和右端分别设有低速和高速转矩校正弹簧。

PT（G）调速器的工作原理如下：

1）发动机转速变化控制调速器柱塞的左右位置。当发动机转速增加时，柱塞在调速器飞块离心力轴向分力的作用下向右移；反之，当发动机转速下降时，柱塞所受轴向分力也减小，在怠速弹簧的作用下，柱塞向左移（图 6-57）。

2）燃油压力与调速器柱塞轴向分力成正比。如图 6-56 所示，从齿轮泵来的燃油经进油道 13 进入调速器柱塞中段凹入部分的环形空间，并由此经怠速油道 16 或主油道 14 到达喷油器。同时，燃油还由调速器柱塞 6 的轴向孔流到调速器柱塞 6 与怠速柱塞 7 之间（因而柱塞中部的油压与油道内油压相同）。怠速柱塞 7 盖住调速器柱塞 6 的中空部分，怠速柱塞 7 与调速器柱塞 6 中空部分相对的一端有一凹入部分，如图 6-57 所示。在燃油压力作用下，中间形成间隙，部分燃油经此间隙流回齿轮泵。此时，柱塞间有下列平衡关系

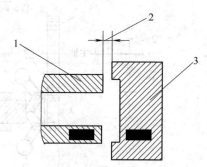

图 6-57　怠速柱塞与调速器柱塞的间隙
1—调速器柱塞　2—间隙　3—怠速柱塞

调速器柱塞推力的燃油压力 × 受力面积 = 怠速柱塞推力（调速弹簧作用）

即燃油压力与调速器柱塞 6 轴向分力成正比。例如，当发动机转速升高时，调速器柱塞 6 的推力增大，随着调速器柱塞 6 与怠速柱塞 7 间的间隙变小，燃油压力也将增高。

3）起动工况。发动机起动时，节流阀全开。调速器飞块 3 的轴向分力不足以克服怠速弹簧 9 的弹力，调速器柱塞 6 位于左侧，燃油压力也不足以将调速器柱塞 6 与怠速柱塞 7 分开，旁通油道不通。此时燃油通过怠速油道 16 和主油道 14 供给 PT 喷油器。由于 PT 喷油器在低转速下计量时间相对增加，从而使循环供油量增加，以满足起动的需要。

4）怠速工况。怠速时，燃油自怠速油道 16 和主油道 14 流往喷油器以维持怠速。在只有 PT（G）调速器的 PT 燃油泵在怠速时燃油是自怠速油道流往喷油器的，因为在怠速时，节流阀是关闭的。此时发动机转速很低，飞块 3 的离心力很小，齿轮泵来的油压低，使怠速弹簧 9 略受压缩，调速器柱塞 6 处于接近最左端的位置。同时，齿轮泵的油压使调速器柱塞 6 与怠速柱塞 7 间形成一个间隙，部分燃油由此经旁通油道 12 回到齿轮泵的吸油端。如果由于某种原因使发动机转速下降，此时飞块 3 的离心力减小，调速器柱塞 6 的推力小于怠速弹簧 9 的弹力，怠速弹簧 9 便推动调速器柱塞 6 向左移动，怠速油道 16 的开度增加，喷油量随之增加，发动机转速又回升。反之，发动机转速升高，柱塞右移，怠速油道 16 的开度减小，喷油量随之减小，发动机转速又下降。这样就保证了发动机在怠速下稳定运转。怠速弹簧 9 的预紧力可以通过怠速调整螺钉 11 进行调整，拧入螺钉，转速就会提高。

5）最高转速的控制。随着发动机转速的升高，调速器柱塞 6 向右移，达到最高转速时，调速器柱塞 6 处于右端位置（此时怠速油路被切断）。当发动机转速超过最高转速，飞块 3 的离心力将高速弹簧 10 进一步压缩，主油道 14 被遮住一部分，使喷油量减少。同时，调速器柱塞 6 上的十字形径向孔刚好对准柱塞套筒 5 上的回油道，使大量燃油流回齿轮泵，

从而限制了发动机的最高转速。最高转速由高速弹簧 10 的弹力决定。

6）转矩校正包括高速转矩校正和低速转矩校正两种。

①高速转矩校正。在调速器柱塞 6 左端装有高速转矩校正弹簧 4。发动机低速时，高速转矩校正弹簧 4 处于自由状态，转速升高时，调速器柱塞 6 右移，高速转矩校正弹簧 4 则被压缩，使调速器柱塞 6 受一个向左的力。因而，柱塞推力相应减小，使燃油压力减小，供油量减少，发动机的转矩下降，这样就提高了发动机高速时的转矩适应性。通过对比，在有高速转矩校正弹簧 4 时，发动机自额定转速下降到高速转矩校正弹簧 4 自由伸长时转速所引起的转矩增加值，要比无转矩校正弹簧的转矩大。

②低速转矩校正。低速转矩校正弹簧 1 安装在飞块助推柱塞 2 的左端。在高速时处于自由状态。当转速降低时，柱塞向左移动，低速转矩校正弹簧 1 被压缩，因而，飞块助推柱塞 2 和调速器柱塞 6 受到一个向右的推力，燃油压力相应增加，发动机转矩上升。这样就减缓了发动机低速时转矩减小的倾向，提高了发动机低速时的转矩适应性。

（3）MVS 全速调速器　MVS 全速调速器也称为机械可变速度调速器，可根据需要增设，通常装在节流阀 15（图 6-56）和通往喷油器的油路中。

MVS 全速调速器的结构示意图如图 6-58 所示，主要由高速限位螺钉 3、怠速限位螺钉 4、双臂杠杆 5、高速弹簧 7、怠速弹簧 8、调速柱塞 10 和柱塞套筒 12 等组成。

发动机工作时，MVS 调速器的调速柱塞 10 左端承受来自齿轮泵并经滤网总成过滤的燃油油压（此油压随发动机转速的增加而升高），右端承受怠速弹簧 8 和高速弹簧 7 的弹力。双臂杠杆 5 用螺钉固定在双臂杠杆轴上，双臂杠杆轴与驾驶室中的油门操纵杆相连。

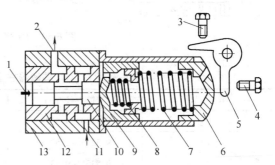

图 6-58　MVS 全速调速器结构示意图
1—从齿轮泵来的油　2—去往喷油器　3—高速限位螺钉
4—怠速限位螺钉　5—双臂杠杆　6—高速弹簧座
7—高速弹簧　8—怠速弹簧　9—怠速弹簧座
10—调速柱塞　11—从节流阀来的油
12—柱塞套筒　13—调速器壳

扳动油门操纵杆，双臂杠杆轴和双臂杠杆随之转动，同时压紧或放松弹簧，使弹力发生变化，改变柱塞的位置，改变燃油通道截面积的大小，实现油量的改变。当弹力与油压平衡时，发动机可在这一转速下稳定工作，若发动机转速增加，则油压也要增加，燃油压力大于弹簧弹力，柱塞就要被推向右方，通道截面积变小，流往喷油器的燃油油量减小，这样转速不增加；反之，油量增加，转速不减小，这样就起到了全速调速器的作用。

3. PT 燃油泵和 PT 喷油器的检修

（1）PT 燃油泵的检修

1）拆卸顺序，如图 6-59 所示。

2）主轴衬套的检修。主轴衬套内径磨损超过 19.11mm 时，应予以更换。新衬套应使用 19.05mm 的铰刀铰削至内径为 19.04 ~ 19.06mm。铰削时，要用适当的夹具，且润滑可靠。

3）调速器柱塞和柱塞套筒的检修。

①柱塞和套筒的选配。PT（G）和 MVS 调速器的柱塞和套筒都是按尺寸级别分组选配的，并用相应的代号和颜色标记，见表 6-7 和表 6-8。

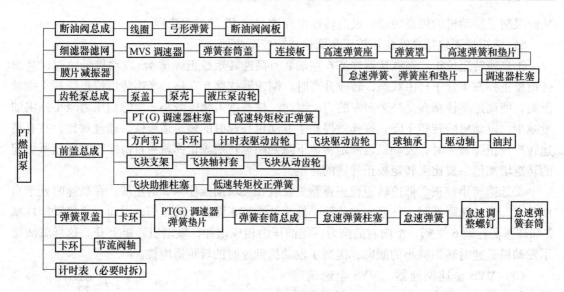

图 6-59　PT 燃油泵分解框图

表 6-7　PT（G）调速器柱塞和套筒的分组尺寸和标记

组　　别	套筒内径/mm	柱塞外径/mm	色　标
0	9.5250 ~ 9.5273	9.5148 ~ 9.5169	红
1	9.5275 ~ 9.5298	9.5174 ~ 9.5194	蓝
2	9.5301 ~ 9.5324	9.5199 ~ 9.5220	绿
3	9.5326 ~ 9.5349	9.5250 ~ 9.5270	黄
4	9.5352 ~ 9.5375	9.5225 ~ 9.5245	褐
5	9.5377 ~ 9.5400	9.5275 ~ 9.5296	黑
6	—	9.5301 ~ 9.5321	灰
7	—	9.5326 ~ 9.5347	紫

表 6-8　MVS 调速器柱塞和套筒的分组尺寸和标记

组　　别	套筒内径/mm	柱塞外径/mm	色　标
0	7.9172 ~ 7.9220	7.9075 ~ 7.9144	红
1	7.9223 ~ 7.9271	7.9146 ~ 7.9194	蓝
2	—	7.9298 ~ 7.9347	绿
3	—	7.9375 ~ 7.9423	黄

　　柱塞和套筒的配合间隙对燃油泵的工作性能有着极为重要的影响，因此在修配中必须保证。PT（G）调速器柱塞和套筒的配合间隙为 0.0081 ~ 0.0125mm，MVS 调速器的配合间隙为 0.0028 ~ 0.0125mm。

　　②测量柱塞外径和套筒内径，以确定其配合间隙是否超限，并仔细检查工作表面是否损伤。如间隙超限，在柱塞套筒内孔无明显磨损和损伤的情况下，可按套筒上的组号标记，选用同组尺寸的新柱塞，使之恢复标准的配合间隙。

③如果 PT（G）和 MVS 调速器的套筒内径磨损分别达到 9.5451mm 和 7.95mm 以上时，需要更换套筒。

4）齿轮泵的检查。

①检查齿轮泵轴是否磨损，如轴径磨损达到 12.695 ~ 12.703mm 时，应予以修复或更换。

②检查齿轮的厚度、座孔深度和齿轮轴孔内径，应满足表 6-9 的要求。

③把齿轮装压到轴上时，齿轮距轴端的距离应为 17.27 ~ 17.53mm。

5）断油阀阀座应无划痕，其座面的最小允许宽度为 0.38mm。在断油阀关闭时，通入 2.068MPa 的燃油不应产生泄漏现象。

表 6-9　齿轮泵齿轮厚度、座孔深度和轴孔的直径　　　　　（单位：mm）

齿轮泵尺寸	齿轮厚度	齿轮座孔深度	轴孔直径
11.11	11.074 ~ 11.082	11.056 ~ 11.064	12.733 ~ 12.740
19.05	19.006 ~ 19.014	18.994 ~ 19.002	12.733 ~ 12.740
25.40	25.349 ~ 25.356	25.349 ~ 25.356	12.738 ~ 12.746
31.75	31.706 ~ 31.714	31.704 ~ 31.712	12.738 ~ 12.746

（2）PT 喷油器的检修　包括喷油器的安装和零件检修。

1）喷油器的安装方法与步骤。

①把柱塞浸在燃油中，将柱塞尺寸记号与喷油器体尺寸记号对准。将柱塞提起再放下时，若不能利用自重下落而中途停止，则需要更换新的柱塞和喷油器体。

②根据喷油器体和柱塞尺寸记号选用规定的喷油器调整垫片。如错用别的垫片，喷油量即发生变化。

③喷油器应按规定转矩锁紧，再试一下能否用手拔出柱塞，如不能拔出，即表示喷油器体和柱塞的中心不重合，应更换新件。

2）零件检修的注意事项。

①检查推杆两端球面是否磨损，若磨损严重，则应更换新件。

②用高倍放大镜检查各量孔是否损伤，检查各油道是否畅通。

③检查柱塞复位弹簧有无疲劳裂纹或过度磨损，必要时应检查其弹性是否变化，如不符合规定应换新弹簧。

④对 PT（G）喷油器，应检查柱塞套筒内孔有无严重损伤，若有，应成对更换套筒和柱塞。

⑤检查喷油器的内部或外部有无严重的磨损。

6.3.4　柴油机电控喷射技术系统的维修

在柴油机发展的历程中，有三次重大的技术突破：第一次技术突破是机械式燃油系统的问世，为汽车和工程机械的发展开辟了广阔的前景；第二次技术突破是涡轮增压技术和中冷技术，它给柴油机带来了强大的生命力；第三次技术突破是电控喷射技术，它解决了困扰柴油机发展的技术难题。

柴油机实行高压喷射电控的目的是改善柴油机的燃油经济性和降低排放污染。特别是世界能源日益缺乏和日益严格的排放法规的实施，柴油机向高压柴油电控方向发展是必然结果。国外柴油机电控喷射技术经历了三个阶段，见表6-10。

表 6-10　国外柴油机电控喷射技术发展概况

发展阶段	控　制　特　点	喷油量	喷油时间	喷油压力	喷油率	出现年代
第一代	凸轮压油 + 位置控制供油	可调	可调	不可调	不可调	20 世纪 80 年代后期
第二代	凸轮压油 + 时间控制供油	可调	可调	不可调	不可调	
第三代	燃油蓄压 + 时间压力控制供油	可调	可调	可调	可调	

德国博世公司于20世纪90年代初开始组织技术力量，积极投入柴油机电控燃油系统的研制，90年代中期推出了小型柴油机用高压电控共轨式燃油系统。

20世纪90年代初，日本电装公司开展了电控共轨式燃油系统的研制。直到90年代中期，高压电控共轨式燃油 ECD-U2 系统和 ECD-U2（P）系统才正式投入市场，其应用范围不断扩大。

我国在2007年和2010年开始执行国Ⅲ、国Ⅳ排放法规。国内相关行业人员提出大力发展柴油机械，目前，我国轻、中、重型载货汽车、城市客车及工程机械中，柴油机已经占有绝对优势。表6-11所列为我国柴油机主要厂家生产的欧Ⅲ柴油机。

表 6-11　我国柴油机主要厂家生产的欧Ⅲ柴油机

生产厂家	机　型	电控喷射类型	所属公司
东风康明斯发动机有限公司	康明斯 ISBe、ISCe、ISLe	高压共轨	德国博世
玉柴机器股份公司	YC6L、YC6G、YC4G、YC4L	电控单体泵	美国德尔福
	TC4F		
上柴股份有限公司	日野 P11C、09 系列		日本电装
一汽解放大连柴油机公司	CA4DDC2、CA6DE3		德国博世
一汽解放无锡柴油机公司	6DL-32R	高压共轨	日本电装
	6DL-35R、6DF3		
潍柴动力股份有限公司	WP10、WP12		德国博世
南京依维柯发动机公司	索菲姆柴油机		

我国《柴油车排放污染防治技术政策》中说明，为使国产柴油机达到欧Ⅲ（或国Ⅲ）控制水平，可采用电控高压共轨、电控单体泵、电控泵喷嘴、增压中冷、废气再循环及安装氧气型催化转换器等技术相结合的综合治理技术。国内柴油机生产厂家对柴油机控制排放的技术路线应分三大趋势，即对中期、长期和未来走向提出了发展要求。中期应采用增压中冷、电控柴油喷射、EGR 技术和废气后处理，降低柴油含硫量至 0.5‰以下；长期应采用电控高压喷射、改善 EGR 和增压、完善废气后处理、闭环捕捉器等先进的后处理技术，以及降低柴油含硫量至 0.1‰以下；未来应采用均质燃烧、可变喷口的柴油喷射系统、电力驱动和采用氧化柴油。柴油机的三大趋势是针对我国国情而言，它是一项艰巨的任务。

在维修柴油机电控系统中，首先要了解柴油机电控系统的类型。

（1）位置控制式电控柴油喷射系统　位置控制式电控柴油喷射系统是第一代电控柴油喷射系统，包括电控直列泵、电控分配泵。在电控直列泵中仍保留着喷油泵-高压油管-喷油器、控制齿条、齿圈、滑套、柱塞上的螺旋槽等油量控制机构，齿条移动位置由原来的机械控制改成电子控制。在位置控制式电控分配泵中，ECU 根据滑套位置传感器输入的信号驱动油量调节器来调节供油量。

（2）时间控制式电控柴油喷射系统

1）时间控制式电控分配泵。时间控制式电控分配泵在结构上取消了位置控制式 VE 泵的溢油环，在泵的泄油通路上设置了一个电磁溢油阀，采用时间控制方式。由于采用高频响应的电磁溢油阀，使各气缸的不均匀性控制、过渡过程控制、变速特性控制、喷油率控制等得到了明显改善。

2）电控泵喷嘴系统。电控泵喷嘴系统的喷油量由安装在喷嘴总成上的电磁阀关闭时间决定，喷油正时由电磁阀关闭时刻决定，所以，称为时间控制式电控柴油喷射系统。

3）电控单体泵系统。其特点是柴油喷射所需要的高压燃油，仍然由套筒内做往复运动的柱塞产生。喷油量和喷油正时控制，则由 ECU 根据各种传感器输入的信号控制电磁阀关闭执行喷油，电磁阀打开喷油结束。在每个单体泵上安装有一个电磁阀，ECU 通过控制电磁阀关闭和打开时间的长短，来决定喷油量和喷油正时。

（3）高压电控共轨柴油喷射系统　高压电控共轨柴油喷射系统如图 6-60 所示，它是第二代时间控制柴油喷射系统的进一步发展，将喷油量和喷油时间控制融为一体，使柴油的升压机构独立，即柴油压力与发动机转速、载荷无关，具有可独立控制压力的蓄压器——共轨。这样，柴油喷射压力可以按照人们的意志进行控制。喷油量、喷油时间等参数直接由装在各个气缸上的喷油器控制，最高喷射压力可达 135 MPa 以上。该系统可以提高燃烧效率、减少 NO_x 的排放量，环保标准可达欧Ⅲ标准。

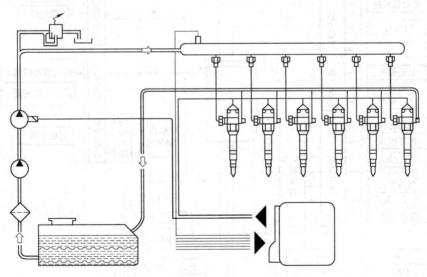

图 6-60　高压电控共轨柴油喷射系统

1. 位置控制式电控燃油喷射系统的结构与维修

（1）直列柱塞泵的电控系统　电控直列柱塞泵的燃油压送机构同普通机械式柱塞泵的原理相同，电控系统主要由传感器、执行机构和 ECU 组成，直列柱塞泵电控系统的组成如图 6-61 所示。

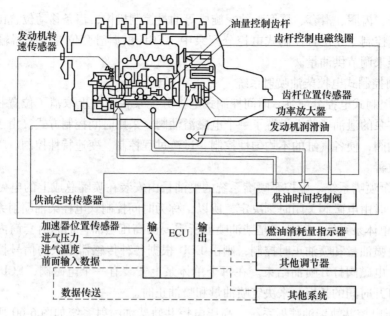

图 6-61　直列柱塞泵电控系统的组成原理图

1）ECU。直列柱塞泵电控系统中的 ECU 与共轨系统 ECU 的原理相同，其功能图如图 6-62 所示。

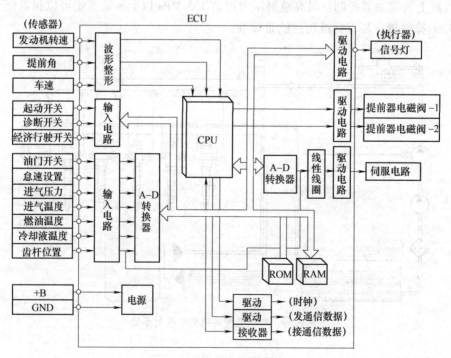

图 6-62　ECU 的功能图

2）执行机构。电控直列柱塞泵的执行机构包括电子调速器和电子提前器。

①电子调速器的组成与喷油量的控制。

a. 电子调速器组成。电子调速器如图 6-63 所示，电子调速器主要由线性螺线管、齿杆位置传感器、转速传感器、传感器放大器及油门传感器、冷却液温度传感器和起动信号等组成。线性螺线管的作用是控制线圈中的电流，使喷油泵的调节齿杆移动；齿杆位置传感器由线圈和铁心组成，作用是检测出调节齿杆的位置；转速传感器用来检测发动机的转速；传感器放大器将检测到的齿杆位置传感器的输出信号放大后送到计算机中。

b. 喷油量的控制。如图 6-64 所示，电子调速器中的线性螺线管的滑动铁心和油泵中的供油调节齿杆联动。若流经线性螺线管中的电流增加，则滑动铁心向供油量增加的方向（图 6-64 中向左）移动，并和复位弹簧在某个位置达到平衡，从而改变供油量。供油量由柴油机的转速和油门开度确定，在某一油门开度下，有一个稳定的转速。当由于外界载荷发生变化，导致转速变化时，ECU 根据存储的数据，控制线性螺线管中的电流大小，增加或减小供油量，从而稳定柴油机的转速。

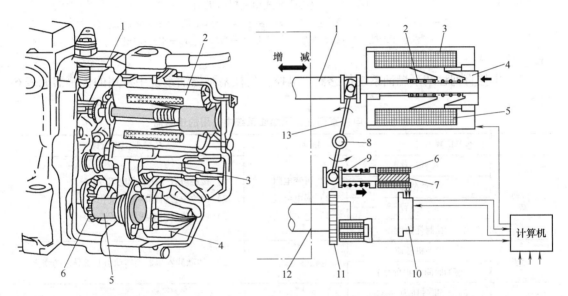

图 6-63　电子调速器　　　　　　　　　图 6-64　喷油量控制原理图

1—调节齿杆　2—线性螺线管　3—齿杆位置传感器　　1—调节齿杆　2、9—复位弹簧　3—线性线圈　4—滑动铁心
4—传感器放大器　5—转速传感器　6—齿轮　　　　5—线圈　6—齿杆位置传感器　7—传感器　8—支点 A
　　　　　　　　　　　　　　　　　　　　　10—传感器放大器　11—齿轮　12—喷油泵
　　　　　　　　　　　　　　　　　　　　　凸轮轴　13—联结杆

②电子提前器。电子提前器位于发动机驱动轴与喷油泵凸轮轴之间，改变它们的相位需要较大的转矩，因此，采用液压调节，如图 6-65 所示。调节机构中的油来自于柴油机的润滑油，润滑油的进、出由计算机控制两个电磁阀的开闭来实现。当左边的电磁阀开启时，右边的电磁阀关闭，润滑油流回柴油机中，油压活塞向右移动，拨叉向中心移动，带动拨叉销向下移动，拨叉销带动偏心凸轮转动，从而改变凸轮轴和曲轴的相位。在与凸轮轴向旋转方向相反的方向转动一个角度，供油推迟；反之，供油提前。供油提前角的大小由计算机通过电磁阀的开闭来实现。

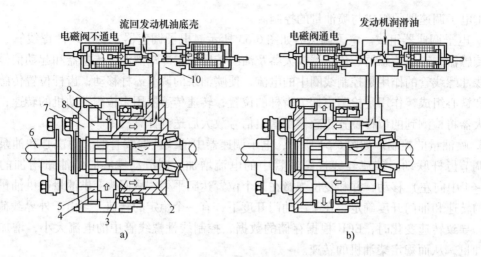

图 6-65　偏心凸轮式角度提前机构

1—喷油泵凸轮轴　2—液压腔　3—液压活塞　4—大偏心轮　5—小偏心轮
6—喷油泵驱动轴　7—驱动外壳　8—滑块　9—滑块销　10—电磁换向阀

3）电控直列柱塞泵燃油系统传感器。电控直列柱塞泵燃油系统中常用的传感器见表6-12。

表 6-12　电控直列柱塞泵燃油系统中常用的传感器

传感器检测项目		检测方式	传感器工作原理
位置	齿杆位移	1）可变电阻 2）涡电流式 3）电位计式	1）接触位置变化引起电阻变化 2）铜片位置引起涡电流变化 3）铁心位置引起线圈电感变化
	套筒位移		
	油门位置		
	控制杆角度		
转速	发动机转速	电磁感应式	磁性体脉冲发生器的转动引起磁导率的变化
	喷油时间（提前角）		
压力	进气压力	半导体式	压电电阻效应
	大气压力		
温度	进气温度	热敏电阻	电阻变化检测温度
	燃油温度		
	冷却液温度		
	润滑油温度		
	排气温度		
定时	针阀升程	1）霍耳式 2）电感式	
	计时活塞		
流量	进气流量	气流表	
		热线式、热膜式	
		卡门旋涡式	

上面讲的是第一代直列柱塞泵电控系统，在第一代电控直列柱塞泵的基础上，日本杰克赛尔公司开发了第二代直列柱塞泵的电控系统（Timing and Injection rate Control System，TICS），即提前角和喷油率可控系统。

TICS 是以传统的直列柱塞泵为基础，在柱塞上附加一个可移动的定时滑套，用来改变行程，通过发动机的转速和载荷对喷油率进行控制。

TICS 的剖面结构如图 6-66 所示，定时滑套由旋转螺线圈驱动，通过定时杆的转动而动作。

TICS 的工作原理如图 6-67 所示。凸轮转动，柱塞上升，当柱塞上的油孔 a 被定时滑套的下端面遮断时，压油开始；柱塞进一步上升，当柱塞上的螺旋槽和套筒上的回油孔 b 接通时，压油结束。

（2）转子分配泵的电控系统

1）组成。电控位置控制式转子分配泵的组成同电控直列柱塞泵的一样，也由传感器、ECU 和执行器组成，如图 6-68 所示。它的控制项目有供油量（电子调速）、供油提前角、怠速控制，同时也具有故障诊断功能、应急系统和专家系统（视具体的配置而定）。

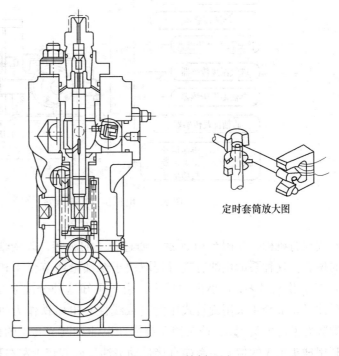

定时套筒放大图

图 6-66　TICS 的剖面图

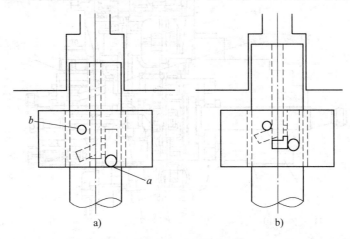

a)　　　　　　　　b)

图 6-67　TICS 的工作原理图

a）压油开始　b）压油结束

2）结构及工作原理。电控位置控制式转子分配泵的结构如图 6-69 所示，采用旋转螺线

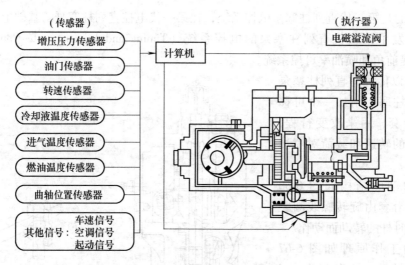

图 6-68　电控位置控制式转子分配泵的组成

圈式执行机构，如图 6-70 所示。通过转子的旋转，改变轴下端偏心球的位置来控制溢油环的位置。这种泵的供油有效行程取决于泵油量调节套 4 和分配泵泵油柱塞 1 上的相对位置 S，S 大供油量多，S 小供油量少。由图可知这种分配泵是由泵油量调节套的位置确定的。泵油量调节套 4 采用旋转式比例（或线性）电磁铁作为执行器，电磁铁中的控制轴 7 的下端装有偏心球头销 3，球头销 3 镶嵌在泵油量调节套 4 的槽内，电磁铁及其控制轴旋转时，利用球头销 3 的偏心关系能直接带动泵油量调节套 4 左右移动，改变其供油有效行程 S，控制供油量。在球头销 3 的上方还装有一个泵油量调节套的位移传感器 5，形成位置反馈的闭环控制系统，以提高控制精度。

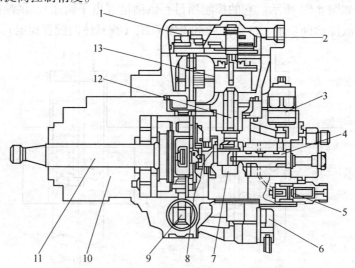

图 6-69　电控位置控制式转子分配泵的结构图

1—燃油温度传感器　2—位置传感器　3—断油阀　4—分配转子　5—出油阀
6—定时控制电磁阀　7—油量控制滑套　8—凸轮盘　9—定时控制活塞
10—油泵壳体　11—油泵输入轴　12—控制轴　13—油量控制电动机

3）喷油量控制。喷油量控制原理如图6-71所示，旋转螺线圈5中电流的大小和方向由
ECU1控制，旋转螺线圈5通电后，定子8旋转一定的角度后与复位弹簧平衡后固定在某一位置，定子8带动偏心球10一起旋转，偏心球10带动油泵上的溢流滑环15左右移动，从而控制供油结束终点，即喷油量大小。

4）供油提前角控制。供油提前角的控制原理如图6-72所示。VE型转子分配泵的提前器活塞内设有连通高压腔和低压腔的通道，按占空比控制定时调节阀，使正时活塞两侧的压力差变化，从而控制供油提前角。提前器活塞的位置由传感器测出，可以对供油正时进行反馈控制。

2. 时间控制式电控燃油喷射系统的结构与维修

位置控制式电控喷油泵，实质上是计算机控制的执行机构，其最终执行方式同非电控柴油机一样，只是控制的程序来自于计算机。这种方式的缺点：一是控制精度不高（位置变化的精度不高，导致整个控制链的精度下降）；

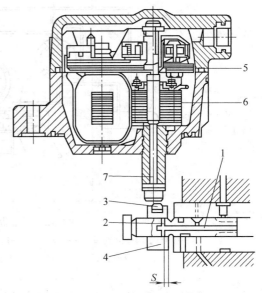

图 6-70　旋转螺线圈式执行机构
1—分配泵泵油柱塞　2—回油孔　3—球头销
4—泵油量调节套　5—泵油量调节套的位移
传感器　6—泵油量调节套的电磁驱动器
7—控制轴

二是控制的自由度不大，方式不灵活。因此，后来出现了第二代电控燃油喷射系统——时间控制式电控系统，该控制方式主要有时间控制式电控转子分配泵、时间控制式电控泵喷嘴和电控单体泵系统。这里主要介绍时间控制式电控转子分配泵和时间控制式电控泵喷嘴系统。

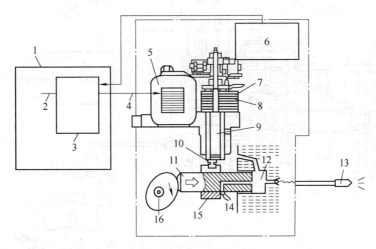

图 6-71　喷油量控制原理图
1—ECU　2—指令值　3—驱动回路　4—输出　5—线圈　6—转角传感器
溢油环位置传感器　7—转子　8—定子　9—轴　10—偏心球　11—柱塞
12—压力室　13—喷油嘴　14—溢油口　15—溢油滑环　16—凸轮

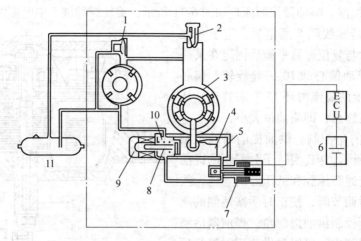

图 6-72　供油提前角控制原理图

1—控制阀　2—溢流阀　3—滚轮环　4—提前器　5—活塞　6—蓄电池　7—定时控制阀

8—弹簧　9—提前器位置传感器　10—进油腔　11—油箱

（1）时间控制式电控转子分配泵系统的结构与维修　图 6-73 所示是某一时间控制式电控转子分配泵，图 6-74 所示是时间控制方式和位置控制方式的对比。从图 6-74 中可以看出，位置控制式电控系统是利用偏心球来移动溢流环的左右位置，控制供油终点的时刻（供油始点由提前器控制）来实现的；时间控制式电控系统取消了溢流环，代替的是电磁溢流阀。电磁溢流阀由 ECU 控制，当柱塞在压油过程中电磁阀断电时，电磁溢流阀打开，高压燃油立即卸压，供油终止。因此，供油量的控制是计算机通过控制电磁溢流阀通断电来实现的，通电时间的长短决定供油量，即为时间控制方式。

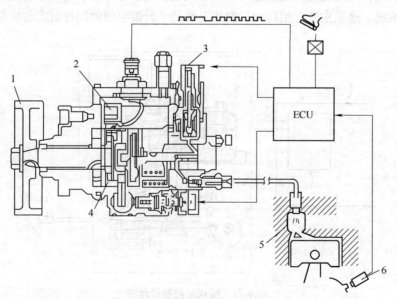

图 6-73　时间控制式电控转子分配泵

1—驱动轮　2—喷油泵转角传感器　3—电磁溢流阀

4—脉冲发生器　5—发动机　6—曲轴位置传感器

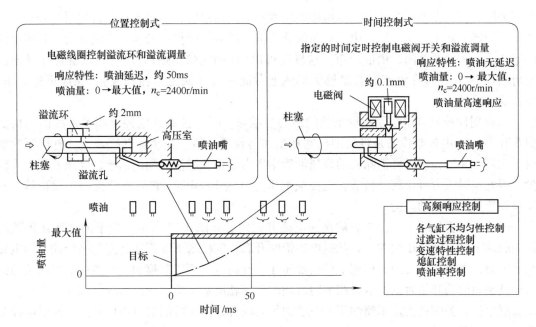

图 6-74　时间控制式和位置控制式的对比

电磁溢流阀的工作原理如图 6-75 所示，电磁溢流阀是由一个小的电磁阀（导向阀）和一个液压自动阀（主阀）组成的。当电磁阀通电时，高压燃油通过主阀上的小孔同时作用于主阀的背面，电磁阀通电后，线圈产生励磁，导向阀压在阀座上。由于主阀座面的密封截面小于主阀密封面积，再加上弹簧力的作用，作用于阀背面的力大于作用于主阀正面的力，

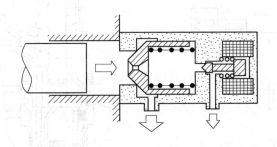

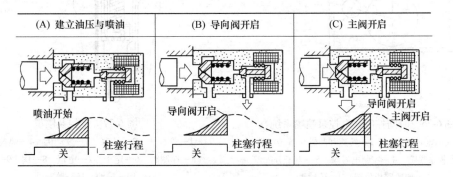

图 6-75　电磁溢流阀的工作原理

主阀关闭，高压燃油不会泄漏。当电磁阀中没有电流通过时，导向阀在弹簧作用下开启，主阀背面的燃油卸压，主阀正面由于有节流孔节流，压力下降得比较慢，主阀开启，高压燃油迅速卸压，出油阀关闭，供油结束。这样既可以用一个小的励磁力产生高压密封（导向阀密封面积小），又可在溢流时有足够大的流通截面积（主阀密封面积大），保证迅速卸压，并且响应灵敏。

（2）时间控制式电控泵喷嘴系统的结构与维修　时间控制式电控泵喷嘴系统的结构如图 6-76 所示。电控泵喷嘴是将泵油柱塞和喷油器合成一体，安装在气缸盖上。电控泵喷嘴由于无高压油管，所以可消除长的高压油管中压力波动和燃油压缩的影响，高压容积大大减少，因此喷射压力可很高。目前，电控喷嘴压力可达 200MPa。它的驱动机构比较特殊，必须是顶置式凸轮驱动机构。

电控泵喷嘴是一个二位二通的高速电磁开关阀。如图 6-77 所示，当泵油柱塞在顶置凸轮的驱动下向下运动压油时，若此时电磁锥阀开启，则柱塞下腔不能建立起高压油。当电磁阀通电时，电磁锥阀关闭，柱塞下腔的油压才能升高，从而实现喷油。显然，电磁阀关闭的时刻就是喷油的开始时刻，电磁阀关闭时间的长短就决定了喷油量的多少。因此，用一个二位二通电磁开关阀就实现了喷油正时与喷油量的联合控制，控制的自由度较大，同时电控泵喷嘴机械部分也可简化。

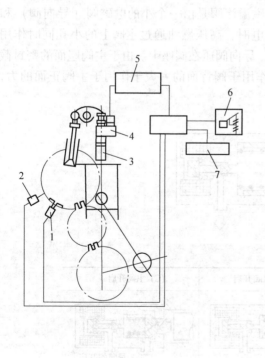

图 6-76　时间控制式电控泵喷嘴系统
1—喷油定时传感器　2—转速和曲轴位置传感器
3—电控泵喷嘴　4—控制电磁阀　5—电子分配器
6—加速踏板位置　7—传感器

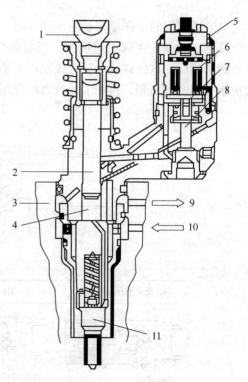

图 6-77　电控泵喷嘴
1—挺柱体　2—柱塞　3—发动机　4—喷油泵室
5—控制阀　6—定子　7—电枢　8—阀　9—回油
10—进油　11—喷油器

3. 电控共轨式系统的结构与维修

高压电控共轨技术是指在高压油泵、压力传感器和 ECU 组成的闭环控制系统中，喷油压力大小与发动机转速无关的一种供油方式。在电控共轨系统中，如图 6-78 所示，喷射压力的产生和喷射过程是完全彼此分开的。高压油泵把高压柴油输入到蓄压器中，通过对蓄压器内油压调整实现精确控制，使高压油管压力的大小与发动机的转速无关。高压共轨的方式可以大大减小柴油机供油压力随发动机转速变化而产生的波动，也就在一定程度上弥补了传统柴油机的缺陷。

（1）电控共轨式系统的结构
高压电控共轨系统由电控系统和柴油供给系统组成，如图 6-79 所示。

1）电控系统。

①电控系统的结构组成。电控系统由 ECU、各种传感器和执行器等组成，如图 6-80 所示。

ECU 的作用是按照预置程序对各个传感器输入的信息进行运算、处理、判断，并发出指令，控制有关执行元件动作，以达到快速、准确、自动控制发动机的目的。

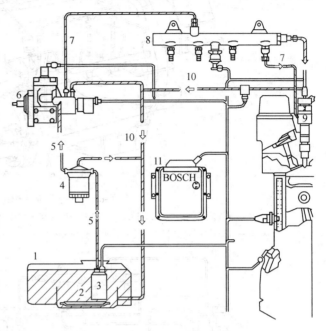

图 6-78　电控共轨式系统组成图
1—燃油箱　2—燃油滤清器（粗）　3—电动输油泵
4—燃油滤清器（细）　5—低压燃油管　6—VP 分配
式高压燃油泵　7—高压燃油管　8—蓄压器（油轨）
9—喷油器　10—回油管　11—ECU

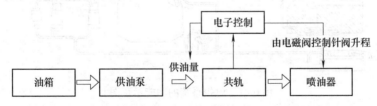

图 6-79　电控共轨式系统的组成框图

传感器的作用是对反映发动机运行状况的一些参数进行检测，包括空气质量流量计、转速传感器、凸轮轴位置传感器、油门踏板传感器、进气温度传感器、冷却液温度传感器、柴油温度传感器、共轨油压传感器、增压压力传感器等。

执行器是动作元件，主要包括喷油电磁阀、油压控制阀、共轨压力限制阀等。

②电控系统的功能。ECU 根据各种传感器实时检测到的柴油机运行参数，与 ECU 中预先已经存储的参数值或参数图谱（称为 MAP 图）相比较。按其最佳值或计算后的目标值把指令输送到执行器（如喷油器），从而精确控制发动机的工作过程。ECU 控制喷油器的喷油量，而喷油量的大小则由蓄压器中柴油压力和电磁阀开启时间的长短决定，如图 6-81 所示。

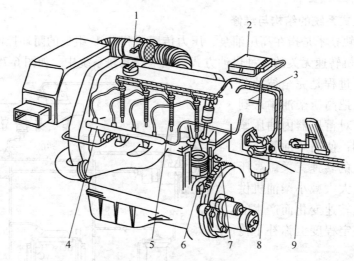

图 6-80 电控系统结构组成

1—空气流量传感器 2—ECU 3—VF 分配式高压燃油泵 4—高压蓄压器 5—喷油器
6—曲轴转速传感器 7—冷却液温度传感器 8—柴油滤清器 9—加速踏板位置传感器

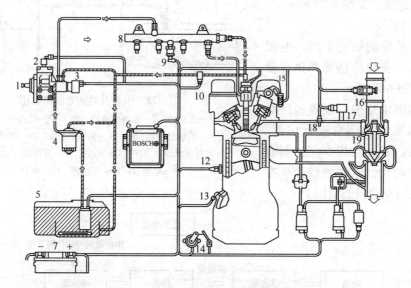

图 6-81 电控系统的功能示意图

1—VP 分配式燃油泵 2—燃油切断阀 3—压力控制阀 4—柴油滤清器
5—燃油箱（内有输油泵和燃油粗滤器） 6—ECU 7—蓄电池 8—蓄压器（油轨） 9—燃油压力传感器
10—燃油温度传感器 11—喷油器 12—冷却液温度传感器 13—曲轴转速传感器
14—加速踏板位置传感器 15—凸轮轴位置传感器 16—进气歧管压力传感器 17—增压压力传感器
18—进气温度传感器 19—涡轮增压器

ECU 还具有自我诊断功能，它随时对系统主要部件的工作进行技术诊断，如果某个部件出现了故障，诊断系统会向驾驶员发出警报，并根据情况进行自我处理，或使发动机切断柴油供给而停机，或者切换控制使机械继续行驶到修理厂。

③ECU 的控制内容。采用灵活的电控功能可使供给系统控制自由度大大增加，柴油机喷射控制的主要内容有喷油量控制、喷油时间控制、喷油压力控制、喷油速率控制及其他附

加功能控制，其控制功能见表 6-13。

表 6-13　电控柴油供给系统的功能

控制项目	控制内容	控制项目	控制内容
喷油量控制	基本喷油量控制	喷油速率控制	预喷油量控制
	急速转速控制		预行程控制
	起动喷油量控制	附加功能	自我诊断功能
	加速喷油量控制		故障应急功能
	不均匀油量补偿控制		数据通信功能
喷油时间控制	基本喷油时间控制		进气量控制
	起动喷油时间控制		EGR 控制
	低温起动喷油时间控制		变速器控制
喷油压力控制	基本喷油压力控制		

a. 喷油量控制。

a）基本喷油量控制。发动机的基本喷油量是由发动机转速和加速踏板的位置决定的。发动机在不同工况下工作，要求输出不同的转矩，为了获得不同的转矩特性，可以通过控制喷油量实现。

b）急速喷油量控制。在急速工况下，ECU 将发动机的实际转速和目标转速（由发动机水温、空调工作状态和载荷等因素决定）进行比较，决定两者差值求得所需的喷油量，进行反馈控制，以维持目标转速所需要的喷油量。

c）起动喷油量控制。发动机起动时，实际喷油量等于其加速踏板的位置和发动机转速所决定的基本喷油量与冷却液温度等所决定的补偿喷油量之和。

d）不均匀油量补偿控制。发动机工作时，各气缸喷油量不均引起爆发压力不均匀，可燃混合气燃烧差异引起各气缸间转速不均匀。为了减少转速的波动，使转速平稳，必须调节各气缸供油量（进行不均匀油量补偿）。ECU 检测各气缸每次爆发行程时转速的波动，再与其他所有气缸的平均转速相比较，分别向各气缸补偿相应的油量。

b. 喷油时间控制。在共轨系统中，为实现发动机的最佳燃烧，ECU 根据发动机的运行工况和外部环境条件经常调节喷油时间，即进行最佳喷油时间控制。具体控制方法是由发动机转速决定基本喷油时间，同时还要根据发动机的载荷、冷却液温度、进气温度和压力、柴油温度和压力等对基本时间进行修正，确定目标喷油时间。

c. 喷油压力控制。喷油压力越大，喷油能量越高；喷雾越细，混合气形成和燃烧越完全。

在高压共轨喷射系统中，ECU 根据安装在油轨（蓄压器）上的压力传感器的电信号，计算出实际的喷油压力，并将其值和目标压力值进行比较，然后发出指令控制高压油泵升高压力或降低压力，实行闭环控制，完成最佳喷油压力控制。

d. 喷油速率控制。理想的喷油规律要求喷射初期缓慢、喷油速率不能太高，目的是减少在滞燃期内的可燃混合气量，降低初期燃烧速率，以达到降低最高燃烧温度和压力升高率，来抑制 NO_x 的生成和降低燃烧噪声。喷油中期采用高喷油压力和高喷油速率目的是加快燃烧速度，防止生成微粒物。喷油后期要求迅速结束喷射，防止在较低的喷油压力和喷油速率下燃油雾化变差，导致燃烧不完全而使HC 和微粒物的排放量增加。预喷射是实现初期缓慢燃烧的有效方法，主喷射发生在中期可加快可燃混合气的扩散燃烧速度，后喷射迅速结束可有效减少排放物。在高压共轨喷射系统中进行多次喷射控制，可使喷油规律优化。

2）柴油供给系统。共轨式柴油供给系统主要由油箱、柴油滤清器、电动输油泵、高压供油泵、高压柴油管、低压柴油管、高压蓄压器（共轨）、喷油器及回油管等组成，如图 6-82 所示。

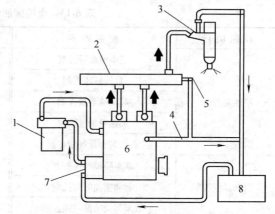

图 6-82　柴油供给系统
1—柴油滤清器　2—蓄压器　3—喷油器
4—高压燃油管　5—压力限制器
6—高压供油泵　7—油箱　8—电动输油泵

柴油供给系统按其供油压力由低压油路部分、高压油路部分和回油油路组成。低压油路部分包括输油泵、柴油滤清器及供油泵的低压腔，如图 6-83 所示；高压油路部分包括供油泵的高压腔、高压蓄压器（共轨）、喷油器及高压柴油管等，如图 6-84 所示。

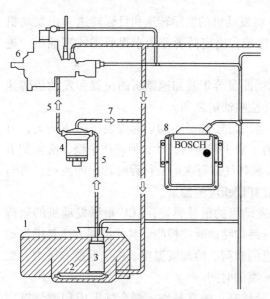

图 6-83　高压共轨柴油供给系统的低压油路部分
1—油箱　2—粗过滤器　3—电动输油泵　4—柴油
滤清器　5—低压柴油管　6—高压油泵低压腔
7—回油管　8—ECU

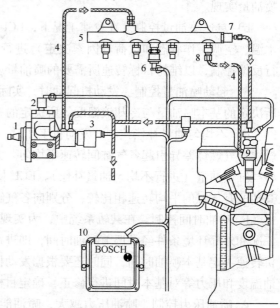

图 6-84　高压共轨柴油供给系统的高压油路部分
1—GY 分配式高压供油泵　2—切断阀　3—压力控制阀
（调压阀）　4—高压柴油管　5—高压蓄压器（共轨）
6—油压传感器（轨道压力传感器）　7—限压阀
8—流量限制阀　9—喷油器　10—ECU

柴油供给系统的工作过程是，低压燃油由电动输油泵从油箱中吸出后，经柴油滤清器滤清并输送到分配式高压油泵，柴油经高压柴油泵加压后输送到高压蓄压器（共轨）中。储存在高压蓄压器（共轨）中的高压柴油在适当的时刻通过电磁喷油器喷入发动机气缸内，少部分柴油对供给系统润滑后经回油管流回油箱。

（2）电控共轨式系统的使用特点

1）共轨系统压力高达 135～200MPa，使得喷油雾化极好，燃烧彻底，发动机的动力性和经济性较高。

2）采用调整电磁阀控制燃油喷射，可以实现预喷射（一个工作循环可以实现 4～6 次燃油喷射），使柴油燃烧得更彻底。

3）实行闭环控制。图 6-85 所示为博世公司电控共轨系统的工作原理图。

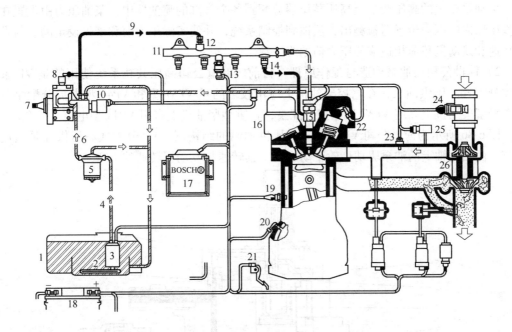

图 6-85　博世公司电控共轨系统的工作原理图

1—燃油箱　2—粗过滤器　3—低压输油泵　4、6—低压油管　5—精过滤器（带油水分离器）　7—高压油泵
8—停油阀　9—高压油管　10—电液比例高压温阀　11—共轨管　12—高压油进油口　13—共轨压力传感器
14—流量限制器　15—高压共轨喷油器　16—燃油温度传感器　17—电控单元（ECU）
18—蓄电池　19—冷却液温度传感器　20—曲轴转速传感器　21—加速踏板传感器
22—凸轮轴转速传感器　23—进气温度传感器　24—空气质量传感器
25—增压压力传感器　26—涡轮增压器

柴油从油箱被电动输油泵吸出后，经过油水分离器和柴油滤清器滤清后，被送入 VP 分配式高压供油泵，此时输油泵产生的柴油压力为 0.2MPa。进入 VP 分配泵的柴油分为两部分：部分通过高压供油泵上的安全阀进入油泵的润滑和冷却油路后，流回油箱；另一部分进入 VP 分配式高压供油泵，在 VP 分配式高压供油泵中，柴油的压力加压到 135MPa 后，被输送到高压蓄压器，高压蓄压器上有一个压力传感器和一个通过切断油路来控制油量的压力限制阀，ECU 通过压力限制阀来调节设定的共轨压力。高压柴油从高压蓄压器、流量限制阀经高压油管进入喷油器后，又分为两路：一路直接喷入燃烧室，另一路在喷油期间随着针阀导向部分和控制套筒与柱塞缝隙处泄漏的多余柴油一起流回油箱。

由上面的分析可看出，供油压力与柴油发动机的转速、载荷无关，它是独立控制的。在高压蓄压器内的压力传感器检测燃油压力，并与 ECU 设定的目标喷射压力进行比较后进行反馈控制。

（3）供油泵

1）作用。供油泵是低压和高压部分之间的接口，供油泵的主要作用是将低压柴油加压成高压柴油，储存在高压蓄压器内，等待 ECU 的喷射指令。另外，还应保证在发动机起动过程中及高压蓄压器中压力迅速上升所需的柴油储备。供油压力可以通过压力限制器进行设定，所以在共轨系统中可以自由地控制喷油压力。

供油泵产生的高压柴油经高压蓄压器分配到各个气缸的喷油器中；柴油压力由设置在高压蓄压器内的压力传感器检测出，反馈到控制系统，并使实际压力值和事先设定的、与发动机转速和发动机载荷相适应的压力值始终一致。

2）博世公司供油泵构造与工作原理。目前，博世公司高压共轨系统使用的是 VP 系列电控分配式高压供油泵，在电控柴油机上应用较多的是 VP37 型和 VP44 型电控分配泵。其中在轻型柴油机上多用 VP37 型电控分配泵，在重型柴油机上多用 VP44 型电控分配泵。

图 6-86 所示为博世公司 VP 分配式高压供油泵的结构图，VP 分配式高压供油泵通过万向节，由凸轮轴上的油泵驱动齿轮带动旋转，其转速是发动机转速的 1/2。

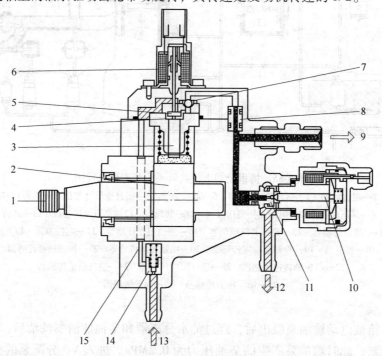

图 6-86　VP 分配式高压供油泵结构图

1—驱动轴　2—偏心凸轮　3—柱塞泵油元件　4—柱塞腔　5—吸油阀　6—柱塞偶件切断电磁阀
7—排油阀　8—密封件　9—通向共轨的高压接头　10—高压电磁阀　11—球阀　12—回油口
13—进油口　14—带节流孔的安全阀　15—通往泵油元件的低压通道

VP 分配式高压供油泵由三个径向排列、互相成 120°夹角的柱塞组成。分配泵总成中的三个泵油柱塞由驱动轴上的凸轮驱动进行往复运动，每个泵油柱塞有弹簧对其施加作用力，目的是减小柱塞振动，并且使柱塞始终与驱动轴上的偏心凸轮接触，如图 6-87 所示。

　　当柱塞向下运动时，为进油行程，进油阀开启，低压柴油进入泵腔，而当柱塞到达下止点时，进油阀关闭，泵腔内的柴油在向上运动的柱塞作用下被加压后输送到高压蓄压器中，高压柴油被存储在高压蓄压器中等待喷射。

　　由于供油泵是按最大供油量设计的，在怠速和承受部分载荷工作时，被压缩的柴油显得过多，多余的柴油经过调压阀流回油箱。由于已被压缩的柴油再次降压，损失了压缩能量。这种现象除了使柴油升温外，还会降低总效率。

　　为了局部弥补上述损失，在三组柱塞的其中一组设一个关断阀，当高压蓄压器不需要送入太多柴油时，关断阀打开，切断供油，使供油量适应柴油的需要量。切断柱塞供油时，送到高压蓄压器中的柴油量减少。在关断阀断油装置的电磁阀动作时，装在其电枢上的一根销子将进油阀打开，从而使供油行程中吸入的柴油不受压缩。由于吸入的柴油又流回到低压通道，所以柱塞腔内不会建立起高压。切断柱塞供油后，供油泵不再连续供油，而是处于供油间歇阶段，因此减少了功率损失。

　　在高压供油泵上安装有柴油压力控制阀（调压阀），视安装空间的不同，压力控制阀可直接装在供油泵旁也可单独布置，如图 6-88 所示。

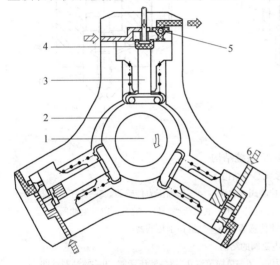

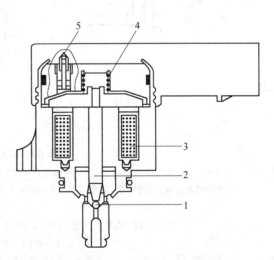

图 6-87　VP 分配式高压供油泵工作原理图
1—驱动轴　2—偏心凸轮　3—柱塞泵油元件（三组）
4—吸油阀　5—出油阀　6—进油口

图 6-88　柴油压力控制阀
1—球阀　2—电枢线圈　3—电磁铁
4—弹簧　5—电线接头

　　ECU 通过控制压力控制阀可以精确地保持泵油压力，以保持高压蓄压器中的油压。压力控制阀是电磁控制球阀，它与分配泵连接处有 O 形密封圈保持密封，弹簧向球阀施加作用力，电磁铁也对球阀施加作用力，而球阀的另一侧承受着高压蓄压器中柴油的高压作用。电磁力大小由 ECU 的控制信号电流进行控制，所以，通过电磁铁电流的大小将决定高压蓄压器中柴油压力的高低。当高压蓄压器中的柴油压力超过发动机运转状态下的期望设定值时，球阀将会开启，油泵中的部分压力柴油通过回油管流回油箱；如果高压蓄压器中柴油压力过低，球阀将会关闭，高压蓄压器中的柴油压力增加。ECU 就是这样通过压力控制阀对系统压力实现闭环控制的。

博世公司的供油泵像普通分配泵那样装在柴油机上。通过齿轮、链条或齿带由发动机驱动，最高转速为 3000r/min，采用柴油润滑。

3）日本电装公司 ECD-U2 发动机供油泵的结构工作原理。ECD-U2 系统结构如图 6-89 所示。该系统的主要元件由类似于直列柱塞泵的供油泵（不同的发动机可选用不同的供油泵）、共轨、喷油泵和各种传感器组成。供油泵的作用是将低压柴油加压成高压柴油，送入高压蓄压器中。

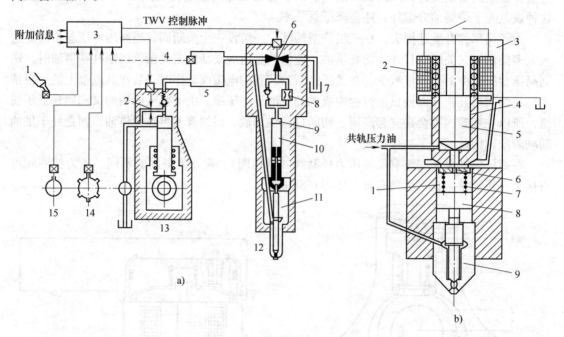

图 6-89　ECD-U2 系统结构

a）ECD-U2 系统总体结构

1—加速踏板位置传感器　2—电控装置　3—油泵压力控制阀（PCV）　4—柴油压力传感器　5—高压蓄压器
6—二通阀（TWV）　7—柴油箱　8—节流孔　9—控制室　10—液压活塞　11—喷嘴　12—喷油器
13—高压供油泵　14—发动机转速传感器　15—气缸识别传感器

b）两位三通电磁阀的结构

1—控制腔　2、7—弹簧　3—三通阀　4—外阀　5—内阀　6—单向节流孔　8—液压活塞　9—喷油器针阀

供油泵的结构如图 6-90 所示，与传统直列柱塞泵的结构相似，通过凸轮和柱塞机构使柴油增加，各柱塞上方配置控制阀。凸轮有单作用型、双作用型、三作用型及四作用型多种。图 6-90 中所示为三作用型。采用三作用型的凸轮可使柱塞单元减少到 1/3，向高压蓄压器中供油的频率和喷油频率相同，这样可使高压蓄压器中的压力平稳。

供油泵的工作原理：

①柱塞 4 下行，压力控制阀 6 开启，低压柴油经供油泵压力控制阀流入柱塞腔；柱塞 4 上行，但压力控制阀 6 中尚未通电，压力控制阀 6 仍处于开启状态，吸进的柴油并未升压，经压力控制阀又流回低压腔。

②当压力控制阀 6 通电时，压力控制阀 6 关闭，则回油流路被切断，柱塞腔内柴油被升压。此时，高压柴油经出油阀 8（单向阀）压入高压蓄压器内，控制阀 6 关闭后的柱塞行程

与供油量对应。若使压力控制阀 6 的开启时刻（柱塞的预行程）改变，则供油量随之改变，从而可以控制高压蓄压器压力。

③凸轮 1 越过最大升程后，则柱塞 4 进入下降行程，柱塞腔内的压力降低。这时出油阀 8 关闭，压油停止。压力控制阀 6 处于断电状态，压力控制阀 6 开启，低压柴油将被吸入柱塞腔内，即恢复到①的状态。

ECU 向压力控制阀通电和断电的时刻就决定了供油泵向高压蓄压器内供入的供油量，压力控制阀的作用是用于调整高压蓄压器内的柴油压力。

（4）高压蓄压器（共轨）组件

1）功能。共轨组件的功能是接收从供油泵供来的高压柴油，并将供油泵输出的高压柴油经稳压、滤波后，按 ECU 的指令分配到各个气缸的喷油器中去。

2）组成及结构。共轨组件主要由共轨、共轨封套、高压溢流阀、共轨压力传感器、压力限制阀及流量限制器组成，如图 6-91 所示。

①共轨。共轨是一根锻造钢管，共轨的内径

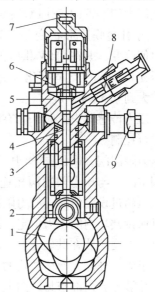

图 6-90　ECD-U2 系统供油结构（三作用型）
1—三作用型凸轮　2—挺柱体　3—柱塞弹簧
4—柱塞　5—柱塞套　6—油泵压力控制阀
7—接头　8—出油阀　9—溢流阀

为 10mm，长度为 280~600mm，其具体长度按发动机的要求而定，各气缸上的喷油器通过各自的油管与共轨连接。

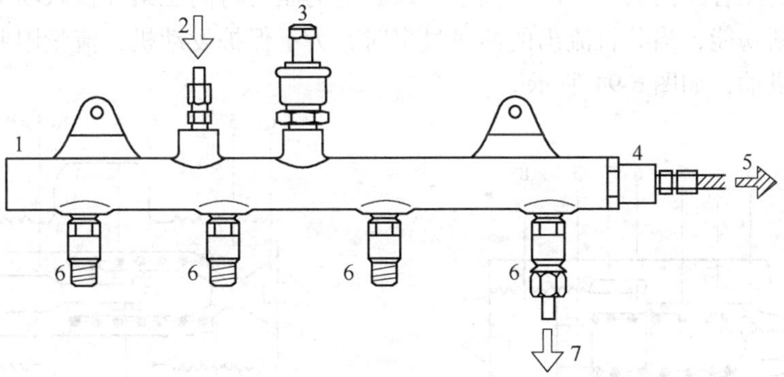

图 6-91　共轨组件结构
1—共轨　2—高压燃油泵进油口　3—共轨压力传感器　4—压力限制阀　5—出油口
6—流量限制器　7—喷油器连接油管

在共轨上装有共轨压力传感器、压力限制阀和流量限制器。

②共轨压力传感器。共轨压力传感器的结构如图 6-92 所示，它由压力敏感元件（焊接在压力接头上）、带求值电路的电路板和带电气插头的传感器外壳组成。柴油经一个小孔流向共轨压力传感器，共轨压力传感器的膜片将孔的末端封住。高压柴油经压力室的小孔流向膜片，膜片上装有半导体敏感元件，可将压力转换为电信号，通过连接导线将产生的电信号

传送给向 ECU 提供信号的求值电路。

共轨压力传感器的工作原理：当膜片形状改变时，膜片上涂层的电阻发生变化。这样，由系统压力引起膜片形状变化（150MPa 时变化量为 1mm），促使电阻值改变，并在用 5V 供电的电阻电桥中产生电压变化。

电压在 $0 \sim 70mV$ 之间变化（具体数值由压力而定），经求值电路放大到 $0.5 \sim 4.5V$。

共轨压力传感器失效时，具有应急功能的调压阀以固定的预定值进行控制。

③压力限制阀（限压阀）。压力限制阀的结构如图 6-93 所示，此阀常闭。与压力限制阀相连的油管可使柴油流回油箱。当共轨油压超过设定值时，压力限制阀打开泄油，使共轨压力降低，以保持共轨内的压力恒定。压力限制阀主要由外壳（制有外螺纹，以便拧装在共轨上）、通往油箱的回油管接头、柱塞和弹簧组成。外壳在通往共轨的连接端有一个小孔，一般情况下，此孔被外壳内部密封座面上的锥形活塞头关闭。在标准工作压力（135MPa）下，弹簧将活塞紧压在座面上。此时，共轨呈关闭状态。当共轨中的柴油压力超过规定的最大压力时，活塞在高压柴油压力的作用下压缩弹簧，高压柴油从共轨中经过通道流入活塞中央的孔，然后经集油管流回油箱。随着压力限制阀的开启，柴油从共轨中流出，共轨中的压力降低。

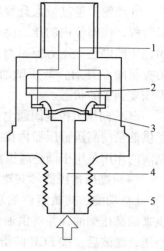

图 6-92　共轨压力传感器
1—电气插头　2—求值电路
3—带有传感元件的膜片
4—高压接头　5—紧固螺钉

④流量限制器。流量限制器和高压油管相连，将高压柴油送入喷油器中。流量限制器也可使共轨内和高压管路内的压力波动减小，以稳定的压力将高压柴油供入喷油器中。流量限制器还具有停断功能，当共轨流出的油量过多时，为了保护发动机，流量限制器可将柴油通路切断，停止供油，如图 6-94 所示。

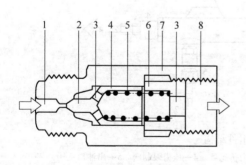

图 6-93　压力限制阀（限压阀）
1—高压接头　2—阀门　3—通道
4—柱塞　5—压力弹簧　6—限位件
7—阀体　8—回油口

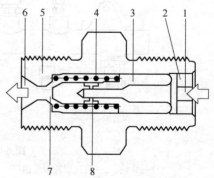

图 6-94　流量限制器（博世公司）
1—共轨端接头　2—锁紧垫圈　3—柱塞
4—压力弹簧　5—外壳　6—喷油器端接头
7—阀座面　8—节流孔

流量限制器有一个金属外壳，外壳上制有外螺纹，以便拧在共轨上，另一端的外螺纹用来拧入喷油器的进油管。外壳两端有孔，以便与共轨或喷油器进油管建立液压联系。流量限制器内部有一个活塞，一根弹簧将此活塞向共轨方向压紧。活塞对外壳壁部密封，活塞上的纵向孔连接进油孔和出油孔。

流量限制器的工作原理：活塞处在静止位置，即靠在共轨端的限位体，一次喷油后，喷油器端的压力略有下降，从而活塞向喷油器方向运动。活塞压出的容积补偿了喷油器喷出的容积。在喷油终了时，活塞停止运动，不关闭密封座面，弹簧将活塞压回到静止位置，柴油经节流孔流出。

以上介绍的是博世公司生产的共轨组件的组成与结构。在日本电装公司生产的共轨组件中，安装有流动缓冲器和压力限制器，流动缓冲器的作用与博世公司生产的流量限制器相仿，它们的结构如图 6-95 和图 6-96 所示。

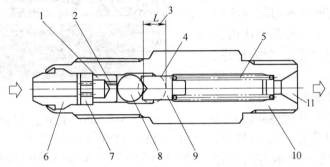

图 6-95　日本电装公司生产的流动缓冲器

1—活塞（ϕD）　2—量孔（$\phi 0.7\text{mm}$）　3—球的升程　4—球的最大升程　5—弹簧　6—接头（收敛缝）
7—垫块（压入）　8—球　9—支承块弹簧　10—壳体（渗碳）　11—喷油器

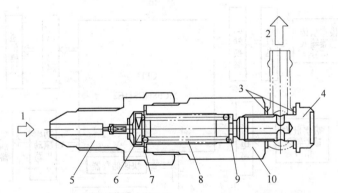

图 6-96　日本电装公司生产的压力限制器

1—燃油进口（C/R 端）　2—燃油出口（去油箱）　3—垫片　4—空心螺钉　5—壳体　6—阀
7—密封圈　8—弹簧　9—垫片　10—测量限制器体

（5）电控单元（ECU）　电控单元（ECU）是整个柴油机电控系统的计算机与控制中心，多置于仪表板下方，以避免高热、湿气及振动的影响，但也有将其置于座椅下、发动机箱或行李箱等处的，还有的置于发动机缸体右侧，用燃油管通过其背面来冷却 ECU。

1）功用。ECU 按照预先设计的程序计算各种传感器送来的信息，结合实时工况和外界条件，经过处理以后把各个参数限制在允许的电压电平上，再发送给各相关的执行机构，执行各种预定的控制功能，始终使发动机控制在最佳燃烧状态。

2) 组成及工作原理。ECU 通常设计成一个金属盒，将所有电路和芯片包含在内部，通过引出插头与传感器和执行器连接。

ECU 内部有印制电路板，上面有各种集成电路芯片、电子元件、单片机等。

ECU 的结构如图 6-97 所示，它由微处理器芯片、定时器集成电路、输入接口芯片、输出接口芯片、输出驱动器、放大器芯片、存储器芯片、线束插座与外壳等组成。

典型柴油机电控系统的结构原理图如图 6-98 所示，它主要是利用内部存储的软件（各种函数、算法程序、数据、表格）与硬件（各种信号采集处理电路、计算机系统、功率输出电路、通信电路），处理从传感器输入的诸多信号，同时以这些信号为基础，结合内部软件的其他信息制订出各种控制命令，送到各种执行器，从而实现对柴油机的控制。

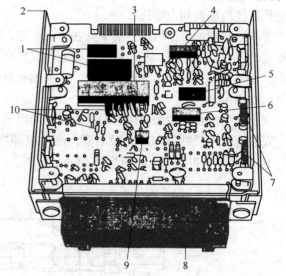

图 6-97　ECU 的结构图

1—传统电阻及电容器　2—存储器芯片　3—外壳　4—微处理器芯片　5—定时器集成电路　6—输入接口芯片　7—输出接口芯片　8—输出驱动器　9—线束插座　10—放大器芯片

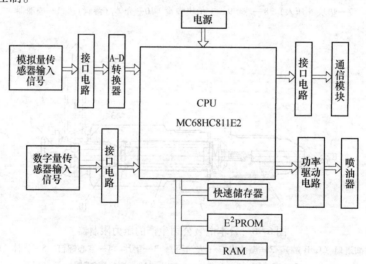

图 6-98　典型柴油机电控系统的结构原理图

ECU 要完成下列各项任务：

①处理输入信息，将所输入的信息转换为计算机所能接受的信号。

②存储输入信息，供计算机在合适的时刻使用。

③存储各种程序、数据、表格等。

④计算、处理各种信息，产生控制命令；实现和故障诊断工具通信，进行故障诊断。

⑤存储输出信息。

⑥处理输出信息。

⑦实现数据、信息的通信与交换。

⑧产生各种参考电压，通常为 3.3V、5V、9V 及 12V 等。

3）ECU 的故障自诊断系统。柴油机电控系统的 ECU 不仅要有较高的可靠性，而且要有一个良好的综合性的在线故障检测、报警、保护及停车系统，以便能自动发现和识别各元件或整个系统的故障。同时，根据故障的性质，限制柴油机的性能或使柴油机停机。

电控系统中插入了"故障-安全"集成块，它由"故障发现"和"故障识别"两个分块组成（图 6-99）。同时，要在整个系统中增加若干重复的传感器信号，如柴油机转速信号，不仅用转速传感器感应，而且喷油提前角信号的脉冲频率可作为重复的转速信号；喷油量不仅用供油齿杆行程传感器来获得信号，如有必要也可将喷油器针阀开启时间长短所提供的信号由计算机计算出喷油量。这些重复的信号在"故障-安全"集成块中一方面可用于识别故障，另一方面又可直接推动执行器，一旦发生故障可保证安全。如果信号超出计算机储存的信号的正常范围，计算机即可发现故障。此外，也可在执行器中装置位置指示器，通过它来检验执行器是否达到要求

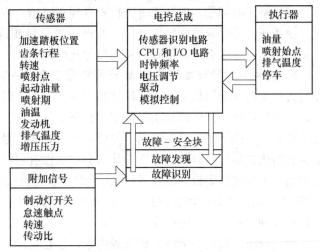

图 6-99　ECU 的故障自诊断系统

的位置，以判断故障。如果控制器检测到一个故障，它将在故障显示灯闪亮的同时，还在串行线上输出数码以提醒操作者。

①计算机系统的故障自诊断工作原理。计算机系统一般不容易发生故障，但偶尔发生故障时会影响控制程序正常运行，使发动机不能正常工作。为此，在电控系统中设有监视回路，用来监视计算机的工作是否正常。在监视回路中设有监视计时器，用在正常情况下按时对计算机复位。当计算机系统发生故障时，控制程序将不能正常巡回，这时如果监视计时器的定期清除功能不能按时使计算机复位，则计算机显示溢出，表明计算机系统发生故障并予以显示。

②传感器的故障自诊断工作原理。运转中的发动机如果电控系统的传感器出了故障，其输出信号就超出了规定范围。当水温传感器发生故障时，其向 ECU 输出的信号电压就会不正常。ECU 接收到的信号电压超出规定范围时，就判定某传感器有短路或断路故障。

③执行器的故障自诊断工作原理。执行器是在 ECU 不断发出各种指令的情况下工作的。如果执行器出现了问题，监视回路把故障信息传输给 ECU，ECU 会做出故障显示、故障存储的动作，并采取应急措施，以确保发动机维持运行。

4）判断是 ECM 板的故障还是外界传感器的故障。当接到一台无法起动的机器，首先检查是不喷油还是油泵不工作，如果都正常即可起动，若还无法起动则为机械故障。如有一台发动机在拆缸盖后装车发动机无法起动，在拆以前一切正常，故应该不是 ECM 板的故障，

首先检查发现喷油门油泵不工作，拔下油门位置传感器测有 5V 电压，说明 ECM 的电源正常，即 24V 供电及接地良好。然后拔下曲轴位置传感器插头，测电阻为 750 ~ 800Ω，表示正常，随即开车电压在 2.5V 以上，表明传感器正常，然后拔下 ECU 插头测 B06、B07 之间起动电压也在 2.5V 以上。

既然 ECM 板电源接地正常，有转速信号输入，所以判断 ECU 应该处于工作状态，而不工作则为 ECM 板本身的故障。于是拆检 ECM 板，发现一点烧损的痕迹也没有，找来一台相同的机器将此 ECM 板装车一切正常，可判断不是 ECM 板的故障，问题在发动机方面，测气缸压力，各缸压力基本一致。测各传感器到 ECM 板的通路，检查喷油器的相关线路都正常，那只有怀疑正时问题，拆开正时壳检查发现正时错一齿，装复后起动正常。

由于正时错齿导致曲轴位置信号与凸轮轴信号相位不同步，ECM 板无法识别正确的上止点信号，同时没有反馈信号，发动机停止喷油。

5）外界因素导致发动机 ECM 板非正常工作。一辆挖掘机在作业环境较差的工作面工作时突然出现发动机加不上速、机体抖动现象，低速时运转正常，高速时不正常，检查高压油路、低压油路、缸压都在正常范围，拔下节气门进气软管往里喷清洗剂无效果，证明喷油器工作正常，接下来用解码器测故障码显示台时表信号回路有故障，而试车时台时表指示正常，台时表也累计台时数，那它为什么会记忆没有台时信号这个故障码呢？最后询问驾驶员得知前一天拆过仪表板，将录音机换成 CD 机，得此信息，查资料发现台时信号到达仪表后再到 ECM 板，于是拆仪表找到台时信号线。测 ECM 板与台时信号线不通，用信号发生器给模拟信号加速正常，故障排除。

最后查线路找到一个线束插头脱出来，这是在前一天拆仪表板时修理工操作不当将线束插头弄松了，当工作在不好的环境时，此线受振动脱落导致上述故障发生。后来仔细分析得知此种 ECU 在没有台时信号输入的情况下 ECM 板将启用限速功能，防止发动机空载超速运转。

6）不懂工作原理乱接线导致 ECM 板不工作。发动机开空调熄火，并且在行驶时冷却液温度高甚至开锅，接车时，首先发现在怠速使发动机转速为 880 ~ 900r/min 时开空调熄火，这明显为开空调不提速故障，经了解去年空调正常，前几天刚加了制冷剂，最近几天空调几乎没有用过，经排查不是空调问题，只是怠速开空调不提速，而在运行时开空调能制冷，说明制冷系统正常，问题在发动机 ECM 板没有收到空调请求信号或没有发出正确的执行指令。查线路发现在压缩机旁边人为地多加了一个继电器，将原车的线剪断，用 A/C 开关来控制继电器的接通、断开，完全将原车的控制系统拆除了。随后将线拆除恢复原样一步一步检查，首先检测从 A/C 开关来的电流→环境温度开关→蒸发箱温度开关→空调高/低压组合开关→发动机冷却液温度过热开关，在发动机冷却液温度过热开关上发现有一根线脱开了，将线接上，空调工作正常。

发动机冷却液温度过热开关的主要功能是：当发动机冷却液温度过高时将空调切断退出工作。此车正常的工作原理为：当有 A/C 信号输入 ECM 板时，ECM 板控制发动机先提速，然后再接通压缩机，经过上述各开关都正常的情况下 ECM 板再控制 A/C 继电器吸合，如果上述开关有一个不工作，空调将不工作，如发动机冷却液温度超过 95℃ 以上切断继电器，空调退出工作。

从这个故障实例中可以看出：不懂 ECM 板的控制原理，将 ECM 板在特定情况下设置的自我保护程序给取消了，从而导致小问题酿成大故障。

7）没有认真分析故障产生的原因导致二次返修。在维修 ECM 板时，必须了解 ECM 板的内部元件分布位置和具有一定的单片机知识，这样才能根据手边的资料对照 ECM 板的内部元件进行逻辑推理，准确、快速地找出故障部位及原因。

在实际维修中，除具备上述的推理能力外，还必须对机械的工作原理相当了解，只有将二者有机地结合起来才能对故障进行又快又准的排除；否则即使维修好以后也可能会导致出现二次故障。

8）维修 ECM 板必须了解 ECM 板设置故障码的因果关系。在 ECM 板的维修中，ECM 板解码器是不可缺少的维修工具之一，当遇到一个工作状态较差或不能起动的车时，不要急于对机器进行盲目的换件，以免造成故障的转移，使维修难度增加。首先应该对机器进行试车以验证故障是否与驾驶员所反映的情况一致；其次在试车结束后用解码器测 ECM 板内部记忆的故障码，根据故障码的含义做出逻辑推理判断；最后再通过读取动态数据流观看被怀疑的传感器、执行器的工作状态是否正常。如果上述检测正常，那么可以把故障点转移到机器电控单元方面，即 ECM 板。

对于加不上速的故障，发现怠速不稳，测油压正常，经上述检查正常的情况下，则故障应该是喷油器工作不良，随后拆下喷油器进行清洗，装车后故障依旧，维修进入盲区，因为影响怠速不稳加不上速的相关工作元件都正常，那么故障部位是在 ECM 板上吗？于是连接解码器读取故障码：

①怠速匹配错误。

②油门未满足基本设定。

③两缸喷油器回路有故障。

再次清除故障码，显示只有故障码③，随后拔下两缸喷油器插头，一根来自油泵继电器的电源线有电，另一根来自 ECM 板的控制线用二极管测试灯跨接这两根线，测试灯闪烁，证明控制信号正确，测量喷油器的阻值在 13Ω 左右，表示正常，有喷油信号，喷油器工作也正常，为什么会产生回路故障这个故障码呢？随后将喷油器插头插回，再将二极管测试灯跨接在喷油器的两根线上，然后发现这时测试灯不闪了，故障出现了，于是拔下 ECM 板插头，测量到喷油器插头的控制线阻值为 0.5Ω，证明线路正常，故障应该在 ECM 板内部。拆解 ECM 板，顺着两缸喷油器控制回路线往里查，发现 ECM 板插针与线路板之间有进水腐蚀的现象，用电路板专用清洗液清洗干净后，再用防静电烙铁加锡焊接后装车，试车故障排除。

这是由于 ECM 板装在机舱的流水槽内，在经过下雨或洗车后 ECM 板有可能会进水，ECM 板插针通水遭到腐蚀导致接触电阻增大，在空载时能输出较小的电流而驱动二极管使试灯闪亮，当插上喷油器时，由于需要较大的驱动电流才能使喷油器打开，而驱动电流经过被腐蚀的插针后，电流变得非常小，无法将喷油器打开，从而导致上述故障的发生，所以在维修 ECM 板时一定要根据故障码的含义进行故障分析，避免走弯路。

9）发动机电控 ECM 板的维修步骤。挖掘机发动机 ECM 板内部电路可以分为两部分，即包括输入、输出以及转换电路的常规电路和微处理器。常规电路大多采用通用的电子元件，如果损坏，一般是可以修复的。在实际使用过程中，ECM 板的故障大多发生在常规电路中。如果要维修 ECM 板首先要确定是 ECM 板的故障，以免盲目修理，造成不必要的时间浪费和引起其他电路的故障。

①确定 ECM 板是否损坏。确定 ECM 板损坏的常用方法是在相关传感器信号都能正常输入 ECM 板的情况下，ECM 板却不能正确输出控制信号来驱动执行器。这虽然简单，但需要很多具体细致的基础检查工作。例如，发动机无法起动，经过检查确定起动时喷油器插头上无喷油信号（ECM 板提供的喷油驱动信号），在检查相关电路正常而且起动时的转速信号也可以正常输入发动机的 ECM 板，但是 ECM 板没有输出驱动信号给喷油器，这样就可以断定发动机 ECM 板内部有故障。

②按照电路寻找损坏元件。根据电路图或实际线路的走向找到与喷油器连接的相应 ECM 板端子，然后用数字万用表的通断档从确定的 ECM 板端子开始，沿着 ECM 板的印制电路查找，直至找到某个晶体管。这是因为 ECM 板通常采用大功率晶体管放大执行信号以驱动执行器，所以此类故障的原因多是一个起着开关作用的晶体管短路所致。

③测量晶体管。确定晶体管的三个极，与印制线路对应的管脚为晶体管的集电极，旁边较细的印制线是基极。确认方法是，将发动机 ECM 板多孔插头插上，起动发动机，使用万用表的电压档连接到要确认的印制线，显示 5V 则为基极。用万用表测试晶体管，若发现集电极与基极的正反向电阻无穷大，则说明晶体管已经断路；若发现集电极与发射极之间的电阻为零，则说明晶体管已经被击穿。另外，还需要测量晶体管附近相连的其他晶体管和二极管。

④确定替换用的晶体管及晶体管的型号。

a. 型号。查看晶体管上的型号，通过晶体管对应表确定与之相配的国产晶体管。

b. 电阻。晶体管的基极一般都串有电阻，基极的电阻值要与原晶体管的电阻值相近。不同颜色的电阻阻值不同。因为晶体管的基极是靠电流的大小控制的，ECM 板电压值固定，因此就需要利用电阻来控制电流。若电流过大则会烧毁晶体管，若电流过小则不能将其触发。

c. 测量。利用万用表的二极管测量档测量晶体管的属性。根据晶体管的特性，应该只有一个管脚相对于另外两个管脚单向导通，具备这个属性则可确定是晶体管，只有一对管脚单向导通的是场效应管，相对另外两个管脚导通的管脚是晶体管的基极。

将替换的晶体管焊接到电路板上，焊接时要注意焊锡要尽可能少，避免过热，焊接完成后要用万用表测量各管脚应不相互连通。

10）发动机 ECM 板装车后的测试。将 ECM 板在裸露的情况下连接到车体线束中，起动发动机检查相应功能是否正常，同时用手触摸晶体管，有些热是正常的，如果烫手就有问题了。观察故障灯是否点亮，并进行一段时间的测试。

下面以发动机 ECM 板控制的喷油器电路为例，简要说明检修发动机 ECM 板的过程。

①喷油器电源电路。喷油器电路分为电源电路和发动机 ECM 板控制电路两部分。喷油器的电源大都由燃油喷射继电器提供，即点火开关打开后，燃油喷射继电器动作，蓄电池电压到达喷油器，此时等待发动机 ECM 板的控制信号，以配合发动机所需的工作。

②发动机 ECM 板控制电路。发动机 ECM 依据负载、转速及各种修正信号进行运算，由输出电路输出喷油器脉冲信号，并由驱动电路放大电压信号，再接到 NPN 功率晶体管的基极，使晶体管执行脉冲频率的开关动作，即完成喷油器电磁线圈的通电与断开的动作。

③喷油器电路故障分析。执行喷油器开关动作的控制电路，是由晶体管控制喷油器线圈的搭铁回路，晶体管的集电极连接喷油器、发射极搭铁。如果集电极和发射极短路，就会出现打开点火开关后，喷油器始终喷油的故障；如果集电极断路，就会使喷油器无法完成搭铁

回路，导致喷油器不喷油。另外，与晶体管集电极并联的保护二极管如果短路，也会出现喷油器一直喷油的现象。

④喷油器电路检测方法。可以使用数字万用表、示波器或 LED 测试灯等工具，严禁带电插拔线束插头，或使用指针式万用表或大功率测试灯，以免引起瞬间大电流造成发动机 ECM 板内部晶体管损坏。

将 LED 测试灯连接在喷油器插头两个插孔中，打开点火开关。如果 LED 测试灯一直点亮，表示晶体管集电极和发射极短路；如果 LED 测试灯不亮，起动发动机，如果 LED 测试灯仍不亮，表示晶体管集电极和发射极断路。

发动机 ECM 板控制的喷油器电路由输入电路、单片机和输出电路组成。发动机 ECM 板的作用是接收各种传感器送来的信息，对它们进行运算、处理、判断后，再发出指令信号。虽然该装置在设计上有很高的可行性，但由于使用条件复杂，还是免不了会出现故障。

从故障角度考虑，输出电路的故障率更高一些，尤其是驱动大电流负载电路，概率更高。大部分发动机 ECM 板的损坏归结起来都是从局部功能损坏开始的，所以发动机 ECM 板的维修也几乎是围绕这一主题进行的。

（6）电控喷油器

1）功用。根据 ECU 送来的电控信号，喷油器将共轨内的高压燃油以最佳的喷油正时、喷油量、喷油率喷入发动机燃烧室中。

2）博世公司共轨系统的电控喷油器。

①构造与工作原理。博世公司高压共轨系统电控喷油器结构如图 6-100 所示，该喷油器主要由孔式喷油器、液压伺服系统和电磁阀三个功能组件组成。

燃油从高压接头经进油通道送往喷油器，再经进油孔送入控制油腔。控制油腔通过由电磁阀打开的回油节流孔与泄油孔连接。

电控喷油器的工作原理如下：

a. 当喷油器电磁阀未被触发时，喷油器关闭，泄油孔也关闭，小弹簧将电枢的球阀压向回油节流孔上，在阀控制室内形成共轨高压。同样，在喷嘴腔内也形成共轨高压，共轨压力、控制柱塞端面的压力和喷嘴弹簧的压力与高压燃油作用在针阀锥面上的开启压力相平衡，使针阀保持关闭状态，如图 6-100a 所示。

b. 当电磁阀通电时，打开回油节流孔，控制室内的压力下降，作用在控制活塞上的液压力低于作用在喷油器针阀承压面上的作用力，喷油器针阀立即开启，燃

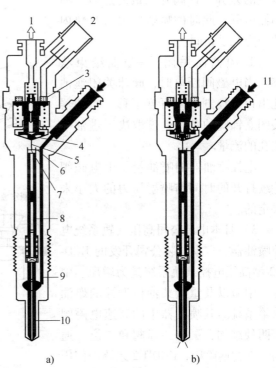

图 6-100　电控喷油器的工作原理
a）不喷油时　b）喷油时
1—回油　2—电线插头　3—电磁阀　4—阀球　5—泄油孔
6—进油孔　7—控制油腔　8—控制柱塞　9—喷油器油道
10—喷油器针阀　11—接共轨

油通过喷油孔喷入燃烧室（图6-100b）。由于电磁阀不能直接产生迅速关闭针阀所需的力，因此，经过一个液力放大系统来实现针阀的这种间接控制。在这个过程中，除喷入燃烧室的燃油量之外，还有附加的控制油量经控制室的节流孔进入回油通道。电磁阀一旦断电不被触发，小弹簧的弹力会使电磁阀电枢下压，阀球就将泄油孔关闭。泄油孔关闭后，燃油从进油孔进入阀控制室建立起油压，这个压力为共轨压力，这个共轨高压作用在控制柱塞端面上，共轨压力加上弹簧力大于喷嘴腔中的压力，使喷嘴针阀关闭。

②电控喷油器有如下几个工作状态。

a. 喷油器关闭状态。电磁阀不通电，弹簧将球阀压紧在泄油孔座上，泄油孔被封闭；共轨油压进入喷油器油道，控制油腔油压加上弹簧力大于针阀底端的压力，故控制柱塞向下，喷油器处于关闭状态。

b. 喷油器打开——喷油开始状态。当电流送入电磁线圈，电磁力大于阀弹簧力，阀轴迅速上移，阀球打开泄油孔出口，几乎就在全开的瞬间，电流值降为保持所需电磁力。由于控制油腔压力降低，针阀下端油压高于控制柱塞上方油压，故针阀上移，喷油器打开，开始喷油作用。

c. 喷油器完全打开状态。针阀向上打开的速度取决于进油孔与泄油孔流速的差异。针阀升至最高点时，喷油器全开，此时的喷射压力与共轨内的压力几乎相同。

d. 喷油器关闭——喷油结束状态。当电磁阀断电时，阀球关闭泄油孔出口，控制柱塞再度下移，喷油器关闭。针阀的关闭速度取决于进油节流孔的流量。

电控喷油器的喷油量是由电磁阀持续打开的时间与喷射压力的大小来决定的。

3）日本电装公司高压共轨系统电控喷油器。日本电装公司开发的ECD-U2型高压电控共轨系统是为增压、中冷、中型以及重型柴油机设计的燃油供给系统。其喷油器中的高速电磁阀有两种结构：二位二通阀和二位三通阀。在初期阶段，ECD-U2系统中使用二位三通阀，但由于二位三通阀的燃油泄漏问题严重，已经被废止。在新结构的ECD-U2系统中，均采用二位二通阀结构（TWV）。图6-101所示为ECD-U2的结构图，结构上主要由电磁

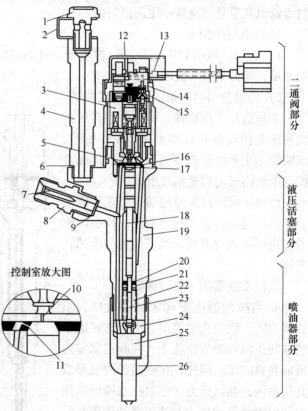

控制室放大图

图 6-101 ECD-U2 的结构图

1—连接螺栓 2—衬垫 3—二通阀 4—外接头 5—控制室
6、9—钢垫片 7—滤清器 8—内接头 10、16—量孔2
11、17—量孔1 12—塑料罩 13—线束导向孔 14—上体
15—O形密封圈 18—液压活塞 19—下体 20—导向套
21—开启压力调整垫片 22—调压弹簧 23—压力销
24—垫片 25—喷油器 26—固定螺母

阀、液压活塞及喷油器三部分组成。

　　该电控喷油器的工作原理如图6-102所示。喷油器控制喷油量和喷油正时，通过二位二通阀的开启和关闭进行控制。当二位二通阀开启时（图6-102a），控制腔内的高压燃油经出油节流孔流入低压腔中，控制室中的燃油压力降低，但喷油器压力腔的燃油压力仍是高压。压力室中的高压使针阀开启，向气缸内喷射燃油。当二位二通阀关闭时（图6-102b），共轨高压油经控制室的进油节流孔流入控制室，控制室的燃油压力升高，使针阀下降，喷油结束。

　　二位二通阀的通电时刻确定了喷油始点，二位二通阀的通电时间确定了喷油量，这些基本喷油参数都是由电子脉冲控制的。

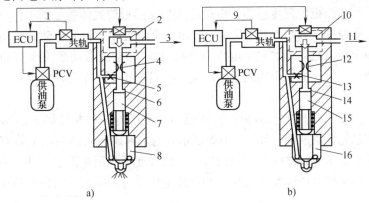

图6-102　二位二通高速电磁阀控制的喷油器的工作原理

a）二位二通高速电磁阀开启状态　b）二位二通高速电磁阀闭合状态

1—共轨压力传感器　2—高速电磁阀　3、11—漏油　4、12—出油节流孔　5、13—进油节流孔
6、14—控制室　7、15—液压活塞　8、16—喷油塞　9—共轨压力传感器　10—调整电磁阀

　　液压活塞的作用是将控制室内的液压作用力传递到喷油器针阀上。二位二通阀通过控制喷油器控制室内的压力来控制喷油的开始和喷油终止。节流孔既控制了喷油器针阀的开启速度，也控制了喷油率。

　　（7）传感器　传感器的作用是将发动机及工程机械的多种工作状况，以模拟或数字电压信号形式传送给计算机，大多数的数据是以模拟方式输出的，如图6-103所示。

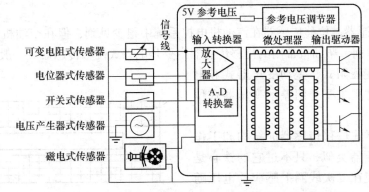

图6-103　传感器的工作原理图

电控柴油机上的传感器按其工作原理的不同可分为温度传感器，压力传感器，转速、转角和气缸识别传感器，空气流量计等；按其作用形式不同可分为主动式传感器、被动式传感器。主动式传感器的特点是传感器本身可产生电压信号给计算机；被动式传感器的特点是传感器本身无法产生电压信号，通常是由计算机提供 5V 的参考电压，此电压因传感器内部电阻变化（或压力变化）而改变输出值。下面介绍几种特殊传感器。

1）加速踏板位置传感器。加速踏板的位置反映了柴油机载荷的大小，柴油机在转速一定时，进气量基本不变。而喷油量随载荷的大小而变化，载荷增大，喷油量就增大。加速踏板位置传感器在电控柴油机中是非常重要的传感器。加速踏板位置传感器分为电位器式和非接触式（霍尔式）两种。

①电位器式加速踏板位置传感器。电位器式加速踏板位置传感器的工作原理基本上就是可变电阻器的工作原理，如图 6-104 所示。它由一个电阻体和一个转动或滑动系统组成。当电阻体的两个固定触点之间外加一个电压 U_0 时，通过转动或滑动系统改变动触点在电阻体上的位置，在动触点与任何一个固定触点之间，便可以得到一个与动触点位置成一定关系的电压。

②非接触式（霍尔式）加速踏板位置传感器。常用的一种非接触式加速踏板角度位置传感器是利用霍尔元件制成的，如图 6-105 所示。与加速踏板联动的轴上装有磁铁。当轴旋转时，改变了轴与霍尔元件之间的相对位置，从而改变了作用在霍尔元件上的磁场强度，结果使霍尔元件上的输出电压也发生变化，测量此电压就可测得加速踏板的角位移。

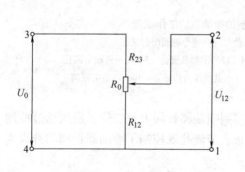

图 6-104　可变电阻器

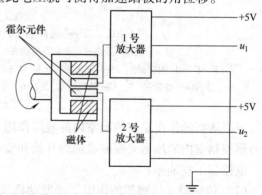

图 6-105　非接触式（霍尔式）加速踏板位置传感器

2）位移传感器。位移传感器在汽油机电控系统中很少见到，但在柴油机电控系统中应用非常广泛。目前，柴油机常用的位移传感器主要是电感式位移传感器。一般电感式位移传感器又可分为变磁阻式、差动变压器式和电涡流式三种，这里主要介绍差动变压器式位移传感器。

差动变压器式位移传感器的结构和工作原理与一个变压器类似，只不过它的铁心是可以移动的，使在二次线圈上感应的电压随铁心的位移成线性比例增加，其典型结构如图 6-106 所示。它由一次线圈、二次线圈、

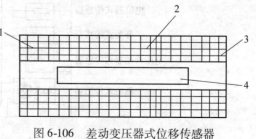

图 6-106　差动变压器式位移传感器

1、3—二次线圈　2——次线圈　4—衔铁

衔铁和线圈骨架组成。一次线圈接上激励电流，相当于变压器的一次侧，而二次线圈由两个结构和参数完全相同的线圈反相串联而成，即接成差动式，相当于变压器的二次侧。喷油器针阀升程传感器就是运用此原理。

在各种传感器中，磁电式传感器、霍尔效应传感器（曲轴位置传感器、凸轮轴位置传感器）、氧传感器等属于主动传感器，可变电阻式传感器、电位器式传感器、压力式传感器等属于被动传感器。

3）日本电装公司曲轴转角传感器和气缸判别传感器。日本电装公司的 ECD-U2 系统中采用曲轴转角传感器和气缸判别传感器。在飞轮圆周上每 7.5°设置了一个信息孔，但总共缺少三个孔。也就是说，在飞轮圆周上共有 45 个孔。发动机每转两转，将会产生 90 个脉冲信息。曲轴转角传感器接收到信息后，通过传感器线圈的磁力线发生变化，在线圈内产生交流电压。根据这些信息，可以检出发动机的转速和 7.5°的曲轴转角间隔。

与曲轴转角传感器相似，气缸判别传感器也是利用通过线圈的磁力线变化产生交流电压的特性制成的。在供油泵凸轮轴中间设置了一个圆盘状的齿轮，且每 120°缺一个齿（凹形切槽），但在某一处多了一个齿。因此，发动机每转两转则发出七个脉冲信息。图 6-107 所示为发动机辅助脉冲信号，图中多出的齿对应的信号即第一缸基准脉冲信号。

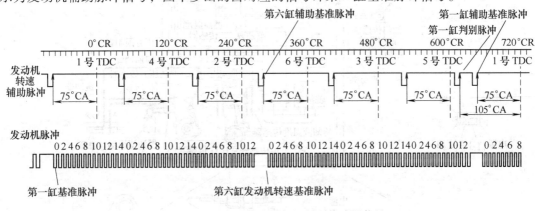

图 6-107　日本电装公司气缸判别传感器信号

根据曲轴转角传感器和气缸判别传感器的信息，可以判断出第一缸为基准脉冲。

4）博世公司曲轴转速传感器。博世公司生产的曲轴转速传感器采用的是电磁式曲轴转速传感器，如图 6-108 所示。

在曲轴上装一个铁磁式传感轮，传感轮上有 60 - 2 = 58 个齿。除去两个齿，留下的大齿隙相对应于第一缸中的活塞位置。

曲轴转速传感器按齿序对传感齿轮扫描，它由永久磁铁和带铜绕组的软铁心组成。

由于齿和齿隙交替地越过传感器，其内的磁流发生变化，感应出一个正弦交变电压。交变电压的振幅随转速的上升而增大，从 50r/min 的最低转速起就有

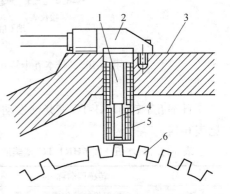

图 6-108　博世公司曲轴转速传感器
1—永久液体　2—壳体　3—发动机机体
4—软磁铁心　5—传感线圈
6—带定时记号的触发轮

足够的振幅。

以四缸发动机为例，在四缸发动机中发火间隔为180°，也就是说，曲轴转速传感器在两次发火间隔之间扫描30个齿。由此扫描时间内的平均曲轴转数可以求出转速。

5）柴油发动机运行状况传感器及安装位置（日本五十铃6HK1-TC型柴油发动机）。发动机运行状况传感器是对反映发动机运行状况的一些参数进行检测，这些运行参数包括：发动机曲轴位置及转速、发动机的热状态、进气温度、车速和发动机是否处于起动状态等。图6-109所示为日本五十铃6HK1-TC型柴油发动机装用的ECD-U2共轨系统传感器布置图。

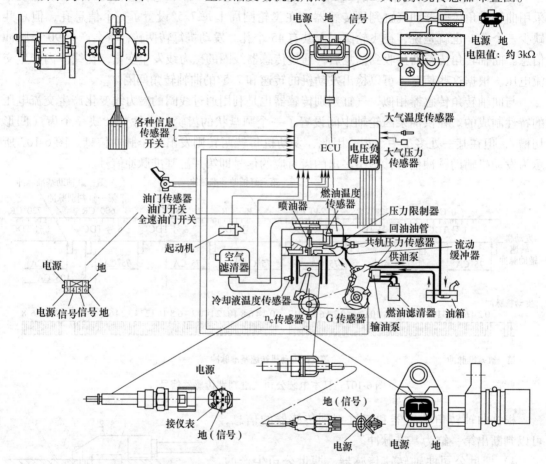

图6-109　　日本五十铃6HK1-TC型柴油发动机装用的传感器布置图

日本五十铃6HK1-TC型柴油发动机共轨系统传感器及各种开关的安装位置及检测内容见表6-14。

表6-14　　日本五十铃6HK1-TC型柴油发动机共轨系统传感器及各种开关的安装位置及检测内容

序　　号	传感器名称	传感器安装位置	检测内容（作用）
1	发射机转速传感器	在飞轮泵上	曲轴转速
2	供油泵转速传感器	在供油泵上	转速
3	油门传感器	在加速踏板上	负荷
4	增压压力传感器	在进气管上	增压压力

（续）

序　号	传感器名称	传感器安装位置	检测内容（作用）
5	水温传感器	在气缸体左前方上部	冷却水温
6	柴油温度传感器	在气缸上靠近柴油滤清器	柴油温度
7	大气温度传感器	在发动机前部	大气温度
8	速度传感器	在变速器上	车速
9	大气压力传感器	在 ECU 内	大气压力
10	油门开关	在加速踏板上	加速踏板的怠速位置
11	诊断开关	在检查盒内	故障诊断
12	内存清除开关	在检查盒内	消除故障码
13	指示面板	在驾驶室内	仪表、故障码显示

6.4　润滑系统的维修

发动机工作时，所有相对运动零件金属表面之间的直接摩擦，将增大发动机的功率消耗，降低发动机的机械效率，使零件表面迅速磨损，摩擦产生大量热导致零件工作表面烧蚀，从而使发动机无法正常运转。为了保证发动机正常工作，必须对相对运动零件表面加以润滑，也就是在摩擦表面间覆盖一层薄而匀的润滑油（机油）膜，以减小摩擦阻力、降低功率消耗、减轻机件磨损、延长发动机的使用寿命。将润滑油送到运动零件表面而实现润滑的系统，称为发动机的润滑系统。

图 6-110 所示为工程机械机润滑系统。滑润系统的主要部件有油底壳、润滑油泵、限压阀、润滑油集滤器、润滑油滤清器（粗、细）。油底壳做储油用，油泵将润滑油压出至发动机每个部件，限压阀控制最大油压，润滑油滤清器过滤出油内杂质。工程机械上还设有润滑油散热器。

柴油机润滑系统的功用有：

（1）润滑作用　润滑运动零件表面，减小摩擦阻力和磨损，减小发动机的功率消耗，这是润滑系统的基本作用。

（2）清洗作用　润滑油在润滑系统内不断循环，清洗摩擦表面，带走磨屑和其他异物。

（3）冷却作用　润滑油在润滑系统内循环还可带走摩擦产生的热量，起冷却作用。

（4）密封作用　在运动零件之间形

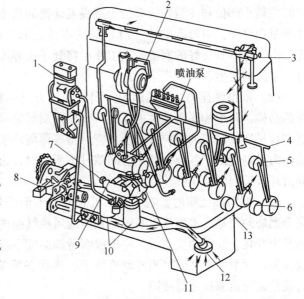

图 6-110　发动机润滑系统

1—空气压缩机　2—增压器　3—摇臂轴　4—主油道　5—凸轮轴衬套　6—主轴瓦　7—冷却液入口　8—润滑油泵　9—润滑油冷却器　10—润滑油滤清器　11—冷却液出口　12—润滑油盘

成润滑油膜（如活塞与气缸）可以提高它们的密封性，有利于防止漏气或漏油。

（5）防锈蚀作用　在零件表面形成润滑油膜，对零件表面起保护作用，防止腐蚀生锈。

（6）减振作用　在运动零件表面形成润滑油膜，可以吸收冲击并减小振动，起减振缓冲的作用。

6.4.1 柴油机润滑系统的维护

润滑系统不是发动机所特有的系统，任何具有连续、相对运动的零件之间，都需要进行润滑。润滑系统发生故障，对发动机的影响往往是毁灭性的。因此，在检修润滑系统时，一定要特别小心。

1. 润滑系统的维护

润滑系统的维护应注意以下几点：

1）按照柴油机的维护要求，及时更换、添加指定牌号的润滑油，润滑油的牌号与使用的环境温度有关，应按照说明书的要求，使用相应的润滑油。

2）在发动机的使用过程中，润滑油是不断消耗的，要注意及时补充。

3）更换润滑油时，应在热机的时候进行。

4）根据润滑油的状况可以判断发动机的其他故障。

2. 润滑系统技术状况变坏的影响

润滑系统技术状况的好坏，一般可根据润滑油压力的高低及润滑油品质的变化等进行评定。发动机润滑油的正常工作压力应为 98~392kPa，怠速时一般为 49~149kPa。润滑油压力过低或过高，都将影响发动机的正常运转。

（1）润滑油压力过低的影响　润滑油压力过低，将使润滑油循环困难，润滑油不易到达间隙较小部位和飞溅润滑部位，造成发动机润滑不足，冷却不良，工作条件恶化，导致零件的早期磨损。对可调整转（滑）动的零件表面，如轴颈与轴承、活塞、活塞环与气缸壁等，由于得不到良好的润滑，在工作中将处于边界摩擦甚至干摩擦状况，导致烧瓦抱轴、拉缸等事故的发生。

（2）润滑油压力过高的影响　润滑油压力过高将使润滑油的工作温度升高，影响润滑油的品质，并增加润滑油泵工作载荷，加速润滑油泵齿轮及轴颈等处的磨损等。润滑油压力过高容易造成润滑油感应塞以及各密封垫等薄弱环节处被冲坏，导致漏油。因此，如果润滑油压力过高是由于各部分的配合间隙过小所致时，也将造成润滑油流动困难，难以到达处于润滑环节后面的几个部位。

（3）润滑油变质的影响　发动机润滑油不但受到高温、高压的影响，而且还会渗入未完全燃烧的产物、水蒸气以及随曲轴箱通风换气而进入的灰尘，导致润滑油的物理及化学性能发生变化。润滑油变质后，将造成润滑油黏度下降，润滑油压力降低，在配合表面难以形成油膜，润滑性能降低。当发动机处于过热状态下工作时，润滑油还会被氧化变黑、结胶，造成拉缸与活塞拉毛等故障。

3. 润滑系统常见故障

（1）润滑油压力过低　当发动机怠速时，润滑油压力低于 49kPa，高速时润滑油压力低于 196kPa 时，即为润滑油压力过低。

1）造成润滑油压力过低的主要原因。

①润滑油泵各零件磨损，间隙过大，致使润滑油泵的工作性能下降，或润滑油泵限压阀调整不当、弹簧太弱等。润滑油泵的工作间隙过大，将造成发动机怠速时油压偏低，限压阀弹簧软，最终导致发动机高速时油压偏低。

②曲轴、凸轮轴的各轴颈与轴承的配合间隙过大，使润滑油流失过多，润滑油升压困难。曲轴主轴颈与主轴承的配合间隙每增大 $0.01mm$ 时，润滑油压力将下降 $9.8kPa$ 左右。

③润滑油油量不足，或润滑油集滤器堵塞、油管破损、接头不密封等，将造成润滑油泵出现吸空或吸不足现象。

④润滑油黏度太低，或润滑油细滤器分流太多。

2）润滑油压力低的检查步骤。

①检查润滑油油量和润滑油黏度是否符合要求。

②检查润滑油压力表的工作情况，可将润滑油感应塞的导线拆下，直接搭铁，打开点火开关，若润滑油压力表指针迅速上升，则为润滑油感应塞故障或主油道油压过低，反之则表明润滑油压力表有故障。

近年来，有些车型改用润滑油压力指示灯代替润滑油压力表。在发动机运转状况下，如指示红灯亮，则为油压过低，通常为润滑油感应塞故障或主油道油压过低。

③如润滑油压力表正常，可拆下润滑油感应塞，换装直接式润滑油压力表，起动发动机，若压力正常，则为润滑油感应塞损坏；若无压力，则为主油道及润滑油泵故障。

④拆卸油底壳，检查集滤器是否堵塞，管子是否破损，接头密封是否有效，发现故障，应予排除。

⑤如集滤器完好，可拆检润滑油泵，检查润滑油泵限压阀弹簧是否过软，钢球（或柱塞）是否磨损。若限压阀完好，则可检查润滑油泵齿轮等的磨损、配合情况。

⑥若润滑油泵完好，则应检查曲轴各轴颈与轴承的配合间隙。

（2）润滑油压力过高

1）造成润滑油压力过高的主要原因。

①新换润滑油黏度过大或润滑油温度偏低（发动机刚起动时），使润滑油变稠。

②润滑油泵限压阀压力调整过高，或球阀（柱塞）生锈卡死。

③润滑油滤清器或润滑油主油道被杂质堵塞，使润滑油循环困难。

④曲轴、凸轮轴各轴颈与轴承的配合间隙过小，增加了润滑油的流动阻力。

2）润滑油压力过高的检查步骤。

①检查润滑油黏度是否恰当，润滑油牌号和润滑油温度是否合适。

②将润滑油感应塞拆下，换装直接式润滑油压力表，以检查主油道的润滑油压力是否过高，若此时表压不高，则说明润滑油感应塞或润滑油压力表损坏；反之，可断定主油道油压过高。

③拆下润滑油滤清器，检查滤芯是否被堵塞，旁通阀是否卡住，如不符合要求应更换。

④拆检润滑油泵，检查限压阀球阀（或柱塞）有无卡住现象。

⑤如果是新装发动机，应检查曲轴、凸轮轴各轴颈与轴承的配合间隙是否过小，油道是否堵塞。如果是顶置式气门，还应检查气缸盖主油道与摇臂轴座的油孔是否对准或堵塞。

（3）润滑油消耗量过大　一般发动机正常的润滑油消耗量为 $0.1 \sim 0.56L/100km$，当润滑油消耗量达到 $1L/100km$ 以上时，即为润滑油的不正常消耗。

润滑油消耗量过大的主要原因如下：

1）气缸磨损严重，气缸的圆度误差太大，或新气缸缸体的表面粗糙度值太大，润滑油易窜入燃烧室。

2）活塞环安装不正确（对扭曲环），或活塞环（矩形环）与活塞环槽的间隙太大，造成泵油现象。油环磨损过大，使刮油性能下降，也易造成润滑油窜入燃烧室。

3）曲轴箱通风换气装置失效，气缸内的部分高压气体窜入曲轴箱后，迫使润滑油从曲轴箱与进气歧管相连接的气管吸入燃烧室。

4）气门油封损坏失效，润滑油沿着气门杆与导管的间隙处，随着气门的上下"泵动"而流入进、排气室及燃烧室。

5）空气压缩机的气缸上油，润滑油被压缩空气带走。

6）漏油。

润滑油消耗量过大的检查判断：

上述前四个原因均导致润滑油进入燃烧室，经燃烧后排气管内会冒出蓝烟，据此，可根据排气管排放废气的颜色来判断润滑油是否进入燃烧室。

拆下喷油器，若喷油器上有油渍，则说明润滑油已被活塞泵入燃烧室，或从气门油封处（主要是进气门）流入燃烧室，然后随高温气流排入排气管。润滑油若从气门杆处流入（顶置式气门此现象较多），则气门室有油渍，反之，则可判断润滑油是被活塞环泵入燃烧室。拆卸曲轴箱连接进气歧管的吸气管，若管口有明显的油液，则可判断曲轴箱内压力过高，表明通风装置堵塞或气缸磨损过大。

空气压缩机上油，可通过储气筒中润滑油聚集、排放的情况进行判断。

润滑油外漏，可以进行外观检查。

6.4.2　柴油机润滑系统的检修

1. 润滑油泵的检修

对润滑油泵总的评价指标为泵油压力（Pa）、供油量（L/min）以及运转灵活、无异响。一般应在专用设备上检验检测泵的上述指标。

目前常用的润滑油泵有外啮合齿轮式和内啮合转子式两种，都属于容积式泵，其工作原理都是依靠工作腔内的容积变化来达到吸油、泵油的目的。因此，润滑油泵的磨损各部分间隙的增大，以及密封性能的下降是造成润滑油泵工作性能变坏的直接原因。

由于润滑油泵的润滑条件较好，使用寿命较长，故在发动机大修时，应先检验润滑油泵的工作性能，在确认润滑油泵不能满足技术指标时，才进行拆修。

（1）润滑油泵的检修内容

1）齿轮式润滑油泵（图6-111）。

①端面间隙。用直尺和塞尺检查齿轮端面到泵盖端面之间的距离，间隙不当可通过增减垫片或锉削泵壳端面进行调整。

②齿轮啮合间隙。用塞尺在互成120°的三点测量，啮合间隙一般为0.05～0.25mm，齿隙差不大于0.10mm。

③齿轮轴的轴向间隙。主动齿轮轴的轴向间隙一般为0.03～0.08mm，最大为0.12mm；从动齿轮轴的轴向间隙一般为0.02～0.05mm，最大为0.15mm，若超过上述限度，则可磨、

刨修平。

④齿顶与泵壳的径向间隙。可用塞尺进行测量，该间隙一般为 0.05 ~ 0.15mm，最大不超过 0.15mm。若间隙过大，则应更换齿轮。

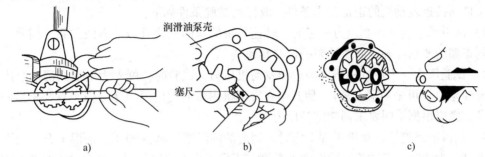

图 6-111　齿轮式润滑油泵的检查
a) 检查端面间隙　b) 检查啮合间隙　c) 检查齿顶间隙

⑤主动轴与轴孔的配合。此间隙一般为 0.03 ~ 0.08mm，最大不超过 0.21mm，否则可进行铰孔后换用加大直径的轴，也可采用镶套法予以修复。

⑥主动轴的弯曲。用百分表检查，弯曲量不得大于 0.06mm，否则应予以校正。

⑦被动齿轮与轴的配合间隙。一般为 0.016 ~ 0.080mm，最大不超过 0.10mm，否则应予以更换。

⑧泵盖的平面度误差。泵盖的平面度误差应不大于 0.05mm，否则应予以磨平。

⑨限压阀。限压阀弹簧过软、球阀（柱塞）磨损、失圆、麻点严重时，应予以更换。

⑩泵壳端面与轴孔中心线之间的垂直度误差。泵壳端面的偏斜每 100mm 内不应超过 0.05mm，否则应予以修整。

2）转子式润滑油泵（图 6-112）。

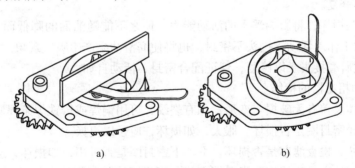

图 6-112　转子式润滑油泵的检查
a) 端面间隙的检查　b) 外转子与泵壳内圆间隙的检查

①啮合间隙。内外转子的啮合间隙一般为 0.03 ~ 0.05mm，最大不超过 0.25mm，否则应更换转子。

②端面间隙。一般为 0.02 ~ 0.10mm，最大不超过 0.12mm，否则可通过增减垫片或锉削泵壳端面的方法予以修整。

③从动转子与外壳径向间隙。一般为 0.02 ~ 0.10mm，最大不超过 0.20mm，否则可采

用在从动转子外圆表面镀铬的方法予以修复。

其余检修项目与外啮合齿轮式润滑油泵相似。

（2）润滑油泵的装合试验条件　润滑油泵装合后，应进行总成试验。试验时，应注意试验条件须接近发动机的正常工作条件。具体的试验条件如下：

1）润滑油泵转速。当压力一定时，转速与泵油量的变化近似于直线关系。因此，应根据不同车型的要求，确定润滑油泵的试验转速。

2）试验压力。为使试验压力接近于发动机压力，试验时，可人为增加润滑油泵出口处的润滑油阻力（可采用阻力管），使其与在发动机内流通时的阻力相近似。有些车型若有特定要求，则应根据不同要求调整试验压力。

3）润滑油黏度。发动机正常工作时，润滑油的温度为 80～90℃，油温上升，润滑油黏度将下降。为使室温下试验时的润滑油黏度与正常工作的状况相似，可在试验润滑油中加入一定比例的煤油，润滑油与煤油之比约为 1:9。

4）试验温度。一般要求室温为 20℃ 左右。一般来说，温度偏差为几度时，对试验结果影响不大。

油压不够可通过限压阀进行调整，在限压阀弹簧端面增加垫片，弹性增加可使油压升高。

2. 润滑油滤清器的检修

（1）润滑油集滤器的检修　大多数车型都采用浮式集滤器，这种集滤器的常见故障为滤网堵塞、滤网损坏、浮子穿孔下沉和活动管接头损坏、密封不良等。

1）滤网堵塞，应清洗疏通，并用压缩空气吹净。滤网损坏后，可更换单位面积孔数相同的新滤网。

2）浮子穿孔后，将失去浮动作用，使集滤器下沉，在车辆行驶振动时，会撞击油底壳，发出响声。此外，沉积在油底壳底部的杂质，将会被吸入润滑油泵。浮子穿孔后，可加补丁并施以锡焊修复。

3）活动接头损坏，将影响浮子的活动能力，使之不能随油面的降低而自行降低，影响润滑油泵的正常工作。活动管接头不密封，也将使润滑油泵产生吸空现象。活动管接头损坏泄漏后，可通过研磨接头予以修复，保证配合密封、活动自如。

（2）润滑油粗滤器的检修

1）拆检壳体及盖有无破损与变形，如有裂纹，可用铜焊或铸铁焊条焊修。

2）检查外壳密封圈是否损坏、胀大，如损坏，应予以更换。

3）清洗滤芯，检查滤芯是否损坏，上、下密封圈是否可用，如损坏，应更换新件。

4）检查内部油道是否堵塞，旁通阀钢球是否失圆，与阀座的密封是否可靠，如密封不良，可研磨阀座或更换钢球。

5）将粗滤芯洗净后装复（锯末材质的新滤芯应先在机油中浸泡数小时），放好各密封圈，紧固外壳和盖。然后用压缩空气吹入粗滤器，进行密封性试验，应在 3min 内不得泄漏。

6）粗滤器旁通阀的开启压力，一般为 147kPa 左右。

（3）润滑油细滤器的检修　润滑油细滤器应无裂损、变形，细滤器旁通阀的开启压力应为 196kPa 左右。

目前有些车型（如 CA1091 车、东风 EQ1090 车）采用分流离心式润滑油细滤器，过滤效率高。其工作原理与其他润滑油滤清器不同,它是利用旋转产生强大的离心力,将润滑油中的杂质分离出来。

现以 CA1091 车用 FL100 型分流离心式润滑油滤清器为例介绍分流离心式润滑油细滤器的检修。

1)一般维护。

①拆下外罩,小心地取出转子总成,应避免碰撞,取下导流罩,检查有无碰瘪、损伤和裂纹。

②用竹片或木条刮除罩内杂质,用煤油清洗各零件,然后用压缩空气吹净(忌用棉纱擦)。

③检查喷嘴是否有脏物堵塞,清除喷嘴孔中的油污。

④清洗底座时,须将进油限压阀拆下,清洗进油道,包括转子轴中的油道,一般不需将转子轴拆下,如必须拆下,在重新装配前要用丙酮清洗转子轴和底座螺纹,然后涂以黏合剂,再用 50N·m 的力矩拧紧,并锁好锁片。

⑤检查转子体上的密封圈和外罩密封圈是否损坏,如损坏应更换新件。

⑥装配前应检查转子轴是否松动,如松动应检查锁紧垫片是否有效,否则应更换锁片。装配时,应注意对齐转子罩与转子体上的装配标记,并注意不要刮伤上、下轴承表面。

2)常见故障及排除方法。

①喷嘴孔被棉纱头等杂质堵塞。此时应拆下转子,用直径小于 $\phi1.8mm$ 的细铜丝疏通(忌用钢丝),然后用压缩空气吹净。

②转子体与转子盖密封处密封圈损坏而引起漏油。此时转子不转动,失去滤油效果,应更换新的密封圈。

③转子的动平衡遭受破坏。应进行行动平衡试验,其数值为不大于 $5g·cm/kg$。若无动平衡试验条件,则可以进行静平衡检验,不符合要求时,应更换转子总成。

④转子标记装配不准。转子装配时,未按规定的标记对准,转子的动平衡被破坏,此时应重新装配。

⑤转子轴弯曲、变形。此时应校直或更换。

6.5　冷却系统的维修

冷却系统的作用是使工作中的发动机得到适度的冷却,从而保持在最适宜的温度范围内工作。在可燃混合气的燃烧过程中,气缸内气体温度可高达 $1800 \sim 2000℃$。直接与高温气体接触的机件(如气缸体、气缸盖、气门等),若不及时冷却,则其中运动机件将可能因受热膨胀而破坏正常间隙,或因润滑油在高温下失效而卡死,各机件也可能因高温而导致其力学性能降低甚至发生损坏。所以,为保证发动机正常工作,必须冷却这些在高温条件下工作的机件。

应当指出的是发动机的冷却必须适度,如果发动机冷却不足,由于气缸充气量减小和燃烧不正常,发动机功率下降,且发动机零件也会因润滑不良而加速磨损。但如果冷却过度,一方面由于热量散失过多,使转变为有用功的热量减少,而另一方面由于混合气与冷气缸壁接触,使其中原已汽化的燃油又凝结并流到曲轴箱,使磨损加剧。

水冷却是利用水在气缸周围水套内吸收热量，再流到散热器内，将热量散到空气中去，后流回水套，如此不断循环进行散热。水冷却系统的特点是冷却均匀可靠、使发动机结构紧凑、制造成本低、工作噪声和热应力小等，因而得到广泛应用。工程机械发动机水冷却系统主要由散热器、水泵、风扇、风扇离合器、节温器、水套、百叶窗等组成，如图 6-113 所示。

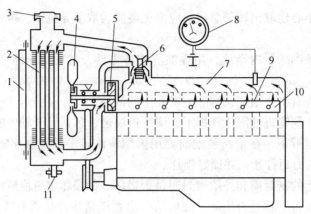

图 6-113　水冷却系统示意图

1—百叶窗　2—散热器　3—散热器盖　4—风扇　5—水泵　6—节温器
7—水温表　8—水套　9—分水管　10—放水开关　11—放水阀

6.5.1　冷却系统的维护

发动机在使用过程中，冷却系统会因零件的腐蚀、磨损和积垢等原因，影响发动机的冷却效果。表现为发动机过冷或过热，这都将影响发动机的正常工作。因此在使用过程中，要注意对冷却系统进行维护，以保证冷却系统正常工作。

1. 冷却液液位检查

在正常使用过程中，每月至少检查一次冷却液液位。如果气候炎热，检查次数应多一些。封闭的冷却系统只有在过热、渗漏时冷却液才会损耗。

膨胀水箱内一般有自动液位报警装置，当液位过低时，位于仪表板中的冷却液温度、液位警告灯会连续闪烁。

当液位低于 LOW 线时，应及时添加冷却液，液位应位于 LOW 线和 FULL 线之间。

2. 风扇传动带松紧度的检查与调整

工程机械在使用过程中，若风扇传动带紧度过大，将增加动力损失，增加发电机和水泵轴承的负荷，使轴承磨损加剧，同时也会导致传动带的早期损坏；若风扇传动带紧度过小，则会使传动带打滑，造成发动机过热，同时影响发电机发电。当出现电流表不显示充电、发动机温度过高等现象，应首先检查传动带松紧度。检查方法：用大拇指按压传动带中部（约 98N），传动带应下凹 15~20mm。如果不符合要求，应松开调整螺母，对发电机位置加以调整。

3. 水垢的清洗

为保证发动机在正常温度下工作，应定期清洗冷却系统中的水垢。

随车清洗时先将冷却液放净，然后加入配有水垢清洗液的溶液，工作一个班次后放出清洗液，再换用清水让发动机运行一个班次后放出，至清洁不浑浊即可。

维修过程清洗时应先拆除节温器，将水从正常水循环相反的方向压入（即从出水管压入），到流出的水清洁为止。当水垢严重积聚、沉淀或有固着在金属表面上的硫酸钙、碳酸钙等物质时，可加入水垢清洗液使其溶解，然后再用清水清洗。

6.5.2　冷却系统的检修

1. 水泵的检修

（1）水泵常见的损伤　水泵常见的损伤是泵体破裂、叶轮破裂、水封变形或老化损坏、泵轴或轴承磨损、带轮凸缘配合孔松动等。损伤后，将出现吸水不佳、压力不足、循环不良、漏水、发动机过热等故障。

（2）水泵检修的方法与注意事项

1）检查水泵体有无裂缝和破裂，螺孔螺纹有无损坏，前后轴承孔是否磨损过限，与止推垫圈的接触面有无擦痕和磨损不平，分离平面有无挠曲变形。

水泵体破裂可以用生铁焊条氧焊修理；螺孔螺纹损坏可扩孔后再攻螺纹，或焊补后再钻孔攻螺纹；轴承松旷超过规定（轴向间隙不超过 0.30mm，径向间隙不超过 0.15mm）时应更换；轴承孔磨损超过 0.03mm 时，可用镶套法修复，套和孔配合过盈量为 0.025 ~ 0.050mm；止推垫圈接触平面有擦痕，垫圈座有麻点或沟槽不平时，可用铰刀修整；壳体与盖连接平面如挠曲变形超过 0.05mm，应予以修平。

2）检查水泵轴有无弯曲，轴颈磨损是否过限，轴端螺纹有无损伤。水泵轴的弯曲一般应在 0.05mm 以内，否则应予以冷压校正。

3）检查水泵叶轮上的叶片有无破碎，装水泵轴的孔径是否磨损过限。叶轮片破裂可用堆焊进行修复，孔径磨损过限可以镶套修复。

4）检查水封、胶木垫圈的磨损程度，若接触不良则应更换新件。

5）检查带轮轮毂与水泵轴的松旷情况，装水泵轴的孔径如磨损过限，可镶套修理。

6）检查水泵轴及带轮键槽的磨损情况，如键和销已磨损不适用时，应更换新件。

（3）水泵的装合方法

1）将密封弹簧、水封皮碗、胶木垫圈装于叶轮孔内，再装上水封锁环。

2）用压力机或铜锤轻轻将水泵轴压入或敲入水泵叶轮。

3）装上后轴承锁环和后滚珠轴承。

4）装进轴承隔管、前滚珠轴承及前轴承锁环。将风扇带轮装在水泵轴上，垫上垫圈，紧固螺母。测试水泵叶轮，叶轮转动应灵活。

5）装上水泵盖及衬垫，用螺栓紧固，向弯颈油嘴注入润滑脂。

（4）水泵装合后的检验　泵壳应无碰击感觉，最后在水泵试验台上进行检验。

当水泵轴以 1000r/min 的转速运转时，每分钟的排水量应不低于规定的数值；在 10min 的试验过程中，应无任何碰击声响和漏水现象。

2. 散热器的检修

（1）散热器常见的损伤　散热器常见的损伤有：散热器积聚水垢、铁锈等杂质，形成堵塞；芯部冷却管与上、下水室的焊接部位松脱，冷却管破裂，上下水室出现腐蚀斑点、小孔或裂缝而造成漏水等。

（2）散热器的检查和修理

1）散热器的检查。渗漏是散热器最常见的损伤，检查渗漏可用压力试验法。检查前将冷却液注满散热器，如图6-114所示。安装散热器测试器，再施以规定压力，观察散热器各部位和接头有无渗漏。

散热器堵塞检查，通常采用新、旧散热器水容量对比来判断，如水容量减少说明已堵塞。

2）散热器的修理。散热器出现渗漏，如果裂纹较小（0.3mm以下），可用堵漏剂进行堵漏修补；如果渗漏部位裂纹较大，可用焊修法修补或更换新件。

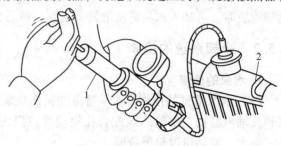

图6-114 散热器渗漏检查
1—检测器 2—散热器

3. 节温器的检修

节温器失灵时，主阀门可能处于常闭状态，冷却液只进行小循环；主、副阀门同时处于开启状态，冷却液不能完全进行小循环或大循环，这都将引起冷却系统工作失常。

检查节温器时，将它置于水容器中，然后逐步将水加热，提高水温，观察主阀门开启时的温度和升程，开启温度和升程都必须符合要求，否则应予以更换。

4. 风扇的检修

风扇叶片如出现变形、弯曲、破损，应及时更换；连接风扇的铆钉如有松动，应重新铆接。

5. 风扇离合器的检修

（1）硅油风扇离合器冷状态的检查 机械在过夜之后，硅油风扇离合器的前隔板与后隔板之间会残留有黏度很高的硅油，这时在未起动发动机前，用手拨动风扇会感觉到有阻力。起动发动机，使其在冷状态下中速运转1~2min，以便工作室内的硅油返回储油室。在发动机停止转动以后，用手拨动风扇应感到比较轻松。

（2）硅油风扇离合器热状态的检查 将发动机起动，在冷却液温度接近90~95℃时，仔细观察风扇转速的变化。当风扇转速迅速提高，以至达到全速时，将发动机熄火，用手拨动风扇，感到有阻力为正常。

（3）离合器和双金属弹簧的检查 检查离合器有无漏油现象，检查双金属弹簧是否良好，必要时更换离合器总成。

6. 电动风扇的检修

（1）检查冷却液温度感应器 将感应器置于水容器中加温（图6-115），当冷却液温度达到95℃时，感应器应将电路接通，否则应更换。

（2）检查风扇电动机 检查电枢线圈、磁场线圈有无断路、短路及搭铁。把风扇电动机的正极与蓄电池的正极相连，把风扇电动机的负极与蓄电池的负极相连，如图6-116所示。如风扇电动机旋转，表明工作正

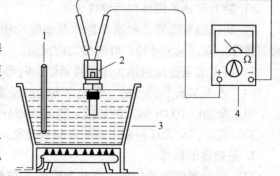

图6-115 冷却液温度感应器的检查
1—温度计 2—水温传感器 3—烧杯 4—万用表

常，否则应更换风扇电动机。

（3）检查冷却液温度开关　将温控开关放入水中，选择万用表电阻档，将两个表笔分别接在温控开关的接线端和外壳上，改变水的温度，观察万用表指针的变化。当水温达到 90°C 左右时，温控开关开始导通，万用表指针指示接通。当冷却液温度开始下降时，温控开关仍然导通，冷却液温度降至 87°C 时，万用表指针应指示断开。

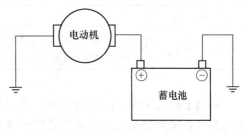

图 6-116　风扇电动机的检查

6.6　柴油机起动系统的维修

柴油机起动异常故障是指柴油机起动困难、不能起动或起动性能时好时坏等。柴油机起动困难或不能起动是日常使用中极易碰到的故障。柴油机在使用中起动困难的问题比较突出，尤其在冬天严寒低温的情况下，柴油机本身温度低，起动时吸入的空气温度过低，加之柴油机的润滑油黏度大，柴油的低温流动性差，很难将柴油雾化并引燃。在此情况下，起动相当困难。

柴油机起动故障的影响因素很多，由于柴油机的种类不同，影响其起动性能的原因和不能起动的表现方式也各不相同。但总体来说，除了一些特殊因素外，柴油机不能起动的基本原因都是一致或相似的。影响柴油机起动性能的因素主要有六个方面，见表 6-15。

表 6-15　柴油机起动故障的综合原因

影 响 因 素	可 能 原 因
起动系统自身因素	蓄电池因素：①电力不足；②起动电路故障：虚接或断线
	起动机故障：①起动机损坏；②起动机齿轮损坏；③飞轮齿圈损坏（打齿或脱落）
燃油系统因素	油路系统因素：①油路中有空气；②油路堵塞；③燃油滤清器滤芯失效
	喷油泵因素：①低压输油泵损坏；②柱塞、出油阀损坏；③油量调节齿杆卡死
	调速器故障：调速器损坏或调速弹簧断裂
	喷油器因素：卡死、损坏、电源插头或线束有问题等
气缸压力因素	活塞环或气缸套严重磨损
	气门密封不严
	空气滤清器完全堵塞
	排气系统完全堵塞
机械或调整因素	油门控制拉杆故障：①齿条卡死；②球头脱落或断掉；③喷油泵油门拉杆回位弹簧断掉
	停机电磁铁故障：①损坏；②电路故障；③回位弹簧故障
	喷油提前角错误：喷油提前角过大或过小
	气门间隙不对：进排气门关闭和开启的时间不对，导致进气不足
	起动油量不对：起动油量太小，导致柴油机起动困难
	机械损坏：①提前器损坏；②喷油泵万向节损坏；③传动（正时）齿轮损坏；④正时带损坏
环境因素	环境温度太低
	海拔太高
	设备因素：设备不能分离或阻力太大等

（续）

影 响 因 素	可 能 原 因
电控系统因素	电控系统（ECU 或传感器）故障 电控系统线束故障

　　根据上述六个方面因素的分析，可知柴油机起动异常故障涉及的系统较多，本节只从柴油机起动系统来分析其起动异常故障的维修。

6.6.1　柴油机电源系统的检修

　　起动系统因素引起柴油机起动故障的原因主要是蓄电池电力不足而出现的故障。

1. 蓄电池的用途

汽车柴油机蓄电池的主要作用如下。

1）起动柴油机时给起动机提供强大的起动电流（一般高达 $200 \sim 1000A$）。

2）发电机电压较低或不发电时，蓄电池向用电设备供电。

3）柴油机正常运转，发电机的端电压高于蓄电池的电动势时向蓄电池充电。

4）发电机过载时，蓄电池协助发电机向用电设备供电。

5）蓄电池相当于一只大容量电容，能吸收电路中出现的瞬时过电压，保护电子元件。

2. 故障原因分析与故障排除

1）蓄电池电力不足。蓄电池电力不足，一定导致柴油机起动困难或不能起动。

因蓄电池电力不足而导致柴油机不能起动时，基本现象是按下起动按钮后，起动机有动作，但柴油机基本不转或转动困难。这时应认真检查蓄电池电力后进行充电或更换。

2）嘴电池电力不足导致不能起动。有一台 BF121513 风冷柴油机，大修后试验台试机时，开始起动正常（在起动试机开始前，该蓄电池已充电数小时），但在一次因油路故障导致柴油机高速停机而再次起动时，起动机明显无力并由正常转动（$1 \sim 2s$）至停止转动。再次起动时起动机不再转动，似乎柴油机已经拉缸或轴瓦损坏。用撬杠可以转动柴油机，但手感很重。因此，怀疑刚才的高速停车导致了拉缸故障，但卸下气缸盖后仔细检查，未发现活塞或气缸套有拉伤现象。此时回过头来再检查蓄电池，测量电压，发现电压不足（仅 20V），至此确认该机不能起动的原因是蓄电池电力不足，更换一对蓄电池后，柴油机起动正常。

6.6.2　起动机的检修

1. 起动机的功用

　　起动机的功用是克服柴油机的起动阻力，使柴油机从静止状态进入运转状态，并达到最低的起动转速后，使柴油机喷油燃烧，从而达到起动的目的。

　　因为柴油的压缩比较高，运动件的惯性力大，起动阻力大，因此在较短的时间内使曲轴的转速达到最低的起动转速，就需要较大功率的起动机。为了降低起动电流，避免起动机功率损耗与延长蓄电池的使用寿命，柴油机的起动机几乎都采用 24V 的电源。起动机都是两对磁极的串励式直流电动机，在低速时转矩很大，并随着转速的升高转矩逐渐减小，很适合柴油机的起动要求。

2. 对起动机的要求

起动机除配有电动机外，还需要有传动装置与控制机构，这样使柴油机在停止与正常运转时，起动机的驱动齿轮与柴油机飞轮齿圈不相互啮合；柴油机起动时，两者要能顺利啮合；柴油机起动后又能自动脱离。因此，起动机与传动及控制机构应达到下列要求：

1）起动机齿轮与柴油机飞轮齿圈接合要方便，不发生冲击，要在完成啮合后起动机才输出功率。

2）柴油机起动后，应能够防止柴油机的飞轮拖动起动机转子一起旋转，而造成转子飞散的事故。

3）柴油机运转时，起动机的驱动齿轮不能啮入飞轮齿圈。

4）传动机构应简单可靠。

5）要有用于接通与切断电源（蓄电池）的起动开关。

6）要有足够大的功率和足够高的转速，以便带动柴油机迅速起动。

3. 起动机常见故障

1）按下起动按钮后起动机不转动。这主要是由蓄电池没有电或有故障以及蓄电池连接导线松动所致，使起动机电磁阀不通电，不能产生磁场，没有足够的磁场强度，所以按下按钮后起动机不转动。

首先检查蓄电池是否缺电，连接导线是否松动。若蓄电池容量充足，接线良好，则故障出现在起动机或起动开关。用粗导线短接起动开关的两个接线柱，若起动机此时运转正常，则可判断故障出现在开关。一般因开关触点烧蚀、弹簧损坏、推杆调整不当等原因使主回路不能接通，可视具体情况进行修理或更换。

若在开关短路后有强烈火花，但起动机不转，则说明故障出现在起动机。通常是励磁线圈短路、电枢线圈短路等，应拆下修理。若开关短路后无火花，则可能是电刷磨损后与电枢转换器接触不良，此时应更换电刷。

2）起动机空转时可以运转，但无力起动柴油机。首先检查电路，看电刷是否磨损，若磨损过甚，则应予以更换。电刷弹簧压力不足、油污使电刷接触不良、换向器松动、摩擦片离合器打滑、开关接触不良、蓄电池容量不足以及由于轴承松旷而使电枢与定子线圈碰擦等，都会引起起动机起动无力。此外，冬季因润滑油黏度大而使起动阻力增加，也是起动机起动无力的原因。若蓄电池上有铁丝或导电的金属件，会使蓄电池内部短路，也会产生上述情况。

3）起动机的驱动齿轮与飞轮齿圈不能啮合，有撞击声。按下起动按钮，听到起动机齿轮与飞轮齿圈的撞击声，主要原因是电磁开关行程不对，闭合过早，齿轮尚未到位而不能啮合，而起动机的主回路已接通，使电枢高速空转。遇到这种情况，可调整偏心螺钉。此外，由于飞轮齿圈与起动机的驱动齿轮打坏或齿面打毛以及起动机与飞轮齿圈的轴线不平行等，都会发生上述情况。

4）起动机驱动齿轮与飞轮齿圈啮合后起动机仍旧空转。这种情况一般是由于摩擦片离合器严重打滑引起的。遇到这种情况要拆检起动机，只要摩擦片离合器打滑，柴油机就无法起动。

5）起动机小齿轮退回困难。其原因是开关接触片烧熔粘牢，发现后应立即断油停车，进行相应的修理。

4. 起动机的维护

要经常检查起动机及其开关的连接是否牢固，导线连接和导线绝缘是否良好；要经常维持起动机的各部件清洁，特别是电刷架和转换器的清洁。当汽车进行各级保养时，应拆开防尘带用压缩空气吹尽起动机内部的积尘，检查起动机换向器的接触情况。此外，还应经常注意起动机轴承的润滑，检查电刷弹簧弹力是否符合要求，电刷与换向器是否接触良好，转向器是否失圆，若失圆超过 0.05mm，则应拆下修理。传动控制机构也应经常检查。

5. 起动系统的故障案例

案例 1：接通起动开关，听到起动继电器不停地"嗒嗒"响，起动机转动无力。

故障分析与检修：从起动继电器触点间歇开闭动作的声响判断，很可能是继电器本身有故障，所以将检查的重点放在继电器上。拆下继电器至电磁开关的连接导线。将起动开关置于起动位置，用万用表电压档测量起动继电器 S 接线柱的直流电压为 10V 左右，怀疑起动继电器内部触点没有严密闭合，而导致供电电压下降。接着测量 +B 与 SW 两接线柱间的电压，也为 10V 左右，看来是蓄电池供电不足。经检查，发现蓄电池内有一单格电池的电解液密度明显下降，表明此单格电池的正、负极板间存在着严重的自放电故障，更换一同规格的正常蓄电池后再试，故障依旧，柴油机仍然无法起动、运转。经分析，产生此故障的主要原因如下。

1）接触盘与主触点接触不良，电阻增大，不仅造成触点接触部位因过热产生烧蚀现象，更主要的是阻碍了起动电流的通过。

2）换向器表面有油污，电刷磨损过度或弹簧弹力不足，使电刷与换向器间接触电阻增大。

3）起动机电枢绕组或励磁绕组存在局部断路故障。用螺钉旋具将电磁开关的蓄电池接线柱与磁场接线柱短接进行试验，结果起动机仍旧运转无力，由此可以认定故障出现在电动机。分解电动机仔细检查，发现电刷端盖上缺少一只绝缘电刷。安装上一只绝缘电刷后再试，故障排除。

因为起动机电枢绕组与励磁绕组是相互串联的，所以两只绝缘电刷和两只搭铁电刷的关系决定了其电路的特点。失去一只绝缘电刷，正好切断了电枢绕组与励磁绕组的一条支路。这样不仅削弱了磁场强度，同时也削弱了电枢绕组的转矩，于是便产生了上述故障。

案例 2：有一台柴油机，当将起动开关置于起动位置时，起动机不转动，电磁开关发出轻微的"嗒嗒"声，柴油机不能起动。

故障分析与检修：在检修此故障时，维修人员起初认为是蓄电池供电不足所致，但更换一个同规格、电量充足的蓄电池后，故障未排除。由此推断，故障应出自起动机或起动继电器。

从故障现象分析，当接通起动开关时，电池开关活动铁心有动作声，表明保持线圈和吸引线圈有 12V 的电压通过，但是起动机却不转动，因此可以断定故障出自起动机及其相关部件，可能的原因如下。

1）电磁开关吸引线圈与保持线圈存在局部短路故障，不能产生足够的电磁力，使接触盘与触点闭合。

2）电磁开关活动铁心因受油污或积垢的阻碍，活动行程缩短，不能使接触盘与触点接合。

3）接触盘或触点与接触面严重氧化、烧蚀，接触电阻增大，不能通过正常的工作电流，使起动机带动曲轴旋转。

4）起动机励磁绕组、电刷或电枢绕组等有断路之处，使起动机不能转动。

5）起动机电枢轴与轴套抱死，使起动机不能转动。

检修时，为了判明故障是出自起动机还是电磁开关，首先用螺钉旋具将起动机的电源接线柱与磁场接线柱短接进行试验。不仅起动机运转正常，而且还能起动柴油机使曲轴旋转。显然故障出现在电磁开关，更换一个新的电磁开关后再试，故障排除。分解拆下的电磁开关，发现线圈有局部短路烧黑痕迹，但并不严重。经清洁、浸漆、烘干及整形处理后装复试验，故障被排除。

6.6.3　起动机控制系统的维修

1. 起动电路故障

如果起动电路有问题，同样可能导致柴油机起动困难或不能起动。

1）虚接。起动电路虚接，不认真检查是不能发现的，粗略一看，线路完好无损，但起动机不动作。

2）断线。起动电路断线，柴油机无法起动。

起动电路虚接或断线，导致柴油机起动故障的基本现象是按下起动按钮后，起动机没有动作或动作不到位。

排出方法：认真检查起动电路，特别注意蓄电池输出极柱接头处的除锈和紧固。

2. 故障案例

1）起动电路开关接触不良导致柴油机不能起动。有一台道依茨 F12L513 柴油机。在进行了一次系统的维护后，柴油机不能起动。起动机基本不转，开始怀疑蓄电池没有电，故用搭线的方法到另一台设备上去取电，该设备的动力源也是 F12L513 柴油机，并且正在起动充电，但是搭线后此柴油机仍然不能起动，起动机仍然基本不转。设备的操作人员认为可能是某个位置调整不当，使柴油机发卡而不能起动。

维修人员经过多次检查，未发现柴油机自身有异常。但发现仪表板上的电压表无论搭线还是不搭线，电压均显示为 22V，不能满足起动电压的要求，不搭线和有搭线时电压一样说明搭线后另一侧的电能并未输送过来，因此决定直接将搭线接到开关后面的接头上，结果再次起动柴油机时，立即起动成功。

有一动力源为康明斯 6BT 增压柴油机，采用 VE 型的分配泵。柴油机在使用过程中出现不能起动的故障现象。

检查过程：先根据故障现象进行分析，从起动机运转的声音判断，起动系统无故障；起动开关转到 ON 位，燃油表、冷却液温度表等仪表无显示；按下副起动按钮，起动机不动作。根据现象判断，故障可能出现在电路上。

故障分析：据驾驶员反映，所有线路熔丝无一损坏。经再次检查，证实各熔丝均完好。起动柴油机，用试电笔检测喷油泵燃油切断器电磁阀（以下简称电磁阀）的供电状态，发现无论点火开关转到 ON 位还是 ST（起动）位，电磁阀线圈都没有电。检测副起动按钮的电源线，也无电。据此，对照该车有关电气原理图（图 6-117）进行分析。电磁阀线圈和副起动按钮的电源线无电，说明起动继电器常开触点不能接通电磁阀线圈电路。由于电磁阀在起动开关接通后未打开，喷油泵供油油路始终处于被切断状态，因此柴油机不能起动。在这种情况下，按副起动按钮起动无效。显然，这一故障是由于起动继电器损坏所致。

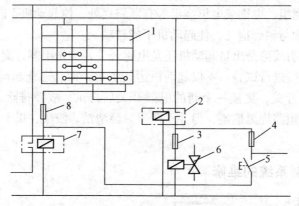

图 6-117　挖掘机柴油机电路图

1—点火开关　2—点火继电器　3、4、8—熔丝　5—副起动按钮
6—燃油切断电器电磁阀　7—起动继电器

故障排除：更换起动继电器后，柴油机起动正常，故障排除。

复习与思考题

一、填空题

1. 柴油机的工作过程中，（　　　　）产生的（　　　　）直接作用在活塞顶上，推动活塞做（　　　　）运动。

2. 维修柴油机曲柄连杆机构主要有（　　　　）、（　　　　）和（　　　　）三部分。

3. 气缸体、气缸盖平面的检测，多采用（　　　　）和（　　　　）来进行。

4. 使用内径百分表测量气缸的（　　　　）是确定发动机（　　　　）的重要手段。

5. 在柴油机维修过程中，（　　　　）、（　　　　）和（　　　　）等是作为易损件更换的，这些零件的（　　　　）是一项重要的工艺技术措施。

6. 活塞连杆组的零件经（　　　　）、（　　　　）后，方可进行（　　　　）。

7. 轴承磨损形成有（　　　　）、（　　　　）、（　　　　）及（　　　　）等。

8. 配气机构的主要维护项目有（　　　　）和（　　　　），（　　　　）的检查与（　　　　）等。

9. 输油泵的功能是保证（　　　　）的柴油输送到（　　　　）。

10. 柴油机电控喷射技术的发展阶段经历了第一代（　　　　）和第二代（　　　　），现在已经发展到第三代（　　　　）方式，（　　　　）喷射系统。

11. 喷油泵一般固定在柴油机机体一侧，由柴油机（　　　　）通过齿轮（　　　　），曲柄转（　　　　），喷油泵的凸轮轴转（　　　　）。

12. 柴油滤清器内（　　　　）过多，引起（　　　　），喷油泵（　　　　）、（　　　　）和（　　　　）将很快磨损，使发动机（　　　　）下降。严重时还会被（　　　　），突然熄火停车。

13. PT 燃油泵为（　　　　）输油泵，起（　　　　）、（　　　　）和（　　　　）的作用，它能将从（　　　　）的燃油机压往（　　　　），同时，在柴油机（　　　　）和（　　　　）时，相应改变出口（　　　　），使喷油器的（　　　　）也随之变化。

14. 高压电控共轨技术是指在（　　　　　）、（　　　　　）和（　　　　　）组成的闭环控制系统中，喷油压力大小与（　　　　　）无关的一种供油方式。

15. 确定 ECM 板损坏的（　　　　　）是在相关（　　　　　）都能（　　　　　）ECM 板的情况下，ECM 板却不能正确输出（　　　　　）来驱动（　　　　　）。

16. 柴油机润滑油压力（　　　　　），将使润滑油（　　　　　），润滑油不易到达（　　　　　）和（　　　　　）部位，造成柴油机润滑不足，冷却不良，工作（　　　　　），造成零件的（　　　　　）。

17. 当液位低于 LOW 线时，应及时（　　　　　），液位应位于 LOW 线和（　　　　　）线之间。

18. 工程机械柴油机在使用过程中，若风扇传动带（　　　　　），则将增加（　　　　　），增加（　　　　　）和（　　　　　）的负荷，使轴承磨损（　　　　　），同时也导致传动带的（　　　　　）；若风扇传动带（　　　　　），则会使传动带（　　　　　）造成发动机过热，同时影响发动机（　　　　　）。

19. 检查柴油机风扇传动带的方法，有（　　　　　）传动带中部分约 98N，传动带应下凹（　　　　　）。

20. 水泵常见的损伤是（　　　　　）、（　　　　　）、（　　　　　）或者损坏、泵轴或（　　　　　），带轮凸缘（　　　　　）等。损伤后，将出现（　　　　　）、（　　　　　）、（　　　　　）、（　　　　　）、发动机过热等故障。

二、判断题

1. 水泵体破裂可用生铁焊条修理。（　　　　）

2. 节温器失灵时，主阀门可能处于常闭状态，冷却液只进行小循环。（　　　　）

3. 风扇叶片如出现变形、弯曲、破损，不用更换。（　　　　）

4. 柴油机起动异常故障是指柴油机起动困难，不能起动或气动性能时好时坏等。（　　　　）

5. 起动系统因素引起柴油机起动故障的原因不是蓄电池电力不足。（　　　　）

6. 接通起动开关，听到起动继电器不停地"嗒嗒"响，起动机转动无力，是蓄电池供电不足。（　　　　）

7. 柴油机一般正常的润滑油消耗量达 1L/100km 以上，为正常消耗。（　　　　）

8. 电控喷油器电磁阀通电，喷油器关闭；电磁阀不通电，喷油器开启。（　　　　）

9. 柴油机电控共轨上装有共轨压力传感器、压力限制阀和流量限制器。（　　　　）

10. 柴油机配气机构的摇臂与摇臂轴的检修包括：摇臂与摇臂轴的检查和修理两项内容。（　　　　）

11. 由于凸轮轴上的凸轮与配气机件的相对运动，使凸轮外形和长度的方向受到磨损。（　　　　）

12. 活塞与连杆一般都没有装配标记。（　　　　）

13. 柴油机大修时，一般应更换活塞销，选配标准尺寸的活塞销，为柴油机大修留有余地。（　　　　）

14. 气缸的修理应选用统一修理尺寸和统一分组尺寸的活塞。（　　　　）

15. 活塞裙部的尺寸不是镗磨气缸的依据。（　　　　）

三、单选题

1. 发动机进气过程结束时，气缸内的压力是（　　　　）。

A. 大于大气压力　　　　　　　　　B. 等于大气压力

C. 与大气压力无关　　　　　　　　D. 小于大气压力

2. 气缸体与气缸盖变形的检测工具是（　　　　）。

A. 刀形平尺、塞尺和百分表　　　　B. 卡尺

C. 卷尺　　　　　　　　　　　　　D. 高度尺

3. 气缸盖螺栓的紧固顺序是（　　　　）。

A. 从前到后拧紧　　　　　　　　　　B. 从中间向四周、分次逐步地按规定力矩拧紧

C. 从四周向中间拧紧　　　　　　　　D. 任意顺序拧紧

4. 为了提高气缸的密封性，避免产生气体的泄漏，要求活塞的开口应交错布置，（　　）开口位置为始点。

A. 第三道环　　　　B. 第一道环　　　　C. 第二道环　　　　D. 第四道环

5. 曲轴弯曲的检修应（　　）为基准。

A. 以曲轴前端　　　　　　　　　　　B. 以曲轴后端

C. 以曲轴两端主轴颈的公共轴线　　　D. 以中间轴线

6. 轴承装入座孔内，上、下两片的每端均应高出轴承（　　）mm。

A. 0.01 ~ 0.02　　　B. 0.02 ~ 0.03　　　C. 0.03 ~ 0.05　　　D. 0.05 ~ 0.07

7. 当气缸压力降到约（　　）以下时，气缸将无法正常工作。

A. 100kPa　　　B. 200kPa　　　C. 300kPa　　　D. 400kPa

8. 检查柴油机输油泵的方法是手指压下推杆，应将活塞完全压进；松开手油泵手柄应（　　）。

A. 不弹出　　　B. 安全弹出　　　C. 处于自由状态　　　D. 处于中间位置

9. 在电控共轨系统中，喷射压力的产生和喷射过程是（　　）。

A. 分不开的　　　　　　　　　　　B. 彼此完全分开的

C. 与发动机转速有关的　　　　　　D. 与发动机载荷有关的

10. 柴油机正常工作压力为（　　）。

A. 49 ~ 147kPa　　　B. 98 ~ 392kPa　　　C. 400 ~ 600kPa　　　D. 600 ~ 700kPa

四、问答题

1. 维修机体组主要包括哪些不动件？

2. 气缸的修理方法有哪些？

3. 简述活塞环的"三隙"检验。

4. 简述曲轴弯曲的检修。

5. 简述"两次调整法"调整气门。

6. 简述气门座的检修方法与工艺。

7. 简述发动机 ECM 板的维修步骤。

8. 简述润滑系统维护应注意的问题。

9. 简述柴油机风扇传动带松紧度的检查与调整方法。

10. 简述水泵的检修方法及注意事项。

11. 简述造成柴油机起动故障的主要因素。

第7章 工程机械底盘维修

7.1 主离合器的维修

7.1.1 离合器的维护

1. 离合器的常规性维护

离合器应根据工程机械用户手册推荐的行驶里程按离合器维护项目及时进行维护。

使用中，为了减少离合器故障的发生，分离应迅速、彻底，接合要平稳、缓慢、柔和；合理使用半联动，且一般应尽量少用；绝不允许离合器长时间处于半分离状态。按时润滑离合器的各润滑点，润滑时注意不要使油污浸入离合器的摩擦面，以免引起离合器打滑。

若因干式离合器沾有油污而引起打滑，则应及时进行清洗。在清洗前先旋下飞轮壳下部的放油螺塞，放出积聚的废油，再起动发动机并使离合器片处于分离状态，将汽油或煤油喷射在摩擦片的工作表面，经过一定时间（2~3min），待油污彻底清洗干净后，再旋紧放油螺塞。清洗后的离合器应按规定重新给各润滑点注油。

离合器一级维护时，应检查离合器踏板的自由行程。二级维护时，还要检查分离轴承复位弹簧的弹力，如有离合器打滑、分离不彻底、接合不平顺及分离时发响发抖等故障发生，还要对离合器进行拆检，以及更换从动盘、中压盘、复位弹簧及分离轴承等附加作业项目。

2. 离合器的磨合

修理中更换过摩擦片的离合器安装到车上后，为使摩擦片磨损均匀，延长使用寿命，一般可做20次左右的原地起步。这种方法可将摩擦片的粗糙表面磨去，使离合器尽快进入正常的工作状态，避免超负荷时的过度磨损。磨合后的离合器由于各部间隙出现变化，还需再次对踏板高度和自由行程进行检查与调整。

3. 蒸汽清洗后的离合器维护

维护车辆时，通常要对发动机、底盘等部件进行蒸汽清洗，离合器经蒸汽清洗后要予以维护，否则将使离合器锈蚀粘结在一起。为了防止这种现象的发生，在蒸汽清洗后，应对离合器进行维护。其方法是使离合器打滑，即踩住制动踏板用高速起步5~6s，用摩擦产生的热量把离合器烘干，这样离合器就不会因为锈蚀而粘结在一起，从而可延长其使用寿命。

7.1.2 主离合器的常见故障及其原因分析

1. 主离合器打滑

（1）故障现象及危害 当工程机械阻力增大，速度明显降低，而发动机转速下降不多或发动机加速时机械行驶速度不能随之增高，即表明离合器打滑。离合器打滑后，其所传递的转矩及传动效率降低，工程机械克服阻力的能力减小，使用性能变坏，起步困难。使用中速度不能随发动机转速的迅速增高而加快，同时还将加剧离合器摩擦片与压盘、飞轮摩擦表面的磨损，降低其使用寿命。经常打滑的离合器还会产生较多的热量烧伤压盘和摩擦片，使摩擦面的摩擦因数降低而加剧打滑，从而使摩擦片烧焦，引起离合器零件变形、弹簧退火及润滑油黏度降低外流，造成轴承缺油而损坏等。

（2）主要原因分析　离合器打滑的根本原因是离合器所能传递的最大转矩小于发动机输出的转矩，而对于给定的离合器，其所能传递的转矩与自身零件的技术状况、压盘压力及摩擦因数有关，具体分析如下：

1）压盘总压力减小的原因。

①常合式主离合器。压盘总压力是由压紧弹簧产生的，其大小取决于压紧弹簧的刚度和工作长度。若压紧弹簧的刚度减小或工作长度增加，则压盘的总压力减小。引起弹簧压紧力减小的原因有：离合器摩擦片磨损变薄后，压盘的工作行程增加，使弹簧的工作长度增加，导致压盘压紧力减小；离合器长期工作或打滑产生的高温使压紧弹簧的刚度下降，导致压紧力不足；压紧弹簧长期承受交变载荷，使其疲劳而导致弹力衰退、压紧力下降。

②非常合式主离合器。非常合式主离合器是由杠杆系统压紧的，其压紧力的大小取决于其加压杠杆与压盘受力点距离的大小，即加压杠杆与其距离大，压紧力小，反之压紧力大。在使用过程中，由于摩擦面的不断磨损，使主、从动摩擦盘越来越靠近，而使加压杠杆与压盘受力点越来越远，导致压紧力减小，离合器打滑。

2）摩擦副摩擦因数减小的原因。

①离合器摩擦衬片变质。离合器的摩擦衬片在工作时与压盘或飞轮之间出现滑动摩擦，所产生的高温易使摩擦衬片中的有机物质发生变质，从而导致摩擦副的摩擦因数下降，严重时可导致摩擦衬片龟裂，影响离合器的正常工作。

②离合器摩擦衬片硬化。摩擦衬片表面因长期使用而硬化，也会导致摩擦副的摩擦因数减小。

③离合器摩擦衬片表面不洁。摩擦衬片表面有油污或水时，摩擦因数将大大下降。

④摩擦表面严重磨损。当摩擦表面严重磨损时，非常合式离合器将因分离间隙增大而使分离滑套工作行程减小，压紧力降低；常合式离合器则因压紧弹簧伸长而压紧力降低。当摩擦片磨损至铆钉外露时，摩擦面间将因接触不良而降低摩擦力。

⑤摩擦盘翘曲变形。摩擦盘翘曲变形后，离合器接合时摩擦面间接触不良，压力降低，传递转矩的能力下降。

（3）分析判断方法

1）判断常合式主离合器是否打滑。可将发动机起动，拉紧驻车制动器，挂档，慢慢抬起离合器踏板，逐渐加大油门，若车身不动，发动机也不熄火，则说明离合器打滑。

2）判断非常合式主离合器是否打滑。可起动发动机，挂3档或4档，接合离合器，工程机械行驶速度明显减慢；挂1档或2档爬坡或作业，加大油门仍感到无力，但发动机不熄火，则说明离合器打滑。

总之，当工程机械阻力增大，车速明显降低，而发动机转速却下降不多时，即表明离合器打滑。

2. 主离合器分离不彻底

（1）故障现象及危害

1）现象。离合器操纵杆或踏板处于分离状态时，主、从动盘未完全分开，仍有部分动力传递，这种现象称为离合器分离不彻底。发动机怠速运转时，离合器处于分离状态，挂档感到困难，变速器齿轮有撞击声；挂档后，不接合离合器，工程机械就行走或发动机熄火。

2）危害。离合器分离不彻底将使变速器挂档困难，产生齿轮撞击声，损坏齿端；同时也将加速压盘及摩擦片摩擦表面的磨损，引起离合器发热使行车安全无保障。

（2）主要原因分析　离合器分离不彻底是由于主动盘与从动盘未完全分离而造成的，使发动机的动力仍能够传递给变速器输入轴。

1）常合式主离合器分离不彻底的主要原因。

①离合器踏板自由行程过大。离合器踏板自由行程过大，即分离轴承距分离杠杆内端距离过大，在踏板行程一定时，踏板工作行程就减小，使压盘分离时移动的距离减小，不能完全消除主、从动盘之间的压紧力，使离合器分离不彻底。

②主、从动盘翘曲变形，摩擦片松动。离合器分离时，若从动盘翘曲变形后仍与压盘保持接触，则会导致离合器分离不彻底。

③分离杠杆调整不当。如分离杠杆内端高度不在同一平面内，会使离合器在分离过程中压盘发生歪斜，导致离合器局部分离不彻底。如分离杠杆内端调整过低，也会使压盘分离行程不足而使离合器分离不彻底。

④摩擦衬片过厚。若离合器摩擦衬片过厚，则在给定的压盘行程内没有足够的分离间隙，会导致离合器分离不彻底。

⑤分离弹簧失效。双片式离合器在飞轮与中间主动盘之间装有三个分离弹簧，保证两从动盘与中间主动盘、压盘及飞轮外端面彼此彻底分离。如分离弹簧折断、脱落或严重变形而使弹力减小，便失去其作用，进而使离合器分离不彻底。

2）非常合式主离合器分离不彻底的主要原因。

①调整不当。非常合式主离合器最大压紧力调整时，杠杆压紧机构的十字架旋入过多，使主、从动摩擦盘的分离间隙过小而导致离合器分离不彻底。

②板弹簧的影响。在离合器后盘上铆接有三组板弹簧，其作用是在离合器分离时，使主、从动摩擦盘产生分离间隙。如果由于铆钉松脱或板弹簧本身疲劳而使其弹力下降，会导致离合器分离不彻底。

③摩擦盘锈蚀的影响。工程机械在潮湿的环境中停放过久，容易使离合器的摩擦盘产生锈蚀，导致主、从动摩擦盘之间的分离间隙减小而造成离合器分离不彻底。

（3）分析判断方法　判断离合器是否分离不彻底，可将变速杆放空档位置，使离合器处于分离状态，用螺钉旋具推动从动盘的方法进行检查。若能轻轻推动，则说明离合器分离是彻底的；反之，则说明分离不彻底。

3. 主离合器发抖

（1）故障现象及危害

1）现象。当离合器按正常操作平缓地接合时，工程机械不是平滑地增加速度，而是间断起步甚至使工程机械产生抖动，并伴有机身发抖或工程机械突然蹿出，直至离合器完全接合。这种现象俗称离合器发抖。

2）危害。离合器发抖既使驾驶员感到不舒适，又会使传动零件因受冲击载荷而加速磨损。

（2）主要原因分析　离合器发抖的根本原因是主、从动盘间正压力分布不均匀，离合器接合时正压力不是逐渐、连续增加的，因而使离合器所能传递的转矩时而大于、时而小于工程机械的阻力矩，导致离合器轴断续转动而使离合器发抖。造成离合器发抖的具体因素如下。

1）主、从动盘间正压力分布不均匀。非常合式离合器影响压臂压力大小的因素很多，如压臂及铰链销、孔磨损程度不同，修理、装配质量不同，耳簧弹力不同时，都将造成压盘各处的压紧力不同，压紧的先后时间也不一致，因而使压盘各处受力不均，甚至使压盘歪斜。主、从动盘接触不好，在接合过程中所传递的转矩不能平顺、逐渐地增加，易引起离合器发抖。

常合式离合器各弹簧技术指标不同，以及各分离杠杆调整高度不一致时也会使压盘各处压力不均。

2）主、从动盘翘曲、变形。有此故障时，在离合器接合过程中摩擦片会产生不规则接触，引起压力不能平顺增加。

3）从动盘故障。从动盘毂铆钉松动，从动盘钢片断裂，转动件动平衡不符合要求等，也会引起离合器发抖。

4）操作不当。如油门小，起步过猛，也会使工程机械出现抖动。

4. 主离合器异响

（1）故障现象及危害

1）现象。离合器异响是指离合器工作时发出不正常的响声。异响有连续摩擦响声或撞击声，可以出现在离合器的分离或接合过程中，也可能是分离后或接合后发响。

2）危害。离合器异响既使驾驶员不舒适，又会使工程机械工作可靠性降低。

（2）主要原因分析　离合器产生异常响声是由于某些零件松旷、不正常摩擦及撞击造成的。响声的判断是一个比较复杂的问题，通常是根据响声产生的条件、发生的部位及出现的时机不同来分析判断响声的部位和原因。经常出现的离合器异响有分离轴承响，主、从动盘响及其他响声等。

1）分离轴承响。当离合器的分离轴承断面与分离杠杆接触时，听到有轻度的"沙沙沙"响声，这是分离轴承由于缺油或磨损松旷而发响。若响声较大，且当离合器完全分离时产生"哗哗哗"的响声（甚至有零乱的"嘎啦"声），则说明分离轴承损坏或因缺油而过度磨损。

2）从动盘响。在离合器刚一接合时产生"嘎噔"一下的响声，在离合器接近完全分离或怠速工况油门变化时产生轻度的"嘎啦嘎啦"的响声，可能从动盘钢片与盘毂铆钉松动或从动盘与离合器轴（或离合器毂）花键松旷，在转速和转矩变化时产生的一种零件间的撞击声。

3）主动盘响。常合式离合器的压盘及中压盘响，多因主动盘与传动销间配合松旷，在离合器分离或怠速转速变化时，主动盘产生周向摆动而发出"嘎啦嘎啦"的响声。

4）其他响声。常合式离合器分离杠杆调整不当，分离轴承复位弹簧失效或脱落，分离轴承转动不灵等，在离合器分离过程中都会使轴承端面与分离杠杆承压端面间产生摩擦响声；从动盘产生较大翘曲、变形及歪斜时，在分离状态下离合器轴转速低于主动盘转速而产生轻微响声；某些离合器分离杠杆与窗口间，分离杠杆与销轴间，压爪与销轴间间隙过大时，在离合器刚接合或接近完全分离时会产生响声。非常合式离合器分离套筒与离合器轴配合松旷以及各杠杆铰链松旷时，在离合器接合时松放圈会因分离套筒的摆动产生纵向振动而发响。工程机械起步产生的某些噪声也可能是从动盘钢片断裂、破碎所致。

7.1.3 离合器主要零件的检修

1. 主动盘的损伤与检修

主动盘包括压盘、中压盘及飞轮。主动盘均为铸铁或球墨铸铁件。主动盘的主要损伤有：摩擦表面磨损、划痕、烧伤及龟裂；摩擦平面翘曲不平；凸耳断裂；传动销与孔磨损，飞轮滚动轴承孔壁磨损等。

当主动盘表面的轻微划痕和烧伤可以用肉眼观察到时，可用砂布和油石打磨；若有 0.5mm 以上的深沟纹、0.30mm 以上的平面度误差，则应精车或磨削表面。车磨时，注意使压盘两平面相平行（平行度误差小于 0.10mm），加工量应尽量小。表面粗糙度 Ra 值要小于 1.6μm。主动盘经多次车磨后，当其厚度小于原厚度的 10% 时应更换。

传动销与孔的配合间隙大于 1.5mm 时应扩孔，加大传动销。滚动轴承与飞轮配合松动时应电镀轴承外圈，滚动轴承本身径向间隙大于 0.5mm 时应换用新轴承。凸耳断裂可用铸铁焊条气焊修复，但焊修后应检查主动盘的平衡情况。

2. 从动盘的损伤与检修

从动盘一般由钢片、摩擦片和盘毂组成。从动盘的损伤有花键套键齿磨损，减振弹簧过软或折断，钢片与接合盘铆钉松动，铆钉翘曲破裂，摩擦片油污及磨损、烧蚀、硬化、破裂及铝铆钉松动等。

摩擦片表面油污可用汽油洗去，表面烧蚀和硬化可用油石、砂布及锉刀修整。当磨损严重使铆钉头低于摩擦面不足 0.50mm 时，或表面严重烧蚀、破裂时，应换用新的摩擦片。

在摩擦片铆合前还应对从动盘钢片进行检查修理，从动盘钢片翘曲变形时应做冷压校正，要求半径为 120～150mm 处的轴向圆跳动不超过 0.80mm。钢片与接合盘铆钉松动应换用新的低碳钢铆钉，并进行热铆。当花键齿磨损使与之配合键齿侧间隙大于 0.80mm 时，应换用新件。

3. 主离合器轴的损伤与检修

主离合器轴的主要损伤是花键损坏、滑动轴颈磨损、与轴承配合的轴颈磨损、轴弯曲等。

花键磨损后可用标准内花键或新从动盘毂在外花键上检查齿侧间隙。齿侧间隙大于 0.8mm 时，一般应更换新轴。配件供应不足时，可用堆焊的方法焊修齿侧，然后在未磨损部分铣出标准花键，也可以用局部更换法进行维修。与分离套筒配合处轴颈磨损使配合间隙超过 0.5mm 时，可用刷镀、振动堆焊或镶套法修复。镶套时套与轴间的过盈量可取为 0.01～0.07mm，并将套加热至 120～200℃后压装在轴上。离合器轴上连接盘的维修与从动盘的维修相同。轴弯曲超过 0.05mm 时需要冷压校正。

4. 压紧弹簧的损伤与检修

压紧弹簧的损伤有自由长度变短、弹力减弱、弯曲变形、端面不平及疲劳断裂等。压紧弹簧的检验和更换可参照有关规定进行，一般当自由长度低于标准值 2～3mm 时，应进行更换。一个离合器所有压紧弹簧的技术状态应一致，压至同样高度时其压力差不应大于 10N。

5. 压紧杠杆的损伤与检修

非常合式离合器压紧杠杆也称为压爪，常用 45Cr 或 40Cr 制成。圆弧硬度为 43 ~ 48HRC，淬火深度为 1 ~ 3mm。压爪的主要损伤是顶压圆弧部分磨损及销孔壁单边磨损。当圆弧部分磨损量超过 1.00mm 时，应用耐磨合金对圆弧部分进行堆焊，堆焊后用砂轮修磨成形。压爪销孔壁磨损后配合间隙大于 0.04mm 时，可按修理尺寸法修复，可用钻铰压爪销孔、更换销轴的方法，也可用镶套的方法进行修复。销孔与销的标准配合间隙约为 0.016mm。离合器几个压爪修理后的质量应相同，各压爪质量差一般应不超过 15g，以避免在高速运转时引起振动。

6. 弹性推杆的损伤与检修

非常合式离合器弹性推杆的主要损伤是弹力减弱、孔中心距偏短、支承孔磨损、弹性推杆折断等。

弹性推杆的弹力降低后，将其加热至 780 ~ 810℃，在油中淬火，然后再加热至 450 ~ 475℃进行回火。弹性推杆孔中心距偏短时可用热变形法恢复原来的孔中心距，其方法是将弹性推杆加热至 780 ~ 800℃进行高温退火，并在此温度下用楔子打入弹性推杆环口之间，将孔中心距增大，然后再按上述方法进行淬火与回火。扩大销孔中心距时，应注意使两个销孔轴线平行。弹性推杆销孔配合间隙大于 0.50mm 时可用修理尺寸法修复，其修理尺寸可按 1mm 加大，销与孔配合间隙为 0.016 ~ 0.153mm。

7. 分离滑套的损伤与检修

非常合式主离合器的分离滑套多用锰钢或镍铬钢制成，内孔硬度大于 51HRC。主要损伤是支承弹性推杆的销孔磨损，前端面磨损，与离合器轴承配合的孔产生磨损，与分离轴承配合处过盈消失，与油封配合处磨损等。

内孔磨损使配合间隙大于 0.50mm 时，应按修理尺寸法修复滑套内孔或轴颈（维修间隔尺寸可取为 1.0 ~ 1.5mm）。用镶套法修复与之相配的零件时，可将孔镗大 7mm，为便于加工，镗前应先高温退火。支承弹性推杆的孔磨损后的维修与弹性推杆上的销孔相同，且往往同步维修；前端面磨损后采用堆焊法修复；与分离轴承、油封配合处磨损后，可用刷镀法修复。

常合式主离合器分离滑套的损伤使与托架或离合器轴配合的孔径产生磨损，与分离叉接触的耳轴（或耳臂）产生磨损，与轴承配合松旷等。

孔径磨损后的维修与非常合式主离合器相同，耳轴配合间隙大于 1.50mm 时，可用堆焊法、刷镀法修复，也可将旧耳轴切除，在旧耳轴处钻孔、攻螺纹、拧入一个新耳轴，并在其根部焊牢。修复后左、右耳轴的同轴度误差及其与滑动孔的垂直度误差应不超过 0.30mm。

7.1.4　主离合器的装配与调整

1. 主离合器的装配

在装配前应仔细检查各摩擦表面的清洁程度，如有油污应用汽油彻底清洗，分离杠杆等各活动部位只需涂少量润滑油脂，以免溢到摩擦片上。从动盘的长短毂具有方向性，不允许装反。离合器盖与飞轮应对正标记安装，装合后应进行动平衡试验。各回转零件均尽量按原件、原位装回，以保证平衡。

2. 主离合器的调整

（1）常合式主离合器的调整　　常合式主离合器的调整包括分离间隙的调整和分离轴承

空行程的调整。

　　常合式主离合器分离间隙的大小取决于分离轴承的工作行程。当分离间隙不当时，一方面可调整分离杠杆，另一方面可调整离合器踏板与离合器外摆臂间的连接长度。分离杠杆的调整原则是要使各杠杆承压端与飞轮平面保持相同的规定距离，保证分离轴承能同时压紧和放开分离杠杆，避免分离行程不足和压盘分离后歪斜导致主离合器分离不彻底和发抖。分离轴承空行程反映到主离合器踏板的自由行程，当自由行程过小甚至消失时，会引起主离合器打滑。分离轴承空行程是指主离合器处于接合状态时，分离杠杆承压端与分离轴承推力面间的距离。分离轴承空行程的调整可通过改变分离轴承外摆臂与踏板间的连接长度来实现。

　　（2）非常合式主离合器的调整　非常合式主离合器的调整包括操纵力的调整、操纵行程的调整及小制动器的调整。

　　操纵力调整的主要目的是保证离合器压盘有足够的正压力，以可靠地传递转矩。以红旗100 型推土机的主离合器为例，其具体调整方法为：首先将离合器处于分离状态，再把压爪支架的夹紧螺栓旋松，相对压盘转动压爪支架，压爪支架接近压盘时压力应增大，反之则应减小。边调边测试压力的大小。在正常情况下，施加在离合器操纵杆的力为 150 ~ 200N，超过死点应发出特有的响声。

　　操纵行程是指离合器操纵过程中的操纵杆或踏板上端移动的距离，这一移动距离直接反映了分离滑套的移动距离。主离合器操纵行程的调整一般包括总行程的调整和自由行程的调整。当上述行程不符合要求时，可通过改变离合器操纵杆与分离外摆臂间的距离进行调整。

　　为使主离合器在分离时能迅速停转，以利换档，有些主离合器还装有小制动器。小制动器的作用是：当主离合器操纵杆处于分离极限位置时，离合器轴能在 2 ~ 3s 内停止转动。当不符合上述要求时，可通过改变操纵杆总行程的大小来达到要求。

7.2　液力变矩器的维修

7.2.1　液力变矩器的维护

　　液力变矩器的维护与变速器的维护密不可分。液力传动油作为液力变矩器、变速器的工作介质，还对整个传动装置进行润滑、冷却和操纵。在实际工作中，变速器的故障有 70% 以上是由液力传动油引起的，因此在维护中主要以液力传动油为主线贯穿其中。

　　1）液力传动油是液力变矩器的工作液和润滑剂，必须保持清洁，各油路系统和油箱不应有沉淀、油泥、水分或其他有害物质。

　　2）每天或每工作班检查一次油路系统的油位，查看是否有漏油现象。在作业过程中应注意检查液力变矩器的作业温度。

　　3）经常检查液力传动油液位。工程机械停在平地上，发动机保持运转，液力传动油液位应处在正常工作温度下，此时液力传动油液位应在变速器量油尺的上、下刻线之间（若分冷、热刻线，则以热刻线为准），不足时应及时添加。如液力传动油液位下降过快，可能有漏液，应及时予以排除。

　　4）适时更换液力传动油和滤清器。按工程机械使用说明书的规定更换液力传动油和滤清器（或清洗滤网），同时拆洗变速器油底壳，并更换其密封垫。

在恶劣工况下应经常检查液力传动油中是否有污物或变质，可根据油的颜色或气味进行初步判断。如有污物或变质，应及时更换。

如果发现油里出现金属颗粒（通常说明某个部件出现了故障），必须对油路系统所有部件——液力变矩器、变速器、油管、油滤清器、冷却器、阀及液压泵等进行彻底清洗检查。

5）液力传动油是一种专用油品，加有染色剂，为红色或蓝色透明液体，绝不能与其他油品混用，同牌号不同厂家生产的也不宜混兑使用，以免造成油品变质。

7.2.2　液力变矩器的常见故障及其原因分析

工程机械上使用的液力变矩器种类较多，因此，在维修液力变矩器时，应在弄懂液力变矩器类型、液力变矩器结构、液力变矩器传动系统及油路系统工作原理的基础上，根据故障现象，分析判断故障的大致范围，对系统进行初查和仪表检查，运用各种分析方法，分析出故障的原因并排除。

液力变矩器常见的故障主要有供油压力过低、油温过高、漏油以及工作时内部发出异常响声等。

1. 供油压力过低

（1）故障现象　当发动机油门全开时，液力变矩器进口油压小于标准值。

（2）主要原因分析　供油压力过低主要由以下几种原因引起：供油量减少，液位低于吸油口平面；油管泄漏或堵塞；流到变速器的液力传动油过多；进油管或滤油网堵塞；液压泵磨损严重或损坏；吸油滤网安装不当；液力传动油起泡沫变质；进、出口压力阀不能关闭或弹簧刚度减小等。

（3）分析判断方法

1）检查液位是否位于油尺两标记之间。若液位低于最低刻线，则应补充油液；若液位正常，则应检查进出油管有无漏油处，如有漏油处，应予以排除。

2）如果进出油管密封良好，应检查进出口压力阀的工作情况。若进出口压力阀不能关闭，则应将压力阀拆下，检查各零件有无裂纹或伤痕、油路和油孔是否畅通，以及弹簧刚度是否变小，发现问题及时解决。

3）如果进出口压力阀正常，应拆下油管和滤网进行检查。若有堵塞，则应进行清洗并清除沉积物；若油管畅通，则需检修液压泵，必要时更换液压泵。

4）观察液力传动油是否起泡沫。如果液力传动油起泡沫，应检查回油管的安装情况。若回油管的液位低于油池的液位，则应重新安装回油管。

2. 油温过高

（1）故障现象　油温过高表现为工程机械工作时油温表超过120℃或用手触摸液力变矩器感觉烫手。

（2）主要原因分析　引起液力变矩器油温过高的主要原因有：变速器油液位过低；冷却系统中水位过低，冷却效果不好；油管或冷却器堵塞或太脏；液力变矩器在低效率范围内工作时间太长；工作轮的紧固螺钉松动；轴承配合松旷或损坏，引起磨损；综合式液力变矩器因自由轮卡死而闭锁；导轮装配时自由轮机构缺少零件等。

（3）分析判断方法

1）机械工作时如果油温表显示油温过高，应立即停车。发动机怠速运转，查看冷却系统有无泄漏，水箱水位是否正常。若冷却系统正常，则应检查变速器油液位是否位于油尺两标记之间。若液位太低，则应使用同一牌号的油液进行补充；若液位太高，则必须排油至适当液位。

2）如果变速器油液位符合要求，应调整机械使变矩器在高效区范围内工作，尽量避免在低效区长时间工作。

3）如果调整机械工作状况后油温仍很高，应检查油管和冷却器的温度。若用手触摸时温度低，则说明泄油管或冷却器堵塞或太脏，应将泄油管拆下，检查是否有沉积物堵塞，如有沉积物应予以清除，再装上接头和密封泄油管。

4）如果触摸冷却器时感觉温度很高，应从变矩器壳体内取出少量油液检查。若油液内有金属时，说明轴承松旷或损坏，导致工作轮磨损，应对其进行分解，更换轴承，并检查泵轮与泵轮毂紧固螺栓是否松动，如松动应予以紧固。

5）如果以上检查项目均正常但油温仍高，应检查导轮工作是否正常。将发动机油门全开，使液力变矩器处于零速工况，液力变矩器出口油温上升到一定值后，再将液力变矩器换入液力偶合器工况，观察油温下降程度。若油温下降速度很慢，则可能是由于自由轮卡死而使导轮闭锁，应拆解液力变矩器检查。

3. 漏油

（1）故障现象　液力变矩器后盖与泵轮结合面、泵轮与轮毂连接处等有明显漏油痕迹。

（2）主要原因分析　液力变矩器漏油主要是由于液力变矩器后盖与泵轮平面连接面、泵轮与轮毂连接处连接螺栓松动或密封件老化或损坏造成的。

（3）分析判断方法

1）发现漏油应起动发动机，检查漏油部位。

2）如果从液力变矩器与发动机的连接处漏油，说明泵轮与泵轮罩连接螺栓松动或密封圈老化，应紧固连接螺栓或更换 O 形密封圈。

3）如果从液力变矩器与变速器连接处甩油，说明泵轮与泵轮毂连接螺栓松动或密封圈损坏，应紧固螺栓或检查密封圈。

4）如果漏油部位在加油口或放油口位置，应检查螺栓连接的松紧度以及是否有裂纹等。

4. 异常响声

（1）故障现象　液力变矩器工作时，内部发出金属摩擦声或撞击声。

（2）主要原因分析　液力变矩器工作时的异常响声，主要是由于轴承损坏，工作轮连接松动或与发动机连接松动等原因造成的。

（3）分析判断方法　液力变矩器工作出现异响时，应首先检查它们与发动机的连接螺栓是否松动。如果连接螺栓松动，应紧固并达到规定转矩；如果连接螺栓紧固正常，应检查各轴承，若有松旷，则应进行调整。当调整无效时，应更换新轴承。此外，应检查液压油的多少和质量，必要时添加或更换新油。

经过上述检查，若没有发现异常现象，则应检查各工作轮的连接是否松动。若有松动，则应按规定转矩拧紧；若连接可靠，则可能是由于异常磨损导致的异响，应分解液力变矩器，查明具体原因并予以排除。

7.3 机械换档变速器的维修

7.3.1 机械换档变速器的维护

1. 变速器内润滑油的检查和更换

定期检查变速器内润滑油的多少和质量。变速器内润滑油液面高度，均以溢油口或油尺刻度为准。天气热时，液面可与溢油口齐平；天气冷时可低于溢油口 10～15mm。当工作中因润滑油消耗使液面低于标准液面时，应及时添加。当季节变化和润滑油脏污时，应更换。换油应在工程机械工作结束后，润滑油尚未冷却时进行，以保证油放得快而彻底，同时可以使箱壁及底面上沉积的杂质放出，以减少清洗油的消耗。放油后，用相当于变速器充量 1/3 的清洗油（混合 5% 机油的煤油）加入变速器内进行清洗。为了清洗彻底，可使变速器在各档下工作 1～2min，然后放出清洗油液，并清除磁性螺塞上的铁屑和污垢，然后注入规定的齿轮油到标准液位。

2. 变速器漏油的检查

变速器常发生漏油的部位是轴与轴承的动配合处，多由于油封状态不良（老化、磨损及破裂）或箱体破裂而引起。放油塞处漏油则是由于垫片（过厚、过薄及破裂）或螺纹损坏而引起的。检查时应擦净外壳予以检视。

3. 变速器的紧固

维护时，应擦拭变速器各部，检查变速器外壳与飞轮室的连接是否牢固；检查各拉杆连接是否牢固；轴承盖、变速器盖及输出轴凸缘等处螺栓、螺母及弹簧垫圈应该完整，连接不应松动；如有松动应及时紧固。

4. 变速器的检查与调整排档位置

根据工程机械的维护周期，按工程机械的维护说明书检查变速器的调整排档位置、自锁装置和联锁装置等工作情况。如果不能正常工作，按照工程机械的维护说明书的规定进行调整。

7.3.2 机械换档变速器的常见故障及其原因分析

1. 自动脱档

（1）故障现象及危害

1）现象。自动脱档也称跳档，是指工程机械在正常使用情况下，未经人力操纵，变速杆连同齿轮（或啮合套）自动跳回空档位置，使动力传递中断。

2）危害。自动脱档对工程机械安全使用危害很大，尤其在坡道上行驶时，产生自动脱档后不易重新挂档而造成溜车，引起严重事故。

（2）主要原因分析

1）齿轮（或啮合套）轴向分力过大。

①变速器壳体变形过大。变速器壳体变形会使变速器各轴线间的平行度误差过大，使齿轮产生很大的轴向分力，当此轴向分力的方向与齿轮自动脱档力的方向一致时，即会促成自动脱档。

②齿面偏磨。变速器齿轮在频繁的换档与传力过程中会使齿面偏磨，从而使齿面形成斜

度，使啮合齿之间的相互作用力产生较大的轴向分力。齿轮磨损越严重、外载荷越大，则轴向分力越大。当轴向分力超过锁定力及摩擦力时即自动脱档。变速器使用时间过长、缺油、油质较差、强行换档等都会加剧齿面的偏磨。

③其他原因。变速器轴刚度差、齿轮与外花键配合间隙过大、齿侧间隙过大等，也会使齿轮歪斜、传动中出现冲击等，从而产生较大的轴向推力。

2）锁定机构失效。变速器自锁机构多为弹簧顶压钢球或锁定销结构。当弹簧变软或折断、钢球（或锁定销）与滑轨锁定槽边缘磨损较大时，其自锁力将大大降低，在较大齿轮轴向力作用下容易自动脱档。推土机等工程机械变速器除自锁机构外，大多数设有与主离合器联动的刚性联锁机构，锁定力很大，因此一般不会产生自动脱档。但当联锁机构损坏（如锁定销折断或锁定销与滑轨锁定槽边缘磨损过大）以及联锁操纵失效（如联锁轴相对于摆动杠杆产生自由转动）时，会使锁定力降低，在主离合器接合状态下仍有可能产生自动脱档。

3）滑轨未被锁定或齿轮啮合位置不当。变速杆变形、拨叉变形、拨叉与拨叉槽轴向间隙过大、拨叉与滑轨连接松动等，均可使变速杆在相应档位下齿轮或滑轨未进入正常啮合位置或锁定位置，或滑轨虽被锁定，而齿轮轴向旷动量较大，在较大动载荷作用下，轴向力易超过锁定力而跳回空档。

2. 档位错乱

（1）故障现象及危害

1）现象。档位错乱也称乱档。挂不上欲挂的档位、实挂档位与欲挂档位不符、同时挂入两个档位、只能挂入某一档位、挂档后不能退出均称为变速器乱档。

2）危害。变速器乱档后，工程机械无法正常工作。当同时挂入两个档位时，轻者使发动机熄火，重者损坏齿轮，使轴变形，造成严重工程机械事故。

（2）主要原因分析　变速器乱档的根本原因是变速齿轮或滑轨与变速杆间位置不正确，或两者间运动不协调，具体分析如下：

1）变速杆变形或拨头过度磨损。如变速杆侧向变形，当变速手柄位于某一档位时，变速杆下端拨头可能位于另一档位变速轨凹槽中，引起乱档。当拨头磨损严重或沿变速方向变形时，变速手柄至极限位置后变速拨头可能脱出滑轨拨槽，形成挂不上档，或挂上某一档后摘不下档。当变速杆中间球铰磨损使变速杆上移时，会加速这种故障的发生。

2）滑轨互锁机构失效。为了防止同时挂入两个档，一般变速器都设有互锁机构。长期使用后，互锁机构零件会产生磨损，如 CA1091 型汽车及 EQ1090 型汽车互锁钢球与滑轨间磨损、互锁销磨损、滑轨与导孔配合松旷等，即变速滑轨内边间的距离大于两钢球直径之和，造成互锁失灵。T120 型、TY180 型等推土机变速器均采用摆架式互锁装置，所以不易产生同时移动两个齿轮的故障。

3）变速拨叉与滑轨连接松脱。变速拨叉与变速滑轨连接松脱时，变速齿轮不受变速杆及滑轨的控制，容易产生窜位、脱档，或同时挂入两个档位。

3. 换档困难

（1）故障现象及危害　换档困难主要表现为挂不上档，或挂上档后摘不下档。变速器出现该故障后工程机械无法正常工作。

（2）主要原因分析　其原因除乱档所述以外，还可能有以下原因：

1）滑轨弯曲、锈死或为杂物所阻，移动不灵活。

2）联锁机构调整不当，离合器分离时变速滑轨处于锁定位置。

3）离合器分离不彻底，小制动器失效，离合器轴不能停止转动，使挂档困难。

4）锁定销或钢球、互锁机构等被脏物所阻而移动不灵活时，也会造成换档困难。

4. 变速器异响

（1）故障现象及危害　变速器在正常情况下会有均匀和谐的响声，这是由于传动件的传动、齿轮间摩擦及轴承转动等引起的。变速器磨合后此响声会变小。当响声不均匀，响声较大、尖刺、断续及沉重时，即为变速器异响。异响往往也是其他故障的表现。

（2）主要原因分析

1）轴承异响。变速器滚动轴承长期使用后会因磨损而增大轴向间隙与径向间隙，滚动体与滚道表面易产生疲劳点蚀，缺油时容易产生烧伤，故在高速下会因滚动体与滚道间的冲撞而产生细碎、连续的"哗哗"响声。变速器内缺油或润滑油过稀、过稠及品质不好等，也会造成轴承异响。空档时响，而分离离合器后响声消失，一般为第一轴前、后轴承或常啮合齿轮响。如挂入任何档都响，多为第二轴后轴承响。轴承异响是轴承间隙增大的表现，除会加速轴承、齿轮、变速轴的损坏外，高速回转时还易使齿轮轴产生摇摆和扭振。

2）齿轮异响。齿轮加工精度低或轮齿磨损过甚、间隙过大、啮合不良、啮合位置不正确；维修时未成对更换齿轮或新旧齿轮搭配，使齿轮不能正确啮合；齿面硬度不足、刚度差、表面粗糙度值大、有疲劳剥落或个别牙齿损坏折断；齿轮与轴配合松旷，齿轮轴向间隙过大；箱体几何误差超限，齿轮轴刚度不足，变形过大；轴承松旷等引起齿轮啮合间隙改变，增大了齿轮噪声。

5. 变速器发热和漏油

（1）故障现象及危害　变速器发热是指其温度超过60℃以上。变速器温度过高是其他故障的表现，且会缩短润滑油的使用寿命。变速器漏油是指其周围出现润滑油，而其箱内油量减少。

（2）主要原因分析

1）变速器发热的原因。当变速器轴承安装过紧、转动不灵活或内外圈转动、保持架损坏等会使轴承发热增加；齿轮啮合间隙过小、啮合位置不正确、齿面滑移增多及挤压力增大，会使齿轮摩擦热增加；润滑油不足或品质不好时，运动件的润滑条件变坏，摩擦热增加，从而使变速器温度过高。

2）变速器漏油的原因。一般是由于润滑油选用不当、侧盖太松、密封垫损坏或遗失、油封损坏或遗失、箱体破裂等原因引起的。

7.3.3　机械换档变速器主要零件的检修

1. 变速器箱体的损伤与检修

（1）箱体变形的检修　箱体变形后将破坏孔与孔、孔与平面间的位置精度，其中最主要的是影响同一根轴前后轴承孔的同轴度及各轴之间的平行度，其次是破坏箱体端面与孔轴线的垂直度。

上平面的平面度误差较小时，可将其倒置于研磨平台上用气门砂研磨修整；平面度误差较大时，应以孔轴线定位进行磨削修整，以保证磨修后两者间的平行度。当孔中心距及孔轴线间平行度误差超限时，可用镗削加工法进行修整。镗削后镶套，再进行机加工，以恢复各孔间的位置精度。

（2）轴承座孔磨损的检修　一般轴承座孔配合间隙超过 0.10mm 时应予修复，否则会影响齿轮轴工作的稳定性。轴承座孔磨损较小时，可用机加工法去除不均匀磨损，用刷镀法恢复配合。孔磨损较大时可用镶套法修复孔径。镶套时过盈量可取 0.005 ~ 0.025mm。为可靠起见，应在套与基体接缝处钻孔攻螺纹，拧入止动螺钉。

（3）箱体裂纹及螺纹孔损伤的检修　箱体裂纹多为制造缺陷，有时也为工作时受力过大或维修操作不当所致。检验裂纹可用无损检测法或敲击法判断。箱体裂纹发生在箱壁但不连通轴承座孔时，可用焊修法修复。当裂纹连通轴承或轴承座安装孔时，为可靠起见以更换新件为宜。

螺纹孔损坏一般是由于拆卸、装配不当造成的。螺纹孔损坏一般用感觉法检验。螺纹孔损坏后可采用修理尺寸法或镶套法修复。

2. 齿轮的损伤与检修

齿轮的主要损伤有齿面磨损、疲劳点蚀与拉伤，轮齿的裂纹与断裂。齿轮的检验除用目测法外，还可用测齿卡尺、公法线千分尺或普通游标卡尺进行测量。当齿面有轻微麻点、其面积不超过 15%、边缘略有破损时，可用油石或小砂轮修整后继续使用。当齿厚磨损超过允许极限，麻点面积超过 15%，轮齿有裂纹与断裂时应更换。

3. 轴承的损伤与检修

变速器滚动轴承的主要损伤为滚动体与滚道表面磨损与疲劳点蚀、隔离圈损坏、轴承烧毁等。当滚动轴承径向间隙大于 0.20 ~ 0.30mm、轴向间隙大于 0.30 ~ 0.40mm 或产生严重疲劳点蚀时，应更换轴承。

4. 拨叉的损伤与检修

拨叉变形时可用台虎钳等进行冷压校正。拨叉脚侧面磨损使其与滑槽配合间隙大于 1.00 ~ 1.50mm 时，应用堆焊法修复拨叉脚，焊后磨修成形。拨叉脚与齿轮滑槽配合间隙为 0.10 ~ 0.80mm。拨叉脚修磨后需要进行热处理，以保证其硬度。

7.4　动力换档变速器的维修

7.4.1　动力换档变速器的维护

1. 工作油

严格按照生产厂家的工程机械使用说明书选用液力传动油（如 8 号液力传动油），不同牌号的液力传动油不得混用；油箱液面必须在油尺指示范围内；用油必须清洁，加油时需防止杂质进入油液中。

2. 油温油压

动力换档变速器工作时的油温一般应在 80 ~ 110℃ 范围内，短时间不要超过 120℃，否则要停车冷却，或检查有无故障，以免损坏密封件，引起漏油。变矩器补偿油压，出口油压、操纵阀油压及变速器润滑油压均必须在规定范围内。

3. 清洗换油

新变速器初期使用 50h 后更换全部工作油，并清洗变速器油底壳、滤网及磁性放油螺塞。注意观察有无铝屑、铁屑出现，以便分析箱内传动件的磨损情况，及时采取措施。以后每工作600h清洗、换油一次。

7.4.2 动力换档变速器常见故障及其原因分析

1. 离合器摩擦片烧蚀

换档离合器片发生烧结、黏着时，档位不能解除。造成这些故障的原因是离合器接合时长期滑转或分离不清而引起主、从动摩擦片烧蚀，严重时烧结成一体。所以即使换档阀在空档位置，工程机械也会行驶。引起摩擦片烧蚀与操作有密切的关系。工程机械在使用中应严格遵守操作规程。起步挂档前，发动机转速过高或不按档位顺序换档，则在换档后，由于工程机械惯性的影响，使离合器主、从动摩擦片达到同步的时间延长，从而使主、从动摩擦片处于滑转状态的时间也延长，摩擦片极易烧蚀。离合器摩擦片烧蚀应该更换。

2. 自动脱档或乱档

1）故障原因。换档操纵阀的定位钢球磨损严重或弹簧失效，导致换向操纵阀定位装置失灵而自动脱档。

2）排除方法。检查是否为定位装置引起的故障，可用手扳动变速杆在前进、后退及空档等几个位置时的感觉。如果变换档位时，手上无明显阻力感觉，即为失效，应拆下检查；如果有明显的阻力感觉，则为正常。

3. 乱档

1）故障原因。由于长期使用，换档操纵杆的位置及长度发生变化，杆件比例不准确，使操作位置产生偏差，导致乱档。

2）排除方法。检查是否为换档操纵杆引起的故障。先拆去换档阀杆与换档操纵杆的连接销，用手拉动换档滑阀，使滑阀处于空档位置，再把操纵杆扳到空档位置，调整合适后再将其连接。

4. 挂不上档

1）故障原因。换档位置不准确；离合器活塞漏油；变速压力低；箱体油路堵塞。

2）排除方法。重新挂档或检查变速器操纵阀；拆检更换离合器活塞矩形密封圈；拆洗疏通箱体油路。

5. 变速压力低

1）故障原因。主调压阀调整不当或弹簧折断失效；变速器油液面过低；滤网或油道堵塞；离合器漏油；变速油泵失效。

2）排除方法。重新调整或更换主调压阀弹簧；加油至油标位置；清洗或疏通滤网或油道；更换矩形密封圈；检修或更换变速油泵。

6. 油温过高

1）故障原因。作业时间长；油箱内油量不足或过多；离合器摩擦片打滑；离合器脱不开。

2）排除方法。停车或怠速运转一段时间；加油至溢流孔位置；检查油压及密封环；检查离合器控制油路或操纵杆位置。

7. 某一档变速油压低

1）故障原因。该档活塞矩形密封圈损坏；该油路密封环损坏；该油道漏油或堵塞。

2）排除方法。更换活塞矩形密封圈；更换油路密封环；检查油道漏油或堵塞情况并排除故障。

　　8. 系统漏油

　　1）故障原因。接头松动；密封圈损坏。

　　2）排除方法。拧紧接头；更换密封圈。

7.4.3　动力换档变速器主要零件的检修

　　1. 变速器箱体的检修

　　检查变速器箱体是否有裂纹或破损、各机械加工面是否碰伤、各螺纹孔是否损坏，检查轴承孔的同轴度及孔的轴线间的平行度是否符合要求。

　　变速器箱体上有不超过150mm的裂纹，而裂纹未穿过轴承座孔和油道，则变速器箱体可以焊修；变速器箱体接合面碰伤时应磨削修整。轴承座孔磨损不大时，可用刷镀的方法恢复轴承座孔与轴承的配合。轴承孔的同轴度及孔的轴线间的平行度超限时，可用镗削加工法进行修整，镗削后镶套，再进行机加工，以恢复各孔间的位置精度。

　　2. 液力变矩器的检修

　　拆检液力变矩器时，泵轮轮毂轴承座磨损与密封环接触表面磨损成明显的沟槽时应更换；涡轮轮毂轴承安装轴颈磨损超过允许极限尺寸时，应刷镀修复或更换；涡轮轮毂轴承座磨损超过允许极限尺寸时，应刷镀修复或更换；导轮超越离合器轴承座安装轴颈磨损超过允许极限尺寸时，应刷镀修复或更换；导轮超越离合器弹簧损坏、滚柱磨损及超越离合器座斜槽磨损或有较深压痕时，应更换损伤零件。

　　3. 变速器齿轮的检修

　　拆检变速器时，检查各齿轮的齿厚磨损是否超过允许极限尺寸、齿面渗碳层是否疲劳剥落（有大量麻点）、齿轮轮齿是否折断，检查各轴承孔磨损是否超过允许极限尺寸，检查花键侧表面磨损是否超过允许极限尺寸。如果零件存在上述损伤，应修复或更换。

　　4. 变速器第一轴和第二轴的检修

　　拆检变速器时，检查第一轴和第二轴轴颈磨损是否超过允许极限尺寸，检查第二轴固定凸缘花键磨损是否超过允许极限尺寸，检查密封环槽宽度磨损是否超过允许极限尺寸。如果第一轴或第二轴存在上述损伤，应修复或更换。检查第一轴和第二轴的弯曲变形程度，当直线度误差超过0.10mm时，应校正。

　　5. 换档离合器的检修

　　换档离合器的主要损伤有活塞与液压缸工作表面磨损，活塞密封环磨损，主动盘和从动盘磨损或由于长期打滑而烧蚀、翘曲变形等。

　　当离合器液压缸工作表面磨损超过允许极限尺寸、主动盘和从动盘的厚度磨损超过允许极限尺寸、活塞密封环损坏、活塞复位弹簧变形或弹力下降时，应及时更换新件。

7.5　万向传动装置的维修

7.5.1　万向传动装置的维护

　　万向传动装置的主要维护工作包括检查及紧固，定期润滑，必要时拆检清洗。

在一级维护中，应对万向节轴承、传动轴花键连接等部位加注润滑油和进行紧固作业。大部分国产工程机械的传动轴花键及万向节轴承应加注润滑脂，直至从安全阀出现新油为止。如发现油封损坏，有漏油的迹象时应立即更换。至于各种工程机械究竟用什么润滑剂润滑，可查阅所属机型的使用维护说明书。除此之外，还应检查凸缘连接螺栓和十字轴轴承盖板固定螺钉的紧固情况，锁紧装置应牢固可靠，锁片应齐全有效。

二级维护时，应检查传动轴花键连接及传动轴、十字轴轴颈和端面对滚针轴承之间的间隙，该间隙超过标准规定时应修复或更换。

在拆卸传动轴时，应从传动轴前端与驱动桥连接处开始，先把与后桥凸缘连接的螺栓拧松取下，然后将与中间传动轴凸缘连接的螺栓拧下，拆下传动轴总成。接着松开中间支承支架与车架的连接螺栓，最后松下前端凸缘盘，拆下中间传动轴。同时应做好标记，以确保原位装配，避免破坏传动轴的动平衡性。

7.5.2　万向传动装置常见故障及其原因分析

1. 万向节异响

万向节异响在车速变化时尤为明显。造成这种故障的原因主要是由于润滑不良而使万向节十字轴、滚针轴承、万向节叉轴承孔严重磨损松旷或滚针折断等。

同时，滚针轴承工作时，滚针只能原地自转，不能沿轴承壳内圆公转，润滑条件又差，会使磨损加剧。一旦十字轴颈或轴承壳内圆磨损出现凹痕，滚针便逐渐失去了在轴颈上转动的可能性而陷在凹坑内，恶化了接触面，使磨损更加严重，造成十字轴早期损坏，使万向节产生异响。因此，加强维护，使万向节轴承处于良好润滑状态，是预防轴承早期损坏的重要措施之一。

2. 花键松旷异响

轮式机械在行驶中，由于悬架变形，传动轴长度会经常变化，使滑动叉和传动轴轴管花键槽磨损而松旷。磨损了的传动轴花键在工程机械行驶速度发生变化时便会产生异响。

3. 传动轴抖振

传动轴的结构特点是细而长，如果不平衡，旋转时由于离心力的作用会产生抖振。严重时，会使传动轴零件迅速损坏，并影响变速器和主传动器的正常工作。

在使用与维修中，传动轴变形，装配时滑动叉与轴管未对准记号，动平衡块脱落，焊修传动轴时歪斜，十字轴轴承磨损等原因，很容易使传动轴失去平衡。因此，在维修中应特别注意传动轴的平衡检查，以保证传动轴安全可靠地工作。

7.5.3　万向传动装置主要零件的检修

1. 传动轴的检修

传动轴轴管的损伤形式有裂纹、严重的凹瘪等。传动轴轴管全长上的径向圆跳动公差应符合表 7-1 的规定。

表 7-1　传动轴轴管的径向圆跳动公差

轴长/mm	≤600	600～1000	>1000
径向圆跳动公差/mm	0.6	0.8	1.0

传动轴花键与滑动叉花键、凸缘叉与所配合花键的侧隙一般不大于 0.30mm，装配后应能滑动自如。

2. 万向节叉、十字轴及轴承的检修

万向节叉和十字轴的损伤形式有裂纹、磨损等。当十字轴轴颈表面有疲劳剥落、磨损沟槽或滚针压痕深度在 0.1mm 以上时，应更换。当滚针轴承的油封失效、滚针断裂、轴承内圈有疲劳剥落时，应更换。十字轴与轴承的最小配合间隙应符合原厂规定，最大配合间隙应符合表 7-2 的规定。

表 7-2　十字轴与轴承的最大配合间隙

十字轴轴颈直径/mm	≤18	18～23	>23
最大配合间隙/mm	符合原厂规定	0.10	0.14

3. 中间支承的检修

中间支承的常见损伤形式是橡胶老化、轴承磨损所引起的振动和异响等。中间支承的橡胶垫环开裂、油封磨损过甚而失效、轴承松旷或内孔磨损严重时，均应更换新的中间支承。

中间支承轴承经使用磨损后，需及时检查、调整或更换，以恢复其良好的技术状况。

4. 传动轴轴管焊接组合件的检修

传动轴轴管焊接组合件经修理后，原有的动平衡已不复存在。因此，传动轴轴管焊接组合件（包括滑动套）应重新进行动平衡试验。传动轴轴管焊接组合件的平衡，可在轴管的两端加焊平衡片，每端最多不得多于三片。

5. 等速万向节的检修

等速万向节常见的损伤形式是球形壳、球笼、星形套及钢球的凹陷、磨损、裂纹及麻点等，若有损伤则应更换。

检查防护罩是否有刺破、撕裂等损坏现象，若有则应更换。

7.5.4　万向传动装置的装配

传动轴总成的维修质量和技术性能的好坏，除与各零件的维修质量有关外，与装配质量也有密切关系。装配上的疏忽和错误会破坏传动轴的位置精度和平衡，使其不能正常工作，造成各运动副的早期磨损和损坏。

1. 装配技术要求

1）为了避免因不等速传动而引起传动轴振动和驱动桥内齿轮冲击，装配时应保证：

①传动轴两端的万向节叉位于同一平面内。这就要求在安装传动轴伸缩节时，必须使两端万向节叉位于同一平面，允许误差为 ±1°，为此装配时应使箭头记号对齐；若无记号，则拆前应做好记号，按记号装复；若因花键齿磨损达不到这一要求，则应使后端万向节沿传动轴旋转方向偏转一个花键齿。

②第一个万向节两轴间夹角 α_1 与第二个万向节两轴间夹角 α_2 相等。在安装时，α_1 的大小与发动机曲轴轴线的位置有关，可通过调整发动机安装垫块来实现，α_2 的大小与驱动桥主传动器主动齿轮轴线有关，它受驱动桥悬架安装的影响。

2）传动轴经过维修后，传动轴的动平衡符合要求。实践表明，当万向节由于磨损出现间隙，就可能使传动轴在低于临界转速的状况下产生振动、冲击甚至折断，所以在维修时，应注意传动轴的动平衡检查与调整。

3）外花键的油封，除了能防止花键内的润滑脂外流外，还能防止湿气和灰尘的侵入，因此必须保持完好。在装橡胶防尘护套时，为了平衡起见，两只卡子的锁扣应相错 180°。

4）传动轴花键与套管叉及凸缘键槽的侧隙，均应不大于 0.30mm，并能滑动自如。

2. 装配注意事项

1）清洗所有零件，并用压缩空气吹净油道孔。

2）各轴承及花键在安装时应涂抹钙基润滑脂。

3）不能用铁锤在零件表面直接敲打，以免损坏零件。

4）装配时先组装万向节，再组装传动轴。

5）传动外花键与套管叉应对准记号装配，使传动轴两端的万向节叉处于同一平面内。

6）传动轴轴管上的平衡片，不得随意变动位置或去掉。

7）各万向节油嘴应在一条直线上，且均朝向传动轴，各油嘴按规定加注润滑脂。

8）万向传动装置的连接螺钉一般都由合金钢制成，不得与其他螺钉混用，更不得用任意螺钉代替，且各螺钉的拧紧力矩必须符合规定。

9）装配后，应对传动轴总成进行动平衡试验，动不平衡量一般不大于 100g·cm/kg。超过规定时，应加焊平衡片进行调整。

7.6　轮式机械驱动桥的维修

7.6.1　轮式机械驱动桥的维护

1. 润滑油的添加与更换

添加或更换润滑油时根据季节和主传动器的齿轮形式正确选用齿轮油。更换新油时，趁机械走热时放净旧油，然后加入黏度较小的机油或柴油，顶起后桥，挂档运转数分钟，以冲洗内部，再放出清洗油，加入新润滑油。整体式驱动桥也可拆下桥壳盖清洗。车轮轴承应定期更换润滑脂。目前车轮轴承多用锂基或钙基润滑脂。

2. 主传动器轴承的调整

驱动桥轴承调整工作的目的在于保证轴承的正常间隙。轴承过紧，则其表面压力过大，不易形成油膜，加剧轴承磨损；轴承过松，则间隙过大，使齿轮轴向松旷量增大，影响齿轮啮合。主传动器主动锥齿轮两个轴承的间隙可用百分表检查。检查时将百分表固定在后桥壳上，百分表测头顶在主动锥齿轮外端，然后撬动传动轴凸缘，百分表的读数差即为轴承间隙。当间隙不符合技术要求时，改变两轴承间垫片或垫圈的厚度进行调整。维护时，后桥拆洗装配后，主动锥齿轮轴承预紧度用拉力弹簧或用手转动检查。当轴承间隙正常时，转动力矩为 $1 \sim 3.5$ N·m，间隙小应加垫或增厚垫圈，间隙大则相反。

双级减速主传动器中间轴的轴承间隙为 $0.20 \sim 0.25$ mm，不合适时用轴承盖下的垫片进行调整。在左、右任意一侧增加垫片时，轴承间隙增大，相反则减小。差速器壳轴承预紧度采用旋转螺母进行调整。调整时先将螺母拧紧，然后退回 $1/10 \sim 1/6$ 圈，使最近的一个调整螺母缺口与锁止片对正，以便锁止。

3. 锥齿轮啮合的调整

主传动器的使用寿命和传动效率在很大程度上取决于齿轮啮合是否正确。检查主动锥齿轮和从动锥齿轮的啮合印痕时，在齿面上涂上红铅油，然后转动齿轮，检查齿面上的印痕。当齿轮啮合正确时，啮合印痕应符合规定（图 7-1）。齿轮啮合印痕不正确时，应调整两边轴承座下的垫片，即从一边轴承座下取出垫片，装入另一边。

调整主动锥齿轮位置，也靠增加或减少调整片的厚度来完成。调整后齿轮啮合间隙应在 0.15 ~ 0.40mm 范围内。

有些单级主传动器（如 ZL50 型装载机），在从动锥齿轮背面有止推螺栓，防止载荷大或轴承松动时从动齿轮产生过大偏差或变形。这时在调整主动锥齿轮和从动锥齿轮后，应重新调整止推螺栓，使其与从动锥齿轮背面保持 0.25 ~ 0.40mm 的间隙。

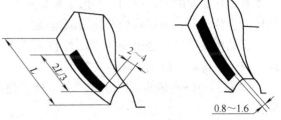

图 7-1　啮合痕迹的正确位置

4. 后桥车轮轴承的调整

后桥车轮轴承过紧则增加转动阻力，摩擦损失加大，容易磨损；轴承过松，将使后桥车轮歪斜，甚至在运行时产生摇摆，同样会损坏轴承及驱动桥其他零件。因此在维护时，应检查后桥车轮轴承松紧度，并及时进行调整。

在装配轮毂轴承前，首先检查轴承油封、轴承、后轴管螺纹与螺母等机件的技术状况。后轮轮毂轴承松紧度的一般调整方法是：先装上轮毂内轴承，再装制动鼓与轮毂外轴承。在旋紧调整螺母的同时旋转制动鼓（以使安装位置准确），直到感觉微有转动阻力为止。将调整螺母反方向旋松 1/8 ~ 1/6 圈（约两个孔），最后紧固锁紧螺母。调整完后轮轮毂轴承不应有可察觉的轴向松动感觉，并且转动自如无摆动。调整后进行路试，在开始磨合的前 10km 距离内，应用手摸试轮毂的温度，若有发热现象，则为轴承过紧所致，必须重新调整。

后桥车轮的维护除上述作业外，还应检查油封、轴承盖、螺塞及各总成密封垫是否漏油，并按规定进行必要的清洗、调整和紧固等。

7.6.2　轮式机械驱动桥的常见故障及其原因分析

1. 驱动桥异响

（1）故障现象及危害　驱动桥的异响有多种表现：有的连续响，有的间断响；有的车速改变时响，有的正常行驶时响；有的上坡时响，有的下坡时响；有的响声沉闷，有的响声清脆。

驱动桥异响大多来自主传动器及差速器，也有的发生在轮边减速器处。驱动桥异响是驱动桥零部件间技术状态不正常的反映，应及时查明原因并排除，否则可能引起更大的故障甚至事故。

（2）驱动桥异响的原因分析　驱动桥异响的原因，多是由于后桥（包括轮边减速器）中某些零件产生碰撞或干涉所致。由于不同零件在不同状态下所产生响声的强度、性质不同，因此可根据异响产生的条件、部位来判断异响的声源，查明异响的原因。

从异响产生的原因看，异响可分为两大类：一是由于零件间连接松动、零件损坏产生的响声，此种异响由于多属零件间不正常的摩擦与碰撞，故响声比较清晰；二是由于轴承配合不正常、齿轮啮合不正常产生的响声。

齿轮啮合不正常是指啮合间隙过小或过大、啮合部位不正确、啮合面积不足，此时会产生连续的清晰的响声，而且响声会随转速的增大而变大；轴承配合不正常是指轴承间隙过大或过小，当间隙过大时会产生连续的响声，并随转速的增大而变大。

2. 驱动桥发热

（1）故障现象和危害　驱动桥发热是指驱动桥在机械工作一段时间以后，其温度超过了正常工作温度的允许范围，一般手摸检查时，会有烫手的感觉。驱动桥发热主要产生在驱动桥的主传动器、差速器处及轮边减速器处。

驱动桥发热同样是驱动桥零部件技术状态不正常、配合关系不正常或润滑不正常的表现，应及时排除，以免损坏有关零部件。

（2）驱动桥发热的原因分析　驱动桥发热的原因一般为产生热量多及热量不能及时散出去。

轮式驱动桥的热源主要是摩擦热，而摩擦热又只能是相对运动件配合间隙过小所致，驱动桥的配合件一类是轴承，另一类是齿轮，所以驱动桥发热的根本原因是轴承配合间隙过小或齿轮啮合间隙过小所致。

驱动桥热量散不出去的主要原因是驱动桥、轮边减速器中缺油或油质低劣，缺油或油质低劣不仅使驱动桥产生的摩擦热不能及时散出，而且会使相对运动件处于干摩擦状态，使摩擦热大大增加。

驱动桥发热可根据发热的部位判明发热的原因，如轴承处过热时，可判明是轴承引起的，整个驱动桥壳体发热时，可能是齿轮啮合不正常或因缺油引起的，要及时加注符合标准的润滑油。

3. 驱动桥漏油

（1）故障现象和危害　驱动桥漏油大多发生在桥包处及轮边减速器处，且大多通过密封处与接合面处外漏。

（2）驱动桥漏油的原因分析　驱动桥漏油，主要是由于密封件损坏与密封垫损坏所致，前者如最终传动装置油封损坏引起的漏油等，后者如后桥壳、轮边减速器接合面的漏油等。

7.6.3　轮式机械驱动桥主要零件的检修

1. 驱动桥壳的检修

驱动桥壳的主要损伤有磨损、裂纹、变形和断裂等。

驱动桥壳变形是由于机械在超载、超速或剧烈颠簸的情况下工作和焊接维修的应力等原因造成的。其前后弯曲是由于变速过猛或紧急制动所致。由于从钢板弹簧座到轮毂轴承一段的弯曲力矩较大，因此在钢板弹簧座外侧弯曲较为严重。

驱动桥壳的弯曲变形在 2.00mm 范围内，可用冷压法校正。当弯曲超过 2.00mm 时，应采用热压法校正，即将桥壳弯曲部分加热至 300 ~ 400℃，再加压校正。加热温度最高不得超过 600℃，以防止金属组织发生变化，影响驱动桥壳的刚度和强度。

驱动桥壳的断裂常发生在主传动器壳与半轴套管交接处或钢板弹簧座附近及制动底板凸缘外侧，因这些部位应力集中现象较严重。

驱动桥壳的裂纹可通过目测或对可疑部位用无损检测法检测。驱动桥壳的任何部位均不得有裂纹，严重者应换新件。配件供应困难或局部有微小裂纹时，可焊接修补。

驱动桥壳螺纹孔或定位孔的磨损或损坏，采用修理尺寸法修复。定位销孔磨损也可焊补后重新钻孔。油封轴颈磨损可用振动堆焊法、镶套法或刷镀法修复。半轴套管轴承轴颈磨损及端部螺纹损坏，可用振动堆焊法修复。轴承轴颈磨损也可用刷镀法修复。

2. 主减速器壳的检修

主减速器壳的主要损伤是轴承座孔磨损、螺纹孔损坏以及与后桥壳结合面处出现裂纹等。

主减速器壳出现轴承盖座孔磨损时，一般应更换新件。但是如果配件供应不足，可采用镶套法或刷镀法修复。

主减速器壳的裂纹和螺纹孔损坏的维修方法与驱动桥壳相似。主减速器壳应无裂纹，螺纹孔螺纹损坏一般不得多于两牙。

3. 半轴的检修

半轴的主要损伤有花键磨损、花键齿扭折，半轴弯曲、断裂，半轴凸缘螺钉孔磨损等。

半轴的弯曲检查一般以两端中心孔定位，测中间的径向圆跳动量，其值超过 0.50mm 时，应进行冷压校正。凸缘盘平面的圆跳动量超过 0.15mm 时，应加工修整。半轴花键齿宽磨损不应超过 0.20mm，应维修或更换。当半轴花键扭转或断裂时，可更换新件或采用局部更换法修复。

4. 主传动齿轮的检修

主传动齿轮工作载荷相当繁重，其常见损伤形式是齿面磨损、齿面点蚀与剥落、齿面黏着磨损与轮齿折断等。齿轮检验一般多采用目测法。齿轮如有不严重的点蚀、剥落或擦伤、个别牙齿损伤（不包括裂纹）且不大于齿长的 1/6 和齿高的 1/3、齿面磨损但接触印痕正常，啮合间隙不超过 0.80mm 时，可修整后继续使用。损伤超过规定时，应予以更换。更换时须成对更换。因为齿轮在制造时是按齿隙、接触印痕选择配对的，不成对更换将造成新旧齿轮啮合不良，产生噪声及加速磨损。

5. 轮边减速器的检修

轮边减速器多为由太阳轮输入动力、齿圈固定、行星架输出的结构，所以其壳体往往就是与车轮相连的行星架。轮边减速器零件有下述损伤时，应予以更换或修理。

1) 行星齿轮、齿圈和太阳轮轮齿工作表面过度磨损或折断。

2) 行星齿轮轴与轴承内座圈配合表面有擦伤或过度磨损痕迹。

3) 行星齿轮轴承孔磨损超过允许极限尺寸。

4) 太阳轮与半轴花键磨损，侧隙超过 0.60mm。

5) 齿圈或齿圈座与半轴套管花键磨损，侧隙超过 0.80mm。

6) 行星齿轮轴承调整垫片划伤或有过度磨损痕迹。

7) 半轴止推垫圈工作表面划伤或有过度磨损痕迹。

7.6.4　轮式机械驱动桥的装配

在轮式机械驱动桥的装配过程中，应特别注意轴承松紧度、齿轮啮合间隙和齿轮啮合印痕的检查与调整。

1. 差速器的装配与调整

将轴承内座圈在油中加热至 75~80℃ 后装入差速器壳左、右轴颈上，待轴承冷却后再进行装配。

组装差速器时，应将零件的摩擦表面涂以润滑油，然后将半轴齿轮止推垫圈、半轴齿轮、行星齿轮、行星齿轮止推垫圈及十字轴装入差速器壳内。检查行星齿轮与半轴齿轮的啮合间隙并调整。

2. 主动锥齿轮轴承的装配与调整

装配前应将轴承座圈、轴承及齿轮轴等零件彻底清洗干净，在压力机上将轴承外座圈压入轴承座内。将内轴承内座圈放入油中加热至 75～80℃，装到主动锥齿轮轴颈上，然后将主动齿轮装入轴承座中，并依次将隔套、调整垫片、外轴承内座圈及凸缘装到主动锥齿轮轴上。按规定转矩拧紧凸缘固定螺母。在拧紧凸缘固定螺母时，应转动轴承座，使轴承内、外座圈能正确安装到位，以免轴承滚锥体卡阻。组装后，必须检查轴承的松紧度，过紧或过松时应进行调整。

由于螺旋锥齿轮在传递转矩的过程中要产生很大的轴向力，因此，轴的支承都采用可调整的圆锥滚子轴承。在装配中，正确地调整轴承的松紧度，对延长齿轮和轴承的使用寿命十分重要。过松则使轴的支承刚度降低，同时在轴向力作用下，主动锥齿轮会离开从动锥齿轮，从而破坏齿轮的正常啮合，使传动效率下降而噪声增大；过紧则使轴承磨损加剧，并有可能引起轴承烧蚀。

各种机型对轴承的松紧度都有一定要求。图 7-2 所示为用弹簧秤检查轴承的松紧

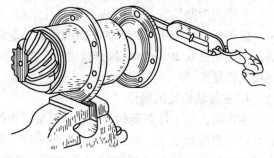

图 7-2　用弹簧秤检查轴承的松紧度

度。轴承的松紧度是用增减外轴承内座圈与隔套之间的垫片来调整的。增加垫片，轴承松紧度减小；减少垫片，轴承松紧度增加。

3. 主动圆柱齿轮轴轴承的装配与调整

对两级减速的主减速器，在装配时也应检查并调整主动圆柱齿轮轴轴承的松紧度。组装时，先将轴承内座圈在油中加热到 75～80℃后装到主动圆柱齿轮轴轴颈上，待轴承冷却后再装入主减速器壳中。在两轴承盖上装上调整垫片，最后拧紧轴承盖紧固螺母至规定力矩值，并检查轴承松紧度。

轴承松紧度是用增减调整垫片的厚度来调整的。增加任何一侧的垫片厚度，都可使轴承松紧度减小；反之，轴承松紧度增加。

4. 锥齿轮啮合的调整

锥齿轮啮合的调整与驱动桥维护中的调整方法相同。

7.7　行驶系统的维修

7.7.1　轮式机械行驶系统的维护

1. 轮胎的维护

（1）轮胎的日常维护　轮胎的日常维护工作主要有经常检查气压，气压过低或过高都将导致轮胎使用寿命缩短，正常的气压不得与标准气压相差 5%；及时清除轮胎间的夹石和花纹中的石子和杂物等；在运行中，如轮胎发热应停止行驶使其冷却，同时应特别注意防止汽油或机油沾到轮胎上；车辆停放时，禁止将轮胎放气，长期停放的车辆，应使车轮架起，不使轮胎着地；注意轮胎的选用与装配，并按规定行驶里程进行轮胎换位。

（2）轮胎的选用　为了使同一台轮式机械上的轮胎达到合理使用，在没有特殊的规定时，应装用同一尺寸类型的轮胎。如装用新胎，最好用同一厂牌的整套新胎，或按前后桥来整套更换。如装用旧胎，应选择尺寸、帘布层数相同，磨损程度相近的轮胎。后桥并装双胎时，直径不可相差 10mm，大直径的应装在外侧，以适应路面拱形，使后轮各胎载荷均匀。

装换的轮胎若为人字形花纹或在胎侧上标有旋转方向的，应依照规定的方向安装。此外，轮胎的花纹种类还须与路面相适应，如雪泥花纹胎面（人字或 M 形花纹）适用于崎岖山路或泥泞的施工地段。

（3）轮胎的装配　轮胎在滚动时将产生离心力，它的方向是从轮胎中心沿半径向外，如轮胎周围每处重量都相等即轮胎是平衡的，则离心力便平衡；如果轮胎平衡误差大，就会因离心力不平衡而引起剧烈的偏转。因此，对于装好的轮胎应进行动平衡试验，其平衡度误差应不大于 $1000g \cdot cm/kg$，这对高速行驶的车辆尤为重要。

（4）轮胎的换位　轮胎在使用过程中，因安装部位和承受载荷的不同，其磨损情况也不一样。为使轮胎磨损均匀，安装于工程机械上的所有轮胎，应按技术维护规定及时地进行轮胎换位。轮胎换位顺序如图 7-3 所示。轮胎的换位方法一旦选定就应坚持，且须注意轮胎的检查和拆装工作。

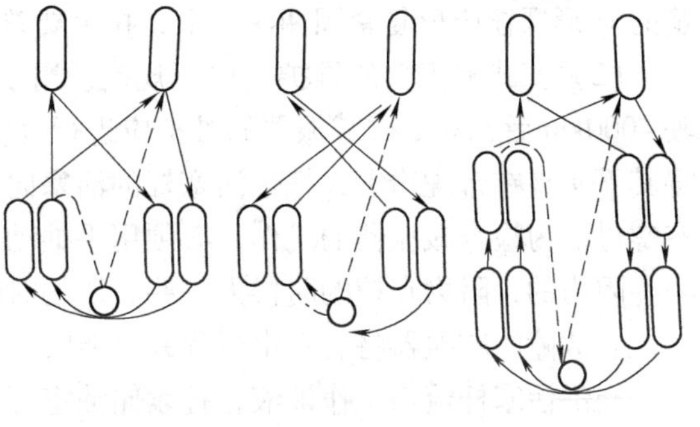

（5）轮胎拆装的注意事项

1）轮胎的拆卸应在清洁、干燥、无油污的地面上进行。

2）拆装轮胎时，应用专用工具，如锤子、撬胎棒等，不允许用大锤敲击或用其他尖锐的用具拆胎。

图 7-3　轮胎换位的顺序

3）轮辋应该完好，且轮辋及内、外胎的规格应相符。

4）内胎装入外胎时，应在外胎内表面、内胎外表面及衬带上涂一层干燥的滑石粉，内、外胎之间应保持清洁，不得有油污，更不得夹入沙粒、铁屑。

5）气门嘴的位置应在气门嘴孔的正中。

6）安装定向花纹的轮胎时，花纹的方向不得装反。

7）双胎并装时，两胎的气门嘴应错开 180°，在重车时两胎应保持有 20mm 的间隙。轮胎充气时，应注意安全，并将轮辋装锁圈的一面朝下，最好用金属罩将轮胎罩住。

2. 悬架的维护

（1）钢板弹簧的维护　在轮式机械二级维护时，应拆检和润滑钢板弹簧总成。钢板弹簧虽不是精密零件，但装配或使用不当，也会直接影响正常工作或损坏其他机件。

日常维护和一级维护时，只需对钢板弹簧销进行润滑，不必进行拆卸检查和润滑。

装配钢板弹簧时应注意以下问题：

1）装配前应检查并更换有裂纹的钢板，用钢丝刷清除钢板片污物和锈斑，涂一层石墨钙基润滑脂。

2）中心孔与中心螺栓的直径差不得大于 1.5mm，否则易引起钢片间的前后窜动，影响行驶稳定。

3）钢板夹子的铆钉如有松动，应予重铆，夹子与钢板两侧应有 2mm 左右的间隙，以保证自由伸张；夹子上的铁管应与弹簧片间有一定间隙，如 EQ1090 型汽车为 3～4mm；装螺栓和套管时，其螺母应靠轮胎一侧，以免螺栓退出时刮伤轮胎。

4）装好后的钢板弹簧，各片间应彼此贴合，不应有明显的间隙。

5）前后钢板弹簧销与孔的间隙不得超过 1.5mm。

6）在紧固 U 形螺栓螺母时，应先均匀拧紧前 U 形螺栓螺母（按车辆行驶方向），然后再均匀拧紧后 U 形螺栓螺母。

7）在钢板弹簧盖板中间装有橡胶缓冲块。

钢板弹簧的使用检查内容如下：

①钢板是否断裂或错开、钢板夹子是否松动、钢板弹簧在弹簧座上的位置是否正确、缓冲块是否损坏、钢板弹簧销的润滑情况及衬套的磨损情况等。如不符合要求，应立即解决存在的问题。

②检查前后钢板弹簧 U 形螺栓有无松动，如有松动应在重载下及时拧紧。一般钢板弹簧的 U 形螺栓应反复紧固两次以上，扭力要符合所属车型的规定。

（2）筒式减振器的维护（以下规范适用于克拉斯 256 型汽车筒式减振器）　当车辆每行驶 4000km 后，对筒式减振器的维护应进行以下工作：从车辆上取下减振器，垂直放置，并将其下头夹在台虎钳上，把带活塞杆的活塞向上拉到头，并以 60～80N·m 的转矩拧紧储油室螺母。为检查减振器的工作，必须用手抽动减振器。正常的减振器用手抽动时是平稳并有一些阻力的，阻力在拉的时候大一些、压的时候小一些。

有故障的减振器将有自由行程并可能咬住，减振器有自由行程说明工作液不足。

当沿活塞杆流出工作油液，拧紧储油室螺母仍不能制止时，应更换油封。安装油封时锐边应朝下。

筒式减振器经修复后，再装配时要注意在减振器工作缸筒的上、下部以及活塞杆上按顺序装复原有零件。检查活塞或活塞环与工作缸壁相配合表面是否密合。装配油封时，应注意方向，并注意拧紧储油缸螺母的力矩。

7.7.2　履带式机械行驶系统的维修

1. 履带式机械行驶系统的维护

（1）支重轮、导向轮、托链轮的维护

1）支重轮、导向轮和托链轮轴承间隙的调整。现代履带式机械行走装置的支重轮、导向轮和托链轮的支承轴承多用滚柱轴承、滚锥轴承或滑动轴承，其轴承间隙的调整方法和主传动器的轴承相同，也是通过增减调整垫片的数量来减小或增大轴承间隙的。

对于使用铜套或双金属套等滑动轴承的支重轮、托链轮及导向轮，其轴向间隙是预先由结构确定的，不能调整。

2）支重轮、导向轮和托链轮轴承的润滑。

①支重轮和导向轮的润滑。润滑支重轮时，先将轴端的螺塞拧下，再将注油器的注油嘴擦干净后插入轴内的油道，并使油嘴端头顶住油道内肩，压动注油器压杆向油道内注油，直到脏油经轮毂的孔和从油道与注油嘴之间的空隙被挤出为止。

②托链轮的润滑。润滑托链轮时，应将油孔置于下方，放出脏油，然后再将油孔置于托链轮中心水平线上方45°的位置，加油至孔内流出润滑油为止。

履带式机械行走装置的支重轮、导向轮和托链轮的轴承是滑动轴承时,其润滑是用黄油枪或加油器加注润滑脂。这种轴承在加注润滑脂时,也应使脏油从轴承两端的油封处排出为止。

(2)履带的维护

1)履带板螺栓的检查和紧固。组合式履带板螺栓松动后,若不加以紧固而继续工作,则会造成履带板螺孔扩大,最后导致螺栓损坏而无法紧固。每班都要对履带板螺栓的松动情况进行检查,并按照要求力矩进行紧固。

2)履带张紧度的检查与调整。履带张紧度应合适,过紧会增加功率消耗并加速链节的磨损;过松则很易脱轨掉链,使履带对链轮及托链轮产生冲击载荷。履带的张紧度以履带上边中部的下垂度来衡量。对于组合式履带行走装置,测量履带张紧度时,将机械停置在平坦的硬地面上,以轨面作为基准,用撬杠将履带上边中部用力抬至极点,测其轨面与托链轮滚动面之间的距离应符合所属机型的规定。

如果测量结果小于规定的下限值,表明履带过紧;大于规定上限值,表明履带过松。履带的张紧度不符合要求时应进行调整。调整方法按结构不同有如下两种:

①螺杆式张紧机构的调整。螺杆式张紧机构是通过拧转张紧螺杆来改变螺杆伸出长度的。

②液压式张紧机构的调整。TY180型等推土机的液压式张紧缸筒的前方设有注油嘴和放油塞。当履带松弛时,可通过注油嘴往缸筒内注入润滑脂,油压将导向轮推向前,从而使履带张紧。反之拧开放油塞,从缸筒中放出一些润滑脂,导向轮则后移,履带变松。

不管用何种调整装置,同台车上两条履带要同时调整以使其张紧度一致,否则会造成操纵困难并导致转向离合器过早磨损。

履带张紧度调整后,应使机械低速前后行驶一下,使履带的张紧状况趋于均匀后再复测一次,必要时重调。最后在调整螺纹部位涂润滑脂并用塑料布包好,防止生锈。

如果张紧装置已调整到极点,而履带仍过松弛,允许拆除一块履带板后重调。

2. 履带式机械行驶系统的故障、原因及排除方法

履带式机械行驶系统的常见故障、产生原因和排除方法见表7-3。

由于履带式机械种类及型号繁多,结构也不尽相同,所以在使用中进行维护及故障判断与排除时,除参照表中所述外,还应结合所属机型的使用说明书进行。

表 7-3 履带式机械行驶系统的常见故障、产生原因及排除方法

故　障	产 生 原 因	排 除 方 法
链轨和各轮迅速磨损或偏磨(啃轨)	1. 润滑不良或使用不合规格的润滑油 2. 各转动部分转动不灵或锈死 3. 轴承间隙过大或过小 4. 驱动轮、导向轮、支重轮的对称中心不在同一平面上 5. 导向轮偏斜 6. 驱动轮装配靠里或靠外 7. 半轴弯曲,驱动轮歪斜 8. 托链轮歪斜 9. 托链轮轴承间隙过大或半轴轴承和端轴承间隙过大	1. 严格执行润滑表规定的润滑项目和规定的润滑油 2. 检查、调整和修复 3. 检查、调整至规定间隙 4. 检查、修复 5. 检查导向轮轴承间隙是否过大,内外支承板磨损是否悬殊,内外支承弹簧弹力是否均匀,调整螺杆是否弯曲,导向轮叉臂长是否一样 6. 重新检查、装配 7. 校正半轴,检查轮毂及花键的磨损情况 8. 检查并校正托链轮支架 9. 检查、调整或更换

(续)

故　　障	产　生　原　因	排　除　方　法
支重轮、托链轮、导向轮漏油	1. 橡胶密封圈硬化变形或损坏 2. 内外盖固定螺栓松动 3. 轴磨损 4. 因装配不当，引起油封移位而失效	1. 换新件 2. 拧紧固定螺栓 3. 修复 4. 重新正确安装
机件发热，转动困难	1. 轴承间隙太小或无间隙 2. 轴承损坏、咬死 3. 润滑不良 4. 严重偏磨	1. 按规定值调整轴承轴向圆跳动量 2. 更换轴承 3. 清洗，然后按润滑要求加注润滑油 4. 检查同侧各轮是否在同一对称中心平面上
履带脱轨	1. 履带松弛引起掉轨 2. 由于导向轮、驱动轮、链轨销套等部件的磨损量积累引起脱轨 3. 张紧弹簧的弹力不足 4. 液压式张紧装置的液压缸严重失圆而不起作用 5. 液压张紧装置的液压缸塑料密封垫损坏或腐蚀失效 6. 液压张紧装置的液压缸内活塞和密封环严重磨损 7. 导向轮的凸缘严重磨损，驱动轮的轮齿磨损变尖，支重轮和托链轮的凸边磨损严重 8. 台车架变形 9. 导向轮、驱动轮及支重轮的中心不在同一直线上 10. 半轴弯曲变形	1. 调整履带松紧度 2. 及时调紧履带，并注意履带的维护和各轮的润滑 3. 调紧或换新件 4. 镶套修复或换新件 5. 换新件或以黄铜料加工代用 6. 修复或换新件 7. 堆焊修复或换新件 8. 检查同侧各传动部分的对称中心是否在同一平面，校正台车架变形部分 9. 调整中心成一直线 10. 校直半轴

3. 履带式机械行驶系统主要零件的检修

（1）台车架的损伤和检修　台车架是履带式机械行走装置的重要机件。台车架的主要损伤是台车架出现裂纹、台车架变形和台车架各安装面与配合表面磨损。

台车架在修理时应用钢丝刷仔细清理易产生应力集中的部位，检查是否有裂纹，必要时应用磁力无损检测法等进行检验。台车架产生裂纹后，不仅会降低台车架的强度，而且会引起台车架的变形。在台车架出现裂纹或原焊缝处开焊，当裂纹尚未扩展到整个纵梁的横截面且在受力不大的部位时可用低合金钢、氢碱性焊条进行焊接。在施焊前，用砂布打磨裂纹处，直至露出金属光泽而确定裂纹末端，在裂纹两端钻直径为 5mm 的止裂孔，防止裂纹继续扩张。

台车架变形量的检验还可在检验平台上进行，通过测量台车架下平面和检验平台之间的距离，检查台车架垂直方向的弯曲变形；测量台车架下平面四个角至检验平台的距离差，可知台车架有无扭曲变形；将台车架侧置在平台上，测量侧面下边缘至平台的距离，即可知有无侧向弯曲。台车架斜撑的变形，主要表现在斜撑轴承孔的位置精度上，应着重检验轴承座孔中心轴线与台车架中线间的垂直度，轴承座孔中心距台车架尾部上平面的高度和轴承座内端面距台车架尾部定位销孔中心的距离。台车架变形超限时应进行校正，以恢复主要安装面间的位置精度。变形小时，可冷压校正；变形大时，应热压校正。斜撑轴承后桥箱体支承孔两端面之间应留有 2mm 左右的调整间隙。

台车架配合表面磨损后应该修复，斜撑轴承磨损后可更换轴承；轴承座孔壁磨损后，可堆焊孔壁，然后机械加工并恢复轴承座孔的位置精度。台车架尾部的轴承座孔（护盖孔）磨损后，可堆焊加工，并更换衬套。台车架前叉口各导向面的磨损量超过 2mm 时，应更换导向板，导向板材料常用 16Mn，焊后其厚度约为 12mm。

（2）导向轮、支重轮与托链轮的损伤和检修

1）轮体的修理。导向轮、支重轮和托链轮的主要损伤有外圆滚道与导向凸缘磨损、轮缘产生裂纹、安装轴承的孔壁产生磨损等。从滚道的磨损情况来看，支重轮最严重，导向轮次之，再其次是托链轮。

轮体滚道直径方向的磨损量超过 10mm 时，应用堆焊法、镶套法进行修复。轮体的堆焊材料应具有较好的耐磨性和耐冲击性。堆焊采用 CO_2 气体保护焊或氩弧焊为好，当堆焊层超过 3 层时，应先用韧性好的硬度为 25 ~ 27HRC 的珠光体材料堆焊底层（2 ~ 3 层），然后再用硬度高的耐磨材料堆焊表面层。堆焊后的轮体再进行机械加工和热处理。轮体产生裂纹时，可开成坡口后焊接修理。

2）轮轴的修理。支重轮、导向轮和托链轮轮轴的主要损伤为弯曲变形、轴颈磨损等。与滚动轴承配合的轴颈磨损使之与轴承内圈的间隙大于 0.05mm 时，对轴颈采用镀铬法修复。与滑动轴承配合间隙大于 1mm 时，对轴颈采用堆焊或镀铁修复。轴弯曲变形大于 0.02mm 时，应予以校正。当弯曲变形较小时，可采用冷压校直；当弯曲变形较大时，应热压校直，热压校直时在弯曲处用火焰加热至 450 ~ 500℃。

3）滑动轴承的修理。支重轮、导向轮和托链轮所用的滑动轴承有三种：青铜轴承、铝合金轴承和尼龙轴承。轴承与轮体轴承座孔为过盈配合，当配合松动时，可对轮体孔进行镶套或电镀轴承外壳，以恢复配合精度；轴承孔磨大后，应更换轴承。新轴承与轴颈间的标准配合间隙与轴承材料有关，青铜轴承为 0.16 ~ 0.30mm，铝合金轴承为 0.20 ~ 0.40mm，尼龙轴承为 0.50 ~ 0.90mm。

4）油封的修理。支重轮、导向轮、托链轮所用油封有两种：一种是用润滑油润滑轴承，油封为浮动油封与密封环式油封；另一种是用润滑脂润滑轴承，油封为橡胶碗式油封。油封的主要损伤是油封面因磨损、划痕或橡胶老化变质等，使油封效能降低而漏油。钢质密封件密封面产生磨损、划痕，可用研磨的方法恢复其密封性，研磨时应注意密封环带不能过宽，以防降低封油性能。浮动油封密封环带的标准宽度为 0.20 ~ 0.30mm。橡胶老化变质时，应换用新件。

（3）张紧装置的检修　张紧装置失效时，履带松弛，在工作中履带容易脱掉。张紧装置失效主要是由于调整装置（如调整螺杆螺纹）损坏或液压张紧装置密封件损坏引起的，其次是由于缓冲弹簧过软或折断引起的。

机械式张紧装置的调整螺杆螺纹损坏后，可以改制成缩小尺寸的螺纹，也可以将损坏或磨损严重的螺纹切去，堆焊后重新车制，并在 820 ~ 850℃ 时做油浴淬火。

液压张紧装置密封件损坏后，应更换密封件。缸孔与活塞的配合面有磨损，当该配合间

隙超限时，可磨修缸孔，再更换加大尺寸的活塞和密封环。

7.8　机械式转向系统的维修

7.8.1　机械式转向系统的维护

1. 检查和紧固

在进行各级维护时，均应对转向系统做一般性的检查，主要检查零件的紧固情况，其中包括转向盘、转向轴管、转向器外壳和梯形机构连接部分螺栓及开口销的完好情况，及时紧固松动零部件。

2. 清洁和润滑

转向横、纵拉杆两端的球铰接头应经常进行清洁和润滑，并定期拆卸清洗。装复时应加足润滑油脂，装好密封垫和防尘罩。

3. 转向盘自由转动量的检查与调整

转向盘的自由转动量是指机械处在直行位置且前轮不发生偏转的情况下，查看转向盘所能转过的角度，它是转向系统各部件配合间隙的总反映。

转向盘自由转动量的大小直接影响机械的操纵性能，自由转动量过大将使转向灵敏度下降，影响行车安全；自由转动量过小将会造成转向沉重、操作困难、加速磨损。

检查转向盘自由转动量时，将工程机械处于直线停放位置，把自由转动量检查器刻度盘和指针分别夹到转向柱和转向盘上（图7-4），分别向左、右转动转向盘，转到刚有阻力时即停止，这一段无阻力行程就是转向盘的自由转动量。

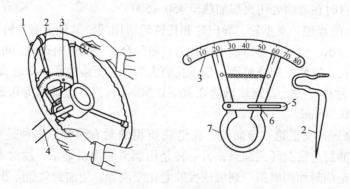

图7-4　转向盘自由转动量的检查

1—转向盘　2—检查器指针　3—检查器刻度盘　4—转向柱管　5—连接板
6—固定螺钉　7—夹臂

转向盘的自由转动量一般为10°~15°，超过25°~30°时则应进行调整，主要调整转向传动副的啮合间隙。

7.8.2　机械式转向系统的常见故障与排除

机械式转向系统的常见故障与排除方法见表7-4。

表 7-4　机械式转向系统的常见故障与排除

故　　障	产 生 原 因	排 除 方 法
转向沉重（转动转向盘时阻力较大）	1. 转向器传动副啮合间隙过小或轴承过紧、损坏 2. 转向轴弯曲或管柱变形互相碰擦 3. 转向盘与转向轴衬套端面相磨 4. 转向器壳内缺油 5. 主销推力轴承缺润滑油或装配不当 6. 万向节与前轴配合间隙过大 7. 万向节主销与衬套配合过紧或推力轴承缺润滑油 8. 横、纵拉杆球头销过紧或缺润滑油 9. 转向轮定位失准，轮胎气压不足	1. 调整或更换 2. 校正、修复 3. 修理 4. 加注齿轮油 5. 润滑或调整 6. 调整 7. 调整或加注润滑油 8. 调整或加注润滑油 9. 调整、充气
转向不稳（转向轮摇摆不定，转向盘摆动不易控制）	1. 转向器传动副配合间隙过大 2. 横、纵拉杆球头销磨损松旷或弹簧折断 3. 转向器壳固定螺栓松动 4. 万向节主销与衬套配合间隙过大 5. 前轮不平衡量过大 6. 前轮毂轴承间隙过大 7. 前束值不正确 8. 转向器安装松动	1. 调整或更换 2. 调整或更换 3. 拧紧 4. 更换衬套 5. 调整 6. 调整或更换 7. 调整 8. 紧固
行驶跑偏（行驶或作业时方向偏向一边）	1. 左右轮胎气压不等或安装不正确 2. 前轮毂轴承左右松紧度不一 3. 钢板弹簧 U 形螺栓松动 4. 一边制动不能解除或轴承过紧 5. 前轮定位失准 6. 横拉杆臂弯曲变形	1. 按标准充气或正确安装 2. 调整 3. 校正、紧固 4. 调整 5. 调整 6. 校正、修复

7.8.3　机械式转向系统主要零件的检修

1. 转向器的检修

转向器的种类很多，轮胎式工程机械普遍采用循环球式、蜗杆曲柄销式和球面蜗杆滚轮式三种。现以循环球式转向器为例介绍转向器的检修。

（1）转向盘的检修　检查盘架及圆盘有无裂纹、变形或损伤，转向盘基座装入转向轴槽键有无磨损，如有不良，应予以更换。检查喇叭、指示灯等的相关作用元件有无磨损，如有不良，应予以更换。

（2）转向轴的检修　检查转向轴有无弯曲、裂纹，装配转向盘的螺纹部分、键槽及键等有无磨损。如有弯曲变形可进行冷压校正。如有裂纹，或键及键槽有磨损，应予以更换。用百分表测量转向轴的弯曲度，弯曲度应小于 0.20mm。

（3）转向器壳体的检修

1）检查转向器壳体有无裂纹，当裂纹通过轴承座孔时，壳体应予以报废。

2）检查壳体螺杆轴承安装孔有无磨损，当壳体孔磨损较大时，可用镶套法修复壳体孔。

3）转向垂臂与衬套孔间隙过大时，应更换衬套。

（4）钢球螺母总成的检修

1）检查钢球及轨道有无磨损、疲劳损伤。当钢球及滚道磨损造成钢球螺母轴向间隙大于 0.80mm 时，应更换新钢球。若更换新钢球后螺母的轴向间隙仍大于规定要求时，则应更换整个钢球螺母总成。

2）检查螺杆有无弯曲变形，当弯曲变形大于 0.20mm 时，应进行冷压校正。

3）检查钢球循环管有无弯曲变形、损伤，如有应予以更换。

（5）转向垂臂轴的检修

1）总成大修时，必须进行隐伤检验，产生裂纹后应更换，不许焊修。

2）轴端花键出现台阶形磨损、扭曲变形时应更换。

3）支承轴颈磨损超限时应更换。

2. 转向传动机构的检修

（1）转向传动机构主要零件的检修

1）转向横拉杆和纵拉杆的检修。转向横、纵拉杆出现裂纹，应予以更换。横拉杆弯曲量大于 2mm 时，应进行冷压校正。纵拉杆球头销座孔磨损超限时，应予以更换。球头销及座有明显磨痕时，应予以更换。如弹簧失效、橡胶防尘罩老化、破裂等，均应更换。

2）转向垂臂、万向节臂、转向梯形臂的检修。转向垂臂、万向节臂、转向梯形臂出现裂纹时，均应更换。转向垂臂花键扭曲变形时，应予以更换。

（2）转向传动机构的装配

1）装配时，应在球头销及球头碗配合表面涂抹适量润滑脂。

2）球头销装好后，用手扳动应转动灵活且无松旷感，否则应通过螺塞进行调整。

3）转向横拉杆两端接头的旋入长度应相同。

4）转向垂臂安装到转向垂臂轴上时，应对准装配标记；若标记被破坏，则可将转向盘转到中间位置，并使转向轮处于直线行驶位置，然后将转向垂臂安装到垂臂轴上，同时应重新做标记。

7.9　轮式机械动力转向系统的维修

7.9.1　动力转向系统的维护

1. 正常维护

（1）日常维护　在日常维护作业中，应检查储油箱的液位，保持在规定的范围内。油液不足应及时加注。检查液压系统及油管各接合面处有无漏油现象，如有漏油必须消除。检查动力转向装置，如转向器、转向垂臂和拉杆球铰的紧固情况，以免在行驶中出现松动而危及行车安全。

（2）一级维护　一级维护除进行日常维护作业内容外，还应将油箱、滤清器进行清洗，必要时更换滤芯，对动力转向装置各润滑点加注润滑脂；检查转向盘的自由行程，必要时进行调整。

（3）二级维护　二级维护除进行日常维护和一级维护作业内容外，还应清洗各液压元件；检查主要液压元件（液压泵、转向液压缸、转向阀等）的工作性能；更换转向器和液压系统的全部工作用油。

2. 工作油液更换的注意事项

1）排油时，根据动力转向系统的具体结构情况，保证液压泵、油箱和转向液压缸内工作油全部排出。

2）加油时，应加注制造厂规定牌号的液压油，不可随意代用，更不可混用，以保证动力转向系统的正常工作。

3）加油时，保持工作油清洁。先将油箱加满，起动发动机做短时间运转，使液压系统全部充满工作油。油箱液位下降后，必须继续加油，以免油泵吸进空气。

7.9.2　动力转向系统的常见故障及其原因分析

1. 转向沉重或失灵

（1）动力转向液压系统有故障

1）油箱缺油或液位不足或滤油器堵塞。

2）液压系统中有空气。如液压系统渗入空气，会使油压明显地降低，而使转向沉重。空气进入液压系统有以下几个方面的原因：

①当油箱中液位过低，空气容易从油箱被液压泵吸入液压系统。

②系统中的密封元件性能不良。

③管接头及液压元件接合面处的连接螺栓松动。

3）液压泵有故障，使供油压力不足，导致转向盘必然沉重，其主要因素有：

①驱动液压泵的 V 带打滑。

②液压泵有关零件磨损，引起内部泄漏严重。

③液压泵密封元件损坏而漏油。

④安全阀失效，使回油过多。

⑤溢流阀磨损或卡住，使回油过多。

4）转向阀与转向液压缸有故障。转向阀与转向液压缸的主要故障有：

①转向阀磨损引起内泄漏过多。

②油液中有脏物，使转向阀卡住。

③动力缸密封元件的工作性能不良，引起内、外泄漏严重。

（2）转向装置机件配合间隙过小及各铰接处润滑不良　转向器、转向传动装置及前桥装配后，由于调整不当使机件配合过紧，各铰接处缺润滑油，在传递力的过程中，摩擦阻力矩增加，致使转向沉重。

（3）零件变形或前轮定位不正确　工程机械在使用过程中，零件变形（如转向器、转向轴、管柱、转向液压缸活塞杆弯曲）、前轴变形而引起的前轮定位失准，将导致转向沉重。

（4）轮胎充气压力不足　由于轮胎充气压力不足，使转向阻力矩增加，转向也沉重，应按轮胎规定气压进行充气。

2. 转向轮摆头或跑偏

1）转向阀中定中弹簧弹力弱或损坏，当定中弹簧弹力不足或损坏，转向阀便不能保持在中间位置。若路面凹凸不平，则工程机械在行驶中前轮会产生振动，从而使阀芯产生轴向圆跳动。由于转向阀的预开缝隙是很小的，只要有少量的变化，也会在转向液压缸中造成压差，出现自行加力转向的情况。因此，定中弹簧弹力不足或损坏应予以更换。

2）转向装置机件配合间隙过大及有关部位紧固处松动，转向器及转向传动装置由于装配调整不当或相互配合零件由于磨损而引起配合间隙过大，使机件摩擦阻力矩减小，则前轮容易发生摆头。转向器支架固定螺栓松动容易使前轮摆头。因此，应按规定的间隙调整各机件，按规定的转矩值紧固所有螺母和螺栓。

3）前轮定位失准、左右轮毂轴承紧度不匀、左右轮胎气压不等、左右前轮轮胎磨损不均等都会使工程机械行驶跑偏。

3. 转向盘回正困难

1）由于前轮定位失准而使工程机械的稳定力矩减小。

2）转向器及转向传动装置由于装配调整不当，配合过紧或润滑不良，摩擦阻力矩增加。

3）转向阀及转向液压缸损坏或进入脏物而咬住。

4）转向阀定中弹簧过软或损坏。

7.9.3　动力转向系统的检修

1. 动力转向系统的拆装注意事项

轮式机械动力转向系统的液压元件都经过精密加工、仔细地装配和调试，用户一般不应随意拆卸。机械入厂大修时，应对系统的各液压元件进行性能检查。如技术状况处于完好状态，可不必解体。因为频繁而又不细心的拆装会使其技术状况恶化。但如发生故障，必须进行拆检时，严格按照各机型厂家维修手册所规定的操作规程进行拆装，以免损坏液压元件。

在拆装时，还应注意以下几点：

1）拆装时，应认真仔细，不能碰伤、划伤零件的工作表面，以免影响零件的工作性能。

2）拆装时，应特别注意保护密封元件，如油封、密封圈、活塞环等，应避免划伤或挤伤其工作表面，必要时应采用专用工具拆卸和装配。

3）拆卸油管、液压泵、阀、液压缸等液压元件时，应用专用堵塞随时将各油孔堵住，以免泥沙、铁屑等落入其中。

4）液压元件在装配前应仔细清洗，保持零件清洁。橡胶密封件应用液压油清洗，禁止用汽油、煤油清洗。清洗后用压缩空气吹净，不得用棉纱擦零件。装配时，工作表面应涂以少量液压油。

5）装配与调试后的元件，也必须用堵塞（橡胶的、塑料的或木质的）随时将各油孔堵住，绝对不允许用棉纱堵塞各油孔。

2. 动力转向系统主要零部件的检修

（1）转向阀的检修　转向阀阀芯与阀体间配合间隙通常为 0.005 ~ 0.0125mm。当阀芯与阀体的配合间隙增大影响了使用性能或配合表面产生划痕时，应进行修复。修复的方法是研磨阀体内孔，消除磨损造成的台阶、失圆及锥度，然后将阀芯外表面镀铬，再经研磨与对研恢复其配合间隙。

当阀芯和阀体的配合间隙超过 0.05mm 时，应予以更换。阀芯和阀体的配油槽不得有任何损伤。阀芯在阀体中滑动应均匀自如，不得出现卡住现象。转向阀在大修时应检查定中弹簧的性能，若定中弹簧弹力过小，则阀芯难以保持在中间位置，使转向盘回正困难；若定中弹簧弹力过大，则转动转向盘时的作用力就会增大。

（2）转向液压缸的检修　转向液压缸的主要故障是泄漏，包括内泄漏和外泄漏。修理时应着重检查缸孔的形状精度与表面粗糙度、活塞的锥度、缸孔与活塞外径的圆柱度等几何误差是否符合要求。

当缸筒磨损轻微且无较深划痕时，可用研磨法恢复缸孔的形状精度与表面粗糙度，然后在活塞外径进行镀铁，以恢复活塞与缸孔间的正确配合。活塞杆应做弯曲检查，当弯曲量超过 0.20mm 时，应进行冷压校直。因为活塞杆的弯曲不但使转向沉重，而且还会使零件工作表面产生偏磨，增加泄漏。活塞上的封油环在每次大修时都应更换新件，以确保液压缸工作的可靠性。

（3）转向液压泵的检修　检修转向液压泵时，首先应检测转向液压泵的排油量是否符合技术要求，若不符合，应拆检转向液压泵。

液压泵齿轮磨损、安全阀和溢流阀磨损以及弹簧失效都会造成内部泄漏，导致排油量降低，直接影响转向性能。因此大修时应仔细检查，发现故障并及时排除。

液压泵齿轮工作面磨损严重时，应更换齿轮。齿轮端面磨损使间隙增大时，可研磨泵体端面以减小间隙。轴承磨损严重时，不仅影响轮齿啮合，而且使齿顶与壳体内圆表面相碰，造成严重擦伤，故间隙过大的轴承应予以更换。大修时主轴油封应更换新件，以免进入空气，造成转向沉重，转向盘发抖等故障，油封在主轴上磨出沟槽时，主轴可用堆焊修复。对于安全阀、溢流阀的阀座磨损可进行研磨修复，阀座磨损严重时应予以更换。

7.10　轮式机械全液压转向系统的故障诊断与排除

全液压转向系统使用过久、磨损、密封件老化、维护不当或使用不当时，都会出现故障，其表现为堵、漏、坏或调整不当，导致转向效果恶化。

7.10.1　转向失灵

1. 故障现象

转向失灵是指轮式机械在转向时，要较大幅度地转动转向盘才能控制行驶方向，转向轮转向迟缓无力，有时甚至不能转向。

2. 转向失灵的原因分析

（1）液压系统堵塞　液压系统如维护不当或使用不当会出现堵塞现象，使系统内的油液流动不畅，影响输入转向动力液压缸的流量而导致转向不灵活，甚至失灵。

（2）液压系统泄漏　液压系统泄漏可分为外泄漏和内泄漏。外泄漏是指液压转向系统因管道破裂或接头松动，工作油液漏出系统外，这不仅使系统内工作油液减少，同时还会使系统压力下降。内泄漏是指在系统内的压力油路通过液压元件的径向配合间隙或阀座与回油路相通，而使压力油未经执行机构便短路流回油箱。内、外泄漏均会造成液压转向系统内工作压力下降，使推动转向动力液压缸活塞的力减小，导致转向不灵活，甚至失灵。

（3）转向器片状弹簧折断或弹性不足　转向器的转阀内设有片状弹簧，当转向盘转过一定角度后而不动，由片状弹簧的弹力与转子液压泵共同作用，使转阀回复到中间位置，切断转向油路，使转向轮停止转向。当转向器片状弹簧失效时，转向盘不能自动回中间定位，导致转向失灵。

（4）液压转向系统内液压元件部分或完全丧失工作能力　如动力元件液压泵损坏，会影响液压系统的内压力，从而导致转向失灵。

（5）液压转向系统内流量控制阀的流量和压力调整不当　这种情况会使压力调整过低，造成转向不灵活或失灵。

（6）转向阻力过大　转向机构的横拉杆、万向节的配合副装配过紧、锈蚀或严重润滑不良，会造成机械摩擦阻力过大；转向轮与地面摩擦阻力过大等，均会使转向阻力增大，当转向阻力大于动力液压缸的推力时，转向轮便不能转向。

3. 故障诊断与排除

1）检查液压转向系统外观是否有泄漏，如有泄漏，应对症排除。

2）检查流量调节阀，将其调整螺母旋转半圈至一圈后，再测试转向灵敏度，若恢复正常，则说明流量调节阀调整不当。若仍不正常，则应检查流量控制阀的阀座是否有杂质或有磨损而关闭不严，使液压油瞬时全部返回油箱，而导致转向失灵。

3）如果是液压油在温度较高时出现转向失灵，可能是油液黏度不符合要求或液压元件磨损过甚，应更换液压油或液压元件。

4）当转动转向盘时，如果转向盘不能自动回中间位置，可能是转向器片状弹簧弹力不足或折断，应将转向器分解检查。

5）当转动转向盘时，如果摆振明显增加甚至不能转动，可能是转向器传动销折断或变形，应分解转向器进行检查。

6）如果转向盘自转或左右摆动，可能是转子与传动杆相互位置错位而致，应分解转向器予以排除。

7）如果液压转向系统油液显著减少，可能是接头密封圈损坏，应予以更换。

7.10.2　转向沉重

1. 故障现象

全液压转向的轮式机械突然感到转向沉重或转动方向盘很费力。

2. 转向沉重的原因分析

1）油液黏度过大，使油液流动压力损失过多，导致转向液压缸的有效压力不足。

2）油箱液位过低。

3）液压泵供油量不正常，使供油量小或压力低。

4）转向液压系统内渗入空气。

5）液压转向系统中溢流阀压力低，导致系统压力低。

6）溢流阀被脏物卡住或弹簧失效，密封圈损坏。

7）转向液压缸内泄漏太大，使推动液压缸活塞的有效力下降。

3. 故障诊断与排除

1）若快转与慢转转向盘均感觉沉，并且转向无压力，则可能是油箱液位过低、油液黏度过大或钢球单向阀失效造成的。应首先检查液压油箱液位，并检查液压油的黏度，如果油液黏度过大，应更换黏度合适的液压油。如果液位及油液黏度均正常，应分解转向器检查单向阀是否有故障，并视情况予以排除。

2）若慢转转向盘感觉轻，快转转向盘感觉沉，则可能是液压泵供油量不足引起的，在液位及油液黏度合适时，应检查液压泵工作是否正常，若出现液压泵供油量小或压力低的现象，则应更换液压泵。

3）若轻载时转向盘感觉轻，而重载时转向盘感觉沉，则可能是转向器中溢流阀压力低于工作压力、溢流阀被脏物卡住或弹簧失效等导致的，应首先调整溢流阀的工作压力，调整无效时分解清洗溢流阀，如弹簧失效、密封圈损坏应予以更换。

4）若转动转向盘时，液压缸有时动有时不动，且发出不规则的响声，则可能是转向系统中有空气或转向液压缸的内泄漏太大造成的，应打开油箱盖，检查油箱中是否有泡沫。如油中有泡沫，应先检查吸油管路有无漏气处，再检查各管路的连接处，并检查转向器到液压泵油管有无破裂，若各连接处均完好，则应排除系统中的空气。若排除空气后，转向液压缸仍时动时不动，则应检查液压缸活塞的密封情况，必要时要更换其密封元件。

7.10.3　转向自动跑偏

1. 故障现象

转向自动跑偏是指轮式机械在行驶中自动偏离原来行驶方向的现象。

2. 转向自动跑偏的原因分析

1）转向器片状弹簧失效或断裂，使转向阀难以自动保证中间位置，从而接通转向液压缸某一腔的油路使转向轮得到转向动力而发生自动偏转。

2）转向液压缸某一腔的油管漏油，当转向盘静止不动时，转向阀处于中间位置而封闭了转向液压缸两腔的油路，转向液压缸活塞两端压力相等，活塞不动，即转向车轮不摆动，呈直线行驶或等半径弯道行驶。如果转向液压缸两腔的某一腔因油管接头松动或破裂而漏油，会使转向液压缸活塞两端油压不相等，使活塞移动，则转向轮自动跑偏。

3）左、右转向轮的转向阻力不等，导致轮式机械自动跑偏。当某一侧转向轮由于制动拖滞、轮胎气压不足、轮毂轴承装配预紧度过大等使转向阻力大于另一侧转向轮时，会使轮式机械行驶时自动跑偏。

3. 故障诊断与排除

1）检查与转向液压缸连接的管路，若有漏出的油迹，则应顺着油迹查明漏油的部位及原因并予以排除。

2）检查轮胎气压，若轮胎气压严重不足，则应予以充气。

3）用手摸制动鼓或轮毂，若有烫手的感觉，则说明该转向轮有制动拖滞或轮毂轴承装配过紧等故障，应予以排除。

4）转动转向盘，松手后转向盘不自动回弹，表明转向器中的片状弹簧可能折断，应分解转向器查明原因并予以排除。

7. 10. 4　无人力转向

1. 故障现象

动力转向时转向液压缸活塞到极限位置时，驾驶员的终点感不明显，人力转向时转向盘转动而液压缸不动。

2. 无人力转向的原因分析

1）转子泵转子与定子的径向间隙过大。

2）转子与定子的轴向间隙超过限度。

3）转向阀阀芯、阀套与阀体之间的径向间隙超过限度。

4）转向器销轴断裂。

5）转向液压缸密封圈损坏。

6）液压转向系统连接油管破裂或接头松动。

7）液压管路堵塞。

3. 故障诊断与排除

1）首先检查液压转向系统的连接管路有无破裂、接头有无松动，如有漏油处，说明管路破裂或接头松动，应更换油管，拧紧接头。

2）若管路完好，则可将转向液压缸的油管接头松动，向左（或右）转动转向盘，观察油管接头有无油液流出，如果没有油液流出，说明液压管路有堵塞处，或转子与定子轴向、径向配合间隙超限，或阀芯、阀套与阀体之间的径向间隙过大，此时应拆下并分解转向器，按技术要求检测各部件间的配合间隙及配合表面，如间隙超过规定，应镀铬、光磨修复，如配合表面轻微刮伤，可用细油石修磨；如出现沟槽或严重刮伤，应更换；如各部件检测值在规定范围内，应清洁系统油道。

3）若上述检查完好，则故障可能出现在转向液压缸，应将液压缸拆下并分解，检查密封圈是否损坏、活塞杆是否碰伤、导向套筒有无破裂等，视检查结果予以排除。

7. 10. 5　转向盘不能自动回正

1. 故障现象

转向盘停止转动时，转向盘不能自动回正。

2. 转向盘不能自动回正的原因分析

1）转向轴与转向阀芯不同心。

2）转向轴顶死转向阀芯。

3）转向轴转动阻力过大。

4）转向器片状弹簧折断。

5）转向器传动销变形。

3. 故障诊断与排除

1）将转向轮顶起，发动机低速运转，转动转向盘，如转向阻力大，可将发动机熄火。两手抓住转向盘上下推拉，如没有任何间隙感觉且上下拉动很费力，说明转向轴顶死转向阀芯或转向轴与转向阀芯不同心，应重新装配并进行调整。

2）若经调整后转向盘仍不能自动回正，则可能是片状弹簧折断，或传动销变形，应分解转向器后分别检查。片状弹簧变形、弹性减弱或折断应进行更换，传动销变形应校正或更换，绝不允许用其他零件代替。

7.11 履带式机械转向系统的常见故障及其原因分析

7.11.1 转向失灵

转向不灵是指驾驶员向后拉动转向操纵杆时失去原始的转向速度，即机械转向反应迟钝。推土机转向不灵可分为单侧转向不灵和双侧转向均不灵，转向时扳动转向操纵杆感到费力。

履带式机械转向不灵的主要原因如下：

1) 转向机构工作油液黏度不符合要求，当压力油过稠时，造成液压系统内油液流动速度缓慢，作用在活塞上的油液压力增长速度较缓慢；当油液过稀时，又会造成工作时系统泄漏量过大，同样会使作用在活塞上的压力增长速度缓慢，使推土机左右转向不灵。

2) 液压油数量不足，造成液压系统内油压增长缓慢，即作用在活塞上的压力增加缓慢，使转向离合器分离缓慢，导致工程机械转向不灵。

3) 工作油液内杂质过多，易将油路堵塞，使推土机的两侧转向均不灵；当某侧控制阀油路堵塞时，会使被堵塞一侧转向不灵。

4) 齿轮泵磨损过甚，使工作压力不足，不能满足转向的要求，导致工程机械转向不灵。

5) 转向离合器操纵机构调整不当，如操纵杆自由行程过小，使转向离合器压盘在分离时的工作行程过小，造成转向离合器分离不彻底而使转向不灵。

6) 操纵机构顶杆与推杆的调整间隙过大时，使控制阀的滑阀移动行程减小，使进入滑阀内腔的油路截面积减小而使流油不畅，导致作用在活塞上的油压增长速度缓慢，使工程机械转向不灵。

7) 如果转向离合器一侧的制动不良或另一侧的转向离合器打滑，也会使工程机械转向不灵。

7.11.2 行驶跑偏

行驶跑偏是指履带式推土机在行驶时，其行驶方向自动发生偏斜。履带式机械行驶跑偏多数是由于两侧履带运转速度不一致所引起的，其主要原因如下：

1) 转向离合器某侧操纵杆没有自由行程，会使转向离合器打滑，导致推土机两侧履带运转速度不等。

2) 转向离合器主、从动摩擦片沾有油污、摩擦片磨损严重或摩擦片工作面烧蚀硬化等均会引起摩擦因数减小；压紧弹簧长期处于压缩状态而产生疲劳，导致弹簧的弹力减小，即作用于摩擦片上的压紧力减小，使转向离合器打滑，导致履带式机械行驶跑偏。

3) 履带式机械某侧的制动器被锁止，使两侧的行驶阻力相差过大而导致履带式机械行驶跑偏。

7.12 制动系统的维修

7.12.1 车轮制动器的维修

1. 蹄式制动器的检修

（1）制动鼓的检修 制动鼓的主要损伤是工作表面磨损和刮伤。制动器在使用过程中，由于蹄片与鼓的互相摩擦，引起制动鼓工作表面磨损，产生圆度和圆柱度误差；过硬的摩擦片或铆钉外露，会加剧制动鼓的磨损或刮伤。制动过猛，可能导致制动鼓产生裂纹。

制动鼓的检验项目主要有测量磨损后的最大直径、圆度和圆柱度。

制动鼓的圆度误差超过 0.125mm 或工作面有深而宽的沟槽，以及制动鼓工作表面与轮毂轴线间的同轴度误差大于 0.10mm 时，应镗削制动鼓。修复后，圆度误差和同轴度误差应不大于 0.025mm，圆柱度误差应不大于 0.05mm，同轴两鼓直径差应不大于 1mm。

（2）制动蹄的检修 制动蹄摩擦片在使用中因长期剧烈摩擦而磨损，当磨损严重（一般指铆钉头的埋进深度减小至 0.50mm 以下）以及油污过甚、烧焦变质、裂纹等，使摩擦因数下降、制动效能降低时，应更换新片。

制动蹄摩擦片的铆合与离合器片的铆合相同。为防止在使用中摩擦片断裂和保持良好的散热，铆合后制动蹄与摩擦片必须贴紧，摩擦片与制动蹄之间不允许有大于 0.12mm 的间隙。为此，所选摩擦片的曲率应与制动蹄相同。铆合时应用专用夹具夹紧，由中间向两端依次铆合。同一车辆，特别是同一车桥或车轮，选用的摩擦片材质应相同，以保证制动效能一致。

修复后摩擦片表面应清洁、平整、光滑，因为毛糙突出部分会剥落成粉末，降低制动效能。为避免制动时摩擦片两端与制动鼓卡滞，两端头要锉成坡形。摩擦片与制动鼓靠合面积应大于摩擦片总面积的 50%，靠合印痕应两端重中间轻，两端靠合面长度约各占摩擦片总长的 1/3。

2. 盘式制动器的检修

（1）全盘式制动器的检修 有些重型轮式机械采用全盘式制动器，下面以 SH380 型汽车制动器为例介绍其检修方法。

当车辆行驶一定里程后，应检查管接头、制动分泵和放气螺钉等处有无漏油现象；制动器里、外盖上的通风口是否被尘土堵塞，以避免积水使内部零件锈蚀。

盘式制动器零件的主要损伤是摩擦片磨损、制动盘变形；固定盘和转动盘花键卡住；制动分泵活塞和液压缸工作表面磨损，活塞皮碗密封不严；制动分泵自动调整间隙复位机构失灵等。

在制动状态时，制动器外盖平面到第一片固定盘之间的距离应在规定范围内，当制动器为新摩擦片时约为 40mm；当摩擦片磨损后，该距离增大到约为 65mm 时，则应拆卸制动器，检查各组摩擦片的实际磨损情况。当摩擦片磨损到接近于铆钉头时，应予以更换。

检查制动器分离是否彻底，可将后桥顶起，放松制动器，从车轮自由转动的过程中观察制动器分离是否彻底或是否有卡死现象。如有，应拆卸后仔细检查有关零件。

转动盘表面平整光滑、变形量不大时，可继续使用；轴向圆跳动大于 0.05mm 时，应车磨修整。

制动分泵自动调整间隙复位机构的紧固片碎裂或与紧固轴配合紧度不够时，应更换损坏的零件。制动分泵组装后，应重新进行调整。调整时可用专用扳手，旋动调整螺母使螺母拧到底并与弹簧座接触后，再沿逆时针方向退回两圈，使螺母与弹簧座间的间隙为 3 ~ 3.5mm，此间隙即为制动器摩擦盘分离时的总间隙。

（2）钳盘式制动器的检修　钳盘式制动器冷却好，烧蚀和变形小，制动力矩稳定，维修方便，故大部分轮式机械采用该种制动器，如 ZL20 型、ZL30 型、ZL40 型、ZL50 型、ZL70 型、ZL90 型等装载机都采用钳盘式制动器。

1）钳盘式制动器的维护。

①清除制动钳和制动器护罩上的油污积垢，检查并按规定转矩拧紧制动钳紧固螺栓和导向销，支架不得歪斜。

②检查制动分泵，不得有任何泄漏，制动后活塞能灵活复位，无卡滞，复位行程一般应达 0.10 ~ 0.15mm；橡胶防尘罩应完好，不得有任何老化、破裂，否则应更换。

③检查制动盘，工作面不得有可见裂纹或明显拉痕起槽。当有阶梯形磨损，或磨损量超过 0.50mm、平行度误差超过 0.07mm（或超过原厂规定）、轴面圆跳动误差超过 0.12mm（或原厂规定）时，应拆下制动盘修磨；若制动盘厚度减薄至使用极限以下时，则应更换新件。

④检查内、外摩擦片，其两端的定位卡簧应安装完好，无折断、脱落。如摩擦片的磨损量超过原厂规定极限，或摩擦片表面析出胶质生成胶膜、析出石墨形成硬膜，应更换摩擦片。

⑤检查轮毂轴向间隙，此间隙应符合技术要求，否则应进行调整。踩下制动踏板随即放松，车轮制动器应在 0.8s 内解除制动，用 5 ~ 10N 的力应能转动制动盘。

2）更换制动摩擦片。

①顶起车辆并稳固支撑，拆去轮胎。

②松开制动踏板，拧松制动分泵的放气螺栓，放出少量制动液。

③用扁头楔形工具，楔入分泵活塞与摩擦片间，使分泵活塞压缩后移。

④拆卸制动钳紧固螺栓、导向销螺母，取下制动钳总成。

⑤拆下摩擦片两端的定位卡簧，取下摩擦片。

⑥换用新摩擦片时注意检查厚度、外形应符合规定。按拆卸逆顺序，依次装合各零部件。装合时，导向销等滑动部位应涂润滑脂，按规定转矩拧紧紧固螺栓和导向销。

⑦制动分泵放气时，踩制动踏板数次，踏板行程和高度应符合规定，制动器应能及时解除制动。转动制动盘，应无明显阻滞。

3）拆检制动分泵总成。

①拆去制动软管、制动油管，拆下制动钳总成。

②用压缩空气从制动分泵的进油口处施加压力，压出制动分泵活塞。压出时，在活塞出口前垫上木块，防止其撞伤。

③用酒精清洗制动分泵泵筒和活塞。

④检查制动分泵泵筒内壁，应无拉痕，如有锈斑可用细砂纸磨去。当有严重腐蚀、磨损或沟槽时，应更换泵体。

⑤检查泵筒和活塞橡胶密封圈，有老化、变形、溶胀时，应更换密封圈。

⑥检查活塞表面，应平滑、光洁。不准用砂纸打磨活塞表面。

⑦彻底清洗零件，按解体的逆顺序装合活塞总成。装合时，各密封圈、泵筒内壁与活塞表面应涂以洁净的锂基乙二醇润滑油或制动液；各密封圈应仔细贴合装入环槽。再用专用工具将活塞压入分泵体，最后装好端部密封件和橡胶防尘罩。

7.12.2　液压式制动系统的维修

1. 液压式制动系统的维护

（1）一般性的检查和维护

1）保持制动系统油路清洁，保持制动总泵盖上通气孔畅通。

2）经常检查制动系统，管路、接头应无凹瘪、严重锈蚀、裂纹现象，连接应可靠无渗漏，制动软管应舒展无折叠，无脱皮、老化、膨胀等缺陷。经常紧固油路连接件接头和管夹。

3）定期检查和补充制动总泵储液室内的油液（液位一般应保持在总泵盖上边缘下 15 ~ 20mm 处）。

（2）制动踏板自由行程的检查与调整　制动踏板的自由行程实际是制动总泵的推杆与活塞间隙及总泵活塞空行程在制动踏板上的反映，这一间隙是彻底解除制动和迅速产生制动的必备条件，如不留这一间隙，活塞与皮碗将不能退回到最后位置、堵塞旁通孔或制动不能彻底解除；但所留间隙太大，又会减小制动踏板有效行程，使制动迟缓。严重时，要多次踩制动踏板，才能有效制动。

调整制动踏板自由行程时，应松开锁紧螺母，旋转推杆使其伸长，自由行程减小，反之则增大。调整后旋紧锁紧螺母。

（3）空气的排除　制动系统中渗入空气，会影响制动效果。在维修过程中，由于拆检液压系统、接头松动或制动液不足等原因造成空气进入管路时，应及时将系统中的空气排出。

排除空气时，可由两人协同进行，一人将制动踏板连续踩下，至制动踏板升高后踩住制动踏板，另一人将制动分泵放气螺钉旋松少许，空气随油液一起排出。当制动踏板逐渐降到底时，先旋紧放气螺钉，再连续踩制动踏板，重复上述动作，如此反复，直到放出的油液无气泡，放出的油液用容器收集，沉淀后以备再用。

放气应由远而近逐缸进行（制动踏板要快踩缓抬以使空气彻底排净）。空气放净后，要检查补充储液室制动液，并要检查通气孔是否畅通，以使储液室与大气相通。

2. 液压式制动系统的常见故障及其原因分析

（1）制动不灵或失效　制动不灵或失效是指当踩下制动踏板进行制动时，制动效果不理想或无制动反应，这主要是由制动器摩擦副的摩擦力不足所致，其具体原因有以下几点：

1）制动总泵无油或液位太低。

2）制动总泵推杆自由行程太大。

3）制动总泵皮碗损坏或踏翻。

4）制动总泵阀门失效或封闭不严。

5）制动总泵进油孔堵塞或储液室加油孔螺塞上的通气孔堵塞。

6）油管破裂或管接头漏油。

7）油路中有空气。

8）分泵漏油。

9）制动器摩擦片硬化、沾有油污、铆钉外露。

10）制动鼓与制动蹄片的间隙不合适，二者接触面积太少。

11）制动鼓变形或有沟槽。

12）制动蹄与支承销磨损松旷或锈死。

以上1）~7）条往往造成全车制动不灵或失效，8）~12）条一般反映在个别车轮上制动不灵。

（2）制动跑偏　制动跑偏是指当踩下制动踏板进行制动时，机械自动偏离原来的行驶方向，这主要是由制动时同轴上左、右车轮的制动效果不同所致，其具体原因有以下几点：

1）左、右车轮制动器制动间隙不一致。

2）左、右车轮制动摩擦片与制动鼓（或制动盘）接触面相差过大。

3）左、右车轮摩擦片的材质不同。

4）左、右车轮制动分泵活塞磨损不一样。

5）车架、转向系统有故障。

某侧车轮的制动器制动效果不良也是造成机械制动跑偏的主要原因。

（3）制动拖滞　制动拖滞是指机械制动停车后再次起步困难或发动机熄火，这主要是由机械制动解除后制动器摩擦副咬住或分离不彻底所致，其具体原因有以下几点：

1）总泵推杆无自由行程，制动踏板放松后回油孔仍然堵住。

2）总泵活塞回位弹簧失效，活塞皮碗卡住。

3）分泵活塞皮碗卡住。

4）制动蹄回位弹簧失效。

5）制动间隙太小。

3. 制动总泵和分泵的检修

（1）检验

1）总成解体时，应注意制动总泵缸体外部有无渗漏处，如有裂纹或气孔应更换。

2）检查缸体内表面，允许内表面有轻微变色。如有划痕、阶梯形磨损或锈蚀现象应换新。制动总泵缸体内表面的圆柱度误差超过 0.02mm、总泵缸体内表面与活塞的配合间隙大于 0.15 mm 时，应更换加大尺寸的活塞或更换壳体。

3）复位弹簧的弹力必须符合该机型的使用要求，否则应更换。

4）制动总泵和分泵的皮碗、橡胶密封件和油阀等零件在维修中均应更换。

（2）装配

1）认真清洗缸体，尤其是总泵的补偿孔和旁通孔一定要保持畅通。

2）装配时，在缸体内表面及活塞总成涂一层干净的制动液。安装活塞时，不得用任何工具，以免划伤缸体。

3）装配后用推杆推动活塞多次，检查活塞能否灵活回位。

7.12.3　气压式制动系统的维修

1. 气压式制动系统的维护

1）经常检查制动阀、储气筒、制动气室、管路及接头等部位是否漏气，如有应及时排除。

2）制动气管不允许有凹陷、弯折、扭曲及裂纹刻痕等，接头螺母以及制动软管接头螺纹不得损坏。发现有以上缺陷时，应及时更换。

3）定期排除油水分离器及储气筒内的润滑油和水分。

4）定期检查空气压缩机内的润滑油液位是否达到规定高度，不足时应添加。

5）经常检查空气压缩机传动带的松紧程度，其检查方法是在传动带中部施以 30～40N 压力时，压下距离应为 10～15mm，否则应进行调整。

2. 气压式制动系统的常见故障及其原因分析

气压式制动系统的常见故障现象与液压式制动系统相似。

（1）制动不灵或失效的主要原因

1）空气压缩机工作不良，使之供气能力下降，空气滤清器堵塞，压力控制阀调整的压力过低等，造成储气筒内气压不足或无气压。

2）制动管路有破裂、管接头松动漏气、控制阀关闭不严、垫片或膜片破裂等造成漏气。

3）制动管路堵塞。

4）制动气室膜片破裂。

5）制动器摩擦副的摩擦因数减小，使其制动力减小。

（2）制动跑偏的主要原因

1）左、右车轮制动鼓与制动摩擦片之间的间隙不相等。

2）左、右车轮制动器摩擦片的材质不同或接触面积相差悬殊。

3）某侧制动软管堵塞、老化。

4）某车轮的摩擦片有油污或水。

5）某车轮制动鼓的圆柱度误差过大。

6）某车轮制动气室的推杆弯曲或膜片破裂。

7）车架、转向系统有故障。

（3）制动拖滞

1）全部车轮均有拖滞，多为制动阀有故障。如制动阀活塞回位弹簧的弹力变弱，不能将制动管道的气路与大气沟通，管道内气体压力不能下降，使制动气室内的气压不能消除。

2）单轴车轮制动拖滞主要是由快速放气阀的故障造成的。若快速放气阀的排气口堵塞，解除制动时使单轴两车轮制动气室内的压缩气体不能放掉，则该轴车轮的制动力不能消除，故出现单轴两车轮制动拖滞。

3）单个车轮制动拖滞多数是因为制动器和制动气室的故障，如制动鼓与摩擦片间隙过小，制动蹄支承销处锈蚀卡滞，制动凸轮轴与支架衬套锈蚀卡滞，制动蹄回位弹簧过软或失效，制动气室推杆伸出过长或因弯曲变形而卡住，制动气室膜片老化变形或破损等。

3. 气压式制动系统主要零部件的检修

（1）制动阀的检修　双腔式制动阀在使用中最为常见的损伤是密封不良、零件运动不灵活或调整不当等。

当机械停驶后，发现储气筒的气压下降过快，并且能在制动阀下方的排气口听到漏气的声音，可拆检制动阀，检查的重点为上、下阀门与壳体接触的工作面。应清除橡胶件表面的积存物，用砂布轻轻磨去压伤痕迹；还应检查活塞上、下运动是否灵活，有无发卡现象。若活塞松旷，则应考虑更换橡胶密封件；若制动阀上部的推杆运动不灵活，则应注意检查橡胶防尘套的密封性；若零件老化或有裂纹，则尘土、泥沙会进入摩擦表面，将影响制动阀的正常工作。

制动阀中的平衡弹簧组件不得随意拆卸和调整，这是因为制动过程的随动作用完全取决于平衡弹簧的调整质量。若预紧力过大，则制动过于粗暴；若预紧力过小，则气压增长缓慢，制动不灵。只有出现上述不良现象时，才可按修理技术条件的要求进行平衡弹簧的调整。

装配制动阀时，密封件和运动表面应涂工业锂基润滑脂。

装配后，应对制动阀的性能进行试验，检查进气阀和排气阀等是否漏气。

（2）制动气室的检修　制动气室在检修时，对外壳的裂纹和凹陷应焊补整形或更换，推杆弯曲应校正，弹簧应无弯曲、变形及弹力不足现象，膜片或活塞密封圈应无裂纹及老化现象，否则应更换。

活塞式制动气室的活塞及气室缸筒磨损严重时应更换。为保证安全，膜片式制动气室的更换里程为60000km。

装配时，端盖的螺钉应分几次均匀上紧，当通入压缩空气时，推杆动作应灵活、迅速，且在工作气压下不应漏气。左右制动气室推杆长度应调整一致。

7.12.4　气液综合式制动系统的常见故障及其原因分析

1. 制动不灵或失效

制动不灵或失效是指当踩下制动踏板进行制动时，制动效果不理想或无制动反应，这主要是由制动器摩擦副的摩擦力不足所致，其具体原因有以下几点：

1）空气压缩机因磨损或气门关闭不严等原因，造成输出气压不足。

2）压力控制阀的调整压力过低，使空气压缩机输出的气体压力低。

3）储气筒或所连接的管路漏气，如储气筒进气口单向阀密封不良、制动阀进气门被污物堵塞关闭不严、压力控制阀漏气等，都会造成供给的气体压力下降。

4）空气滤清器堵塞，造成空压机充气不足。

5）油水分离器在冬季时被分离出的水冻结，使供能气路堵塞，使制动力下降。

6）加力器的活塞因密封不良而漏气，使作用在活塞上的气体压力减小，液压制动总泵输出的油液压力也减小，使制动力减小。

7）液压制动总泵内油液不足、皮碗漏油或管路漏油，使制动摩擦衬块压向制动盘的力减小，即制动力减小。

8）制动分泵密封件损坏漏油，使制动力下降。

9）液压制动油路泄漏或系统内有空气时，会导致制动不灵。

10）制动器摩擦因数减小，使制动力减小。

2. 制动跑偏

制动跑偏是指当踩下制动踏板进行制动时，机械自动偏离原来的行驶方向，这主要是由制动时同轴上左、右车轮的制动效果不同而导致的，制动效果差值越大，制动跑偏现象越严重，其具体原因有以下几点：

1）某车轮制动管路中进入空气。

2）两侧车轮制动器制动块与制动盘之间的间隙不相等。

3）两侧车轮制动器摩擦衬块的材质不同。

4）某车轮的摩擦衬块被油污或水湿。

5）两侧车轮轮胎气压不一致。

3. 制动拖滞

制动拖滞是指机械制动停车后再次起步困难或发动机熄火，主要是由机械制动解除后制动器摩擦副咬住或分离不彻底而导致的，其具体原因有以下几点：

1）全部车轮均有拖滞，多为制动阀故障。

2）单个车轮拖滞，多为制动器及制动管路故障，详细原因分析可参见液压制动系统和气压制动系统相关部分的内容。

7.12.5　履带式机械制动系统的故障分析与排除

1. 制动不灵或失灵

（1）故障现象　踩下制动踏板进行制动时，制动效能不理想，或无制动反应。

（2）故障原因

1）制动带与转向离合器从动毂之间的间隙调整过大，或由于制动带使用过久而磨损引起两者间隙过大，使制动带与离合器毂之间的压紧力减小。

2）制动踏板自由行程过大，使有效的制动行程减小。

3）制动系统各机件的连接处锈蚀，造成传动阻力过大，使制动带抱紧制动鼓的力减小。

4）制动带摩擦因数减小，如摩擦衬片上有油污、摩擦片硬化、铆钉外露、摩擦衬片过薄或水湿等。

5）转向离合器未分离。

（3）故障诊断与排除

1）检查制动踏板的自由行程，踩动制动踏板，如制动踏板自由行程过大，应予以调整。

2）如果踩动制动踏板很费力，且无自由行程感，制动效能也不良，说明是因制动系统传动机件锈蚀所致，应予以修理。这种情况的出现，多数是在恶劣环境中停放过久所造成的。

3）如果制动踏板的自由行程符合要求但制动不良，说明是带式制动器摩擦因数减小所致，应检查摩擦片上有无油污，铆钉有无外露，摩擦片是否烧蚀或破裂等，根据检查情况予以排除。

2. 制动拖滞

（1）故障现象　解除制动时制动带与转向离合器从动毂仍保持有摩擦，机械行驶时感到有阻力，手摸制动带感到发热。

（2）故障原因

1）制动带与转向离合器从动毂之间的间隙过小。

2）制动系统的回位弹簧因疲劳而弹力减小或折断，造成制动带不能回位。

3）制动带与转向离合器从动毂锈蚀。

（3）故障诊断与排除

1）检查制动踏板的自由行程，如果自由行程过小，而且手摸制动带表面发热，说明制动间隙过小，应予以调整。

2）解除制动后制动踏板的自由高度不在最高位置，且用手将制动踏板推至最高的位置，放手后又自动落下，说明制动踏板回位弹簧弹力减小或弹簧折断，应予以更换。

3）如果制动带与转向离合器毂锈蚀，应予以修理。

复习与思考题

一、填空题

1. 离合器一级维护时，应检查离合器踏板的（　　　）。

2. 经常出现的离合器异响有（　　　　　）、（　　　　　）及其他响声等。

3. 常合式主离合器的调整包括（　　　　）的调整和（　　　　）的调整。

4. 非常合式主离合器的调整包括（　　　　）的调整、（　　　　）的调整及小制动器的调整。

5. 液力变矩器常见的故障主要有（　　　　　）、（　　　　　）、漏油以及工作时内部发出异常响声等。

6. 造成万向节异响的原因主要是由于（　　　　　）而使万向节十字轴、滚针轴承、万向节叉轴承孔严重磨损松旷或滚针折断等。

7. 进行（　　　　　）装置二级维护时，应检查传动轴花键连接及传动轴、十字轴轴颈和端面对滚针轴承之间的间隙。

8. 驱动桥壳的主要损伤有磨损、（　　　　）、（　　　　）和断裂等。

9. 驱动桥内主传动齿轮的常见损伤形式是（　　　　）、（　　　　）、（　　　　）与轮齿折断等。

10. 机械制动停车后再次起步困难或发动机熄火称为（　　　　　）。

11. 当踩下制动踏板进行制动时，机械自动偏离原来的行驶方向，称为（　　　　　）。

12. 当踩下制动踏板进行制动时，制动效果不理想或无制动反应，称为（　　　　　）。

二、判断题

1. 离合器踏板自由行程过大是常合式主离合器分离不彻底的主要原因之一。（　　　）

2. 主、从动盘间正压力分布不均匀不是主离合器发抖的原因。（　　　）

3. 液力传动油起泡沫变质可以导致液力变矩器供油压力过低。（　　　）

4. 档位错乱是指工程机械在正常使用情况下，未经人力操纵，变速杆连同齿轮（或啮合套）自动跳回空档位置，使动力传递中断。（　　　）

5. 齿轮啮合间隙过小，啮合位置不正确，会导致变速器发热。（　　　）

6. 螺杆式张紧机构是通过拧转张紧螺杆来改变螺杆的伸出长度。（　　　）

三、单选题

1. 当工程机械阻力增大，速度明显降低，而发动机转速下降不多或发动机加速时机械行驶速度不能随之增高，即表明离合器（　　　）。

　　A. 分离不彻底　　　　　B. 打滑　　　　　　　C. 发抖　　　　　　　D. 异响

2. 当离合器按正常操作平缓地接合时，工程机械不是平滑地增加速度，而是间断起步甚至使工程机械产生抖动，并伴有机身发抖或工程机械突然窜出，直至离合器完全接合，这种现象俗称（　　　）。

　　A. 离合器分离不彻底　　B. 离合器打滑　　　　C. 离合器发抖　　　　D. 离合器异响

3. 主、从动盘翘曲变形是常合式主离合器（　　　）的原因之一。

　　A. 分离不彻底　　　　　B. 打滑　　　　　　　C. 发抖　　　　　　　D. 打滑或发抖

4. 齿轮（或啮合套）轴向分力过大是导致变速器（　　　）的原因之一。

A. 档位错乱　　　　　　B. 换档困难　　　　　　C. 自动脱档　　　　　　D. 异响

5. 变速杆变形或拨头过度磨损是导致变速器（　　）的原因之一。

A. 档位错乱　　　　　　B. 换档困难　　　　　　C. 自动脱档　　　　　　D. 异响

6. 左、右车轮制动器制动间隙不一致是（　　）的原因之一。

A. 制动跑偏　　　　　　B. 制动不灵或失效　　　　　　C. 制动拖滞

7. 空气压缩机因磨损或气门关闭不严等原因造成输出气压不足，是气压式制动系统或气液综合式制动系统（　　）的原因之一。

A. 制动跑偏　　　　　　B. 制动不灵或失效　　　　　　C. 制动拖滞

四、问答题

1. 说明主离合器摩擦副摩擦因数减小的原因。

2. 说明主离合器打滑的分析判断方法。

3. 说明主离合器的主动盘主要损伤有哪些。

4. 说明万向传动装置有哪些装配技术要求。

5. 说明轮式机械驱动桥主要有哪些维护项目。

6. 说明轮式机械驱动桥的常见故障现象及原因。

7. 说明轮胎主要有哪些维护项目。

8. 说明钳盘式制动器主要有哪些维护项目。

9. 说明气压式制动系统的常见故障及其原因。

第8章 工程机械液压系统维修

在工程机械中，液压传动多用于挖掘机、装载机、铲运机、工程起重机、压实机、摊铺机、自重装载机、叉车、推土机、平地机、凿岩机、堆料或取料机等作业装置，以及用于平台回转、提升、自卸机构、夹紧、转向、制动、破碎、悬架（液压减振器）等机构。液压传动主要应用于主传动机构。

随着工程机械技术的发展，液压传动技术的应用日益广泛，工程机械液压系统向着高性能、高精度和复杂的方向发展，液压系统的可靠性成了十分突出的问题。除了液压系统的可靠性设计外，液压系统的故障检测和诊断维修技术也越来越受到重视，成为液压技术发展的一个方向。由于液压系统工作元件及工作介质的封闭特性给系统的状态监测及在线故障诊断带来了困难，目前主要还停留在人工巡回检测和定期检修的水平上。近年来，计算机技术、检测技术、信息技术和智能技术的发展，大大促进了工程机械液压系统故障检测与诊断技术的发展，出现了多种故障诊断技术，为液压系统故障的诊断与维修奠定了基础。

8.1 工程机械液压系统故障分类及诊断方法

8.1.1 工程机械液压系统故障的分类

工程机械液压系统的故障是指液压设备的各项技术指标偏离了它的正常状态，主要表现在液压系统元件损坏或元件之间相互关系的破坏，致使系统不能发挥正常功能，并伴有泄漏、发热、振动、噪声等现象出现。

液压系统的故障可以从不同方面进行分类，主要的分类方法如下：

1. 按时间分类

按故障发生的时间分，液压系统的故障可以分为突发性故障和渐进性故障。

（1）突发性故障 这是各种不利因素和偶然的外界影响共同作用的结果。例如，管路破裂，液压阀卡死；管路堵塞，油泵压力失调；液压冲击等。这种故障都具有偶然性和突发性，一般与使用时间无关，因而这种故障是难以预测的，但它一般不影响系统的寿命。

（2）渐进性故障 这是由于各种液压元件及液压油各项技术参数的劣化过程逐渐发展而形成的。劣化过程主要包括磨损、腐蚀、疲劳、老化、污染等因素。渐进性故障的特点是其发生概率与使用时间有关，它只在产品有效寿命的后期才明显地表现出来。渐进性故障一旦发生则说明液压设备或部分元件已经老化。由于这种故障具有逐渐发展的特性，因此这种故障通常可以进行预测，部分易损零件可以定期更换。

2. 按情况分类

按故障显现的情况，液压系统的故障可以分为功能故障和潜在故障。

（1）功能故障（实际故障） 液压元件丧失了工作能力或工作能力明显降低，也就是丧失了它应有的功能。这类故障可以通过操作者的直接感受或测定其输出参数而判断出来。关键的元件损坏了，设备根本不能工作，这属于功能故障，这种故障是实际存在的，因而也称实际故障。

（2）潜在故障　和渐进性故障相联系，当故障是在逐渐发展中，但尚未在功能方面表现出来，而同时又接近萌发的阶段，这种情况在能够被鉴别出来时，即认为也是一种故障现象，并称为潜在故障。例如，密封件的逐渐老化，虽然仍在继续工作，但泄漏逐渐增大，油液的污染或元件的磨损都可以预测出潜在故障的存在和程度。只要操作者细心观察是可以预先发现和排除这类故障的。

3. 按原因分类

根据故障发生的原因，液压系统的故障可以分为人为故障和自然故障。

（1）人为故障　液压系统由于安装、使用不合理，或使用了不合格的液压元件，违反了装配工艺、使用技术条件和操作技术规程，没有按规定进行维护，以及运输、保管不当等原因而使液压设备过早地丧失了它应有的功能，这种故障称为人为故障。

（2）自然故障　正常情况下的磨损、腐蚀、老化、蜕变等损坏形式都属于这一故障范围。但应该指出，由于人为的过失而加剧了上述的损坏过程时，则应属于人为故障。

4. 按性质分类

液压系统的故障可按性质分为：①液压冲击造成的故障；②气穴与气蚀故障；③液压卡紧故障；④温度升高故障；⑤执行元件爬行故障；⑥液压系统振动和噪声故障；⑦液压系统泄漏故障。

5. 按元件类别分类

液压系统的故障可按元件类别分为：①流量方面的故障；②压力方面的故障；③方向方面的故障；④一般机械方面的故障；⑤电气方面的故障。

8.1.2　工程机械液压系统故障诊断技术和维修方法

1. 液压系统故障诊断技术

液压系统的故障诊断主要有动态信号的在线检测、工作状态的识别与故障诊断两个层面，分别阐述如下。

（1）动态信号的在线检测　利用各种传感器，对液压系统的主要动态参数（如压力、流量、温度、元件的运动速度、振动和噪声等）信号进行在线实时检测（包含滤波、放大等信号处理及 A-D 转换等过程），包括对单个液压元件（通常是系统中的重要元件）参数和整个系统特征参数的检测。它是整个故障检测与诊断系统的重要环节，要求实时、准确地获得各参数的真实信号，因此在传感器的设计、选择、安装上要做大量工作。从某种意义上讲，传感器的技术水平在很大程度上决定了故障诊断系统的准确性和真实性。

（2）工作状态的识别与故障诊断　主要包括信号特征分析、工作状态识别和故障诊断等过程。对现场实测信号进行信号分析和数据处理（如频域分析、时域分析、小波分析等），以提取表达工况状态的特征量，在此基础上进行工作状态的识别和故障诊断。由于实际液压系统元件常常具有严重的非线性特征，如液压阀的饱和、滞环、死区，表现出流量-压力特性的严重非线性等，给经典故障诊断方法带来了困难，而基于模糊诊断法、神经网络诊断法和专家系统诊断法等现代智能诊断法给此类系统的故障诊断带来了方便，这一部分的工作目标主要是从繁复的信号中找到将要或已经出现的故障，其本质是模式识别。下面分别论述几种智能诊断方法。

1）模糊诊断法。液压系统在工作过程中，系统及元件的动态信号多具有不确定性和模糊性，许多故障征兆用模糊概念来描述比较合理，如振动强（弱）、偏心严重、压力偏高、磨损严重等。同一系统或元件，在不同的工况和使用条件下，其动态参数也不尽相同，因此对其只能在一定范围内做出合理估价，即模糊分类。模糊推理方法采用 IF-THE 形式，应符合人类思维方式。同时模糊诊断法不需要建立系统的精确数学模型，对非线性系统尤为合适。因此在液压系统故障诊断中得到了应用和发展。

2）神经网络诊断法。人工神经元网络是模仿人大脑神经元的结构特性而建立的一种非线性动力学网络，它由大量的简单非线性单元互联而成，具有大规模并行处理能力、适应性学习和多模式复杂处理的特点，在液压系统故障诊断中得到了较多的应用和发展。

3）专家系统诊断法。由于各种液压系统及元件具有一定的相似性，所以各液压系统及元件的故障具有一定的共同特点，如各种伺服阀的结构、故障都具有一定的共同性。这一领域积累了大量的专家知识，对发展液压系统故障诊断的专家系统创造了条件，具有广阔的发展前景。

4）其他诊断方法。随着现代智能技术的发展，各种复合的智能诊断法将不断涌现，如模糊-专家系统诊断法、神经网络-专家系统诊断法等，这些方法将使单一液压系统故障诊断方法的能力得到大大提高，如基于神经网络的专家系统在知识获取、并行处理、适应性学习、联想推理和容错能力等方向具有明显的优势，而这些方面恰好是传统专家系统的主要弱点。这些复合智能诊断系统具有诊断速度快、容错能力强和精度高的特点，它们将是今后长时间内的发展方向之一。

2. 液压系统故障诊断维修应具备的条件和步骤

（1）具有扎实的基础理论　掌握液压传动的基本知识是诊断液压系统故障的前提条件。只有懂得工作原理才能对液压故障做出正确判断，否则，排除故障就带有一定的盲目性。对液压系统共性故障的掌握，能缩小诊断范围，快速切入问题的要害。

（2）有丰富的实践经验　液压系统中，各液压元件在密闭的油路中工作，管路内油液的流动状态和元件内部零件的动作情况看不见、摸不着，因此，液压系统的故障诊断比一般机械、电气设备的故障诊断更为困难。同时，液压系统的故障表现形式各种各样、规律不一。因此诊断与排除这些故障，不仅要有专业理论知识，掌握各种液压元件、液压基本回路的功能、构造、原理；同时还要有丰富的设计、制造、安装、使用、维护方面的实践经验。

（3）熟知系统的工作原理　诊断和排除故障最重要的一点是要熟悉和掌握系统的工作原理，系统中的每一个元件都有其作用，必须熟悉每一个元件的结构及其工作特性。诊断故障前，要了解系统的容量、工作压力，了解设备的使用情况，进行现场观察，然后对了解的情况进行综合分析，认真思考，再进行故障的诊断与排除。

（4）故障诊断步骤　液压系统的故障是由于系统中某个元件产生故障而造成的，液压系统故障的诊断要找出发生故障的液压元件。诊断液压故障的步骤如下：

1）根据故障现象判断故障类别，再找出与故障相关的具体元件。

2）审核液压系统原理图及安装布置图，了解液压系统的使用年限、使用环境、保养情况、以前维修情况等内容，并检查每个液压元件，确认其性能和作用，初步评定其质量情况。

3）列出与故障相关的元件清单，逐个进行分析，对清单所列元件按以往的经验及元件检查的难易程度排列次序。必要时，列出重点检查的元件和元件的重点检查部位，同时准备测量器具等。

4）对重点检查元件进行初检并判断以下问题：元件的使用和装配是否合适，元件的测量装置、仪器和测试方法是否合适，元件的外部信号是否合适，对外部信号是否响应等。特别注意某些元件的故障先兆，如温度过高、噪声、振动和外泄漏等。

5）如果初检未能准确查出故障，就要用专门的检测试验设备、仪器进行检查，然后对发生故障的元件进行修理或者更换。

8.2　液压泵的维修

8.2.1　液压泵的故障诊断

1. 液压系统振动和噪声来源

（1）机械系统噪声　机械系统噪声主要是指驱动液压泵的机械传动系统引起的噪声，其来源主要有以下几个方面：机械传动系统中的带轮、联轴器、齿轮等回转体在回转时产生转轴的弯曲振动而引起的噪声，由滚动轴承中滚柱（珠）发生振动而引起的噪声，因液压系统安装上的原因而引起的振动和噪声。

（2）液压泵　液压泵或液压马达通常是整个液压系统中噪声的主要来源，其噪声一般随压力、转速和功率的增大而增加。引起液压泵噪声的原因大致有以下几个方面。

1）液压泵压力和流量的周期变化。由于液压泵运转时会产生周期性流量和压力的变化，引起工作腔流量和压力脉动，造成液压泵构件的振动，而构件的振动又引起和其接触的空气产生疏密变化的振动，进而产生噪声的声压波。

2）液压泵的气穴现象。液压泵工作时，如果吸入管道的阻力很大（过滤器有些堵塞、管道太细等），液压油来不及充满泵的油腔，会造成局部真空，形成低压。如压力达到液压油的空气分离压时，原来溶解在液压油内的空气便大量析出，形成游离状态的气泡。随着液压泵的运转，这种带着气泡的液压油转入高压区，气泡受高压而缩小、破裂和消失，形成很高的局部高频压力冲击，而这种高频液压冲击作用会使液压泵产生很大的压力振动。

综上所述，液压泵噪声是由不同形式的振动引起的，因此可由噪声频谱分析器测得噪声中不同频率成分的声压级，通过噪声的频率分析，即可知道噪声声压级的峰值和对应的频率范围。

2. 液压系统振动、噪声的机理

液压泵噪声的机理比较复杂。

1）液压泵的压力与流量脉动大，使组成液压泵的各构件发生振动。可在液压泵出口装设蓄能器，以缓解压力与流量脉动。

2）困油现象是液压泵产生噪声的重要原因，在工作时液压泵的一部分油液被困在封闭容腔内，当其容积减小时，被困油液的压力升高，从而使被困油液从缝隙中挤出；而封闭容积增大又会造成局部的真空，使油液中溶解的气体分离，产生气穴现象，这些都能产生强烈的噪声，这就是困油现象。在修磨端盖或配油盘时如果不注意原卸荷槽尺寸的变化，就会导致液压泵时在使用因为困油而产生强烈的噪声，采取的措施是拆卸液压泵，检查卸荷槽尺寸，并按图样要求进行修正。

3）气穴现象是液压泵产生噪声的又一主要原因，在液压泵中，如吸油腔某点的压力低于空气分离压时，原来溶解在油液中的空气分离出来，导致油液中出现大量气泡，称为气穴现象。如果油液的压力进一步降低到饱和蒸气压时，油液将迅速汽化，产生大量蒸气泡，加剧了气穴现象。大量气泡破坏了原来油液的连续性，造成流量和压力的脉动，同时这些气泡随油液由液压泵的低压腔运动到高压腔，气泡在压力油冲击下将迅速溃灭，由于这一过程是瞬间发生的，会引起局部液压冲击，在气泡凝结的地方，压力和温度会急剧升高，引起强烈的振动和噪声。气穴现象产生时不仅伴有啸叫声，而且系统压力的波动也很大，设备有时不能正常运行。在气泡凝结的地方，如长期受到液压冲击、高温和气蚀作用，必然会造成零件的损坏，缩短液压泵的使用寿命，所以要避免气穴现象。

3. 根据振动、噪声的故障诊断

从液压噪声的产生原因分析可知，液压噪声的产生原因具有多样性、复杂性和隐蔽性，当系统出现振动故障引起噪声时，必须确诊后才能加以排除。人们从长期的实践中摸索出的主要方法是根据噪声特点，粗略判断是由哪种原因引起的，然后通过浇油法、探听法、手摸法、观察法、仪器精密诊断法以及拆卸检查，进一步确诊故障部位。

1）浇油法。对怀疑是与进气有关的故障，可采用浇油法找出进气部位。找进气部位时，可用油浇淋怀疑部位，当浇到某处时，故障现象消除，证明找到了故障原因。此方法适用于查找吸油泵和系统吸油部位进气造成的气穴振动引起的噪声。

2）探听法。通过对各个部位进行探听。可直接找出噪声所在的部位。探听时一般采用一根细长的铜管，通常噪声比较大、声音清晰处就是噪声所产生的部位。

3）手摸法。就是用手摸的方法，凭感觉判断故障部位。

4）观察法。观察油液中的气泡情况，判断系统进气的程度，油箱中气泡翻滚得越厉害，进气越严重。

5）仪器精密诊断。用精密诊断技术手段监测现场液压装置，其最大的特点是提高了诊断结论的正确性与精确性。对液压元件壳体的振动信号进行在线监测，如某元件发生振动故障，现场振动信号的频谱图会发生变化，将测得的频谱图与标准频谱图做对比即可判断出产生故障的零部件。

6）拆卸检查。对于已经基本确认的故障可通过拆卸、解体进一步确认故障的部位和特征。

8.2.2　液压系统的使用、维护与修理

液压泵的种类很多，在特性上也有各种差别，故在使用时应按照制造厂使用说明书的规定。这里先就液压泵的一般共同使用维护事项加以论述，然后分别对叶片泵和柱塞泵进行必要的论述。

1. 起动及准备运转

液压泵开始起动时，应按如下顺序进行：

首先要检查油箱液位和液压油的清洁度，其次要检查直接连接部分的状态以及供电电流、电压和接线的情况。在往油箱初次灌油或添油时，必须十分注意是否有杂质、水分等进

入油箱。

如有可能，可把万向节拆下，若可以用手转动泵，则应检查一下用手转动的情况，然后检查泵的旋转方向。如万向节不能拆卸，可用点动的方法检查旋转方向，在点动之前一般应检查管道中的阀类是否已打开。

起动方法因设计不同而异，但基本上是以无载荷起动为原则，对于辅助泵类，必须按起动顺序进行运转。在无载荷起动之后，再进行配管和排气。

在运转进入稳定状态后，进行测温并检查漏油、噪声、振动等有无异常。这种检查可以作为以后维护的一个安全标准。应测的温度包括油温、轴承温度和密封部分的温度等。

关于运转温度极限，可查阅使用说明书。在寒冷地方使用时，要更换液压油或进行加热和用加热器进行温度调节等。高温时，要采用冷却器进行温度调节。

2. 维护与定期检修

维护的周期原则上应按制造厂的规定。维护的内容是检查原动机和被动侧的直接连接状态、是否漏油、轴承温度、异常噪声、振动、液位、油的污染、油箱内起泡、过滤器的清洁度情况以及工作状态等。

定期检修的周期也因工作条件的不一样而有所不同，应与制造商沟通确定。

对于密封元件等易损件，即使是在检修间隔内也会因污物的浸入而受损伤，因此应根据需要进行更换，这些不作为检修的对象。

定期检修原则上要更换备用泵，并且最好在工厂进行现场施工。当更换泵时，必须检查其性能。

3. 叶片泵的维修

经长时间运转，泵内零件会产生磨损。对定子环和叶片，要注意定子环的滑动面，特别是吸油口部分和叶片的顶端。不过，即使这些部位有明显磨损，由于叶片的向上推压而保持与定子环的接触，所以使用压力不会降低。

叶片泵在运转时应注意以下事项。

运转开始前：用手转动叶片泵，注意叶片泵内的接触情况，这在一定程度上可防止某些事故的发生。另外，对旋转方向是否正确、叶片泵内的空气是否排除等，也必须像对其他容积式液压泵一样加以注意。

运转开始后：

①不出油或出油量不足。叶片泵在长期不用的情况下可能使叶片卡在转子槽内甩不出来，在被杂质卡住时也会发生这种现象。另外，当吸油管侧过滤器网眼堵塞、液压油温度过低、管子各连接部分有空气吸入和密封件损坏时，也会产生这种现象。

②噪声及异常声。噪声和异常声的区别，没有丰富的经验是分不清楚的。异常声是指金属声或周期性发生的不规则声音，声音的高低差很明显，用耳朵可以听出来。所以，只有熟悉正常叶片泵的运转声，才能区别出噪声和异常声。

噪声很大往往是由于液压油温度过低或吸油压力降低的缘故，这些都与吸油管中流体阻力增加成比例。因此，当吸油管的口径很小或管路太长时，也会使噪声增大。

除由于叶片泵内零件的破损或磨损（包括轴承）而产生的异常声外，也有因吸入空气、过滤器网眼堵塞而引起的异常声。除叶片泵本身发出的声音以外，还有因万向节产生的噪声，这是由于定心不良或接头松动的缘故。另外，叶片泵和外部配管的固定、泵体安装不良也会产生噪声，这种情况往往伴随着振动。

③液压油中气泡增多。在噪声很大时，检查一下油箱，有时会发现气泡非常多，这种情况通常发生在油温过低时。这种情况有时是由气穴造成的，但更多是因吸油系统侵入空气造成的。这时，即使中止运转，但只要产生气泡的原因不消除，气泡仍会继续产生，并使噪声不断。这种气泡侵入时的噪声（啪啪声）与叶片的跳跃声相混杂，形成了叶片泵所特有的现象。另外，通向油箱的回油管位置不合适（特别当回油管的出口位于油面之上时）和油量不足时也会产生较多气泡。特别要对新装的配管检查气泡状况。

④漏油。油封破损、外部泄漏的阻力增加等使油封内部压力上升，都会造成漏油。另外，在电动机和齿轮盖的定心不同心时，油封随着轴承的磨损也会损坏。若是油封的内侧与吸油口相通的叶片泵，则从油封破损处吸入空气，会成为产生噪声的原因。

4. 柱塞泵的使用注意事项

要特别注意柱塞泵的自吸性能，轴向柱塞泵自吸性能一般较差，因此使用时除可采用辅助液压泵供给低压油的方法外，还可考虑采取如下方法：①吸油高度不要大于 500mm；②吸油管直径应符合规定；③吸油管道不宜太长，尽量减少管道弯头；④柱塞泵的转速不要高于其额定转速等。要注意油液的黏度和油温，推荐采用黏度为（20～30）×10^{-6} m^2/s（50℃）的液压油，油温控制在 20～65℃范围内。同时注意柱塞泵的旋转方向，按标牌所示方向连接。还要使柱塞泵的吸油、回油以及泄油管道均插入油箱液面下 200mm，以防止空气混入。不要在满载下起动或停车。

5. 柱塞泵的维护

对液压元件进行日常维护，特别是保持液压油的清洁，可延长柱塞泵的使用寿命。

柱塞泵应按制造厂规定的期限进行检修；柱塞泵最容易损伤的地方是配油盘表面，可通过研磨和抛光进行修正或更换零件修复。缸和柱塞间的间隙一旦增大，泄漏就要增加，这时要更换零件。要对轴承和轴衬类的磨损量进行检查，并根据需要更换零件；滚动轴承的转动面、滚柱等也要仔细检查。即使发现很小的问题也要更换，为了防止发生意外故障，对于运转时间较长的柱塞泵，零件虽然没有出现异常情况，也应按规定更换。

6. 液压泵的故障排除方法

液压泵产生故障的原因是多方面的，既具体又复杂。排除故障的方法要根据修理人员的经验、工厂的条件和生产使用情况来确定。一般情况下，使用单位最好不修理液压泵，因为修理液压泵需要一定的条件和手段。使用单位在液压泵出现故障后，最好换上备用件继续生产，将拆下的旧液压泵送到专业厂家进行修理或更换。

齿轮泵、叶片泵、轴向柱塞泵的故障现象、产生原因及排除方法分别见表 8-1～表 8-3。

表 8-1　齿轮泵的故障、原因及排除方法

故　障	原　因　分　析	排　除　方　法
噪声大或压力波动严重	过滤器被污物阻塞或吸油管贴近过滤器底面	清除过滤器铜网上的污物；吸油管不得贴近过滤器底面，否则会造成吸油不畅
	油管露出油面或伸入油箱较浅，或吸油位置太高	吸入管应伸入油箱内 2/3 深，吸油位置不得超过 500mm
	油箱中的油液不足	按油箱油标规定线加注油液

（续）

故障	原　因　分　析	排　除　方　法
噪声大或压力波动严重	CB 型齿轮泵由于泵体与泵盖是硬性接触（不用纸垫）。齿轮泵旋转时会吸入空气；齿轮泵的密封不好，如泵体与泵盖平面度不好，接触面或管道接头处有泄漏，也容易致使空气混入	若泵体与泵盖的平面度不好，则可在平板上用金刚砂研磨，使其平面度不超过 $5\mu m$（同时注意垂直度要求），并且紧固各连接杆，严防泄漏
	齿轮泵和电动机的联轴器碰撞	联轴器中的橡皮圈损坏需要更新，装配时应保证同轴度要求
	轮齿的齿型精度不好	调换齿轮或修整齿形
	CB 型齿轮泵骨架式油封损坏或装配时骨架油封内弹簧脱落	检查骨架油封，若损坏则应更换，避免空气吸入
齿轮泵旋转不通畅或咬死	轴向间隙或径向间隙过小	修复或更换泵的机件
	装配不良	根据修复后的齿轮泵装配注意事项进行装配
	压力阀失灵	检查压力阀中弹簧是否失灵，阀上小孔是否堵塞，阀芯在阀孔中移动是否灵活等，视具体问题采取措施
	齿轮泵和电动机联轴器的同轴度不好	使两者的同轴度在规定的范围内
	油液中杂质被吸入泵体内	严防周围灰尘、铁屑及冷却水等污物进入油箱，保持油液清洁
输油量不足或压力提不高	轴向间隙与径向间隙过大	修复或更新齿轮泵的机件
	连接处有泄漏，因而引起空气混入	紧固连接处的螺钉，严防泄漏
	改变电动机的旋转方向	选用合适黏度的液压油，并注意气温变化对油温的影响
	电动机旋转方向不对，造成齿轮泵不吸油，并在齿轮泵吸油口有大量气泡	改变电动机的旋转方向
	过滤器或管道堵塞	清除污物，定期更换油液
	压力阀中的阀芯在阀体中移动不灵活	检查压力阀，使阀芯在阀体中移动灵活
CB 型齿轮泵的压盖或骨架油封有时被冲击	压盖堵塞了前后盖板的回油通道，造成回油不通畅，而产生很高压力	将压盖取出重新压进，并注意不要堵塞回油通道
	骨架油封与齿轮泵的前盖配合不紧	调整骨架油封外圈与泵的前盖配合间隙，骨架油封应压入齿轮泵的前盖，若间隙过大，则应更换新的骨架油封
	装配时未注意，将泵体装反，使出油口接通卸荷槽，形成压力，冲击骨架油封	纠正泵体的装配方向
	回油通道被污物阻塞	清除回油通道上的污物
过热	冷却效率低	提高冷却效率
	油箱容量过小	加大油箱
	受外界条件影响	消除外界干扰

表 8-2　叶片泵的故障、原因及排除方法

故障	原 因 分 析	排 除 方 法
不排油或无压力	原动机和叶片泵转向不一致	纠正转向
	油箱液位过低	补油至油标线
	吸油管或过滤器阻塞	清洗吸油管路或过滤器，使其畅通
	起动时转速过低	使转速达到叶片泵的最低转速以上
	油液黏度过大或叶片运动不灵活	检查油质，更换黏度适合的液压油或提高油温
	配油盘与泵体接触不良或叶片在滑槽内卡死	修理接触面，重新试调，清洗滑槽和叶片，重新安装
	进油口漏气	更换密封元件或接头，修理密封面
	组装螺钉过松	拧紧螺钉
流量不足或压力不能升高	吸油管或过滤器部分堵塞	除去脏物，使吸油畅通
	吸油端连接处密封不严，有空气进入	在吸油连接处涂油，若有好转，则紧固连接件，更换密封元件
	个别叶片运动不灵活	逐个检查，不灵活的叶片应重新研配
	叶片装反	纠正叶片方向
	泵盖螺钉松动	适当拧紧
	系统泄漏	对系统进行顺序检查
	定子内表面磨损，叶片与其接触不良	更换定子
	侧板端面磨损严重，漏损增加	更换零件
噪声严重	吸油管过滤器部分堵塞	除去脏物，使吸油畅通
	吸油端连接处密封不严，有空气进入	在吸油端连接处涂油，如有好转紧固连接件，更换密封元件
	从泵轴油封处有空气进入	更换油封
	泵盖螺钉活动	适当拧紧
	联轴器不同心或松动	重新安装，使其同心，紧固连接件
	油液黏度过高，油中有气泡	改用通过能力较大的过滤器
	转速太高	使转速降至最高转速以下
	泵体腔道堵塞	清理或更换泵体
外部漏油	油封或密封圈损坏	更换油封或密封圈
	密封表面不良	检查修理

表 8-3　轴向柱塞泵的故障、原因及排除方法

故障	原 因 分 析	排 除 方 法
排油量不足，执行机构动作迟缓	吸油管及过滤器堵塞或阻力太大	清除油管堵塞，清洗过滤器
	油箱液位太低	检查油量，适当加油
	泵体内没有充满油，有残存空气	排除泵内空气
	柱塞与缸体、配油盘与缸体间磨损	更换柱塞，修磨配油盘与缸体的接触面，保证接触良好

（续）

故障	原 因 分 析	排 除 方 法
排油量不足，执行机构动作迟缓	柱塞回程不够或不能回程，引起缸体与配油盘间失去密封	检查中心弹簧加以更换
	变量机构失灵达不到工作要求	检查变量机构，如变量活塞及变量头是否灵活，并纠正其调整误差
	油温不当或有漏气	根据温升实际情况，选择合适的油液，紧固可能漏气的连接处
压力不足或压力脉动较大	吸油口堵塞或通道较小	清除堵塞现象，加大通油截面
	油温较高，油液黏度下降，泄漏增加	控制油温，更换黏度较大的油液
	缸体与配油盘之间磨损，失去密封，泄漏增加，柱塞与缸体磨损	修磨缸体与配油盘接触面，更换柱塞，严重者应送厂返修
	变量机构偏角太大，流量过小，内漏相对增加	加大变量机构的偏角
	变量机构不协调（如伺服活塞与变量活塞失调），使脉动增大	如偶尔脉动，可更换新油；如经常脉动，可能是配合件研伤或发滞，应拆下研修
	泵体内有空气	排除空气，检查可能进入空气的部位
	过滤器被堵塞	清洗过滤器
	油液不干净	抽样检查，更换干净的油液
	油液黏度过大	更换黏度较小的油液
	油液液位过低或有漏气	按油标高度注油，并检查密封
	轴向柱塞泵与电动机安装不同轴，使泵增加了径向载荷	重新调整，使同轴度误差在公差范围内
	管路振动	采取隔离消振措施
内部泄漏	缸体与配油盘间磨损	修整接触面
	中心弹簧损坏，使缸体与配油盘间失去密封性	更换弹簧
	轴向间隙过大	重新调整轴向间隙，使其符合规定
	柱塞与缸体间磨损	更换柱塞或重新配研
外部泄漏	传动轴上的密封损坏	更换密封圈
	各接合面及管接头的螺栓及螺母未拧紧，密封损坏	紧固并检查密封性，以便更换密封
泵体发热	内部漏损较大	检查和研修有关密封配合面
	有关相对运动的配合接触面有磨损。例如，缸体与配油盘滑靴及斜盘	修整或更换磨损件，如配油盘、滑靴等
变量机构失灵	在控制油路上，可能出现堵塞情况	净化油液，必要时冲洗油路
	变量头与变量体磨损	刮修，使圆弧面配合良好，必要时送厂返修
	伺服活塞、变量活塞以及弹簧芯轴卡死	如为机械卡死，可用研磨方法修复。如果油液污染，应更换
液压泵不转	柱塞与缸体卡死（可能油液被污染或油温变化）	更换新油或更换黏度较小的液压油
	柱塞球头折断（可能因柱塞卡死或带载荷起动）	更换柱塞球头
	滑靴脱落（因柱塞卡死或带载荷起动所引起）	更换或送制造厂维修

8.3　液压阀的维修

8.3.1　液压阀的故障诊断

1. 液压阀噪声的来源

液压阀产生的噪声随着阀的种类和使用条件的不同而有所不同。如按发生噪声的原因对其分类，大致可以分为机械声和流体声。

机械声是由液压阀的可动零件的机械接触产生的噪声，如电磁阀电磁铁的吸合声、换向阀阀芯的冲击声等；流体声是由流体发生的压力振动使阀体及管道的壁面振动而产生的噪声。

按产生压力振动的原因还可细分为以下几种：

（1）气穴声　阀口部分的气泡溃灭时造成的压力波使阀体及配管壁振动而形成噪声，如溢流阀的气穴声，流量控制阀的节流声等。

（2）流动声　由流体对阀壁的冲击、涡流或流体剪切引起的压力振动，使阀体壁振动而形成噪声。

（3）液压冲击声　由阀体产生的液压冲击使管道、压力容器等振动而形成噪声，如换向阀的换向冲击声、溢流阀卸载动作的冲击声等。

（4）振荡声　伴随着阀的不稳定振动现象引起的压力脉动而造成噪声。如先导式溢流阀在工作中，由先导阀处于不稳定高频振动状态时产生的噪声。在各类阀中，溢流阀的噪声最为突出。

2. 液压阀噪声的产生原因

液压阀在液压系统中非常重要，它能调节流量、压力和改变油液的方向。它在工作时也会产生噪声。

1）溢流阀是用于调节系统压力，保持压力恒定的，故阀口压力大，油液流速高，内部流态复杂。其噪声的产生主要是流体压力的变化，当运动部件工作换向时，将引起系统压力的升高，大量的油液从溢流阀排出，反向后系统又恢复原定的压力。这种压力的变化是瞬间完成的，这时滑阀的动作与复位也是瞬间完成的，再加上弹簧伸缩的变化，滑阀配合磨损而导致的流量不稳、压力波动等，就使其在工作中产生噪声。

溢流阀易产生高频噪声，主要是先导阀性能不稳定所致，其主要原因为油液中混入空气，在先导阀前腔形成气穴现象而引发高频噪声。

另外，涡旋的存在也是产生噪声的主要原因。在节流出口后产生了负压区，产生气蚀现象，应采取的措施为：①检查阀芯与阀体间隙是否过大，调整间隙；②回油管的回油口应远离油箱底面 50mm 以上，避免油液受阻或空气通过油管进入系统，产生气穴现象；③及时排气并防止空气重新进入；④阀的弹簧变形或失效，造成压力波动大而引发噪声，应更换弹簧；⑤阀的阻尼孔堵塞，应清洗阻尼孔。

2）节流阀是调节系统流量大小的，其节流口小，流速高，油液压力随流速增大而降低，当节流口压力低于大气压时，溶解于油液中的空气便分离出来产生气穴现象，从而产生很大的噪声。同时在射流状态下，油液流速不均匀产生的涡流也易引起噪声。解决这类噪声的方法是提高节流口下游的背压或分级节流。

3）换向阀用于改变油液的方向，在换向时产生瞬态液动力，换向阀换向时动作太快，造成换向时产生冲击和噪声；若阀芯碰撞阀座，则应修配阀芯与阀座间隙。如果是液控换向阀，可调节系统的节流阀，以减小系统的控制流量，从而使换向动作减慢，减少冲击和噪声。

8.3.2　液压控制阀故障的维护与修理

液压控制阀用来控制液压系统压力、流量和方向。如果出现故障，对液压系统的稳定性、精确度、可靠性及寿命等都有极大的影响。下面分别以常用的压力控制阀、流量控制阀及方向控制阀为例，介绍故障的诊断、排除方法及使用与维护。

1. 溢流阀

（1）溢流阀的故障诊断与排除方法　　溢流阀用来控制系统的压力，也可作为安全阀使用。常见的故障如下：

1）振动与噪声。振动与噪声是溢流阀的一个突出问题，使用高压大流量时，振动和噪声更大，有时甚至会出现很刺耳的尖叫声。

溢流阀产生噪声的原因很多，主要有机械噪声和流体噪声，其中机械噪声主要是由阀体中零件的撞击和摩擦等原因产生的；流体噪声主要由油液振动、气穴以及液压冲击等原因产生。

①机械噪声。由装配或维护不当而产生，主要表现为：

a. 滑阀与阀孔配合过紧或过松都会产生噪声。过紧时，滑阀移动困难，引起振动和噪声；过松时，造成间隙过大，泄漏严重，游动力等也将导致振动和噪声。所以，装配时，必须严格控制配合间隙。例如，某厂生产的高压溢流阀在单件试验时发现个别阀噪声过大，拆换新阀芯后，噪声就降低。

b. 弹簧刚度不够，产生弯曲变形，游动力引起弹簧自振，当弹簧的振动频率与系统的振动频率相同时，会产生共振，排除方法就是更换弹簧。

c. 调压螺母松动，要求在调节压力后，一定要拧紧调压螺母，否则就会产生振动与噪声。

d. 出油口油路中有空气时，易产生噪声。要防止空气进入，还要排除已有空气。

e. 与系统中其他元件产生共振时，会增大振动与噪声，先导式溢流阀的先导阀部分是一个易振部位，如图 8-1 所示，此时应检查阀的加工质量及安装情况。

另外，先导式溢流阀的阀芯磨损后，远程控制腔进入了空气，阀的流量超过了允许最大值，回油管路振动或背压过大时都会造成尖叫声。

②流体噪声。在主阀阀芯和阀体之间的节流口部位。液流经主阀阀芯，与阀座所构成的环形节流口流向回油

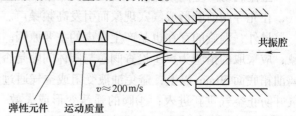

图 8-1　溢流阀容易引起振动的部位

腔喷射时，压力能首先变为动能，而后在下游流道失去动能而变成热能。若节流口下游通道还保持较大的速度，则压力将低于大气压力，使溶解在油液中的空气被分离出来，产生大量

气泡。当这些气泡被推到下游回油空间和回油管道时，由于油液压力回升而破灭，发生气蚀，产生频率达 2000Hz 以上的噪声。

通过环形节流口的液流冲到主阀阀芯下端时也会因产生涡流及剪切流体而发出噪声。

可见，阀体、阀芯及阀座等零件的几何形状和尺寸对于流体噪声有很大的影响，必须在元件设计时给予足够的重视。

2）压力波动。压力波动是溢流阀很容易出现的故障，有其本身的问题，也有液压泵及系统的影响。例如，液压泵流量不均和系统中进入空气等都会造成溢流阀的压力波动，溢流阀本身引起压力波动的原因主要有如下几点。

①控制阀芯弹簧刚度不够。弹簧弯曲变形，不能维持稳定的工作压力，解决方法是更换刚度高的弹簧。

②污染、堵塞。油液污染严重，阻尼孔堵塞，滑阀移动困难。为此，要经常检查油液污染度，必要时换油和疏通阻尼孔。

③锥阀或钢球与阀座配合不良。其原因可能由于污物卡住或磨损。解决方法是清除污物或修磨阀座。若磨损严重，则需要更换锥阀（或钢球）。

④滑阀动作不灵活。可能是滑阀表面拉伤、阀孔碰伤、滑阀被污物卡住、滑阀与孔配合过紧等原因造成的。可先进行清洗并修磨损伤处，不能修磨时，更换滑阀。

3）压力调整无效。所谓压力调整无效，指的是无压力、压力调不上去或压力上升过大。

调整液压系统压力的正确方法是，首先将溢流阀全打开（即弹簧无压缩），起动液压泵慢慢旋紧调压旋钮（弹簧压缩量逐渐增加），压力随即逐渐上升。如果液压泵起动后，压力迅速上升不止，说明溢流阀没有打开。调整无效的主要原因如下：

①弹簧损坏（断裂）或漏装，此时滑阀失去弹簧力的作用，无法调整，应更换弹簧或重新装入弹簧。

②滑阀配合过紧或被污物卡死，造成调整压力上升。解决方法是检查、清洗并研磨修理，使滑阀在孔中移动灵活。若油液污染严重，则需要更换新油。

③锥阀（或钢球）漏装，使滑阀失去控制，调压无效。解决方法是补装。

④阻尼孔堵塞，滑阀失去控制作用。堵塞可能是油液污染引起的。所以，在清洗阻尼孔的同时，必须注意油液的污染度，必要时更换新油。

⑤弹簧刚度太差（太软）或弹力不够，应更换新弹簧。

⑥进油口和出油口装反。板式连接的溢流阀，常在连接面上标有 "o"（出口）及 "p"（进口）的字样，不易装反；而管式连接和类型不同的阀，就容易装反。进出口无标志的阀应根据油液的流向加以纠正。

4）泄漏。溢流阀的泄漏包括内泄漏和外泄漏。外泄漏使环境污染，容易发现；内泄漏不易被发现，往往会引起阀的噪声增大和显著的压力波动。内泄漏常见的部位及原因如下：

①锥阀或钢球与阀座接触不良。可能由于磨损或被污物卡住，解决方法是修磨阀座，更换钢球。

②滑阀与阀体配合间隙过大。装配和维护时，务必使滑阀和阀体配合间隙不超差。如果间隙过大，应更换滑阀。

外泄漏常见的部位如下：

①管接头没有拧紧或密封不良。

②有关结合面上的纸垫冲破或铜垫失效。

出现上述两种外泄漏时，可将管接头拧紧或更换密封圈（或垫）。

5）溢流阀常见故障的原因分析及排除方法（表8-4）。

表8-4 溢流阀常见故障的原因分析及排除方法

故障	原 因 分 析	排 除 方 法
压力波动	弹簧弯曲或弹簧刚度太低	更换弹簧
	锥阀与锥阀座接触不良或磨损	更换锥阀
	压力表不准确	修理或更换压力表
	滑阀动作不灵活	调整阀盖螺钉的紧固力或更换滑阀
	油液不清洁，阻尼孔不畅通	更换油液
振动明显，噪声严重	调压弹簧变形，不复原	检修或更换弹簧
	回油路有空气进入	紧固回油路接头
	油量超过允许值	在额定流量范围内使用
	油温过高，回油阻力过大	油温控制在允许范围内，使回油阻力降至0.5MPa以下
明显漏油	锥阀与锥座接触不良或磨损	更换锥阀
	滑阀与阀盖配合间隙过大	重配间隙
	紧固螺钉未拧紧	拧紧螺钉
压力不能升高	调压弹簧折断	更换弹簧
	滑阀阻尼孔堵塞	清洗阻尼孔
	滑阀卡住	拆检并修正，或调整阀盖螺钉的紧固力
	进、出油口接反	重新接好

（2）溢流阀的使用与维护

1）正常的使用温度为 20～60℃。油液黏度可根据使用温度来选择。定期检测油液性能，按规定进行更换。

2）不管采用螺纹、板式或法兰连接，安装位置都应便于操作和维修。

3）采用螺纹连接或法兰连接的溢流阀，有些设有两个进油口和一个回油口。使用时，如果流量大于额定流量，油液就只能从一个进油口进入，另一个进油口必须予以堵塞。

4）以操作方便为前提，控制手柄可在四个位置上选择一个。

5）顺时针方向为增压，逆时针方向为减压，在调到所需要的压力后，将调压手柄固定。

6）当需要测量压力时，将压力表油管接在压力表油口上。油口除采用压力表开关外，平时应堵上。

7）若要远程控制，则可把远控口与控制油路接通。

8）回油阻力（背压）不得大于 0.5MPa。

9）作为安全阀使用时，调定压力不得大于系统的最高压力。

10）使用中产生压力波动或噪声时，将溢流阀拆开，清洗阀杆、阀孔及阻尼孔。检查弹簧是否弯曲、扭变或断裂，必要时检查调压锥阀的密封性。

11）通径为 8mm 的溢流阀，可以水平或垂直安装在油路或控制板上。

2. 减压阀

（1）减压阀的故障诊断和排除方法　减压阀起减压和稳定作用，使出口压力调整到低于进口压力并保持恒定。减压阀的常见故障有调压失灵，阀芯径向卡紧，工作压力调定后出油口压力自行升高，噪声，压力波动及振荡等。

1）调压失灵。调压失灵的现象有：

①调节调压手轮，出油口压力不上升。其原因之一是主阀阀芯阻尼孔堵塞，出油口油液不能流入主，阀上腔和先导阀部分前腔，出油口压力传递不到锥阀上，使先导阀失去对主阀出口压力调节的作用。又因阻尼孔堵塞后，主阀上腔失去了油压的作用，使主阀变成一个弹簧力很弱的直动式滑阀，故在出油口压力很低时就将主阀减压口关闭，使出油口建立不起压力。另外，全阀减压口关闭时，由于主阀阀芯卡住，锥阀未安装在阀座孔内，外控口未堵住等，也是出油口压力不能上升的原因。

②出油口压力上升后达不到额定数值。其原因有调压弹簧选用错误、永久性变形或压缩行程不够、锥阀磨损过大等。

③调节调压手轮，出油口压力和进油口压力同时上升或下降。其原因有锥阀座阻尼上孔堵塞、泄油口堵住和单向阀泄漏等。

④锥阀座阻尼小孔堵塞后，出油口压力同样也传递不到锥阀上，使先导阀失去对主阀出油口压力调节的作用。又因阻尼小孔堵塞后，便无先导流量流经主阀阀芯阻尼孔，使主阀上、下腔油液的压力相等，主阀阀芯在主阀弹簧力的作用下处于最下部位置，减压口通流面积为最大，所以出油口压力就跟随进油口压力的变化而变化。

如泄油口堵住，从原理上来说等于锥阀座阻尼小孔堵塞。这时，出油口压力虽能作用在锥阀上，但同样也无先导流量流经主阀阀芯阻尼孔，减压口通流面积也为最大，故出油口压力也跟随进油口压力的变化而变化。

当单向减压阀的单向阀部分泄漏严重时，进油口压力就会通过泄漏处传递给出油口，使出油口压力也会跟随进油口压力的变化而变化。另外，当主阀减压口处于全开位置时，主阀阀芯卡住也是使出油口压力随进油口压力变化的原因。

⑤调节调压手轮时，出油口压力不下降。其原因主要是由于主阀阀芯卡住引起的。出油口压力达不到最低调定压力的原因，主要是先导阀中 O 形密封圈与阀盖配合过紧等。

2）阀芯径向卡紧。由于减压阀和单向减压阀的主阀弹簧力很弱，主阀阀芯在高压情况下容易发生径向卡紧现象，而使减压阀的各种性能下降，也将造成零件的过度磨损，并缩短减压阀的使用寿命，甚至造成减压阀不能工作。

3）工作压力调定后出油口压力自行升高。在某些减压控制回路中，如减压阀用来控制电液换向阀或外控顺序阀等，当电液换向阀或外控顺序阀换向工作后，减压阀出油口的流量为零，但压力还需保持原先调定的压力。在这种情况下减压阀的出油口压力往往会升高，这是由于主阀泄漏量过大所引起的。

在这种工作状况中，因减压阀出口流量变为零，流经减压口的流量只有先导流量，由于先导流量很小，一般在 $2 \times 10^{-5} \mathrm{m}^3/\mathrm{min}$ 以内，因此主阀减压口基本上处于全关位置，先导流量由三角槽或斜面流出。若主阀阀芯配合过松或磨损过大，则主阀泄漏量增加。按流量连续性定理，这部分泄漏量也必须从主阀的阻尼孔内流出，流经阻尼孔的流量即由原有的先导流量和这部分泄漏量组成。因阻尼孔面积和主阀上腔油液压力未变（主阀上腔的油液压力由已调整好的调压弹簧预压缩量确定），为使通过阻尼孔的流量增加，而必然引起主阀下腔油液压力升高。因此，当减压阀出口压力调定好后，如果出口流量为零，出口压力会因主阀阀芯配合过松或磨损过大而升高。

4）噪声、压力波动及振荡。由于减压阀是一个先导式的双级阀，其导阀部分和溢流阀的导阀部分通用，所以引起噪声和压力波动的原因也和溢流阀基本相同。

减压阀在超流量使用中，有时会出现主阀振荡现象，使出油口压力不断地升压、卸荷、再升压，如此循环，这是由于过大的流量使液流力增加所致。当流量过大时，软弱的主阀弹簧平衡不了由于过大流量所引起的液流力的增加，因此主阀阀芯在液流力作用下使减压口关闭，出油口压力和流量为零，则液流力也为零，于是主阀阀芯在主阀弹簧力的作用下，又使减压口打开，出油口压力和流量又增大，于是液流力又增加，使减压口关闭，出油口压力和流量又为零。这样就形成主阀阀芯振荡，使出油口压力不断地变化，因此减压阀在使用时不宜超过推荐的公称流量。

5）减压阀常见故障的原因分析及排除方法（表8-5）。

表8-5　减压阀常见故障的原因分析及排除方法

故障	原 因 分 析	排 除 方 法
不起减压作用	顶盖方向装错，使输出油孔与回油孔沟通	检查顶盖上孔的位置，并加以纠正
	阻尼孔被堵塞	用直径微小的钢丝或细针（直径约1mm）疏通小孔
	回油孔的螺塞未拧出，油液不能流出	拧出螺塞，接通回油管
	滑阀移动不灵活或被卡住	清理污垢，研配滑阀，保证滑动自如
压力波动	油液中侵入空气	设法排气
	滑阀移动不灵活或卡住	检查滑阀与孔的几何误差是否超出规定或有无拉伤情况，并加以修复
	阻尼孔堵塞	清洗阻尼孔，换油
	弹簧刚度不够，有弯曲、卡住或太软	检查并更换弹簧
	锥阀安装不正确，钢球与阀座配合不良	更换调整锥阀或钢球
输出压力较低	锥阀与阀座配合不良	拆检锥阀，研配或更换
	阀顶盖密封不良，有泄漏	拧紧螺栓或拆检后更换纸垫

（2）减压阀的使用与维护

1）正常使用温度为20~60℃，油液黏度可根据使用温度来选择。定期检测油液性能，并按规定进行更换。

2）减压阀多为螺纹连接，安装位置应便于操作和维护。

3）减压阀有两个油口和一个泄油口，安装时必须将泄油口直接接入油箱，并且保持泄油回路畅通。泄油口背压不可过高，否则减压阀不能正常工作。

4）顺时针方向为增压，逆时针方向为减压，在调到所需的压力后，将调压手柄固定。

5）接压力表时，可在阀体螺塞处换上相应的压力表接头。

6）减压阀在工作时，常因有空气进入而引起压力波动并产生噪声，所以必须避免空气进入油路。

7）当液压泵压力或系统压力正常，而减压阀的二次压力过低或等于零时，应将阀盖打开，检查泄油管是否堵塞，同时检查弹簧状态和调压锥阀的密封性。堵塞时清洗阀杆、阀孔和阻尼孔。

8）若要远程控制，则可把远控口与控制油路接通。

3. 顺序阀

顺序阀在液压系统中的主要作用是控制执行元件的先后顺序动作，以实现系统的自动控制。

（1）顺序阀的故障诊断与排除方法　液压系统中常用的 XF 型顺序阀和 XDF 型单向顺序阀的主要故障是不起顺序作用，有以下两种情况：

1）进油腔和出油腔压力同时上升或下降。这种情况经诊断查明是阀芯内的阻尼孔堵塞，使控制活塞的泄漏油无法进入调压弹簧腔流回油箱。时间一长，进油腔压力通过泄漏油传入顺序阀的下腔，作用在阀芯下端面上，因阀芯下端面面积比控制活塞要大得多，所以阀芯在液压力的作用下使顺序阀处于全开位置，变成一个常通阀，因此进油腔和出油腔压力会同时上升或下降。另外，阀芯在顺序阀处于全开位置时卡住也会引起上述现象。

2）出油腔没有流量。这种情况的原因是泄油口安装成内部回油形式，使调压弹簧腔的油液压力等于出油腔油液压力。因阀芯上端面面积大于控制活塞端面面积，阀芯在液压力作用下使阀口关闭，顺序阀便变成一个常闭阀，出油腔没有流量。另外，阀芯在芯口关闭位置时卡住，也会产生出油腔没有流量的现象。

当端盖上的阻尼小孔堵塞时，控制油液就不能进入控制活塞腔，阀芯在调压弹簧力作用下使阀口关闭，出油腔同样也没有流量。

（2）顺序阀的使用与维护

1）正常使用温度为 20～60℃，油液黏度可根据使用温度来选择，定期检测油液性能，并按规定进行更换。

2）顺序阀多为螺纹连接，安装位置应便于操作和维护。

3）顺序阀和单向顺序阀安装时，应注意泄油管必须接好。

4）保证顺序阀连接处的密封性，防止空气进入。

5）在使用单向顺序阀时，必须先检查单向阀阀芯和阀座或阀体锥孔的清洁，保证密封性。

6）在调整压力前，应先松开锁紧螺母，然后转动调节螺钉。压力调整后用锁紧螺母紧固。

7）如有漏油现象，应紧固螺钉或检查 O 形密封圈。

8）检查弹簧状态，有问题应进行修理或更换。

9）如要远程控制，可把远控口与控制油路接通。

4. 压力继电器

压力继电器是一种将油液的压力信号转变为电信号的小型电-液控制元件。当油液压力达到压力继电器的调定压力时，即发出电信号，以控制电磁铁、电磁离合器、继电器开关、电动机等电气元件动作，使油路卸压、换向、执行机构实现顺序动作，或关闭电动机使系统停止工作，起到自动程序控制和安全保护作用。

（1）压力继电器的故障诊断与排除方法　压力继电器的常见故障是灵敏度降低和微动开关损坏等。

1）灵敏度降低。灵敏度降低是由于阀芯、推杆的径向卡紧，或微动开关空行程过大等原因引起的。当阀芯或推杆发生径向卡紧时，摩擦力增加，这个阻力与阀芯和推杆的运动方向相反，它在一个方向帮助调压弹簧克服油液压力，使油液压力升高；在另一个方向帮助油液克服弹簧力，使油液压力降低，因而使压力继电器的灵敏度降低。

在使用中，微动开关支架变形，或零位可调部分松动，都会使原来调整好或在装配后保证的微动开关最小空行程增大，使其灵敏度降低，压力继电器的泄油腔若不能直接回油箱，则由于泄油口背压过高，也会使灵敏度降低。

2）微动开关损坏。差式压力继电器的微动开关部分和泄油腔是用橡胶隔膜隔开的，当进油腔和泄油腔接反时，压力油即冲破橡胶隔膜进入微动开关部分，从而损坏微动开关；另外，由于调压弹簧腔和泄油腔相通，调节螺钉处又无密封装置，当泄油压力过高时，在调节螺钉处会出现外泄漏现象，所以泄油腔必须直接接回油箱。

3）压力继电器常见故障的原因分析及排除方法（表8-7）。

表8-7　压力继电器常见故障的原因分析及排除方法

故障	原 因 分 析	排 除 方 法
不发信号	指示灯损坏	更换
	线路不畅通	检修线路
	微动开关损坏	修理或更换
灵敏度差	微动开关行程太大	调整或更换行程开关
	杠杆柱销处摩擦力大	拆出杠杆清洗，保证转动自如
	柱塞与杠杆间顶杆不正	使顶杆摆正，减少摩擦力
	安装不当，如水平或倾斜	改为垂直安装，减少杠杆与壳体的摩擦力

（2）压力继电器的使用与维护

1）正常使用温度为 20～60℃，油液黏度可根据使用温度来选择，定期检测油液性能，并按规定进行更换。

2）压力继电器安装时，必须处于垂直位置，调节螺钉头部向上，不允许水平安装或倒装。

3）压力继电器按逆时针方向转动为升压，按顺时针方向转动为降压。调整后应锁定，以免因振动而引起变化。

4）压力继电器中微动开关的原始位置，由于调压弹簧的作用，可通过杠杆把常开变成常闭，接线时应注意。

5. 节流阀

（1）节流阀的故障诊断和排除方法　节流阀和单向节流阀的常见故障主要有流量调节

失灵、流量不稳定和内泄漏增大等。

1) 流量调节失灵。流量调节失灵是指调整调节手轮后出油腔流量不发生变化（简式节流阀无此现象）。引起流量调节失灵的主要原因是阀芯径向卡住，当阀芯在全关位置发生径向卡住时，调整调节手轮后出油腔无流量。阀芯在全开位置或节流口调节好开度后径向卡住，调整调节手轮出油腔流量不发生变化。

当单向节流阀进、出油腔接反时（接反后起单向阀作用），调整调节手轮后流经阀的流量也不会发生变化。

2) 流量不稳定。节流阀和单向节流阀当节流口调整好并锁紧后，有时会出现流量不稳定的现象，特别在最小稳定流量时更易发生。引起流量不稳定的主要原因是锁紧装置松动、节流口部分堵塞、油温升高以及载荷压力发生变化等。

节流口调整好并锁紧后，由于机械振动或其他原因会使锁紧装置松动，使节流口通流面积改变，从而引起流量变化。

油液中杂质堆积和黏附在节流口边上，使通流面积减小，引起流量减少。当压力油将杂质冲掉后，使节流口又恢复至原有的通流面积，流量也恢复至原来的数值，因此引起流量不稳定。

3) 内泄漏增加。节流阀或单向节流口关闭时，采用间隙密封配合处必定有泄漏，故节流阀或单向节流阀不能作为截止阀使用；当密封面过度磨损后，会引起泄漏量增加，有时也会影响最小稳定流量。

4) 节流阀常见故障的原因分析及排除方法（表8-8）。

表 8-8　节流阀常见故障的原因分析及排除方法

故障	原 因 分 析	排 除 方 法
节流失调或调节范围不大	节流滑阀和阀孔的配合间隙过大而造成内部泄漏，或由系统泄漏引起	检查泄漏部位，若零件磨损严重则应更换，注意配合处的密封
	节流口堵塞或滑阀卡住	检查油液的清洁度，注意滑阀移动是否灵活
执行机构速度不稳定	低速运动时，振动使调节位置变化	锁紧调节螺杆
	节流口堵塞，节流面积减小	增设过滤装置，清洗零件，换油
	阀的内、外泄漏	检查零件的尺寸精度和配合间隙，修理或更换零件
	油温随工作时间增加而升高，油液黏度相应降低，使速度逐渐增加	在正常工作温度下进行流量调节或增设温度调节装置

(2) 节流阀的使用与维护

1) 正常使用温度为 20 ~ 60℃，油液黏度可根据使用温度来选择，定期检测油液性能，按规定进行更换。

2) 节流阀多为螺纹连接，安装位置应便于操作和维护。

3) 调节手柄按顺时针方向转动时流量增加，按逆时针方向转动时流量减少。

6. 调速阀

在液压系统中，为使流经节流阀的流量不随载荷变化而发生变化，需要对节流阀前后油液的压差进行压力补偿，使节流阀前后油液压差在载荷改变时能保持近似于一个常数。根据这一原理，将减压阀和节流阀串联起来使用的液压阀称为调速阀。

（1）调速阀的故障诊断和排除方法　调速阀的常见故障主要有流量调节失灵、流量不稳定、内泄漏增大等。

1）流量调节失灵。这是指调整节流调节部分，出油腔流量不发生变化，其主要原因是阀芯径向卡住和节流调节部分发生故障等。

减压阀阀芯或节流阀阀芯在全闭位置时，径向卡住会使出油腔没有流量，在全开位置（或节流口调整好）时，径向卡住会使调整节流调节部分出油腔流量不发生变化。

另外，当节流调节部分发生故障时，会使调节螺杆不能轴向移动，使出油腔流量也不发生变化。

2）流量不稳定。减压节流型调速阀当节流口调整好锁紧后，有时会出现流量不稳定的现象，特别在最小稳定流量时更易发生。其主要原因是锁紧装置松动，节流口部分堵塞，油温升高，进、出油腔最小压差过低和进、出油腔接反等。

油流反向通过 QF 型调速阀时，减压阀对节流阀不起压力补偿作用，使调速阀变成节流阀，所以当进、出油腔油液压力发生变化时，流经的流量就会发生变化，从而引起流量不稳定。

3）内泄漏量增大。减压节流型调速阀的节流口在关闭时，靠间隙密封，因此可能会产生一定的泄漏量，所以它不能作为截止阀用。当密封面（减压阀阀芯、节流阀阀芯和单向阀阀芯密封面等）过度磨损后，会引起内泄漏量增加，使流量不稳定，特别会影响到最小稳定流量。

4）调速阀常见故障的原因分析及排除方法（表8-9）。

表8-9　调速阀常见故障的原因分析及排除方法

故障	原 因 分 析	排 除 方 法
节流失灵，调节范围不大	节流阀和孔的间隙大而造成内部泄漏以及系统内部泄漏	检查发生泄漏较大部位，更换损坏零件，注意接合处的密封情况
	节流孔阻塞或阀芯卡住而不起作用	检查油液是否清洁，若不清洁应更换新油；检查阀芯在孔内运动是否灵活；除去阻碍阀芯滑动的毛刺
	油温过高（70℃以上），使阀芯卡住	把油温控制在60℃以下
运动机构速度不稳定，如逐渐减慢、突然增快及跳动等	油中杂质将节流口阻塞，使速度减慢	更换新油，增加过滤器，拆洗零件
	节流阀调节机构性能差，在低速时由于振抖使节流调节位置改变	增加调节机构处的锁紧装置
	调速阀内、外泄漏量过大，使其控制流量不稳定	检查零件精度及配合间隙，更换不合格零件
	油温随工作时间延长而升高，油液的黏度相应降低	一般要在开车一段时间后开始调节节流阀，系统中增加散热装置
	减压阀未起压力补偿作用	检查、清洗、更换不合格零件
	温度补偿未起作用，使速度上升过快（指温度补偿调速阀而言）	更换温度补偿杆，并进行精细调整
	系统中存在大量空气	在系统中装设排气装置

（2）调速阀的使用与维护

1）正常使用温度为 20 ~ 60℃，油液黏度可根据使用温度来选择，定期检测油液性能，并按规定进行更换。

2）调速阀安装时应便于操作和维护。

3）调节手轮按顺时针方向转动时流量增加，按逆时针方向转动时流量减少。

4）流量调定后，若发现流量不稳定，则应取出压力补偿阀（减压阀）清洗阀口、阀杆并检查阻尼孔是否堵塞。有单向元件时，也可能是单向阀关闭不严造成的。

5）若有外泄漏，则可将紧固螺钉拧紧。同时检查 O 形密封圈，如有损坏应即更换。

6）为了保证调速阀正常工作，必须使进油口与出油口的压力差保持在规定值以上。

7. 行程节流阀

行程节流阀又称为减速阀，是靠执行机构运动部件的行程挡块（或凸轮等），推动阀芯运动以改变节流口通流面积，从而控制流量的一种流量控制阀。

（1）行程节流阀的故障诊断和排除方法　行程节流阀和单向行程节流阀主要的常见故障是流量调节失灵、流量不稳定、内外泄漏量增大和阀芯反力过大等。

1）流量调节失灵及流量不稳定、内外泄漏。行程节流阀和单向行程节流阀是节流阀的另两种结构形式，因此流量调节失灵、流量不稳定、内外泄漏量增大等故障的诊断与节流阀基本相同。

2）阀芯反力过大。行程节流阀和单向行程节流阀阀芯的反力过大，是指阀芯给行程挡块的反力大于设计时的反力。引起阀芯反力过大的原因有阀芯径向卡住和泄油口堵住等。

当泄油口堵住后，阀芯与阀体配合间隙中的泄漏油就流不回油箱，时间过长后泄油口的油液压力就等于进油腔的油液压力，阀芯下端承压面积上所受的液压作用力大大增加，这就增大了挡块推动阀芯所需的压力，甚至挡块推不动阀芯而造成系统故障。因此，在使用行程节流阀和单向行程节流阀时，泄油口一定要接回油箱。

3）行程节流阀常见故障的原因分析及排除方法（表 8-10）。

表 8-10　行程节流阀常见故障的原因分析及排除方法

故障	原　因　分　析	排　除　方　法
达不到规定的最大行程	弹簧软或变形，弹簧作用力倾斜	更换弹簧
移动速度不稳定	油液中脏物黏附在节流口上	清洗，增设过滤装置，换油
	行程节流阀内、外泄漏	检查零件配合间隙和连接处的密封性
	滑阀移动不灵活	检查零件的尺寸精度，加强清洗

（2）行程节流阀的使用与维护

1）正常使用温度为 20 ~ 60℃，油液黏度可根据使用温度来选择，定期检测油液性能，并按规定进行更换。

2）行程节流阀一般为螺纹连接，安装位置应便于操作和维护。

3）滑阀轴向移动的距离一般为 10 ~ 13mm。

4）若滑阀不能达到极限位置，则应检查移动滑阀力的大小，同时查看弹簧是否倾斜。

5）导板或挡块的斜角以 30℃为宜，最大为 35℃。

6）泄油口的回油阻力不得大于 0.1MPa。

8. 液控单向阀

液控单向阀又称为液压操纵单向阀，也可称为单向闭锁阀。

（1）液控单向阀的故障诊断和排除方法　液控单向阀经常出现的故障如下。

1）密封不严造成泄漏。液控单向阀由于阀座压装时的缺陷，或者阀座孔与安装阀芯的阀体孔在加工时的同轴度误差超差，会使阀芯锥面和阀座接触处产生缝隙，不能严格密封，尤其是带卸荷阀芯式的结构，更容易发生渗漏而封不住油。

2）控制活塞不起作用。用钢球作为卸荷阀芯的液控单向阀，有时会发生控制活塞端部小杆顶不到钢球而打不开阀的现象。这时需检查阀体上、下两孔（阀芯孔与控制活塞孔）的同轴度误差是否符合要求，或者控制活塞端部是否有弯曲等情况。

3）阀芯产生卡阻。若阀芯打开后不能回复到初始封油位置，则需检查阀芯在阀体孔内是否卡住、弹簧是否断裂或过分弯曲而使阀芯产生卡阻现象。也可能是阀芯和阀体孔的加工几何精度达不到要求，或者二者的配合间隙太小而引起卡阻。

4）液控单向阀常见故障的原因分析及排除方法（表 8-11）。

表 8-11　液控单向阀常见故障的原因分析及排除方法

故障	原 因 分 析	排 除 方 法
产生噪声	与其他阀发生共振	更换弹簧，消除共振
	油液流量超过允许值	使用规格较大的单向阀
	卸压单向阀用于立式大液压缸等，回油腔时没有卸压装置	补充卸压装置回路
逆流时密封不良	阀芯和阀座产生缝隙	阀芯锥面与锥座孔重新研配
	单向阀口有脏物	清洗
	单向阀口磨损	修正或更换
液控不灵	控制压力过低	按推荐压力进行调整

（2）液控单向阀的使用与维护

1）正常使用温度为 20～60℃，油液黏度可根据使用温度来选择，定期检测油液性能，并按规定进行更换。

2）严格按箭头指示方向安装。

3）安装位置应便于操作和维护，连接处的密封性要好，防止空气进入。

4）出现漏油时应紧固螺钉或检查 O 形密封圈的状态。

9. 电磁换向阀

电磁换向阀是液压控制系统和电气控制系统之间的转换元件，它由液压机械中电气控制系统的按钮开关、限位开关、行程开关、压力继电器等电气元件发出信号，使电磁铁通电吸合或断电释放，直接控制阀芯移位，来实现油流的接通、切断和方向变换，从而操纵各种执行机构的动作。

（1）电磁换向阀的故障诊断和排除方法　电磁换向阀常见的故障如下。

1）电磁铁故障。电磁铁通电，阀芯不换向；或电磁铁断电，阀芯不复位。

①诊断检查电磁铁的电源电压是否符合使用要求，若电源电压太低，则电磁铁推力不足，不能推动阀芯正常换向。

②阀芯卡住，如果电磁换向阀的各项性能指标都合格，而在使用中出现上述故障，主要检查使用条件是否超过规定的指标，如工作压力、通过的流量、油温以及油液的过滤精度等。再检查复位弹簧是否折断或卡住。对于板式连接的电磁换向阀应检查安装底板表面的平面度误差，以及安装螺钉是否拧得太紧，以至引起阀体变形。另外，阀芯磨削加工时的毛刺、飞边有可能被挤入径向平衡槽中未清除干净，在长期工作中，被油流冲出挤入径向间隙中使阀芯卡住。

③电磁换向阀的轴线，必须按水平方向安装。如垂直安装，受阀芯、衔铁等零件重量的影响，将造成换向或复位不正常。

④有专用泄油口的电磁换向阀，泄油口没有接回油箱，或泄油管路背压太高，造成阀芯"闷死"，不能正常工作。

2）电磁铁烧毁。

①电源电压比电磁铁规定的使用电压高而引起线圈过热。

②推杆伸出长度过长，与电磁铁的行程配合不当，电磁铁衔铁不能吸合，使电流过大、线圈过热。当第一个电磁铁因其他原因烧毁后使用者自行更换电磁铁时更容易出现这种情况。

由于电磁铁的衔铁与铁心的吸合面与阀体安装表面的距离误差较大，与原来电磁铁相配合的推杆的伸出长度不能适合更换后的电磁铁。如更换后的电磁铁的安装距离比原来的短，与阀装配后，由于推杆过长将可能使衔铁不能吸合，而产生噪声、抖动甚至烧毁。如果更换的电磁铁的安装距离比原来的长，与阀装配后，由于推杆显得短了，在工作时，阀芯的换向行程比规定的行程要小，阀的开口度也变小，使压力损失增大，油液容易发热，甚至影响执行机构的运动速度。因此使用者自行更换电磁铁时，必须认真测量推杆的伸出长度与电磁铁的配合是否合适，绝不能随意更换。

以上各项引起电磁铁烧毁的原因主要出现于交流型的电磁铁，直流型电磁铁一般不会因故障而烧毁。

③换向频率过高，线圈过热。

3）干式电磁换向阀推杆处外渗漏油。

①一般电磁阀两端的油腔是泄油腔或回油腔，应检查该腔压力是否过高。如果在系统中多个电磁阀的泄油或回油管道串接在一起造成背压过高，应将它们分别单独接回油箱。

②推杆处的动密封 O 形密封圈磨损过大，应更换。

4）板式连接电磁换向阀与底板的接合面处渗油。

①安装底板表面应磨削加工，表面粗糙度应达 $Ra0.63 \sim 1.25\mu m$，同时应有平面度公差要求，且不得凸起。

②安装螺钉拧得太松。

③螺钉材料不符合要求，强度不够。目前许多板式连接电磁换向阀的安装螺钉均采用合金钢螺钉。如果原螺钉断裂或丢失，随意更换一般的碳钢螺钉，会因受油压作用不均匀引起拉伸变形导致接合面渗漏。

④电磁换向阀底面 O 形密封圈老化变质，不起密封作用，应更换。

5）湿式电磁铁吸合释放过于迟缓。电磁铁后端有密封螺钉，在初次安装工作时，后腔存有空气。当油液进入衔铁腔内时，如后腔空气释放不掉，将受压缩而形成阻尼，使动作迟缓。应在初次使用时，拧开密封螺钉，释放空气，当油液充满后，再拧紧密封螺钉。

6）长期使用后，执行机构出现运动速度变慢。推杆因长期撞击，磨损变短，或衔铁与推杆接触点磨损，使阀芯换向行程不足，引起油腔开口变小、通过流量减小，应更换推杆或电磁铁。

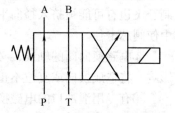

7）油流实际沟通方向不符合图形符号标志的方向。这是在使用中很可能出现的问题。我国有关部门制定颁发了液压元件的图形符号标准，但是许多产品由于结构的特殊，实际通路情况与图形符号的标准不相符合，如图 8-2 所示的二位四通单电磁铁弹簧复位型电磁换向阀的液压图形符号，滑阀机能为 I_1 型，电磁铁符号画在右边，初始位置的通路形式为 P→A，B →T；当电磁铁通电吸合时为 P→B，A→T。但是实际上，这种结构形式的电磁换向阀按设计图样的绘制方法，电磁铁是安

图 8-2　二位四通 I_1 型滑阀
机能电磁换向阀图形符号

装在左边的。通路形式因阀芯结构的不同也有两种，一种如图 8-2 所示；另一种正好相反，即在初始位置时是 P、B 相通，A、T 相通，当电磁铁通电吸合时为 P、A 相通，B、T 相通，如图 8-3 所示。

因此，在设计或安装电磁阀的油路系统时，就不能单纯按照标准的液压图形符号，而应该根据产品的实际通路情况来决定。如果已经造成差错，那么对于三位型阀可以采用调换电气线路的办法解决。对于二位型阀，可以用将电磁铁及有关零件调头安装的方法解决。仍无法更正时，只得调换管路位置，或者采用增加过渡通路板的方法弥补。总之，应该注意标准的液压图形符号，仅代表一种类型阀的符号，并不代表具体阀的结构，系统的设计和安装应根据各生产厂提供的样品进行。

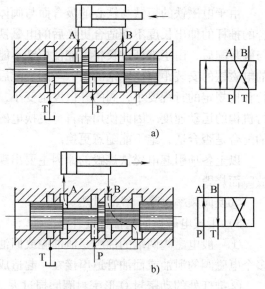

上述情况对于电液动换向阀、液动换向阀及手动换向阀是相似的，而且由于这些阀的口径一般都比较大、管道较粗，一旦发生差错，更改很困难，因此在设计安装时必须加以注意。

图 8-3　二位四通电磁换向阀的另一种
实际通路形式

电磁换向阀的进出油腔，只要都是高压腔，就可以互换，更换后的通路形式则应根据具体更改的情况而定，但回油腔与高压腔不能互换，在有专门泄油腔结构的电磁阀中。若回油腔的回油背压低于泄油腔的允许背压，则回油腔与泄油腔可以串接一起接回油箱。否则，均应单独接回油箱。

8）电磁换向阀常见故障的原因分析及排除方法（表 8-12）。

表 8-12　电磁换向阀常见故障的原因分析及排除方法

故障	原 因 分 析	排 除 方 法
滑阀不能动作，不能换向	电磁铁损坏，或吸力不足	更换电磁铁
	有中间位置的电磁阀，弹簧折断或弹簧力超过电磁铁的吸力	更换弹簧
电磁铁线圈发热过高或烧坏	线圈绝缘不良	拆开清洗或研配滑阀
	电磁铁铁心不合适	更换电磁铁
	电压过高	更换电磁铁
	电极焊接不良	及时调整，按规定使用
交流电磁阀发出噪声	电磁铁接触不良	拆开电磁铁，清除杂物，修整接触面

（2）电磁换向阀的使用与维护

1）正常使用温度为 20～60℃，油液黏度可根据使用温度来选择，定期检测油液性能，并按规定进行更换。

2）电磁换向阀多为板式连接，用螺钉将该阀固定在经过加工的基面上，安装时不允许用管路支持。滑阀轴线应水平安置。

3）电磁换向阀一般有四个工作油孔，连接时不要接错。

4）电源电压应与电磁铁规定的电压相符，电压值在规定的范围内变化时，换向应迅速可靠。

5）电磁铁采用直流湿式较多，电压一般为 DC 24V。温度升高后，工作电压仅为额定电压的 85%，电磁铁在行程为 3mm 的情况下，其吸力（推力）应不低于 14.7N。

10. 电液换向阀

电液换向阀是电磁阀和液动阀的组合体，电磁阀起先导作用，通过它改变控制油液流动的方向，再去推动主阀——液动换向阀使主油路换向。

（1）电液换向阀的故障诊断与排除方法　电液换向阀的电磁阀部分，故障与电磁换向阀相同，这里就其他故障做一些补充说明。

1）液压冲击。电液换向阀由于口径一般都比较大，控制的流量也比较大，尤其在工作压力较高的情况下，当阀芯换向而使高压油腔迅速切换的时候会使液流速度和油液容积发生急剧变化，而使油液压力在瞬间骤变，产生液压冲击。另外，控制油路中的单向元件密封失效或卡住，节流元件失灵，都可使阀芯动作过快而导致液压冲击。它会造成元件或系统管道的振动和损坏，甚至使整个液压系统不能工作。液压冲击力的大小随工作压力、控制压力、换向速度的不同而各有不同，也随各种滑阀机能的不同而有所不同，严重时可达工作压力的50% 以上甚至 100%。

2）不能换向。电液换向阀如果控制油路压力过低，不能使阀芯移动；控制油路两端节流阀阻塞或阀芯卡住，都会产生换向故障。

3）电液换向阀常见故障的原因分析及排除方法（表 8-13）。

（2）电液换向阀的使用与维护

1）正常使用温度为 20～60℃，油液黏度可根据使用温度来选择，定期检测油液性能，并按规定进行更换。

表 8-13 电液换向阀常见故障的原因分析及排除方法

故障	原 因 分 析	排 除 方 法
阀芯不能移动	阀芯拉坏	拆开检查并清洗，去掉阀芯与阀体上的毛刺，修正拉伤表面或更换
	阀体变形	重装阀体螺钉，使紧固均匀
	控制压力不够	控制压力应不大于 0.55MPa
	自动复位弹簧折断	更换弹簧
电磁铁线圈烧坏	线圈绝缘不良	更换电磁铁
	电磁铁铁心不合适，固定螺钉松动，温升引起绕组变形	更换电磁铁
	电压太低	使用电压要在额定电压的99%以上
	换向压力超出规定	降低压力
	换向流量超出规定	更换阀的容量
	回油口背压过高	检查背压，使其在规定值下工作
电磁铁有噪声	推杆过长	修整推杆或更换
	推杆过短	更换推杆

2）电液换向阀多为板式连接，用螺钉将阀固定在经过加工的基面上，安装时不允许用管路支持。滑阀轴线应水平安置。

3）电液换向阀有四个油口，其中两个为控制油口，安装时必须注意。

4）不同通径的电液换向阀，随着工作压力的不同，对背压的要求也不相同，使用时应注意。

5）控制油压不得低于 0.35MPa。

6）为了消除油路背压对电磁阀的影响，应使用单独的电磁阀回油通道。

7）使用阻尼器的电液换向阀通过调节阻尼器螺钉来改变主阀阀芯的换向速度。

8）电液换向阀的控制油路可实行内控和外控。实行内控时，控制油压与液动换向阀油压一致，应将外控进油口堵死，以免内控油源的油由此溢出。实行外控时，控制油压可与液动换向阀油压不一致，但是不得低于 0.35MPa。如果采用 H 型或 M 型机能的阀芯，可在回油路上加设背压阀，使电液换向阀在中间位置时控制油压大于 0.35MPa，从而保证换向可靠。

11. 多路换向阀

多路换向阀简称多路阀，是一种以换向阀为主体，包括有溢流阀（安全阀）、单向阀、补油阀、过载阀、缓冲阀等组合在一起而成的组合阀。

（1）多路换向阀的故障诊断与排除方法

1）阀杆脱离中立位置。多路换向阀阀杆靠复位弹簧保持中立位置，在工程机械承受冲击载荷时，由于弹簧损坏或卡住会使操纵手柄在惯性力的作用下，使阀杆脱离中立位置。

2）手动操纵费力。当通过多路阀的流量较大，工作压力较高时轴向液动力很大，将使手动操纵特别费力甚至扳不动。另外，由于阀体变形，常使配合间隙改变，也会产生操纵费力的现象。

3）多路换向阀常见故障的原因分析及排除方法（表 8-14）。

表 8-14　多路换向阀常见故障的原因分析及排除方法

故障	原因分析	排除方法
压力液动及噪声	溢流阀弹簧弯曲或太软	更换弹簧
	溢流阀阻尼孔堵塞	清洗，使通道畅通
	单向阀关闭不严	修正或更换
	锥阀与阀座接触不良	调整或更换
阀杆动作不灵活	复位弹簧损坏	更换损坏的弹簧
	轴用弹性挡圈损坏	更换弹性挡圈
	防尘密封圈过紧	更换防尘密封圈
泄漏	锥阀与阀座接触不良	调整或更换
	双头螺钉未紧固	按规定紧固

（2）多路换向阀的使用与维护

1）正常使用温度为 20~60℃，油液黏度可根据使用温度来选择，定期检测油液性能，并按规定进行更换。

2）严格按箭头指示方向安装。

3）安装位置应便于操作和维护。连接处密封性要好，防止空气进入。

4）出现漏油时应紧固螺钉或检查 O 形密封圈的状态。

12. 电液伺服阀

电液伺服阀能将微弱的电控信号转换成相应的机械位移量，然后将机械位移量转换成相应的液压信号，并经放大，输出与电控信号成比例的液压功率。它具有控制精度高、响应速度快、体积小以及能适应连续信号控制和脉冲信号控制等优点。因此，目前已经广泛应用于军事装备和工业各部门的设施上。

由于电液伺服阀属于精密元件，所以在使用时务必小心，必须按照有关规定进行安装、使用和维护。

1）电液伺服阀的安装。

①电液伺服阀在安装前，切勿拆下保护板和力矩马达上盖，更不允许随意拨动调零机构，以免引起性能变化、零部件损伤及污染等故障。

②安装伺服阀的连接板时，其表面应光滑、平直。

③阀的安装基面要平整，防止拧紧螺钉后阀变形。

④油液管路中应尽量避免采用焊接式管接头，如必须采用时，应将焊渣彻底清除干净，以免混入油液中，使电液伺服阀工作时发生故障。

⑤一般情况下应在电液伺服阀进油口处的管路上安装名义精度为 10μm（绝对精度为 25μm）的精滤器。

⑥电液伺服系统装成后，应先在安装电液伺服阀的位置上安装冲洗板进行管路冲洗，至少应用油液冲洗 36h，而且最好采用高压热油。冲洗后，更换新滤芯再冲洗 2h，并检查油液

清洁度，当油液清洁度确已达到要求时，才能安装电液伺服阀，一般双喷嘴挡板式电液伺服阀要求油液的污染度为 NAS1638 标准的 5~6 级，射流管式电液伺服阀要求油液的污染度为 NAS1638 标准的 8 级。当伺服系统添油或换油时，应采用专门滤油车向油箱内注油，要建立"新油并不干净，必须过滤"的概念。安装电液伺服阀时应检查以下各项：

a. 电液伺服阀的安装面上是否有污物附着，进出油口是否接好，O 形密封圈是否完好及定位销孔是否正确。

b. 电液伺服阀在连接板上安装好，连接螺钉应均匀拧紧而且不应拧得过紧，在工作状况下以不漏为准。电液伺服阀安装后，接通油路，检查外漏情况，如有外漏应排除。

c. 在接通电路前，先检查插头、插座的接线柱有无脱焊、短路等故障。当一切正常后再接通电路检查电液伺服阀的极性。应在低压工况下判断极性，以免发生正反馈出现事故。

2）电液伺服阀的使用与维护。

①推荐电液伺服系统采用 10 号航空油或其他合适的油品作为工作介质。

②油箱必须密封，透气孔等处应加空气过滤器或其他密封装置。更换新油液时，仍需经精密过滤器过滤，并应按有关要求冲洗。在加新油时，要求使用名义精度为 $5\mu m$（绝对精度为 $18\mu m$）的过滤器过滤。

③电液伺服阀一般不可拆卸，因为再次安装往往保证不了精度。

④工作油液应定期抽样检验，至少每年更换一次新油。为延长油液的使用寿命，建议油温尽量保持在 40℃ 左右，避免在超过 50℃ 时长期使用，滤芯应 3~6 个月更换一次。

⑤电液伺服阀应按技术说明书所规定的要求使用，尤其应注意输入电流不应超过规定值。若需加颤振信号，则不应超过说明书中的规定值。当系统发生严重零偏或故障时，应首先检查和排除电路和电液伺服阀以外各环节的故障。当确认电液伺服阀有故障时，应首先检验清洗电液伺服阀内的滤芯。如故障仍未排除，可拆下电液伺服阀按检修规程拆检维修。经过拆检维修后的电液伺服阀，应在试验台上调试合格后加铅封，然后再重新安装。

⑥电液伺服阀中带有磁性的力矩马达，应使用磁性过滤器。

3）电液伺服阀的管理。

①液压伺服系统中的电液伺服阀是一种精密的液压元件，应设专用库房存放，存放库房的要求如下：

a. 温度控制在 18~36℃ 范围内，相对湿度为 40%~80%，库房内应干燥，无各种腐蚀性气体。库房内不准同时存放有磁性的工具或器械。

b. 库房地板应为木质地质，库房应有防尘设施，工作人员进出应穿工作服和专用清洁的拖鞋。

c. 库房内应设有存放架。

②封存电液伺服阀的容器，可选用市售的有机玻璃罩板和与之配磨的玻璃干燥缸，在玻璃罩板上设有真空泵接头，在接头颈上设有玻璃开关旋塞，干燥缸大小视存放电液伺服阀的数量以及取放是否容易而定。

③电液伺服阀的封存应注意以下几点：

a. 存放前必须把干燥缸清洗干净，不得有污垢、杂质、灰尘等。

b. 电液伺服阀放置到干燥缸内时不许叠放，应尽量水平放置。阀芯纵向倾斜不得大于 15°，横向倾斜不得大于 45°。

　　c. 被封存的电液伺服阀内应充防锈油（油的过滤精度不得大于 $10\mu m$），干燥缸内应放置干燥剂，盖上玻璃盖板，玻璃盖板与干燥缸体的密封副间涂密封胶（胶状聚四氟乙烯或胶状二硫化钼密封脂），抽空容器至真空表读数为 101.3kPa 后，再充氮气至真空表读数为 40kPa（缸内为负压），并随时检查负压真空度。

　　④已组装到系统中的电液伺服阀在拆卸后按③封存。系统中与电液伺服阀连接的表面应用硬铝板加密封垫片保护好，并涂上防锈脂，各引线、插头部分均应用电工胶布扎好，不许振动与外露。

8.4　液压缸的维修

　　液压缸是液压系统中的重要元件之一，它是将液压泵输入的液压能转换为机械能的执行元件。在实际使用中，由于液压缸出现故障而导致设备停机的现象是屡见不鲜的，也就是说，在液压系统故障中，液压缸故障占有较大的比例，因此，应重视液压缸的故障分析和使用维修。

8.4.1　液压缸的故障诊断

　　液压缸的故障是多种多样的，在生产实践中经常遇到的主要故障是推力不足或动作失灵、爬行时油液泄漏、密封损坏、液压冲击响声异常及振动等，这些故障有时单个出现，也有可能同时发生。下面仅就液压缸经常出现的故障原因进行分析。

1. 液压缸推力不足或动作失灵

　　液压缸推力不足或动作失灵都不能满足工作需要，究其主要原因如下：

　　（1）液压缸内部泄漏　液压缸内产生泄漏时，在外表显示不出来，作为现象来看，有液压缸停位不准、推力不足、速度下降、工作不稳定，其泄漏的原因是密封问题，间隙过大是由于液压缸与活塞间磨损造成的。若活塞装有密封圈，则因磨损或密封圈老化而失去密封作用。解决措施是更换活塞或密封圈，保持合理的间隙。

　　如果液压缸经常使用的只是某一部分，可能产生局部磨损，从而使间隙增大，使液压缸内泄漏。此时，应重新修磨缸径、选配活塞。

　　（2）溢流阀将油液旁通至油箱　如果溢流阀进入脏物，阀芯处于常开状态，油液溢流阀旁通流回油箱，致使液压缸内没有油液流入。

　　如果载荷过大，虽然溢流阀的调整压力已经达到最大额定值，但液压缸仍得不到连续动作所需的推力。这时，全部油液流回油箱，液压缸不动作。如果调整压力较低，达不到载荷所需的推力，表现为压力不足，推力不够。这些问题一般都发生在溢流阀上，所以应该检查溢流阀。

　　（3）液压缸内部零件发滞　由于动作阻力过大，使液压缸的速度随着行程位置的不同而变化，产生这种现象的原因大多是零件装配质量差。如果活塞杆密封压得太紧，活塞杆较长，会在滑动部位造成过大的压力。检查液压缸动作阻力时，可先卸荷，往复空行。若运行中发现有同一部位阻力变大的现象，则可能由于伤痕或烧结所致。如果脏物中有铁屑，会使力增大，速度下降，工作不稳定甚至失灵。

　　（4）液压泵供油不足或液压缸内存在空气　这两种情况都会使液压缸动作不稳定或动

作迟缓，消除的办法是排除液压缸内的空气或检查液压泵。

有时还会出现这种情况，从压力表上显示缸内压力足够，但液压缸仍推不动，产生这种情况的原因一般是活塞侧面与缸盖接触较紧，压力油进不去或有效面积太小，不能产生足够推力使液压缸动作。同样，缸筒进出口被活塞堵死，压力油液进不去，则可能是液压缸结构尺寸的设计加工问题，而不是维修问题。必要时，可开设螺旋槽，使压力油液迅速充满有效工作面积。

2. 液压缸爬行

液压缸的爬行现象一般在低速时容易产生，这种现象的产生使液压缸工作不稳定。产生的主要原因如下。

(1) 液压缸内部发滞引起爬行　发滞大多是由于内部零件装配不当，零件变形与磨损或者几何公差超限等原因造成的，如活塞与活塞杆不同轴、活塞杆弯曲、液压缸或活塞杆对导轨安装位置偏移、密封环装得过紧或过松以及有油液泄漏等都会产生爬行。解决的办法是重新修理或调整。

(2) 润滑不良或液压缸孔径加工超差导致爬行　活塞与液压缸体及导套与活塞杆等均有相对运动，如果润滑不良或液压缸孔径超差，就会加剧磨损，使液压缸局部孔径变大（称为局部腰鼓形）。这样，活塞在液压缸内工作时，摩擦阻力时大时小，因而产生爬行。消除的办法是先修磨液压缸，再按配合要求配制活塞、修磨活塞杆、配制导套。

(3) 油液中空气引起爬行　液压中进入空气或停机后重新开动液压设备时，原先残存的空气并未排除干净，空气的压缩或膨胀造成爬行。排除措施是设置专门的排气装置，开车快速全行程往返数次排气。另外，要设法解决空气进入系统或液压缸的问题。连接液压缸的管路不得漏气。

(4) 液压缸密封不良引起爬行　密封性能的好坏与爬行有直接关系。O形密封圈在低压下使用时，与U形密封圈相比，由于接触面压力较高、动静摩擦阻力之差较大，容易产生爬行。U形密封圈的接触面压力随着压力提高而增大，虽然密封效果也相应提高，但动静摩擦阻力之差也变大了。内压增加，影响橡胶的弹性。由于唇缘的接触阻力增大，密封圈将发生倾翻及唇缘伸长，引起爬行。为防止U形密封圈倾翻，可采用支承环来保持密封圈的稳定。

3. 油液泄漏

油液内泄漏和外泄漏都是液压缸的主要故障，一般发生在液压缸缸体与缸盖之间、管接头处、活塞杆与衬套之间、活塞与缸体、活塞与活塞杆之间。

(1) 液压缸缸体与活塞杆衬套之间的泄漏　此处泄漏主要是由于密封圈的质量及拆装工艺不当所造成的。为此，应注意以下几方面：

1) 组装O形密封圈时，要用导套工具等。加工O形或U形的槽底（即外槽）直径时，尺寸不要过大或过小。过小会失掉密封性，过大又使压缩量变大。装配时防止密封圈损坏，密封圈装入后，应该用游标卡尺检查其外径大小，一般情况下，O形密封圈在直径方向应有0.6～0.7mm的压缩量。如果槽底直径过大，应进行加工修正。

2) 要严格控制密封槽的加工尺寸。密封槽宽度过窄时，压缩量虽然符合规定，仍然造成密封圈损坏，如图8-4所示。由于槽宽过窄，密封圈横向伸展受到限制，装入缸筒时又难以压缩，致使密封圈在槽的肩棱与缸壁端面之间被剪断。

3) 去毛刺、倒角。装 O 形密封圈的沟槽肩棱处如果加工不当，有毛刺或倒角等，会将密封圈划伤，使密封圈损坏。

（2）活塞与液压缸缸体安装不同轴的泄漏　活塞与液压缸缸体安装不同轴或承受偏心载荷等都会使密封面径向偏移，使密封件压紧力在圆周上分布不均匀。当活塞运动时，就会出现倾斜和偏磨现象，如图 8-5 所示。出现这种情况后，既破坏了导向，又破坏了密封，产生泄漏。

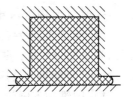

图 8-4　密封槽过窄，
密封圈损坏

（3）由排气阀产生的泄漏　液压缸中有空气会使动作不平稳。压力过高时，还可能因绝热压缩而造成局部高温，故必须设置排气装置。排气装置不良，会造成泄漏。以常用的针阀为例说明如下。

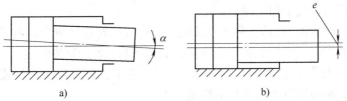

图 8-5　活塞与液压缸缸体的不同轴
a) 中心线倾斜　b) 中心偏移

1) 针阀加工不能保证质量时引起泄漏，如图 8-6 所示，内螺纹与阀座表面的孔径有偏心或外螺纹倾斜使中心不重合以及针阀单边接触等，都可能造成泄漏。阀座表面不光滑，达不到全周接触（即不能全面接触），也易产生泄漏。

2) 针阀螺纹有效长度不够，或者孔螺纹过深，都会导致阀针接触不到阀孔，因而产生泄漏。

（4）缓冲调节阀处产生的泄漏　缓冲调节阀一般都用 O 形密封圈密封，因而其泄漏多半出现在 O 形密封圈上。如密封圈被加工毛刺刮伤或烧结后形成伤痕等，都会导致密封破坏；尺寸或结构变化会使密封件挤出，从而造成密封处产生泄漏。

另外，缓冲调节阀有偏心，内螺纹部分与 O 形密封圈安装孔之间有偏心或角度不正，这时缓冲阀拧不进去或者只能拧进一小部分，也会增加泄漏。出现这种情况时，必须及时加以修正。

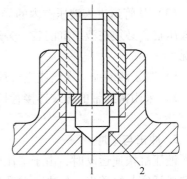

图 8-6　针阀排气装置中心有间隙
1—针阀排气装置中心间隙　2—间隙泄漏

液压缸固定部位的泄漏，除上述情况外，进、出油口焊接工艺不良也会造成泄漏。滑动部位的泄漏，主要产生在活塞杆与端盖的密封处。

（5）活塞杆密封的泄漏　活塞杆处的泄漏与密封圈损坏及密封类型有关。

O 形密封圈急剧磨损后产生泄漏。磨损的原因主要是活塞杆的表面粗糙度不够。液压缸停止工作的时间越长，O 形密封圈的静摩擦阻力越大，磨损越严重。此外，液压缸往复次数越多，活塞运动速度过快等都会增加密封圈磨损，从而使泄漏增加。V 形及 U 形密封圈的泄漏与磨损情况与 O 形密封圈类似。

（6）液压缸内部泄漏　内部泄漏是液压缸的主要故障，它严重影响液压缸的推力和稳定性。产生内漏的原因见前述"液压缸推力不足或动作失灵"部分中的泄漏。

4. 液压缸内进入异物

液压缸内混入异物，不易为人眼所发现，且异物何时由何地进入液压缸也不易被发现，因而必须充分注意，防止或尽量减少异物的侵入，否则将会造成严重的事故。

（1）异物进入液压缸的渠道

1）因维护不周而进入异物。液压缸长期不使用，管接头拆下后，进、出油口又没有堵封，尘土便很容易进入缸内。所以，当液压缸长期不使用时，必须注入防锈油或液压油，并将进、出油口堵封。

2）安装液压缸时，尘土进入缸内。环境污染严重的地方，更易出现这种事故。所以在安装前，必须把周围环境清扫干净。

3）零件毛刺未打净。缸盖上的油口或缓冲结构等的转角油道中，由于切削加工没有很好地去掉毛刺而残留在内部。充入压力油时，毛刺便混入液压缸内。

（2）液压缸运行中带进的异物　液压缸运行过程中，被卡住的部位或零件损坏而掉下的碎片杂物也会带进液压缸内。常见的情况如下。

1）当活塞与液压缸缸体滑动表面压力异常升高时，可能引起烧结现象，产生金属碎片划伤缸壁。

2）活塞滑动表面两侧一般都有倒角，倒角的大小及表面粗糙度都应严格控制，否则转角处的铸件颗粒在滑动过程中会产生剥落，从而造成滑动表面损伤。

3）缓冲结构的柱塞配合较紧或者活塞杆上的横向载荷较大。严重别劲时，会出现烧结现象，由此而产生的摩擦铁粉或烧损铁屑就聚集在液压缸内。

（3）从管道进入液压缸内的异物　管道安装前后必须进行清洗。清洗时，管道不准直通液压缸，必须在液压缸前装一旁通管路以防止异物进入。由管道进入的异物还有以下两种情况。

1）管子两端加工螺纹或进行焊接时，切屑或焊接异物被带入液压缸内。

2）采用密封带的螺纹连接管接头，拧紧时，难免密封线被割断而带入管中进入液压缸内。

5. 冲击与缓冲

液压缸快速运动时，由于工作机构质量较大，具有很大的动量和惯性，往往在行程终点时造成活塞与缸盖发生撞击，并产生很大的冲击，发出较大的声响和振动。这不仅会损坏液压缸有关结构，而且影响配管及控制阀的工作性能。为了防止这种现象的发生，在液压缸中设置缓冲装置。其结构形式有环形间隙式、节流口可调式、节流口可变式及外部节流式等。图 8-7a 所示为环形间隙式缓冲装置。当缓冲柱塞达到行程终点，进入缸盖内孔时，封闭在液压缸内的油液，从柱塞与孔间的环形间隙中挤出，形成缓冲压力，这是一种固定环形间隙的缓冲结构。在缓冲柱塞上也可做出锥度及开设三角槽形的节流口，使封闭在孔内的油液由三角槽中挤出、形成缓冲，如图 8-7b 所示。

由于缓冲装置不良而引起的常见故障如下：

（1）动作不稳定　为了提高液压缸速度，往往采用加大油口的办法，待速度提高后，起动液压缸，待缓冲柱塞刚离开端盖，就发现活塞有短时停止或后退现象，而且动作不稳

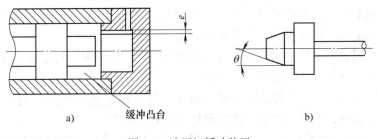

图 8-7　液压缸缓冲装置

a）环形间隙式　b）三角槽节流式

定，其原因是油口尺寸虽已加大，但没有考虑缓冲装置中的单向阀结构。当载荷小，活塞高速动作时，若单向阀容量较小，则进入缓冲油腔的油量就太少，使之出现真空。因此，在缓冲柱塞离开端盖的瞬间，会引起活塞短时停止或后退。如果起动时的加速时间太长，也会出现动作不稳定。有时即使活塞速度不太大，单向阀钢球随油流动，堵塞阀孔，也会引起类似故障。所以，当液压缸动作速度较快时，除需校核油口尺寸外，还需校核单向阀容量。

另外，活塞与端盖相接触的表面，加工精度太高，使之呈密合状态，加压后，液压缸往往不动。原因是受压面积太小（只有缓冲柱塞、单向阀以及针阀的小孔面积），作用力不足。为了防止这种故障，可将端盖上的环形凹槽尽量设计得大些，以增大受压面积。

（2）缓冲装置失灵　缓冲调节阀处于全开状态，活塞不能减速，会突然撞击缸盖，惯性力很大，可能使安装底座和缸盖螺栓损坏。

（3）缓冲柱塞别劲或动作困难　此现象可能会引起液压缸缓冲作用太灵敏或油路处于关闭，有烧结现象。因为缓冲柱塞与缸盖上的液流主通道相配合，间隙很小时，切断了液流，如果活塞倾斜或偏心，就会出现别劲现象。

（4）缓冲柱塞或衬套夹有污物　污物使活塞运动受到阻力，造成滑动表面划伤，出现毛刺，使活塞运动不平稳。

（5）缓冲过程中的爬行现象　在装配和加工过程中，如缸壁端面的垂直度不符合要求、缸盖与缸体不同轴、缸体内径与缸盖轴线有偏差、缸盖加工有偏心量或垂直度不符合要求等都会造成缓冲别劲而产生爬行。

6. 进气与排气

液压缸中有空气进入的原因及排气方法分述如下。

（1）空气混入液压缸的原因

1）液压缸中原有空气未排除干净。液压缸由于结构上的原因，空气不易排除干净。工作前，必须把液压缸内残留的空气尽量排除。在结构的最高部位上要设置排气口，因为这些部位易于集聚空气。

2）液压缸内部形成负压。形成负压时空气被吸入液压缸内，如图 8-8 所示。

液压缸拖动拉杆，使载荷 W 从 A 点向 C 点移动，在中点 B 以前，活塞杆腔内产生的

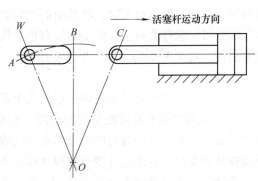

图 8-8　液压缸负压的形成

内压力与负压相平衡,活塞杆越过 B 点,到倒向 C 点的行程中,若载荷 W 推动活塞杆的速度比液压泵的排量大,则液压缸内部即变成负压。

活塞如果采用带唇缘的密封圈,从唇缘里侧加压有一定效果。若缸内已成负压,则可从背后加压。这时,有从外部向里吸气的危险。

3)管路中积存的空气没有排除干净。液压泵与液压缸连接管路的拐弯处常易积存空气,很难排除,因此,在管路高处一般加设排气装置。

4)从液压泵吸油管路吸进空气。因为液压泵吸油侧是负压,很容易吸进空气。

5)油液中混进空气。当回油管路高出油箱液面,排回的油液在液面上飞溅时,就可能卷进空气。过滤器部分露出液面时,也会使空气带入液压缸。

(2)液压缸混入空气的危害 液压缸混入空气后,会使活塞工作不稳定,产生爬行和振动。还会使油液氧化变质,腐蚀液压系统和元件。

另外,当液压缸竖直或倾斜安装时,积聚在活塞下部的空气不易排出,一旦受到绝热压缩,便会产生较高的温度,致使烧毁密封元件。

(3)液压缸中空气的排除 排气装置原则上应设置在液压系统的最高部位(通常都设在液压缸上)。因为液压缸的容积最大,液流在这里速度慢,空气最容量在这里聚集。

液压缸的安装位置确定后,排气口设在液压缸端部最高处。常用的排气装置为排气塞或排气阀,其结构如图 8-9 所示。

松开排气阀螺钉时,带着空气的油液便通过锥面间隙经小孔排出。待系统或液压缸气体排完后,拧紧螺钉,可将锥面密封。所有排气装置的原理基本相同,结构上大同小异。

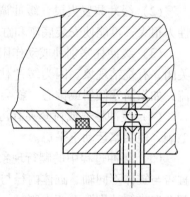

图 8-9 排气装置结构

7. 响声异常及振动

液压缸在运动中有时会产生不正常的声响与振动,但是这种情况不到严重程度,不易被觉察,使用者应注意。其响声的来源有以下两方面。

(1)滑动金属表面间的摩擦响声 这是由于滑动面的油膜被损坏或压力过高而引起的。此时,必须立即停车检查,否则将导致滑动面烧结。

(2)密封件处出现响声 此类故障多数是滑动面间的断油造成的。例如,L 形和 Y 形密封圈唇边的刮削力过大时,滑动面的油膜就被破坏,因而发生异常响声。遇到这种情况,最好用砂纸轻轻打磨唇边,但切勿使唇边受伤。如在无压状况下也产生异常声响时,最好更换密封件。对于 V 形密封圈,当过度压紧时,也会发出声响。

8. 损坏

液压缸损坏的机会并不很多,仅就几个重要部位可能出现损坏的情况简介如下。

(1)压力突然升高可能发生的故障 载荷大、速度高的活塞具有很大的惯性力,如突然停止运动,液压缸内被封闭的液体就会吸收此能量而使压力过高,产生缸壁胀大、活塞杆螺纹损坏以及缸上的连接件变形或损坏等故障。

当液压缸上缓冲装置完全失灵时,也会产生上述情况。

(2)液压缸壁强度不够而引起的损坏 液压缸壁主要由于压力作用而产生纵向裂纹及

焊接部位损坏。例如：①焊接工艺不良及缸壁厚薄不匀会造成破裂事故；②进、出油口的螺纹由于承受很大的作用力，高压时，油口变形，强度不够而损坏。若油口为焊接结构，则可能因裂缝缺陷发生损坏；③由于冲击波的作用，管路产生振动，这时管路各螺纹结构和管座焊接部分将遭到破坏。

（3）紧固螺栓所引起的故障　拆装液压缸时，虽然螺栓已拧紧，但因摩擦阻力随螺栓接合面的表面粗糙度而异，故实际的紧固力也各不相同，螺栓会因受力不均而逐个损坏。

（4）活塞杆的损坏　此类故障多数是由于载荷过大而引起的，由于活塞杆结构和事故部位不同，损坏形式也不同。

1）活塞杆端部螺纹损坏。这个部位出现的事故较多，原因是作用力太大和加工不良。例如，螺纹拧入深度不够、长度不足或牙形强度不够等。特别是活塞杆与载荷连接的螺纹，由于液压缸轴线有偏差，则螺纹部分将产生弯曲力矩，造成损坏。

2）活塞与活塞杆脱开。这种故障主要发生在螺纹连接结构上。振动会使连接螺母松动，螺纹损坏，导致活塞与活塞杆松脱。解决的办法是确保螺母的防松牢固可靠；在大直径或振动较强的场合，不采用螺纹连接的方式。

3）活塞杆弯曲。弯曲的原因是液压缸位置不正确，有一定的偏心载荷，载荷过大或间隙较大引起失稳等。活塞工作时所承受的纵向载荷超过规定值，活塞杆就会产生弯曲。为了防止这种情况的发生，要认真检查安装质量，检查导向套、缸筒和活塞杆表面的偏磨情况，根据检查原因及时修正。

8.4.2　液压缸的故障排除与使用维护

1. 液压缸的故障排除方法

液压缸常见故障的原因分析和排除方法见表 8-15。

表 8-15　液压缸常见故障的原因分析和排除方法

故障	原　因　分　析	排　除　方　法
爬行	混入空气	增设排气装置，或使液压缸以最大行程快速往复运动排出空气
	活塞杆与活塞不同轴	修正调整
	导向套与缸筒不同轴	修正调整
	活塞端面或活塞杆轴套与轴线偏摆过大	修正活塞端面或活塞杆轴肩
	活塞杆弯曲	校直活塞杆
	液压缸安装不良，轴线与前进方向不一致	重新安装
	缸筒内径直线度不良	镗磨修复，重配活塞或密封件
	缸筒生锈，拉毛	去除锈蚀、毛刺或重新镗磨
	双活塞杆两端螺母拧得过紧，使其同轴度不良	略调松螺母
	活塞杆刚度差	使活塞杆处于自然状态
	液压缸运动零件之间间隙过大	加大活塞杆直径 减小配合间隙
冲击	缓冲间隙过大	减小缓冲间隙
	缓冲装置单向阀失灵	修理单向阀

（续）

故障	原 因 分 析	排 除 方 法
振动	运动密封过紧	调整密闭件
	液压缸缸筒相互运动零件制造装配不良	修理不符合精度要求的零件，重新装配
推力不足或工作速度下降	活塞配合间隙过大，或活塞密封件损坏，造成内泄漏	减小配合间隙，更换密封件
	活塞配合间隙过小，密封过量，增大运动阻力	增加配合间隙，调整密封件的压紧程度
	运动零件制造存在误差和装配不良，引起不同轴或单面剧烈摩擦	修理误差较大的零件，重新装配
	活塞杆弯曲，引起剧烈摩擦	校直活塞杆
	缸筒拉伤与活塞咬合，或缸筒加工不良	镗直活塞杆

2. 液压缸的使用与维护

（1）液压缸可完成复杂的机械动作　在使用中，液压缸除能直接推动机械部件实现往复运动外，还可以借助其他机构，改变它的运动方向和力的大小，例如与杠杆、连杆、曲柄、齿轮、齿条、棘轮、链条、滑轮、凸轮及锥套等零件配合，从而扩大了液压缸及其机构配置的应用范围，能完成十分复杂的机械动作。

（2）液压缸的安装形式　液压缸的安装形式大致可分为两大类，一类是轴线固定式液压缸，另一类是轴线摆动式液压缸。

1）轴线固定式液压缸。这种液压缸的活塞和活塞杆往复运动时只做直线运动，液压缸的轴线位置不变，属于固定式液压缸。机床上的液压缸绝大部分都是轴线固定式液压缸，它主要有以下三个类型。

①底座式。底座式液压缸用凸缘固定在机械上。它有三种不同的形式：

a. 径向底座式（图 8-10a）。它的底座凸缘位置设在液压缸的径向上，液压缸底座的安装面穿过液压缸的轴线，工作时安装螺钉仅承受剪切力。

b. 切向底座式（图 8-10b）。它的底座凸缘分布在液压缸底部的左、右两侧，工作时安装螺钉，不仅承受剪切力，而且承受倾翻力矩。

c. 轴向底座式（图 8-10c）。底座凸缘设在液压缸底部的前、后两端，螺钉不仅承受剪切力，而且比切向底座式的倾翻力矩还大。

②法兰式。法兰式液压缸是用法兰将液压缸固定在机械上，它有以下三种形式：

a. 头部外法兰式（图 8-10d）。法兰设在活塞杆侧的缸头上，它的外侧面与机械的安装面紧贴，并用螺钉紧固，工作时安装螺钉，承受较大的拉力。

b. 头部内法兰式（图 8-10e）。法兰设在活塞杆侧的缸头上，它的内侧面与机械安装面接触，工作时螺钉受拉力较小。

c. 尾部外法兰式（图 8-10f）。法兰设置在无活塞杆的缸底，用法兰的外侧与机械安装面接触，工作时连接螺钉受拉力较小。但是这种液压缸的悬伸长度较长，所以液压缸的稳定性较差。

③拉杆式。拉杆式液压缸如图 8-10g 所示，在两端缸盖上钻出通孔，然后用双头螺栓将

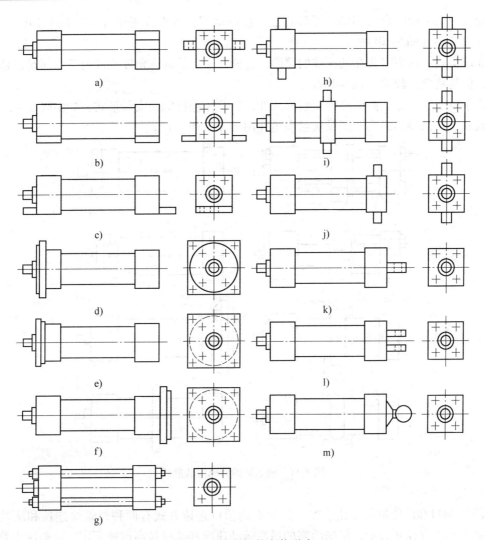

图 8-10　液压缸的安装形式

液压缸连接拉紧，它一般用于行程较短的液压缸。

2）轴线摆动式液压缸。轴线摆动式液压缸的安装部位采用铰接结构。液压缸在往复运动时，由于机构的相互作用，会使它在轴线上发生摆动，采用铰接结构以便调整液压缸的位置和运动方向。它广泛地应用于工程机械、农业机械及汽车等方面，并有以下三种不同的形式。

①轴销式。轴销式液压缸将耳轴固定在液压缸上，安装时将耳轴穿进机械的耳轴座上，使液压缸能在一个平面内自由摆动。耳轴在液压缸上的位置可根据需要合理选择，它大致有三个不同的安装位置：

a. 头部轴销式（图 8-10h）。这种液压缸的稳定性较好，摆动幅度较小。

b. 中间轴销式（图 8-10i）。这种形式的稳定性一般，摆动幅度中等。

c. 尾部轴销式（图 8-10j）。这种形式的稳定性最差，摆动幅度较大。

②耳环式。耳环式液压缸是用轴销将液压缸的耳环与机械上的耳环连在一起，液压缸工

作时能在一个平面内自由摆动。耳环在液压缸的尾部，可以设置单耳环（图 8-10k），也可以设置双耳环（图 8-10l）。

③球头式。球头安装在液压缸的尾部，它能在一定的圆锥角度范围内任意摆动，自由度较大，但是稳定性较差（图 8-10m）。

　　除了以上几种标准液压缸的安装形式外，还有一些特殊的安装形式，如中间法兰式、中间球铰式、带加强肋的法兰式及法兰底角并用式等（图 8-11）。

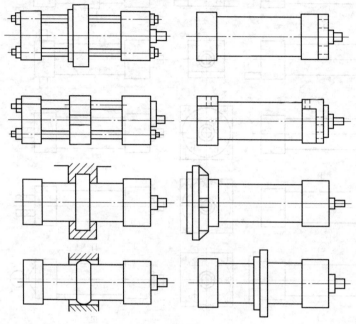

图 8-11　液压缸的特殊安装形式

（3）油口和液压缸的管路连接　　液压缸的油口连接方式有两种，螺纹连接和法兰连接。油口的大小由直径 d 表示，根据活塞的最高运动速度和油口最高流速而定。一般压力管路的最大平均流速取 5m/s，液压缸活塞杆外伸最大速度为 5m/s 时，油口尺寸约为 $d = 0.13D$。对于快速工作的液压缸，油口尺寸应适当加大。表 8-16 所列为一般液压缸的油口尺寸，可供参考。

表 8-16　液压缸油口尺寸　　　　　　　　　　　　　　　（单位：mm）

缸径 D	螺纹连接	法兰连接
40 ~ 50	M14 × 1.5	10
63 ~ 90	M22 × 1.5	15
100 ~ 125	M27 × 2	20
140 ~ 160	M33 × 2	25
180 ~ 200	M42 × 2	32

　　小尺寸液压缸的油口连接方式采用螺纹连接，较大尺寸液压缸采用法兰连接。

　　螺纹连接方式通常有寸制的 55°密封管螺纹和米制细牙螺纹两种，55°密封管螺纹管口

（图 8-12a）用聚四氟乙烯密封带进行管口密封。使用简单方便，但需注意在压力超过 16MPa 时，或者管路换向冲击振动较大处，容易造成管接头螺纹的损坏，必须采取减振措施；其次，55°密封管螺纹依靠拧紧密封，但过分拧紧会使管口或缸底和缸盖造成裂纹。因此，管口处必须有适当的壁厚和强度，特别对于铸铁材料制造的缸盖，更应注意。管口处应注意倒角，以免毛刺损坏密封带。

米制细牙螺纹（图 8-12b、d）的管接头通常使用垫圈或 O 形密封圈密封。这种螺纹连接方式没有 55°密封管螺纹拧紧密封垫圈和 O 形密封圈，螺纹管口的端面必须经过加工，保证表面的垂直度和表面粗糙度 Ra 值为 3.2μm，以保证垫圈的紧密结合，避免漏油。图 8-12d 所示的 O 形密封圈管口密封性好，使用方便，不需要使垫圈压缩的拧紧力，是一种比较先进的密封方式，但螺纹管口处需要加工圆锥面的密封圈槽。米制细牙螺纹管口与 55°密封管螺纹管口相比有较好的耐冲击和耐振动性，使用安全可靠。

使用法兰管口连接的液压缸（图 8-12c），具有更好的密封性。法兰用四只螺栓紧固，操作简单方便，特别在大口径配管时尤为突出。在配管直径较大时（口径在 25.4mm 以上），采用法兰连接，容易在现场进行配管作业，而且当由于压力冲击等引起配管振动和弯曲时，法兰连接有很好的可靠

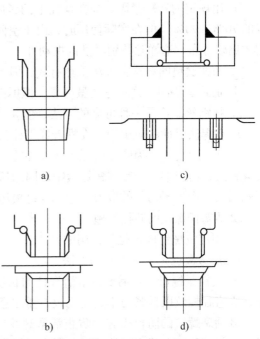

图 8-12　液压缸油口形式
a）55°密封管螺纹　b）、d）米制细牙螺纹　c）法兰

性。法兰连接一般采用方形法兰或矩形法兰两种。矩形法兰的体积紧凑，特别是采用对分式矩形法兰，操作十分方便。因而，在一般行走机械或固定设备上使用很多。方形法兰体积较大而坚固，耐冲击性好，通常用于重型机械和锻压设备。但是液压缸使用法兰连接时，由于法兰体积较大，需要加厚和加大缸底和缸盖的尺寸，成本较高，使用时应多加注意。

（4）液压缸拆装注意事项

1）注意保护。尽量避免损伤活塞杆的外表面和液压缸的缸孔表面，不要损坏活塞杆端部螺纹，避免用铁锤敲打活塞杆和液压缸端部。如发现有深的划痕，应设法修理或更换。

2）注意方向。装入密封圈时切勿搞错密封圈的安装方向（如安装 Y 形密封圈时，唇边应对着压力油一方）；装入密封件时可用一些高黏度润滑油脂；注意密封件不要被毛刺、尖角或螺纹部分损坏；不要用螺钉旋具安装密封圈，必要时可用导向套或安装胎具安装密封件。

3）耐压试验后的再度紧固。液压缸组装完毕，在进行一段试验运转之后，应当再度拧紧压盖的紧固螺栓等，以避免组装时由于单边拧紧造成螺栓受力不均而损坏。

4）长时间停止后的使用。液压缸在长时间停止使用后再重新使用时，注意用干净棉纱擦干净暴露在外的活塞杆表面，在开始起动时，先空载运转，待正常后再挂接机具。

5）液压缸的防松措施。液压缸各部件的结合大部分使用螺栓连接，由于螺纹有螺旋角，所以一加上外力，其分力会使螺栓松动。在液压缸上还容易受到阀在换向时的冲击压力或行程末端的冲击等振动而使螺栓松动。下面介绍有关防止螺栓松动的方法。

①螺杆的防松措施。

a. 使用细牙螺纹。在液压缸上使用细牙螺纹。

b. 用规定的转矩紧固。加在螺栓上的紧固转矩所产生的应力应为普通螺栓材料屈服强度的70%～90%，但在实际使用时，由于空间限制不容易紧固，这时至少也要达到50%左右才比较可靠，这样除特别激烈的振动外，一般不会松动。

c. 加弹簧垫圈。这种方法虽然有效，但当紧固转矩不均匀时，容易破裂。

d. 加舌簧垫圈。这种方法虽可靠，但拆卸后必须重新更换。

e. 挂钢丝。这是一种可靠的方法，但要开挂钢丝用的孔，在检修时较麻烦。

f. 点焊法。此法较少用。在螺母或螺栓头部点焊可防止松动。

此外在运转前，为防止由螺纹或零件的连接面的蠕动现象而造成松动，需要将液压缸装配螺钉及缸筒与端盖的紧固螺钉紧牢。因为螺钉松动不仅造成漏油，而且会使螺钉上的应力振幅增大，产生不均匀的应力，造成螺钉损坏。

②活塞杆螺纹的防松措施。

a. 用定位螺钉固定是最常用的方法。

b. 加弯板也是一种可靠的方法。

c. 装锁紧螺母，在需要调节活塞杆的长度时经常使用，但只限于螺纹直径较小的情况下，大直径螺纹因预紧力不足而无效，需注意。

③活塞螺纹的防松措施。防止活塞螺纹的松动，可采用紧定螺钉。当紧定螺钉拧进之后，如铆接不充分或忘记铆接时，紧定螺钉可能由于振动而松动脱落，仍会造成活塞脱落。这种方法不算最理想，但目前欧美等国家仍在采用。

6）液压缸的防尘措施。若尘埃进入液压油中则会造成液压缸滑动部分磨损，而且还会出现磨损颗粒造成的二次影响。另外，如果尘埃黏在活塞杆上，严重时会将防尘圈破坏，尘埃进入液压缸内部会使导套及活塞杆的表面损伤导致外部漏损。其预防措施如下。

①设置防尘罩。这种方法经常用于灰尘多的场合。防尘罩的结构如图8-13所示。防尘罩的材料及耐热温度见表8-17，要根据使用温度进行选择。为了拆卸方便，也有做成带夹头的。使用防尘罩时应注意下述几点：

a. 工作频率高时的耐久性。

b. 速度快时考虑通气装置面积。

c. 长行程时需要支架。

它的缺点如下：

a. 仍可从通气装置吸入尘埃。

b. 活塞杆调整过盈量困难。

c. 破损时也不易更换。

②设置防尘圈。防尘圈有如图8-14
所示的各种类型，在材质上，一般使用
丁腈橡胶、氟化橡胶、聚氨酯橡胶。在

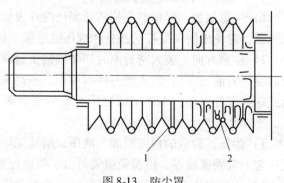

图8-13　防尘罩

1—支架　2—通气孔

刮尘效果及耐磨性方面，聚氨酯橡胶较好。但在使用时应注意耐水解性、耐蚀性及耐热性等问题。作为特殊的材质，MC 尼龙在刮尘效果、耐磨性方面也很优越，但由于有膨润性，需要注意沟槽的尺寸和过盈量。

表 8-17　防尘罩材料及耐热温度

名　　称	材　　料	耐热温度
尼龙防水布	在尼龙防水布上涂乙烯树脂	130℃
氯丁橡胶	在尼龙布上涂氯丁橡胶	130℃
铝箔	在石棉布上镀一层铝箔	250℃

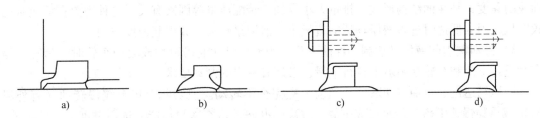

图 8-14　防尘圈

a) 单唇防尘圈　b) 双唇防尘圈　c) 单唇带骨架的防尘圈　d) 双唇带骨架的防尘圈

③活塞杆的表面硬化。一般液压缸的活塞杆，表面要有 0.02 ~ 0.05mm 的硬质镀铬层。这对于防止活塞杆表面的损伤有一定效果。在恶劣条件下工作的液压缸，采用在活塞杆表面进行高频感应淬火的方法，也有很好的效果。

7）液压缸的防锈措施。活塞杆一般使用 45 钢制造，在其表面镀上 0.02 ~ 0.05mm 厚的硬质铬。特别要求防锈的场合，镀铬层应大于 0.05mm。但硬质镀铬多少会有些气泡，所以不能避免从气泡处开始生锈。另外，在活塞杆的外露部分涂上润滑脂，使它不直接与潮湿环境接触，对防锈也是有效果的。

8）对滑动部分卡死现象的处理。卡死现象是一种发热胶着现象，一般在产生卡死的地方有相当大的比压。产生这种现象的原因可能是咬入了异物或加上很大偏载荷，油膜被完全破坏。其预防措施是在活塞部，提高活塞杆高频感应淬火硬度，或导套使用黄铜也可以。但偏载荷增大，会加速磨损。用 Q215 进行渗碳处理后能经受很大的偏载荷。适用于容易损伤活塞杆或导套早期磨损的场合。

另外在频率极高、偏载荷很大的恶劣条件下，以及要求长期不能保养的场合，需考虑采用氮化钢。无论哪一种方式，都会影响成本。一般情况下，使用珩磨加工的缸筒与灰铸铁材料的活塞，配合使用镀铬 0.02 ~ 0.03mm 的活塞杆与用灰铸铁或黄铜材料的导套均无问题。

8.5　液压马达的维修

8.5.1　液压马达的故障诊断

1. 液压马达输出转转不足或转速迟缓

这种故障往往与液压泵的输出功率有关。一旦液压泵发生故障，将直接影响液压马达。

1）液压泵出口压力过低，除溢流阀调整压力不够或溢流阀的故障外，其他故障的原因都在液压泵上。由于液压泵出口压力不足，使液压马达回转无力，因而起动转矩很小，甚至无转矩输出。解决的办法是针对液压泵产生压力不足的原因进行排除。

2）油量不够，液压泵供油量不足和出口压力过低，将导致液压马达输入功率不足，因而输出转矩较小。此时，应检查液压泵的供油情况。发现液压马达转速迟缓时，应检查液压泵供油不足的原因并加以排除。

2. 液压马达漏油

1）液压马达泄漏量过大，容积效率将大大下降。

2）泄漏量大小不稳定，引起液压马达抖动，或时转时停。泄漏量的大小与工作压差，油液的黏度，马达的结构形式、排量大小及加工装配质量等因素有关。这种现象在低速时比较明显，因为低速时进入液压马达的流量小，泄漏量较大，并引起速度波动。

3）外泄漏引起液压马达制动性能下降，用液压马达起吊重物或驱动车轮时，为防止停车时重物下落和车轮在斜坡上自行下滑，必须有一定的制动要求。

液压马达进、出油口切断后，理论上应完全不转动。但实际上仍有缓慢转动（有外泄漏）或重物慢速下落，甚至造成事故。解决的办法是检查密封性能，选用黏度适当的油液，必要时另设专门制动装置。

3. 液压马达爬行

液压马达爬行是低速时容易出现的故障之一，液压马达的最低稳定转速是指在额定载荷下，不出现爬行现象的最低转速。液压马达在低速时产生爬行的原因如下。

①摩擦阻力的大小不均匀或不稳定，摩擦阻力的变化与液压马达装配质量零件磨损、润滑状况（不良润滑将造成油膜破裂）、油液的黏度及污染度等因素有关。例如，连杆型低速大转矩液压马达的连杆与曲轴间油膜破坏（润滑不良）或滑动面损坏都会出现时动时不动的爬行现象。

②泄漏量不稳定将导致液压马达爬行。高速时，因其转动部分及所带载荷惯性大（转动惯性大），爬行并不明显；而在低速时，因转动部分及所带载荷表现的惯性较小，明显地出现转动不均匀、抖动或时动时停的爬行现象。

除此之外，压差及排量的变化也将引起理论转矩不均匀，导致液压马达爬行。

为了避免或减小液压马达的爬行现象，使用维修人员应做到：根据温度与噪声的异常变化及时判断液压马达的摩擦及磨损情况，保证相对运动表面有足够的润滑，选择黏度合适的油液并保持清洁，保持良好的密封，及时检查泄漏部位，并采取防漏措施。

4. 液压马达脱空与撞击

某些液压马达，如曲轴柄连杆式，由于转速的提高，会出现连杆时而贴紧曲轴表面，时而脱离曲轴表面的撞击现象。多作用内曲线液压马达和做回程运动的柱塞和滚轮，因惯性力的作用会脱离导轨曲面。为避免撞击和脱空现象，必须保证回油腔有背压。

液压马达噪声和液压泵一样，主要有机械噪声和液压噪声两种。机械噪声由轴承、联轴器或其他运动件的松动、碰撞、偏心等引起。液压噪声由压力与流量的脉动、困油容积的变化、高低压油瞬时接通时的冲击、油液流动过程中的摩擦、涡流、气蚀、空气析出、气泡溃灭等原因引起。

一般噪声应控制在 80dB 以下。若噪声过大，则应根据其发生的部位及原因采取措施降低或排除。

8.5.2　液压马达的使用、维护与故障排除方法

1. 液压马达的使用与维护

液压马达的类型很多，首先就液压马达使用管理上的共性问题进行说明，然后具体介绍叶片式液压马达、柱塞液压马达和摆动马达的使用与维护。

（1）共性问题

1）国产液压马达的工作介质与国产液压泵相同。

2）国产液压马达对系统滤油精度的要求一般不低于 $50\mu m$。

3）液压马达轴端不得承受径向力，安装时与工作部件轴线的同轴度误差不得大于 $0.1mm$。

4）被驱动件惯性大时，若要求短时间内达到制动或倒车、顺车，则应在回油路中设置安全阀（缓冲阀），以防止出现急剧的液压冲击而造成损坏事故。

5）使用定量马达时，若希望起动与停车平稳，则应该在回路设计时采用必要的压力控制或流量控制方法。

6）液压马达作为起吊或行走装置的动力件时，必须设置限速阀，以防止重物迅速下落或车辆的行走机构下坡时发生超速，而造成严重事故。

7）由于液压马达中总有泄漏，因此将液压马达的进出口关闭来进行制动，它仍然会有缓慢的滑动，所以当需要长时间的制动时，应另行设置防止转动的制动器。

8）在需要满载荷起动的使用场合，应注意液压马达起动时的转矩数值。因为液压马达起动转矩都比额定转矩小，所以如果忽视转矩数值将会使工作机构无法运转。

9）由于液压马达的回油压力比大气压力高，所以它的泄漏油管都要单独引回油箱，不能与液压马达回油口相连。

10）液压马达安装后，检查其灵活性，判定无异常现象才能投入运转。

（2）叶片式液压马达

1）叶片式液压马达的选型。选型的步骤是首先确定需要的载荷转矩和转速，再从整个液压系统考虑，确定使用压力。这样就可以由转矩与理论排量的关系式算出理论排量，再根据产品样本等选择所需要的叶片式液压马达。

2）叶片式液压马达的使用与维护。叶片式液压马达与叶片泵具有类似的构造，使用上的注意事项也有很多共同的地方。

①叶片式液压马达的内部构造较复杂，所以对液压油黏度及污染更应引起注意。滤油器直径一般为 $25\mu m$ 左右。推荐的液压油黏度与液压泵相同，但是叶片式液压马达是由作为液压源的液压泵驱动的，所以有时也会根据液压泵的要求而有所改变（如不使用叶片泵而使用齿轮泵等）。

②运转前，先仔细辨认进、出油口和转向，再用手转一转，检查运转是否平滑等，这些都与液压泵相同。

③运转后，不能超过说明书规定的压力和转速运转，而且在低速转动时，转矩及转速都不稳，容易产生变化。

外漏管要经常检查，首先注意它的压力有没有增加。当叶片式液压马达直接与负载连接

时，调节同轴度等操作与液压泵时的情形一样，在用传动带间接传动时，注意勿使叶片式液压马达输出轴端的轴承、轴密封等过载。

叶片式液压马达特有的事故如下。

a. 转速或功率不够。其原因往往是流量不够或溢流阀的调整压力不对。另外也有负载方面的原因，应检查负载的大小。

b. 停不住。如阀门关断时叶片式液压马达仍不停止转动。这是由阀门密封部分的泄漏和叶片式液压马达的内部泄漏引起的，应该检查阀和叶片式液压马达。

（3）柱塞液压马达

1）柱塞液压马达设计方案。在使用柱塞液压马达时，首先要对所驱动的负载有充分的了解。其次是驱动条件，即转矩及转速的情况。当然不仅是静态的，动态条件如加速、减速、起动、停车等条件也要仔细地研究并掌握后，才能着手方案的设计。

选择柱塞液压马达的形式、转速、转矩等难以笼统地确定，必须对整个设备的目的、用途、构造、布置、重量、价值等进行综合的研究后决定。

2）柱塞液压马达的安装。大体与液压泵相同，由于柱塞液压马达本身的特点容易受外力作用，要求在制造厂许可的范围内使用。

2. 液压马达的故障排除方法

液压马达常见故障的原因分析及排除方法见表 8-18 和表 8-19。

表 8-18　叶片式液压马达常见故障的原因分析及排除方法

故障	原 因 分 析	排 除 方 法
转速低，输出功率不足	1. 液压泵供油不足 1）电动机转速不够 2）吸油口过滤网堵塞 3）系统中侵入空气 4）油液黏度过高 2. 液压泵出口压力（输入液压马达）不足 1）液压泵效率太低 2）溢流阀产生故障，调节失灵 3）油管阻力较大（管道过长或过细） 4）油液的黏度较小，内部泄漏较大 3. 液压马达接合面没有拧紧或密封不好，有泄漏 4. 液压马达内部泄漏 5. 配油盘的支承弹簧疲劳，失去作用	1. 调整供油 1）检查并纠正电动机转速 2）清洗或更换滤网（或滤芯） 3）检查有关密封，并拧紧各接头 4）更换黏度低的油液 2. 提高出口的压力 1）排除液压泵故障 2）检查溢流阀的弹簧、阻尼孔及密封等，并加以排除 3）更换孔径较大的管道或减少长度 4）检查内泄漏部位的密封情况，更换油液或密封 3. 拧紧接合面，检查密封情况或更换密封圈 4. 见本表中排除内部泄漏的方法 5. 检查、更换支承弹簧
泄漏	1. 内部泄漏 1）配油盘磨损严重 2）轴向间隙过大 2. 外部泄漏 1）轴端密封的磨损 2）盖板处的密封圈损坏 3）接合面有污物或螺栓未拧紧 4）管接头密封不严	1. 排除内部泄漏 1）检查配油盘接触面，并加以修复 2）检查并将轴向间隙调至规定范围 2. 排除外部泄漏 1）更换密封圈并查明磨损原因 2）更换密封圈 3）检查、清除并拧紧螺栓 4）拧紧管接头

（续）

故障	原　因　分　析	排　除　方　法
异常响声	1. 密封不严，进入空气 2. 进油口堵塞 3. 油液污染严重或有空气混入 4. 联轴器安装不同轴 5. 油液黏度过高，液压泵吸油困难 6. 叶片已磨损 7. 叶片与定子接触不良，有冲撞现象 8. 定子磨损	1. 拧紧有关的管接头 2. 清洗、排除污物 3. 更换清洁油液，拧紧接头 4. 校正同轴度使其在规定范围内，排除外来振动的影响 5. 更换黏度较低的油液 6. 尽可能修复或更换 7. 进行修整 8. 进行修复或更换，若因弹簧过硬造成磨损加剧，则应更换刚度小的弹簧

表 8-19　轴向柱塞液压马达常见故障的原因分析及排除方法

故障	原　因　分　析	排　除　方　法
转速低，转矩小	1. 液压泵供油不足 1）电动机转速不够 2）吸油过滤器滤网堵塞 3）油箱中油量不足或管径过小造成吸油困难 4）密封不严，有泄漏，空气进入内部 5）油液的黏度过大 6）液压泵轴向及径向间隙过大 2. 液压泵输入油压不足 1）液压泵效率太低 2）溢流阀调整压力不足或发生故障 3）管道细长，阻力太大，布置不当 4）油温较高，黏度下降，内部泄漏增加 3. 液压马达各接合面有严重泄漏 4. 液压马达内部零件磨损，泄漏严重	1. 设法改善供油 1）找出原因，进行调整 2）清洗或更换滤芯 3）加足油量，适当加大管径，使吸油通畅 4）拧紧有关接头，防止泄漏或空气进入 5）选择黏度小的油液 6）适当修复液压泵 2. 设法提高油压 1）检查液压泵故障，并加以排除 2）检查溢流阀故障，并加以排除，重新调高压力 3）适当加大管径，并调整布置，如减小弯角或折角 4）检查油温升高原因，降温或更换黏度较高的油液 3. 拧紧各接合面连接螺栓，并检查其密封性能 4. 检查其损伤部位，并修磨或更换零件
泄漏	1. 内部泄漏 1）配油盘与缸体端面磨损，轴向间隙过大 2）弹簧疲劳 3）柱塞与缸体磨损严重 2. 外部泄漏 1）轴向密封不良或密封圈损坏 2）接合面及管接头的螺栓松动或没有拧紧	1. 排除内部泄漏 1）修磨缸体及配油盘端面 2）更换弹簧 3）研磨缸体孔、重配柱塞 2. 排除外部泄漏 1）更换密封圈 2）将有关连接部位的螺栓及螺母拧紧
异常响声	1. 液压泵进油口过滤器被堵塞 2. 密封不严，有空气进入内部 3. 油液被污染，有气泡混入 4. 联轴器不同轴 5. 油液黏度过大 6. 液压马达的径向尺寸严重磨损 7. 外界振动的影响	1. 清洗滤网及滤芯 2. 检查有关进气部位的密封，并将各连接处加以紧固 3. 更换清洁的油液 4. 校正同轴度 5. 更换黏度较小的油液 6. 修磨缸孔，配柱塞 7. 采取隔离外界振源的措施（加隔离罩）

8.6　基于工程机械外观状态分析判断液压系统故障

8.6.1　根据工程机械噪声和振动分析判断液压系统故障

在液压系统中存在着一些强制力，如机械传动的不平衡力、机械或液压冲击力、摩擦力及弹簧力等。这些强制力往往是周期性的，因而会产生一定的波动，使某些元件发生振动，振动能量的一部分作为声波向空气中发射，空气受到振动而产生声压，于是发出噪声。噪声是一种使人听起来不舒服和令人烦躁不安的声音，直接危及人的健康，对液压系统的振动、噪声进行研究，并根据振动、噪声的特征判断系统的故障是非常有意义的。

1. 液压系统振动和噪声的来源

（1）机械系统　主要是指驱动液压泵的机械传动系统引起的噪声，其原因主要有以下几个方面：①机械传动系统中的带轮、联轴器、齿轮等回转体回转时产生转轴的弯曲振动而引起噪声；②由滚动轴承中滚柱（珠）发生振动而产生噪声；③因液压系统安装方面的原因而引起的振动和噪声。

（2）液压泵　液压泵或液压马达引起的噪声通常是整个液压系统中所产生噪声的主要部分，其噪声一般随压力、转速和功率的增大而增大。引起液压泵产生噪声的原因，大致有以下两个方面：

1）液压泵的压力和流量的周期变化。由于液压泵运转时会产生周期性的流量和压力的变化，引起工作腔流量和压力的脉动，造成液压泵构件的振动。构件的振动又引起与其接触的空气产生疏密变化的振动，进而产生噪声的声压波。

2）液压泵的空穴现象。液压泵工作时，如果吸入管道的阻力很大（过滤器有些堵塞、管道太细等），油液来不及充满泵的油腔，会造成局部真空，形成低压。如压力达到油液的空气分离压时，原来溶解在油液内的空气便大量析出，形成游离状态的气泡。随着液压泵的运转，这种带着气泡的油液进入高压区，气泡受高压而缩小、破裂和消失，形成很高的局部高频压力冲击。这种高频压力冲击作用会使液压泵产生很大的压力振动。

综上所述，液压泵产生噪声的原因是由各种不同形式的振动所引起的，这可通过实验由噪声频谱分析器测得噪声中不同频率成分的声压级，通过噪声的频率分析，即可知道噪声声压级的峰值和对应的频率范围。

（3）液压阀　液压阀产生的噪声随着其种类和使用条件的不同而有所不同。如按发生噪声的原因对其分类，大致可以分为机械声和流体声。

机械声是由液压阀可动零件的机械接触而产生的噪声，如电磁阀中电磁铁的吸合声、换向阀阀芯的冲击声等。流体声是由流体发生的压力振动使阀体及管道的壁面振动而产生的噪声，按产生压力振动的原因还可细分为以下几种。

①气穴声。阀口部分的气泡溃灭时造成的压力波使阀体及配管壁振动而形成的噪声，如溢流阀的气穴声、流量控制阀的节流声等。

②流动声。流体对阀体壁的冲击、涡流或流体剪切引起的压力振动，使阀体壁振动而形成噪声。

③液压冲击声。由阀体产生的液压冲击使管道、压力容器等振动而形成的噪声，如换向

阀的换向冲击声、溢流阀卸载动作的冲击声等。

④振荡声。由液压阀的不稳定振动现象引起的压力脉动而造成的噪声，如先导式溢流阀在工作中先导阀处于不稳定高频振动状态时产生的噪声。在各类阀中，溢流阀的噪声最为突出。

2. 液压系统产生振动和噪声的原因

（1）液压泵噪声　液压系统中液压泵的噪声前文已在"液压泵的维修"一节中有过介绍，此处不再重复。

（2）液压阀噪声　液压阀的噪声在前文"液压阀的维修"一节中有过介绍，此处不再重复。

（3）液压缸噪声　液压系统中液压缸是执行元件，它把液压能转变为机械能，在工作时会产生振动和噪声，这些噪声是不容忽视的，这可能是液压缸出现故障的一个原因。液压缸产生噪声的主要原因如下。

1）气泡存在产生噪声。由于气体混入液压缸，使液压缸内的液流不连续，从而使液压缸运动速度不平稳。如果液压缸内油液是高压的，会产生缸内油液中气泡的破裂声，并产生气蚀。预防措施为水平安装的液压缸，要定期打开两端的排气阀进行排气；垂直安装的液压缸只需在上端安装一个排气阀排气；对于没有排气阀的液压缸，则需要空载全程往返快速排气。

2）气穴产生噪声。

①声音低沉不尖叫，轻微时呈断续或连续的"啭啭"声；严重时呈连续的、剧烈的"咋咋"或"哇哇"声，并伴随强烈的振动。随着系统压力的升高和进气量的增加，振动和噪声由轻微到严重，急剧增加。

②气穴噪声引起系统压力下降，轻微时发出"啭啭"声与压力下降同步出现；严重时压力表指针出现快速摆动。

③出现气穴噪声，油箱油面上会产生空气泡沫层，噪声越严重，泡沫越多，泡沫层越厚。

④噪声部位与进气部位密切相关，如液压泵进气口有噪声，系统噪声与进气密切相关，只要系统进气就有噪声，隔绝进气噪声立即消失。

⑤溢流阀处有清晰的响声，阀芯做强烈的振动，并伴有相应的振动声，泄油孔处不停地断续状喷油。

3. 根据振动和噪声的特点进行故障诊断

液压噪声的产生原因具有多样性、复杂性和隐蔽性的特点，当系统出现振动故障引起噪声时，必须确诊才能加以排除。人们从长期的实践中摸索出的方法主要是根据噪声的特点，粗略判断是由哪种类型原因引起的，然后通过浇油法、探听法、观察法、手摸法、仪器精密诊断法以及拆卸检查，进一步确诊故障部位。各诊断方法前文已讲过，此处不再重复。

8.6.2　根据温升分析判断液压系统故障

1. 液压系统温升的危害

液压系统的正常工作温度为 $40 \sim 60 ℃$，液压系统过热将会引起系统和环境温度升高，温度超过一定值就会给液压系统带来不利影响。工程机械的液压系统在使用过程中经常会出现液压系统过热引起的液压油工作温度过高，它可直接影响系统的可靠性，降低作业效率等。温升给液压系统带来的危害具体表现在以下几个方面。

1）液压系统油温过高将导致液压系统热平衡温度升高，使油液黏度降低，系统的油液泄漏增加，系统容积效率下降，总的工作效率下降。

2）液压系统的温度升高将引起热膨胀，不同材质运动副的膨胀系数不同会使运动副的配合间隙发生变化。间隙变小，会出现运动干涉或卡死现象；间隙变大，会使泄漏量增加，导致工作性能下降及精度降低，同时也容易破坏运动副间的润滑油膜，加速磨损。

3）由于大多数液压系统的密封件和高压软管都是橡胶制品或其他非金属制品，系统温度过高会加速其老化和变质，影响其使用寿命。

4）温度过高还会使液压油氧化加剧，使用寿命降低，甚至变质，失去工作能力。石油基油液形成胶状物质，会在液压元件局部过热的表面上形成沉积物，它可以堵塞节流小孔、缝隙、滤网等，使之不能正常工作，从而影响工程机械的正常工作，使系统的可靠性下降。

2. 液压系统温升的原因

工程机械的液压系统在使用过程中经常会出现温升现象。同一型号的机械由于各生产厂家液压元件的配器、设计水平、制造质量、使用环境以及使用维修单位的技术管理水平各不相同，其液压系统的温升情况也各有差异，液压系统温升原因归结起来主要有两大方面，一是系统产生的热量过多，二是系统散热不足。

（1）系统产生的热量过多

1）系统设计不当。液压系统设计不合理，如管路长、弯曲多、截面变化频繁等，或者选用元件质量差、系统控制方式选择不当，使系统在工作中存在大量压力损失等，均会引起系统油温升高。

2）系统磨损严重。液压系统中的很多主要元件都是靠间隙密封的，如齿轮泵的齿轮与泵体，齿轮与侧板，柱塞泵、柱塞马达的缸体与配油盘，缸体孔与柱塞等。一旦这些液压件磨损增加，就会引起内泄漏量增加，致使温度升高，从而使液压油的黏度下降，黏度下降又会导致内泄漏量增加，造成油温的进一步升高。这样就形成了一个恶性循环，使系统温度升高过快。

3）系统用油不当。液压油是维持系统正常工作的重要介质，保持液压油良好的品质是保证系统传动性能和效率的关键。如果不注意液压油的品质和牌号，或是误用假油，误用黏度过高或过低的液压油，都会使液压油过早地氧化变质，造成运动副磨损而引起发热。

4）系统调试不当。系统压力是用安全阀来限定的。安全阀压力调整得过高或过低，都会引起系统发热增加。如安全阀限定压力过低，当外载荷加大时，液压缸便不能克服外载荷而处于滞止状态。这时安全阀开启，大量油液经安全阀流回油箱；反之，当安全阀限定压力过高，将使液压油流经安全阀的流速加快，流量增加，系统产生的热量就会增加。

5）使用不当。使用不当等也是引起系统过热的原因之一。使用不当主要表现在操纵或者使阀杆档位经常处于半开状态而产生节流；或者系统过载，使过载阀长期处于开启状态，启闭特性与要求的不相符；或者压力损失超标等。

（2）系统散热不足

1）油箱等表面太脏。工程机械的工作环境一般比较粗糙、恶劣，如果散热器和油箱等散热面被灰尘、油泥或其他污物覆盖而得不到清除，就会形成保温层，使传热系数降低或散热面积减小而影响整个系统的散热。

2）风扇转速太低。如果发动机风扇转速太低、风量不足，但因风扇传动带松弛而引起风量不足等，都会影响系统散热。

3）液压油路堵塞。回油路及冷却器由于脏物、杂质堵塞，引起背压增高，旁通阀被打开，液压油不经冷却器而直接流向油箱，引起系统散热不足。

4）环境温度过高。工程机械在温度过高的环境连续超负荷工作时间太长，会使系统温度升高。另外，工程机械的工作环境与原来设计的使用环境温度相差太大等，也会引起系统的散热不足。

3. 液压系统温升引起的故障分析

（1）液压系统设计不合理　液压系统功率过剩，在工作过程中有大量能量损失而使油温过高；液压元件规格选用不合理，采用元件的容量太小、流速过高；系统回路设计得不好，效率太低，存在多余的元件和回路；节流方式不当；系统在非工作过程中，无有效的卸荷措施，使大量的压力油损耗转化为油液发热；液压系统背压过高，使其在非工作循环中有大量压力损失，造成油温升高，可针对上述不合理设计，给予改进完善。

（2）损耗大使压力能转换为热能　最常见的是管路设计、安装不合理，以及管路维护、清洗不及时致使压力损失加大，应在调试、维护时给予改善。若选用油液的黏度太高，则更换合适黏度的油液；若管路太细太长造成油液的阻力过大，能量损失太大，则应选用适宜尺寸的管道和阀，尽量缩短管路长度，适当加大管径，减小管子弯曲半径。

（3）容积损耗大而引起的油液发热　空气进入回路后，将随着油液在高压区和低压区循环，被不断地混入、溶入油液或从油液中游离出来，产生压力冲击和容积损耗，导致油温急剧上升，造成油液氧化变质和零件剥蚀。因此，在液压泵、各连接处、配合间隙等处，应采取如下措施防止内外泄漏，减少容积损耗，完全清除回路里的空气。

1）为了防止回油管回油时带入串气，回油管必须插入油面以下。

2）入口过滤器堵塞后，吸入阻力大大增加，溶解在油中的空气分离出来，产生气蚀现象。

3）吸入管件和泵轴密封部分等低于大气压的地方应注意不要漏入空气。

4）油箱的液面要尽量大些，吸入侧和回油侧要用隔板隔开，选用有液流扩散器的回油过滤器，以达到消除气泡的目的。

5）管路及液压缸的最高部分均要有放气孔，在设备起动时应放掉其中的空气。

（4）机械损耗大而引起的油液发热　机械损耗经常是由于液压元件的加工精度和装配质量不良、安装精度差、相对运动件间摩擦发热过多引起的。如果密封件安装不当，特别是密封件压缩量不合适，会增加摩擦阻力。

（5）压力调得过高引起油液发热　不能在不良的工况下采用提高系统压力的方法来保证系统正常工作，这样会增加能量损耗，使油液发热。应在满足工作要求的条件下，尽量将系统压力调到最低。

（6）油箱容积过小影响散热　一般来说，油箱的容积通常为泵额定流量的 3～5 倍，若油箱容积过小，则散热慢。有条件的话，应适当增加油箱容积，有效地发挥箱壁的散热效果，改善散热条件。如受空间位置、外界环境的影响，必要时应采取强迫冷却油箱中油液的措施。

（7）油液发热引起的常见故障

1）溢流阀损坏，造成无法卸荷。如果将卸荷压力调高，则压力损失过大。此时需要更换溢流阀，调整到正常的工作压力。

2）液压阀的性能变差。例如液压阀容易发生振动就可能引起异常发热。

3）液压泵、液压马达、液压阀、液压缸及其他液压元件磨损。此时应更换已磨损元件。

4）液压泵过载。检查支承与密封状况，检查是否有超出设计要求的载荷。

5）油液脏或供油不足。发现油液变质，应清洗或更换过滤器，更换液压油并加油到规定油位。

6）蓄能器容量不足或有故障。换大容量蓄能器，修理蓄能器。

7）冷却器性能变差。经过冷却器的油液不能冷却到规定温度。若是冷却水供应失灵或风扇失灵，则检查冷却水系统，更换、修理电磁水阀、风扇。若冷却水管道中有沉淀或水垢，则清洗、修理或更换冷却器。

4. 液压系统过热的措施

为了保证液压系统的正常工作，必须将系统温度控制在正常范围内。当机械在使用过程中出现液压系统过热现象时，应首先查明原因，是由于系统内部因素还是外部因素引起的，然后对症下药，采取正确的措施。

1）按机械的工作环境以及维护使用说明书的要求选用液压油，对有特殊要求的设备要选用专用液压油；保证液压油的清洁度，避免滤网堵塞；定期检查液位，保证液压油足量。

2）及时检修易损元件，避免因零部件磨损过大而造成泄漏。液压泵、液压马达、各配合间隙处等都会因磨损而泄漏，容积效率降低会加速系统温升，应及时进行检修和更换，减少容积损耗，防止泄漏。

3）按说明书要求调整系统压力，避免压力过高，确保安全阀等在正常状态下工作。

4）定期清洗散热器及油箱表面，保持其清洁以利于散热。

5）合理操作使用机械设备，操作中避免动作过快过猛，尽量不使阀杆处于半开状态，避免大量高压液压油长时间溢流，减少节流发热。

6）定期检查发动机的转速及风扇传动带的松紧程度，使风扇保持足够的转速和充足的散热能力。

7）注意使机械的实际使用环境温度与其设计允许使用环境温度相符合。

8）对由于设计不合理引起的系统过热问题，应通过技术革新或者修改设计等手段对系统进行完善，以克服这种先天不足。

8.6.3　根据压力分析判断液压系统故障

1. 压力故障分析方法与步骤

产生压力故障的主要原因是系统的压力油路和溢流回路（回油路）短接，或者是有较严重的泄漏，也可能是油箱中的油液根本没有进入液压系统或电动机功率不足等。

1）首先检查液压泵是否能输出油液，若无油液输出，则可能是液压泵的转向不对，零件磨损或损坏，吸油路阻力过大（如吸油管直径较小、吸油管上单向阀阻力较大、滤油网被阻塞、油液黏度太高等）或漏气，致使液压泵输不出油。如果是新液压泵，也可能是泵体有铸造缩孔或砂眼，使吸油腔与压油腔相通，液压泵的输油压力达不到工作压力，也有因液压泵轴扭断而输不出油的情况。

2）若液压泵有油液输出，则应检查各回油管，确定溢油部件。如溢流阀回油管溢油，但是拧紧溢流阀（安全阀）的弹簧，压力丝毫不变，则其原因可能是溢流阀的阀芯或其辅助球阀（或锥阀）因脏物存在或锈蚀而卡死在开口位置，或因弹簧折断失去作用，或因阻尼孔被脏物堵塞，液压泵输出的油液立即在低压下经溢流阀溢回油箱。拆开溢流阀，加以清洗，检查或更换弹簧，恢复其工作性能。

3）检查溢流阀（安全阀）并加以清洗后，故障仍未能消除，则可能是在压力油管路中的某些阀由于污物或其他原因卡住而处于回油位置，致使压力油路与溢流阀回路短接。也可能是管接头松脱或处于压力油路中的某些阀内泄漏严重，或液动机中的密封损坏，产生严重泄漏所致。拆开有关阀进行清洗，检查密封间隙的大小及各种密封装置，更换已损坏的密封装置。

4）如果有一定压力并能由溢流阀调整，但液压泵输油率随压力升高而显著减小，且压力达不到所需的数值，则可能是由于液压泵磨损后间隙增大（尤其是端面间隙）所致。测定液压泵的容积效率即可确定液压泵是否能继续工作，对磨损较严重者则进行修配或加以更换。

5）如果整个系统能建立正常压力，但某些管道或液动机没有压力，则可能是由于管道、小孔或节流阀等地方堵塞。逐段检查压力和有无油液通过，即可找出其原因。

2. 基于压力的故障分析

产生压力故障原因有系统的压力油和溢流回路（回油路）短接、系统中有较严重的泄漏、油箱中的油根本不进入液压系统等，具体排除方法如下。

1）首先应观察压力表，若压力表显示无压力，则说明系统中动力原件未提供压力油液。应检查泵的转向是否正确，油箱中油液是否不足，过滤网、吸油管是否堵塞。

2）若压力表显示有压力，但压力不足，则应检查各回油管路。如果溢流回路管溢油卸载，则应调定溢流阀，直到压力达到标准为止。调定时，压力无变化，则表明溢流阀有故障，应检修或更换。若主回油管路中有油液，则说明主回油管路中的控制阀有严重泄漏，应加以检修或更换。

3）若各回油管路中无油，则应检查液压泵站接头、管路是否松动、破损，过滤器是否清洁。若完好，则说明液压泵站出现故障，或者是吸油腔与高压腔相通，或密封破损卸载，应检修或更换主液压泵。

4）如果系统工作压力低于额定压力，首先应检查系统的压力控制元件，查看安全阀是否出现问题。在安全阀中，阀芯与阀座的密封不良、阀座与座孔的密封件损坏、调压弹簧疲劳或断裂，以及主溢流阀常开卡滞都会造成系统的工作压力低于额定压力。根据零件的损坏状况，可以更换零件或进行配研修复，恢复系统正常的工作压力。如果确认安全阀正常，但系统工作压力仍然低于额定压力，此时可以考虑是由于液压缸内泄漏严重和液压泵高压腔与低压腔击穿所致。如果液压缸内泄漏严重，可分别操作动臂液压缸和转斗液压缸，检测系统压力时会得到不同的结果。若系统压力检测结果相同，则可以断定是液压泵高压腔与低压腔击穿。若液压泵不能建立压力，可根据检查的结果进行维修或更换配件。

5）流量对系统的影响反映在工作装置的动作速度上，一般情况下，动臂提升速度慢的现象最为明显。流量、转速、液压泵理论排量、容积效率、转速的影响比较容易判断，因为柴油机转速过低时，其运转的声音能够提供信息，提醒检修柴油机。影响液压泵流量的主要因素是液压泵的容积效率。在齿轮泵中，齿轮、侧板、泵体的磨损和缺陷都会造成容积效率下降，使齿轮泵的输出流量相应减少。但在确定液压泵效率下降之前，应检查以下几个方面。

①液压油箱的液压油是否足够，缺乏液压油会造成液压泵吸入空气，直接使流量减小，此时液压泵运转会产生刺耳的尖叫声，可作为判断故障的参考特征。

②分配阀动作行程是否足够，阀芯与阀体之间的开口大小直接影响流量的变化，操纵软轴调整不当、损坏和工作分配阀阀芯卡滞都会造成进入工作液压缸的流量减少，影响工作装置的动作速度。通过检查分配阀阀芯的行程以及操纵力的大小，可以判定是否有这类故障存在，并进行处理。

液压传动系统中，工作压力不正常主要表现在工作压力建立不起来和工作压力升不到调定值，有时也表现为压力升高后降不下来，这种不正常现象的主要表现如下：

①液压泵的故障。

a. 液压泵内零件配合间隙超出技术规定，引起压力脉动使压力下降。排除方法是将因磨损而造成间隙过大的零件按技术规定要求予以维修。

b. 单作用液压泵的进出口油管反接。排除方法是先确认液压泵的进、出油口，然后予以安装，且在起动前向液压泵内灌满液压油。

c. 液压泵内零件损坏、卡死，密封件及轴承损坏，各接合面密封不严导致空气进入。排除方法是对损坏零件按技术标准要求维修或更换。为防止空气进入，做好进、出油口的密封，尤其注意接合面的密封，有缺陷密封件的要更换。

②压力阀的故障。

a. 溢流阀调压失灵。溢流阀有三种结构形式：直动式、差动式和先导式。直动式和差动式结构较先导式简单，出现故障易排除。而先导式溢流阀在使用中有时会调压失灵，这除了因为阀芯径向卡紧外，还有以下几个原因。

主阀阀芯上阻尼孔堵塞，液压力传递不到主阀上腔和锥阀前腔，先导阀就失去对主阀压力的调节作用。主阀上腔无油液压力，弹簧力又很小，所以主阀会成为一个直动式溢流阀，在进油腔压力很低的情况下，主阀阀芯就打开溢流，系统便建立不起来压力。

先导阀锥座上的阻尼孔堵塞，油压传递不到锥阀上，先导阀就会失去了对主阀压力的调节作用。由于阻尼小孔的堵塞，在任何压力下，锥阀都不能打开泄油，阀内无油液流动，而主阀阀芯上、下腔内油液压力相等，主阀阀芯在弹簧力的作用下处于关闭状态，不能溢流，溢流阀的阀前压力随载荷增加而上升。当执行机构运动到终点时，外载荷增加，系统的压力也随之升高。

通过对阀芯的拆卸、疏通阻尼孔可排除以上故障。

溢流阀内密封件损坏，主阀阀芯、锥阀阀芯磨损过大，会造成内外泄漏严重，弹簧变形或太软，使调节压力不稳定。应对溢流阀零件进行检查、修复或更换。

b. 减压阀压力不稳定及高压失灵。阻尼孔堵塞，弹簧变形或卡滞，滑阀移动困难或弹簧太软，阀与阀座孔配合不好，有泄漏处。

具体来讲，由于压力产生的故障主要表现为以下几种：

液压泵不供油，主要原因有油箱液位过低、吸油困难油液黏度过高、泵转向不对、泵堵塞或损坏及电动机故障。

主油路压力低，主要原因有接头或密封泄漏、主液压泵或液压马达泄漏量过大、油温过高、溢流阀调定值低或失效、液压泵补油不足及阀工作失效。

压力或流量的波动，主要原因有液压泵工作原理及加工装配误差、控制阀阀芯振动及换向时油液的惯性。

液压冲击，主要原因有工作部件高速运动的惯性，元件反应动作不够灵敏，节流、缓冲装置不当或失灵，泄漏量增加、空气进入及油温过高。

8.6.4　根据油液污染度分析判断液压系统故障

统计表明，液压系统 75% 以上的故障起源于其工作介质液压油液的污染，液压工作油液中携带着有关液压系统故障的大量又丰富的信息，因此，对油液的监测分析是预测和诊断液压系统故障的重要手段之一。液压油的污染主要表现在两个方面：油液的颗粒污染，油液理化性质（如黏度、酸碱值和氧化程度等）的劣化。这就产生了基于油液颗粒污染度检测的故障诊断法和基于油液理化性质参数检测的故障诊断法。

（1）基于油液颗粒污染度检测的故障诊断法　它是目前基于油液分析故障诊断技术方面的一种主要方法，其过程是根据经验或专家知识，建立基于油液颗粒污染度与液压系统及其元件状态参数间的关系库，运用专家推理机制，预测和判定系统的故障。此项技术的关键在于油液颗粒污染度的准确检测。针对油液污染度，国际上制定了专门的油液颗粒污染度标准，如美国汽车工程师学会制定的 SAE749D 污染度等级标准、美国航空航天工业联合会提出的 NAS1638 污染度等级标准及 ISO4406 污染度国际标准等。油液颗粒污染度检测方法的发展经历了实验室取样分析检测、便携式检测仪检测、在线检测仪检测的过程。

1）实验室取样分析检测技术。

①称重法，只能测定油液的污染物总量，无法测定颗粒大小和尺寸分布。

②显微镜法，采用光学显微镜测定油液中污染颗粒的尺寸分布和浓度。

③铁谱分析法，主要是针对铁磁性磨粒污染物，如中国矿业大学研制的直读式铁谱仪、旋转式铁谱仪等，得到了较广泛的应用。

这些方法的特点是耗时长、误差大且不能进行现场在线测定，有的还需要用昂贵的精密仪器来测定。

2）便携式检测仪检测技术。目前，主要是一些基于颗粒的遮光性能、光散射原理、透光原理等制成的颗粒计数分析仪器，可以在工程现场对油液进行在线和离线取样、检测，检测速度快、精度高，适合工程现场测试。这种测试仪器在欧美一些国家发展较快，如美国太平洋科学仪器公司生产的 HIAC/ROYCO 系列产品、英国马尔文仪器有限公司生产的 3600EC 型激光颗粒分析仪、德国克劳斯公司生产的 PPMS 型自动颗粒计数器等，可对油液进行在线和瓶子取样分析，多通道计数，定量测出油液中污染颗粒的尺寸及分布情况，计数精度高，并设有与 PC 进行通信的 RS232 接口，便于油样的微机辅助分析及故障诊断。但这些仪器的价格比较昂贵，不利于推广应用。

3）在线检测仪检测技术。由于油液中的颗粒分布符合对数正态分布规律，因此利用光、电、超声波等在颗粒污染度不同的油液中的传导性能的差异，可以进行在线识别，分析油液中的颗粒污染度。例如，在油箱或油管里相隔一段距离设置超声波的发射与接收传感器，当通过两探头间的油液中的杂质发生变化时，超声波从发射端到接收端传播时间与强度也随之发生变化，通过微机数据处理，测定油液的污染状况；利用微机实时监测液压系统过滤器两端的压差及其变化，通过信号分析可得到系统油液的污染状况等。这些油液污染度在线检测方法原理简单，代表了未来实用油液快速污染检测仪的发展方向。但这种基于信号传导的油液分析技术，由于传导信号的强度及相差与油液的温度、流态、水分及空气含量等多种因素有关，需要较多的预处理过程，目前还处在实验研究阶段。

（2）基于油液理化性质参数检测的故障诊断法　由于液压元件各相对运动部分的材料不同，液压油中金属、非金属元素的含量及其变化反映了液压系统的磨损及密封状态；液压油的黏度、酸碱值等理化指标的改变也是系统状态发生变化的征兆之一。因此，根据经验或专家知识，建立基于液压油中理化性能变化与液压系统及其元件状态参数间的关系库，运用专家推理机制，预测和判定系统的故障。如铅、铜、铬等含量的急剧增加，意味着含有相同元素的元件发生了剧烈磨损；硅含量的剧增，意味着外界灰分的大量侵入；黏度变小，意味着水分侵入、系统温度过高等。此项技术的关键是对污染油液的化学成分及性能的准确测定，对油液中化学成分进行分析，目前多采用光谱分析法，如原子发射光谱法、原子入射光谱法。

这种对油液理化性质的分析方法需要对油液的有关参数及金属含量进行细致的分析，监测周期长，不适合液压系统故障的在线检测，在重要液压系统的准确可靠故障诊断方面有较大的发展前景。

8.6.5　工程机械液压系统故障诊断与维修举例

1. 装载机工作装置液压系统故障诊断

工作装置液压系统故障是装载机使用过程中一种常见的故障，准确地判断故障所在，可使修理工作做到有的放矢，达到最好的修理效果。

（1）故障预兆　装载机工作装置液压系统的故障并非突然发生，一般都有一些预兆，如振动、噪声、温升、进气、污染及泄漏等。如果能够尽早发现，并采取相应措施，故障就会避免或减少。

（2）故障参数　液压系统故障的主要参数是压力、流量、温度及执行元件的运动速度、噪声、振动、油液黏度、油液的污染及泄漏等。测定不同的参数时，可根据液压系统故障情况及不同的技术精度要求，选择不同的测试方法和工具、仪器，如压力表、流量计、温度计及油液状态检测仪等。

（3）诊断及检测方法

1）技术人员利用触觉、视觉、听觉和嗅觉来判断液压系统的故障，这是现场取得故障信息的简便方法，即使最先进的诊断器械也必须和人的感觉诊断结合起来。通过感觉诊断、振动、油液温度、执行机构工作情况、异响、油液状态及外部泄漏等情况判断故障所在。

2）顺序推断。这种诊断方法要求主机停止工作，根据知觉判断法，初步断定故障所涉及的范围，从而把故障缩小到最小范围，然后按顺序分析推理，逐步迫近故障所在位置。

3）采取故障测试仪器诊断。

①液压泵的检测。液压泵与系统隔断，不受溢流阀的保护和控制。打开测试器的控制

阀，起动发动机，使其在额定转速下运转。观察并记下在空载时的流量读数，然后将测试器的控制阀慢慢关闭，使测试器上的压力值逐渐上升到系统的额定压力。如果此时流量计上的读数与额定流量相当，证明液压泵完好；如果流量计上的读数减小了 25%，说明液压泵有故障；如果流量减小了 35%，可以断定液压系统的故障是由液压泵引起的；如果压力表的指针跳动，说明液压泵的吸油有泄漏。

②溢流阀的检测。将测试器的控制阀置于空载位置，然后起动发动机以额定转速运行，慢慢旋转测试器的控制阀，压力表的读数应为液压系统溢流阀的调定值，如果达不到标准值，可调定溢流阀溢流压力。在液压泵完好的情况下，溢流阀完全打开之前，测试器所显示的数据应等于液压泵的调定流量，否则说明溢流阀有泄漏。

③方向控制阀的检测。打开测试器的控制阀，起动发动机，以额定转速运转，通过方向控制阀的油液必须通过测试器才能回油箱。记下空载状态的流量读数，然后慢慢加载，当压力达到比系统压力（额定）稍低之前停止加载，观察其流量值，如果此流量值与空载流量基本相同，说明该方向控制阀的性能良好；如果此流量损失较大，说明该阀应检修或更换。

以上所述是装载机工作装置液压系统的故障诊断方法，技术人员现场解决实际问题能力的提高，还需要从理论和实践两方面努力，逐步积累经验。

2. 液压凿岩台车故障诊断

Atlas 液压凿岩台车是国内各大矿山和隧道工程应用最多的设备之一，现以其为例来分析该台车液压系统的故障诊断。该台车采用型号为 A8V58DD2R1×1F2 的变量双泵为液压系统供油，一个液压泵用于供给回转油路，一个液压泵用于冲击、推进及定位等油路。两泵的排量均为 0~58mL/r，变量方式分别为恒压变量和手动变量。

（1）液压泵的故障诊断

1）快速油质分析。根据现场迅速检测出液压油的各项理化性能指标，判断液压泵故障是否因液压油变质引起。

2）温度计。通过测试液压泵内液压油温度和泵壳温度之差来判断故障。如果泵壳温度高于油温 5℃ 以上，可能是由于液压泵的机械磨损较大、机械效率太低；如温差在 10℃ 以上而油质没有问题，说明系统压力调定没有问题，可能是由于液压泵磨损严重、轴向间隙大、泄漏增加或容积效率降低。

3）噪声计。通过精确测试液压泵噪声来诊断故障。液压凿岩台车主液压泵的正常噪声极限值为 105dB，若超过此极限值则可能是液压泵磨损太大或空气进入内部，也可能是电动机与液压泵传动轴不同轴造成的。

4）压力表。液压凿岩台车液压泵是恒压控制，系统压力的大小不能表征液压泵的工况，但可通过压力表指针的摆动来判断液压泵的故障。如果压力表指针的偏摆超过 ±200kPa 或摆动过于迟缓，均为异常现象。

5）液压系统测试仪。由于液压凿岩台车液压泵的压力在调节范围内保持恒定，因此可通过液压系统测试仪实测液压泵的流量来判断其工况。液压测试仪一般由流量表、压力表及转速表等组成，根据测试仪在管路中的接法，可分为旁通测试法和直通测试法。将测试仪用旁通测试法安装在液压泵高压管路上，使液压泵在额定转速下运转，液压油温在 60℃ 左右，观察并记录测试仪在空载时的流量读数，然后用加载阀加载，使负载压力逐渐上升到系统的额定压力，观察并记录此时的流量读数。如果实测流量比空载时下降了 25%，说明液压泵已有故障；如果流量读数减少了 50%，即可判定液压系统的故障是由液压泵引起的，必须解体检修。

液压泵常见故障原因如下：

①连接杆和万向节磨损或变形。主要是因使用的液压油黏度过大或冬季不经预热、操作过猛造成的。故障预兆主要有液压泵过热、噪声和振动大。

②配流盘工作面与柱塞缸端面磨损。主要是因油液黏度过大或过小、油液变质及油液中杂质太多造成的。故障预兆是载荷压力建立不起来，工作无力。

③柱塞与柱塞杆滑靴球面间隙过大。主要是油液不清洁造成过度磨损或因振动过大造成的，以突发性损坏事故出现。故障预兆主要是液压泵过热、振动大。

④轴承松动或损坏。主要是因油液变质、杂质过多、振动大及轴承质量差造成的。故障预兆是液压泵噪声大、振动大。

⑤密封件损坏漏油。大部分是拆装过程中损坏，也有因液压泵过热造成的。故障预兆是液压泵过热。

⑥液压泵调节器失灵。主要是因油液不清洁，滑阀和阀套擦伤、卡住而造成的。故障预兆是执行机构动作缓慢，即使电动机处于最高转速也无明显提高。

（2）控制阀组的故障诊断　液压凿岩台车控制系统 BHU38P-02（A8V）HV05 的液压阀件，主要有溢流阀、换向阀、减压阀、节流阀和单向阀等。

1）溢流阀故障诊断。

①噪声。各溢流阀的噪声正常值参考标准可查样本，若溢流阀的机械噪声超过正常值较多，则可能由下列原因造成：阀芯弹簧刚度不够、弯曲变形；阀芯与阀孔配合过紧、过松；调节螺母松动；先导式溢流阀的阀芯磨损，远程控制腔进入空气，回油管路振动或背压过大等，此时会发出尖叫声。

②压力波动。溢流阀压力波动的正常范围可查样本。由于溢流阀本身而引起压力波动的原因主要有：阀芯弹簧刚度不够、弯曲变形；油液污染严重，阻尼孔堵塞；锥阀或钢球与阀座配合不良；滑阀表面拉伤、卡住，阀孔碰伤，滑阀与孔配合过紧。

③温度。阀的壳体温度一般比室温高 30℃ 左右，若阀体温度比室温高 40℃ 以上，则可能出现阀芯卡住或阀体内泄漏量太大。

④泄漏量。检测泄漏量可用液压测试仪，用旁通法连接，如果泄漏量超过正常值，说明阀内有磨损，需检查阀芯和阀座。

2）换向阀故障检测。诊断换向阀的故障主要根据换向阀的动作速度、内泄漏量和冲击噪声来进行判断。凿岩台车几种换向阀的正常换向时间和内泄漏量可查阅相应的样本，若换向时间或内泄漏量大于标准值过多，则需对换向阀进行解体维修；若换向阀换向冲击噪声较大，则换向阀可能存在滑阀时卡时动、局部摩擦力过大、单向节流阀阀芯内孔配合间隙过大、单向阀弹簧漏装、电磁铁的铁心接触面不平及固定电磁铁的螺栓松动等故障。

3）减压阀的故障检测。减压阀故障可通过检测压力波动和内泄漏量来诊断。将液压测试仪按旁通法安装在减压阀出口，在加载到额定载荷时，如果压力表指针摆动较大，说明减压阀压力波动大，此时减压阀可能存在下列故障：①滑阀移动不灵或卡住；②阻尼孔堵塞；③弹簧太软或弯曲变形、卡住；④锥阀安装不正确，钢球与阀座配合不良，需解体检查。检测减压阀内泄漏量的方法同溢流阀，若实测参数大于 680 ~ 720mL/min（防卡钎减压阀）或大于 800~1000mL/min（臂定位减压阀）时，则需对减压阀解体检修。

4）流量阀的故障检测。压力补偿式流量调节阀可根据排泄量和解体时的表面状态判断寿命，BHU38P 控制系统的流量调节阀正常状态的排泄量为 50~100mL/min。如果实测排泄量大于正常值较多，说明节流阀内外泄漏量较大，流量损失大，此时需检查阀芯与阀体间的配合间隙及相关连接部位的密封情况。

5）液压凿岩机的故障检测。液压凿岩机的故障检测可应用两种方法：一种是根据故障表现的顺序推理法，另一种是使用仪器进行原位检测。原位检测即液压凿岩机在原车上并处于原工作状态的检测。应用检测仪器对液压凿岩机进行原位检测，目的是在液压凿岩机未出现故障时进行状态监测以预报故障，液压凿岩机出现故障后诊断故障部位、故障程度以决定是否解体检修。检测时将液压测试仪连接在液压凿岩机冲击机构或回转机构的油路上，使液压凿岩机正常运转，温度在 60℃左右。

（3）冲击机构检测

1）功能检测。将液压测试仪连接在冲击机构回油出口，向冲击机构供油，逐步加载直到压力表指示 4MPa 的压力，保持此状态 1min。若压力表指针摆动太大，则蓄能器可能有故障，或缓冲器密封圈磨损，或因油液污染严重使冲击机构功效下降。

2）状态检测。测试仪安装同功能检测，如压力表读数为 10MPa（1038 液压凿岩机）或 11MPa（1238 液压凿岩机），观察此时流量读数，液压凿岩机正常泄漏量应为 1~5L/min 或 1~3L/min。若实测泄漏量超过 8L/min 或 5L/min，则说明冲击机构有故障，故障可能发生在冲击活塞与液压缸之间、阀芯与阀体之间及活塞导套或振动塞。

（4）回转机构检测　检测仪器使用及检测条件与冲击机构检测相同，但液压测试仪安装在旋转马达的回油路上。

1）功能检测。向回转机构供油，控制加载阀，使液压马达在最大流量为 10L/min 的条件下运转约 30s，观察液压马达运转时是否平稳且无异常噪声。

2）状态检测。仪器连接方式同功能检测。向回转机构供油，用测试仪加载使油压为 4MPa，测此时流量读数。如泄漏量不超过 8L/min，说明液压马达工作良好，若超过此额定值则液压马达内泄漏严重，应解体检修。

3. 全液压挖掘机液压系统故障诊断

全液压挖掘机多采用双泵回路恒功率变量液压系统，其中大多数又采用恒功率调节器来控制两个液压泵，由手控机械式操作阀或先导系统控制操作阀来完成作业。另外，在斗杆、铲斗及动臂作业时，为提高速度而采用两泵合流。

（1）故障诊断的顺序　全液压挖掘机液压传动系统故障诊断的顺序是了解故障发生前后的设备工作情况——外部检查试车观察（故障现象、车上仪表）——内部系统检查（参照系统原理图）——仪器检查系统参数（流量、温度等）——逻辑分析及判断——调整、拆检、修理——试车——故障总结记录。

全液压挖掘机的故障有许多种，要根据不同机型的特点，充分利用设备自身的监控系统，具体问题具体分析，掌握有效的故障分析方法。对照液压系统原理图，把总油路按工作功能分为若干分支，根据故障现象，遵循由外到内、由易到难的顺序，对照所在支路逐一排除。如遇较复杂的综合故障，应仔细分析故障现象，列出可能的原因逐一排除。

（2）常见故障的诊断与排除

1）整机故障。整机故障是由公共部分出现故障引起的，此时应重点检查液压油箱油量、吸油滤芯及吸油管有无破裂；对于伺服操纵的挖掘机，先导压力不足会使操纵失灵，故应检查先导油路（先导泵、滤芯、溢流阀及油管等）；如果整机无动作、操纵挖掘机无载荷感，应检查液压泵与发动机的动力连接部位，如花键、齿轮等；若动作迟缓，则应检查液压泵的伺服调节系统。

2）某组操纵阀控制的几个动作同时不正常。此时两组系统的公共部分不存在故障，故障点在这几个动作的公共部分。

①主溢流阀故障。现代挖掘机的主溢流阀大多采用先导式溢流阀，溢流阀如果压力调整不当、阀芯关闭不严及弹簧折断等，会使整个系统压力低、流量小。诊断方法可采用检测压力和元件置换的方法。

②子系统液压泵调节机构。有些挖掘机采用恒功率变量调节系统，每个变量泵由属于自己的恒功率调节器控制。如果调节机构出现故障，如阀芯卡死、磨损严重，使液压泵的出油压力不符合恒功率规律，就会出现动作无力、缓慢的现象。

③单个动作故障。由该动作的操纵控制部分与执行元件之间的连接部分出现故障引起，包括操作先导阀、先导油路、操纵换向阀、过载阀、执行元件及其他相关部分。

单个动作的故障判断：如前所述，挖掘机为了提高工作速度，在斗杆、动臂及铲斗动作时采用双泵合流，因此判断故障时要注意，如左侧液压马达不行走或行走无力、跑偏，要用同侧行走液压马达回转油路来测试是否为单一动作故障，如用斗杆动作就不一定准确，因为两泵同时向斗杆缸供油。

④动臂双泵合流动作故障。如动臂动作缓慢的原因主要是液压缸内泄漏量大，或动臂上升时没有形成合流。此时可在前后液压泵的出口处各接一压力表，单独操纵动臂。若两压力表数值相同，则说明合流；若两表压力数值一高一低，则说明没有形成合流。另外，如果先导阀是减压比例阀（大多数挖掘机采用），其操纵杆行程与输出油压成正比，若此行程调整不当，则使控制油压力低、主阀开口不足，引起流量不足，此时可通过检测先导阀的出口压力来判断。

⑤有时没有操纵而设备自行动作，这是因为本应关闭的油路却有压力油进入了执行元件。原因可能是与该动作有关的先导阀、操作阀卡死或回转机构接头有泄漏。

复习与思考题

一、填空题

1. 液压系统故障检测和（　　　　）也越来越受到（　　　　），成为液压技术发展的一个（　　　　）。

2. 由于计算机技术、（　　　　）、（　　　　）和（　　　　）的发展，大大地促进了（　　　　）与（　　　　）的发展。

3. 工程机械液压系统的故障是指液压设备的（　　　　）偏离了它的（　　　　）。

4. 液压系统故障诊断主要有两个层面，包括（　　　　）与（　　　　）。

5. 液压泵和液压马达引起的噪声通常是（　　　　）的主要部分，其噪声一般随（　　　　）、（　　　　）的增大而（　　　　）。

6. 叶片泵不推油或无压力故障的主要原因是（　　　　）、（　　　　）和（　　　　）。

7. 轴向柱塞泵内部泄漏的主要原因是（　　　　）和（　　　　）。

8. 液压阀噪声大致分为（　　　　）和（　　　　）。

9. 溢流阀产生的流体噪声主要是在（　　　　　　　）和阀体之间的（　　　　　）部位。

10. 溢流阀常见故障中压力不能升高的故障是（　　　　　）、（　　　　　）、（　　　　　）和（　　　　　）。

11. 节流阀和单向阀的常见故障主要有（　　　　　）、（　　　　　）和（　　　　　）等。

12. 液控单向阀的常见故障有（　　　　　）、（　　　　　）和（　　　　　）。

13. 电磁换向阀通电后滑阀不能动作的原因有（　　　　　）、（　　　　　）和（　　　　　）。

14. 多路换向阀是一种以换向阀为主体，包括（　　　　）、（　　　）、（　　　）、（　　　）、（　　　　）、（　　　　　）等组合在一起而成的（　　　　　　　）。

15. 液压缸的主要故障是（　　　　）或（　　　　）、（　　　　）、（　　　）、（　　　）、（　　　）及（　　　　　）等。

16. 液压缸冲击故障主要是由（　　　　　）和（　　　　　）引起的。

17. 液压马达输出转矩不足或转速迟缓与（　　　　　）有关。

18. 液压系统的正常工作温度为（　　　　　）。

19. 装载机工作装置液压系统的故障，一般都有一些预兆，如（　　　）、（　　　）、（　　　）、（　　　）、（　　　）和（　　　）等。

20. 液压系统故障的主要参数是（　　）、（　　　）、（　　　）及（　　　）的运动（　　　）、（　　　）、（　　　）、（　　　）、（　　　）及（　　　）等。

二、判断题

1. 装载机工作装置液压系统的故障并非突然发生。（　　　）

2. 技术人员利用触觉、视觉、听觉、嗅觉和仪器来判断液压系统的故障，这是在现场取得故障信息的简便方法。（　　　）

3. 统计表明，液压系统 75% 以上的故障起源于其工作介质，即液压油的污染。（　　　）

4. 液压系统油温过高将导致液压系统热平衡温度降低。（　　　）

5. 液压缸混入空气后，会使活塞工作不稳定，产生爬行和振动。（　　　）

6. 液压缸内泄漏和外泄漏不是液压缸的主要故障。（　　　）

7. 电液伺服阀能将微弱的电控信号转换成相应的机械位移量，然后将机械位移量转换成相应的液压信号、并经放大，输出与电控信号成比例的液压功率。（　　　）

8. 电液换向阀不是电磁阀和液动阀的组合体。（　　　）

9. 电磁阀常见故障是电磁铁通电，阀芯不换向，或电磁铁断电，阀芯复位。（　　　）

10. 调速阀的常见故障分为流量调节失灵、流量不稳定、内泄漏减小等。（　　　）

11. 溢流阀的作用是控制系统的流量。（　　　）

12. 液压泵的"困油"现象不是液压泵产生噪声的主要原因。（　　　）

13. 功能故障是指液压元件丧失了工作能力或工作能力明显降低。（　　　）

三、单选题

1. 工程机械液压设备的故障，主要表现在（　　　）。

A. 噪声和振动　　　　　　B. 液压系统元件损坏或元件之间装配关系的破坏

C. 疲劳和老化　　　　　　D. 污染

2. 溢流阀的正常使用温度是（　　　）。

A. -10~20℃　　　　B. 20~30℃　　　　C. 20~60℃　　　　D. 60~80℃

3. 压力继电器不发出信号故障是（　　　）。

A. 指示灯损坏　　　　　　B. 线路不畅通

C. 微动开关损坏　　　　　D. 指示灯损坏、线路不畅通或微动开关损坏

4. 调速阀流量调节失灵的主要原因是（　　　）。

A. 流量不稳定　　　　　　　　　　　　B. 内泄漏

C. 阀芯径向卡住和节流调节部分故障　　D. 温度低

5. 液控单向阀液控不灵的原因是（　　　）。

A. 控制压力过低　　B. 控制压力过高　　C. 油温过高　　D. 油温过低

6. 液压缸爬行现象一般在（　　　）时容易产生。

A. 高速时　　　　　B. 低速时　　　　　C. 低温时　　　　D. 高温时

7. 工程机械的液压系统在设备使用过程中，经常会出现（　　　）现象。

A. 升温　　　　　　B. 降温　　　　　　C. 压力下降　　　D. 压力上升

8. 顺序推断诊断法，要求（　　　）。

A. 主机停止工作　　B. 主机不停　　　　C. 主机加速工作　　D. 主机低速工作

9. 全液压挖掘机整机故障是由（　　　）出现故障引起的。

A. 电气元件　　　　B. 传感器　　　　　C. 公共部分　　　D. 控制阀

四、问答题

1. 常见液压系统共性故障有哪七个方面？

2. 液压泵的"困油"现象是如何产生的？

3. 叶片泵的故障现象有哪些？

4. 液压阀噪声来源有几种？

5. 为什么减压阀在超流量使用中，有时会出现主阀振荡现象？

6. 调速节流失灵，调节范围不大的原因是什么？

参 考 文 献

[1] 刘朝红，徐国新. 工程机械底盘构造与维修[M]. 北京：机械工业出版社，2011.
[2] 卢彦群. 工程机械检测与维修[M]. 北京：北京大学出版社，2012.
[3] 靳同红. 工程机械底盘[M]. 北京：化学工业出版社，2013.
[4] 李华. 汽车维修技术[M]. 北京：机械工业出版社，2012.
[5] 李文耀. 工程机械底盘构造与维修[M]. 2版. 北京：电子工业出版社，2013.
[6] 陈明宏. 底盘修理[M]. 北京：国防工业出版社，2008.
[7] 王增林，李云峰. 工程机械发动机构造与维修[M]. 2版. 北京：电子工业出版社，2014.
[8] 鲁冬林. 工程机械使用与维护[M]. 北京：国防工业出版社，2008.
[9] 杨国平. 现代工程机械故障诊断与排除大全[M]. 北京：机械工业出版社，2007.
[10] 赵常复，韩进. 工程机械检测与故障诊断[M]. 北京：机械工业出版社，2011.
[11] 宋福昌，宋萌. 康明斯 ISBe 高压共轨柴油机维修手册[M]. 北京：机械工业出版社，2008.
[12] 母忠林. 国Ⅲ柴油机维修技巧与故障案例分析[M]. 北京：机械工业出版社，2013.
[13] 张凤山，王宏臣，张立常. 工程机械柴油机构造与维修[M]. 北京：人民邮电出版社，2007.
[14] 林履尧. 进口工程机械液压系统维修问答[M]. 广州：广东科技出版社，2003.
[15] 王文山. 柴油发动机管理系统[M]. 北京：机械工业出版社，2009.
[16] 黄志坚. 挖掘机液压系统维修速查[M]. 北京：机械工业出版社，2012.
[17] 王存堂. 工程机械液压系统及故障维修[M]. 2版. 北京：化学工业出版社，2012.